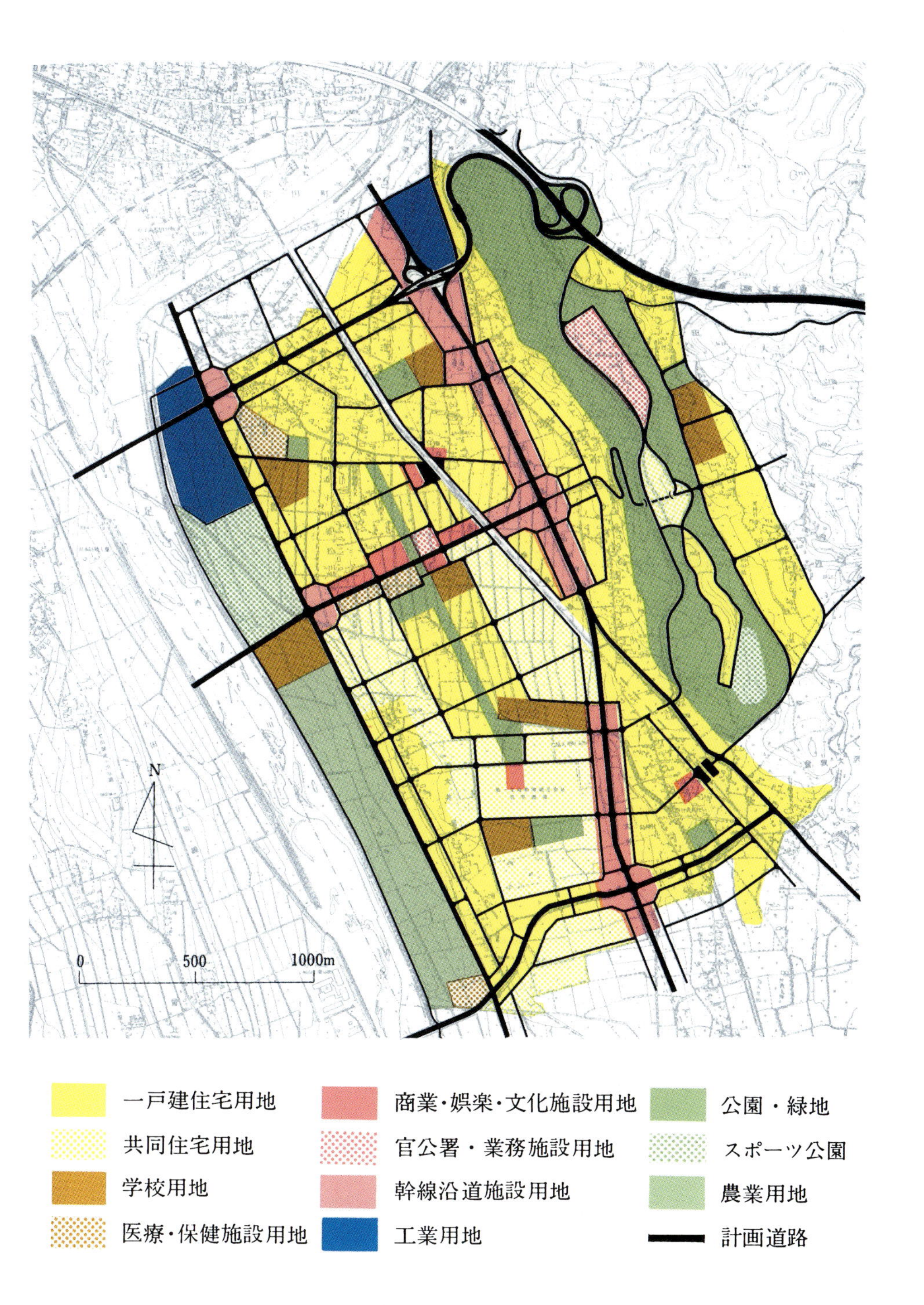

図 4.2　大井町都市基本計画土地利用計画図

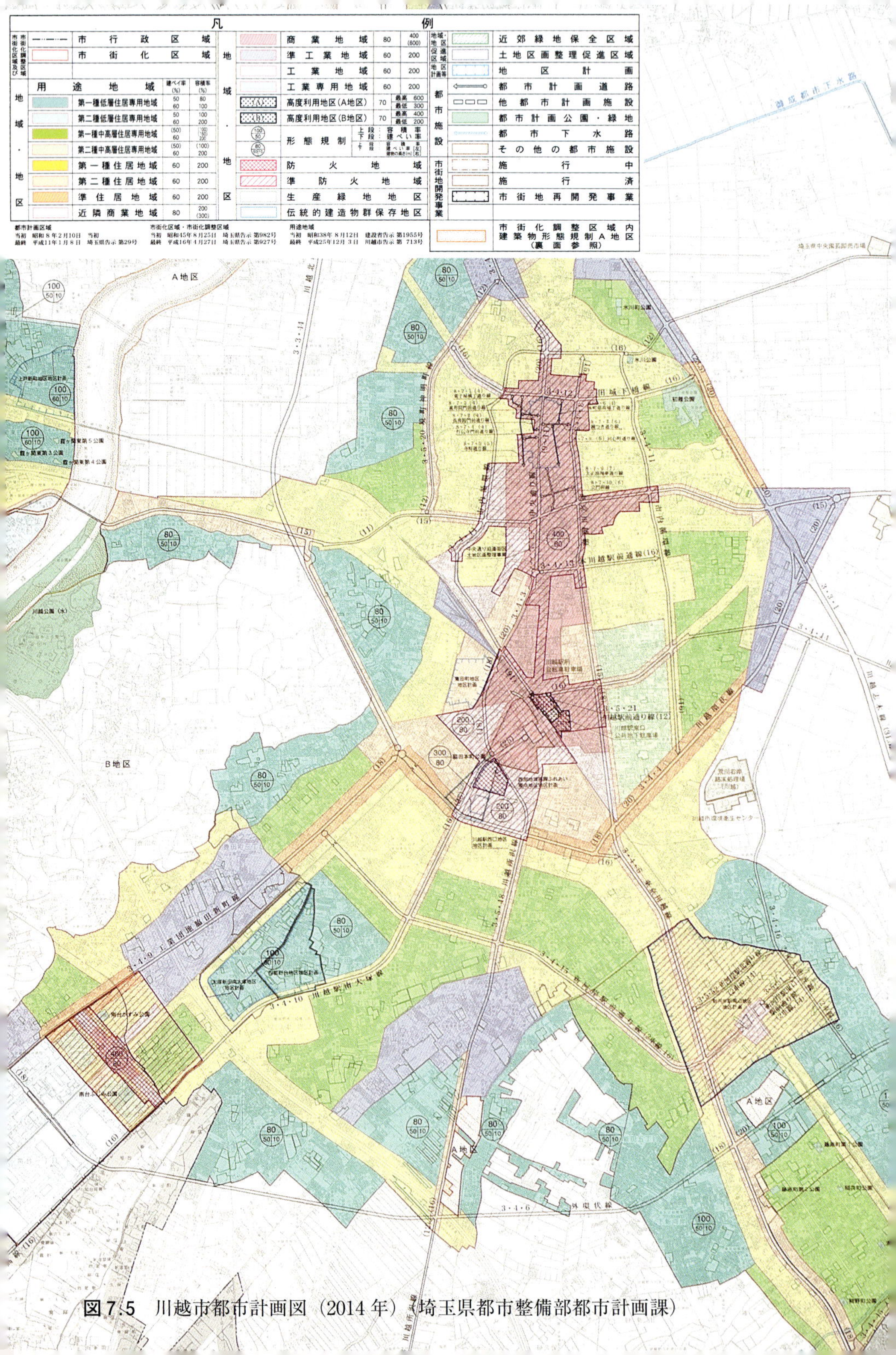

図 7.5　川越市都市計画図（2014 年）（埼玉県都市整備部都市計画課）

都市計画

【第3版増補】

日笠　端・日端康雄　著

共立出版

第3版増補に当たって

先進工業国の都市は20世紀末ごろ，工業都市から脱工業都市の時代に変化していった。その一角にあった日本の都市も世紀末から21世紀に入って急速にポスト工業社会の時代に入っている。とくにわが国は1990年代初頭の歴史的なバブル経済の崩壊をきっかけに，その産業経済社会も構造的に変化してきた。

20世紀末から21世紀にかけてこのように時代は大きく変化しており，同時に地球は環境問題，資源問題，人口問題などへの危機感が高まっている。それらと並んでこれからも解決しなければならない大きな課題として，都市問題があることに変わりはない。その都市問題の解決に当たって都市計画や地域計画が果たすべき役割はきわめて大きい。

日本の近代都市計画は明治時代に始まり，戦前，戦後にわたって，独自の発展を遂げてきた。20世紀は工業化社会であり，都市成長の時代であった。しかし，戦後の経済の高度成長期には，都市計画もまた経済優先，企業優先の波に押し流され，大規模プロジェクトが先行し，乱開発を容認してしまったために，自然破壊と都市の生活環境の悪化を深刻化させる結果となった。

公害問題に端を発した住民の反対運動は，都市計画事業にも波及し，計画への住民の参加が強く要請されるようになった。この意味でわが国の都市計画は，その基本理念に立ちかえって，180度の転換を迫られるに至ったと見ることができる。それは，都市計画を人間居住環境の計画として把え直すことに尽きると考えられた。

わが国は1990年代初頭のバブル経済の崩壊によって新たな都市文明の時代に入ったと考えられる。現代都市は巨大都市を除けば，成長から成熟，停滞の時代に入っている。地球環境に配慮したコンパクト・シティや文化，芸術を新たな都市哲学の芯とする創造都市などの新しい都市論が生まれ，各国でさまざまの政策が実践されている。

現代は社会的にもきわめて変動の激しい時代でもある。人々の価値感は多様化し，しかも不安定で，極端な議論も次々に登場した時期があった。今後のわが国の都市計画のあり方について，新しい方向を見定め，これについての合意を得るためには，何よりもまず，多くの人びとが都市計画の本質を知り，わが国の現状と問題点について正しい評価を与えることが必要であると考えられる。

本書は昭和52年（1977年）10月に大学講座・建築学のうちの一冊として刊行されたが，57年10月から単独の刊行物となった。幸いにして多方面の読者の支持を受け，今日まで初版23刷，第2版15刷，第3版45刷を重ねることができたことは，筆者の最も喜びとするところである。刷りを重ねる毎に部分修正を行ない，新しい文献を追加してきたものの，近年，都市環境を巡る価値感が大きく変化してきており，改訂・増補を断行することにした。しかし，基本的な理念や構成は変えていないことをお断りしておきたい。

この書は，いわば都市計画総論ともいうべきもので，都市計画に関する重要な事項を比較的広範囲に取り上げ，できるだけ体系化し，大学で都市計画を学ぶ学生が一通り知っておかなければならない程度の事項を総論的に述べることにしている。したがって，本書は大学における都市計画の講義用のテキストとして利用しやすいように編集されている。

大学における講義で，問題は時間の少ないことである。その限られた時間の中で，教師は都市計画の全体系にわたって，できるだけ広く講義をする必要があるが，一方において教師がいま最も関心をもち，研究に力を入れている事象については時間をかけて，いっそう掘り下げた講義をしたいという要求がある。この二つはもともと矛盾した要求であるので，下手をすると，とかく虻蜂とらずになるおそれがある。そこで，この問題を解消するよう教師が適当に指示することによって，本書を活用して頂ければ幸いである。

なお，冒頭に述べたわが国の都市計画の現状と問題点に鑑み，とくに重点をおいて執筆した点は次のとおりである。

1)　都市をなによりもまず人間の生活の場として把え，都市計画はその環境を科学的な方法によって計画的に実現する手段であるとしていること。
2)　都市計画の歴史を常に顧みることによって今後の展望の糧とすべきこと。
3)　諸外国の実情に常に目を向け，わが国における現下の都市計画の隘路の打開の参考に資するように心がけること。
4)　物的計画を常にその社会的背景との対比において理解するよう努めること。
5)　土木・建築，造園をはじめ多くの専門分野からの発想が都市計画の体系の中で総合化されるべきこと。
6)　全市スケールにおいては，個々の施設計画よりも，都市の基本計画の策定に重点をおくべきこと。
7)　土地利用計画を受けて作成される地区計画を重視し，都市計画は最終的には地区設計によってしめくくられるべきこと。
8)　都市計画は空間のシステムを構築する技術であると同時に，これを実現するためには住民の参加を組み入れた法律・制度とその運用がきわめて重要であること。

また，図や写真（出典は参考文献の番号で示す）はできるだけ豊富に取り入れるよう心がけたつもりであるが，この書の紙面で十分に表現できない点は，教師が図面，スライド，現地見学などによって補う必要がある。

終わりに，この書が都市計画の正しい理解に役立ち，今後のわが国の都市計画の発展にいささかでも寄与することができれば著者の望外の幸せである。

なお，第３版増補に当たっては，大村謙二郎筑波大学名誉教授，明石達生東京都市大学教授，都市計画技術士石川岳男氏の諸氏にご協力していただいた。心より謝意を表したい。

2014年12月　　　　日端　康雄

目　　次

第1章　都市計画の発達

第2章　都市計画の意義

第3章 都市基本計画（総論）

第4章　都市基本計画（各論）

第5章　地区計画

第6章　都市計画制度

第7章　土地利用規制

第8章　都市施設と地区開発事業

第1章　都市計画の発達

1.1　都市計画の歴史

都市の起源は明らかでない。しかし，都市は古代から存在し，都市を計画し実現するということも古くから行なわれている。ルイス・マンフォードは都市は人間の文明・文化の象徴であると述べているが，それぞれの時代における都市の計画の意味はまったく異なっている。

古代においては王侯，貴族，僧侶が都市を支配し，宮殿，神殿，市場を中心に都市が構成され，中世においては封建領主の支配下に，都市は城壁と濠が巡らされ，領主間の戦いの砦であった。また，宗教に加えて商業が勢力を得て，教会と市場が中心であった。やがてルネサンスを経て，中央集権国家が成立すると，強大な国家権力を誇示するために，モニュメンタルな広場を結ぶ広幅員の直線道路と威風堂々たる街並の形成が都市計画の主題となった。

このように過去の都市計画は「誰が」，「誰のために」，「どのような目的で」都市を計画したかという点で現代の都市計画とまったく異なっている。しかし，歴史上の都市はわれわれの過去のかけがえのない遺産であり，その変遷の跡は人間社会の発展と未来の都市の方向を示す道標でもある。とくに，今日のように人びとの価値観が多様化し，コンセンサスが得にくい時代には，都市の歴史，都市計画の歴史を振り返ってみる意義は大きい。

各時代を通じて都市のパターンや建築の様式の変遷をたどることも興味があるが，それを生み出した政治的，社会的，経済的背景を考察して，その意味を理解することが重要である。そして，宮殿や城郭，都市のインフラストラクチュアなどに着目するだけでなく，その時代の一般の住民はどんな住宅に住み，どんな都市生活をしていたかという点を見落してはならない。

都市計画の変遷をみていく場合に，二つの流れに着目する必要がある。一つは都市計画についての自由な発想に基づく諸提案で，これらを理想都市計画（ideal city planning）とよぶ。他の一つは行政制度としての都市計画の変遷で，行政都市計画（administrative city planning）とよぶ。この両者はこれまでも，相互に影響を及ぼしながら，それぞれ独自の発展をとげてきた。この関係は今日においても変わるところがないといえる。すなわち今日においても都市計画は一方においてプランナーによる個性のある発想に負うところが大きく，一方においては公的な利益と私権の調整を衡量しつつ，法律・制度によって計画の実現をはからなければならないという特質をもっているからである。したがって，今後も両者が無意味な妥協に陥入ることなく，それぞれの方法論を発展させ，いい意味での競合を持続することが，将来の都市計画のよりよい発展のために望ましいと考えられる。

ここでは古代から近世にいたる都市計画の変遷については他の書物[1)]に譲り，主として産業革命以後の都市計画思潮および各国における行政上の都市計画の発展について概説することとする。

1.2　都市計画思潮

人間が都市を築くようになってから，いつの時代にあっても，現実の矛盾や苦難から逃れ，よりよい未来の都市をつくりたいという願望がある。プラトンの国家論やトーマス・モーアのユートピアに代表されるように，哲学あるいは文学的表現をとって理想社会を描き出すものもあるが，レオナルド・ダ・ビンチやデューラーのように，図によって具体的な物的環境を表現しようとするものも少なくない。

理想都市の提案はそのおもなものだけ拾っても，かなりの数になる。それらはその時代の思想を背景とし，提案者の職業や個性を強く反映していることはいうまでもないが，理想都市の提案のあるものは他のいくつかの提案の影響を受けていることも見逃すことができない。

ここでは主として，産業革命以後の具体的な理想都市の諸提案を年代順に掲げ，それぞれの概要を述べるにとどめたい。

(1) ジョン・ウッド（John Wood）

イギリスにおける18世紀のアパートは古典主義の復活と建築法によって，外壁が基礎から屋根まで一体に仕上げられるようになりその外観が変わった。多くは6階建で共同の階段が上下に通っていて各階を別々に使用した。各戸には3寝室・居間・台所・食堂があり中流の上の部の人びとが住んだ。しかし，貧困層はこれを分割して賃借りした。

ジョン・ウッドはイギリスのバース(Bath)の建築家でかつ施工業者であった。彼は1724年に市内に土地を借り，クイーンズ・スクエア（Queen's Square）を開発した。中央に方形の庭園をおき，道路を巡らし，その周囲の土地を転貸した。そして，建物を建てる者には内部の設計と背後は自由だが，前面は一体の建物にみえるように，ジョージアンスタイルで統一したファサードをもつよう要求した（**図1.1**）。

1764年，同様の考え方をロイヤル・サーカス（Royal Circus）にも適用し，ジョン・ウッ

1)　巻末参考文献参照.

ドの息子はさらに大胆なスケールで，1769年にロイヤル・クレセント（Royal Cresent）を実現した（**図1.2**）。

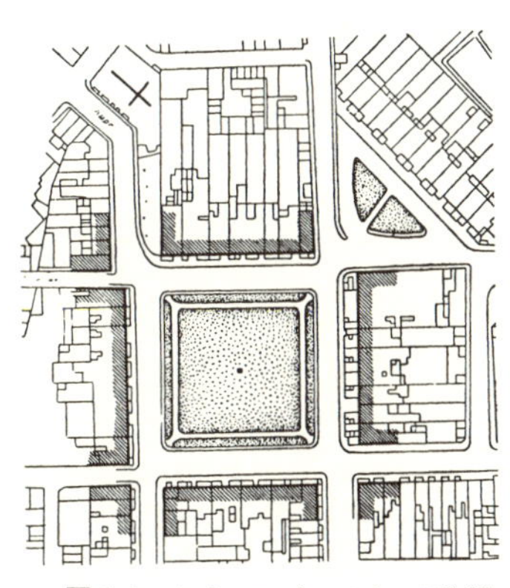
図1.1　クイーンズ・スクエア[2-20]

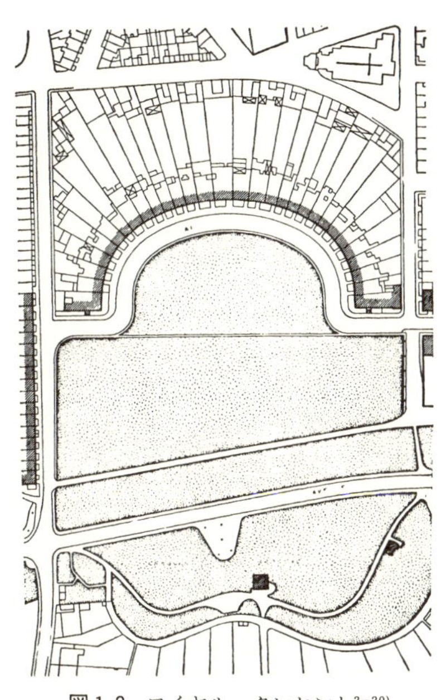
図1.2　ロイヤル・クレセント[2-20]

(2) ルドー（Claude Nicholas Ledoux）

フランスの建築家ルドーの理想都市ショウ(Chaux)は18世紀後半に発表されたもので，来たるべき産業革命を意識して，新しい生産体制をとりこんだ理想都市の先駆的な提案といわれる。

ルドーの計画案は全体が円形で，放射状に道路体系が組まれている。円形の中心には中央管理棟をはさんで左右に工場が置かれており，これを囲む形で円形に住宅が配置され，各住宅は背後に広い庭をもっている。さらにその外側には各種の会館，工場，集合住宅など将来の工業都市に必要と考えられる都市施設が網羅的に配置されている。ルドーの計画案は最近注目されるようになったが，人口規模と都市施設の関係，都市経営の主体などわからない点が多い。

ただ，今日でいうコミュニティの中心施設として，工場を象徴的に置いていることは，いかにもこの時代の新しい期待を反映していて興味がある。なお，この計画は架空の案ではなく，1773年から1785年にかけて，中央管理棟と左右の工場およびそれを囲む住居棟のみが建設され，今日でも一部残っている（**図1.3**）。

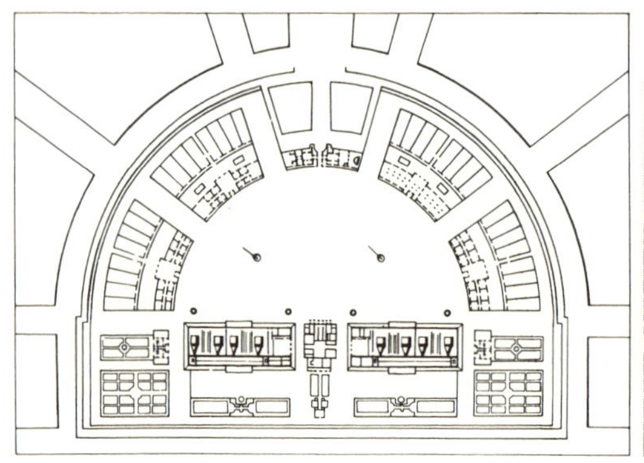

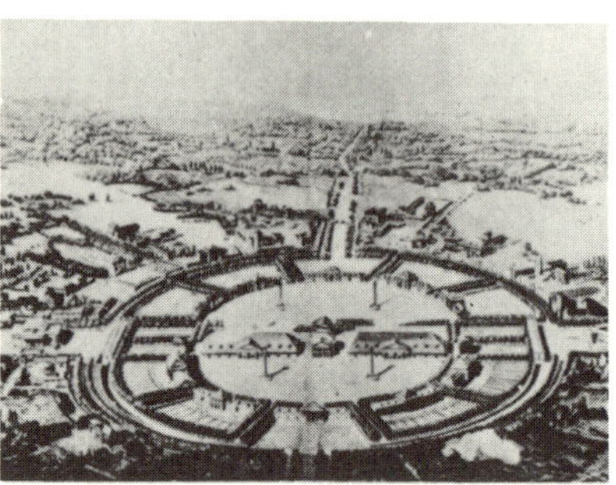

図1.3　ルドーの理想都市ショウ[1-10]

(3) ロバート・オウエン（Robert Owen）

19世紀初頭から中期にかけてマルクスらの科学的社会主義に対して，空想社会主義者とよばれる社会改良家が輩出する。ロバート・オウエン，サン・シモン，フーリエの3人はとくに有名である。彼らの運動は資本主義社会の害悪の解消を理想社会の実現に求め，支配階級に対する説得によってこれを実現しようとするものであった。

オウエンはイギリスのニュー・ラナークの綿工場の工場主で，1816年農業と工業を結合せしめた理想工業村の提案を行なっている。このプランは，周囲に1,000〜1,500エーカーの土地をもつ正方形の敷地に1,200人の労働者を収容し，各人に周辺農地を1エーカーずつ与え，失業のない自給自足的共同生活を営ませようとするもので，居住区の中心には大きな共有地を確保し，ここに子供用宿舎，共同調理所，学校など多くの共同施設が考えられていた。また居住区の外側には工場や仕事場が置かれた（**図1.4**）。

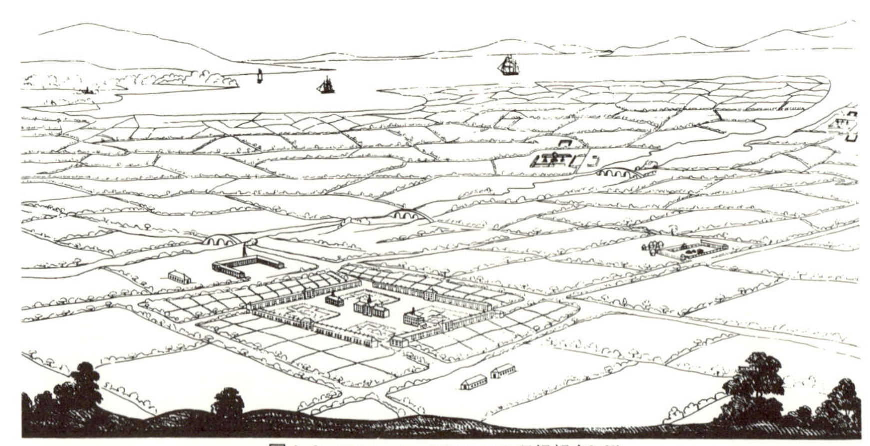

図1.4　ロバート・オウエンの理想都市[2-20]

⑷ フーリエ（François Marie Charles Fourier）

フーリエは 1808 年に匿名で論文を発表し，その中で彼は個人や階級の競争に基づいて成立する社会を不道徳，不合理であるとし，人類社会の調和に到達する道は協同の努力であると説いた。

将来の都市における秩序について，彼は地域区分と建築の計画的制限を考えていた。この発想は 19 世紀の建築規制を予測するものであったが，彼はさらに窮極の居住形態として，中途半端なコミュニティの代わりに，合理的に設定された機能的な社会単位を導入し，無定形な都市の代わりに単一の建物ファランステール（phalanstère）を提案するにいたった（図 1.5）。

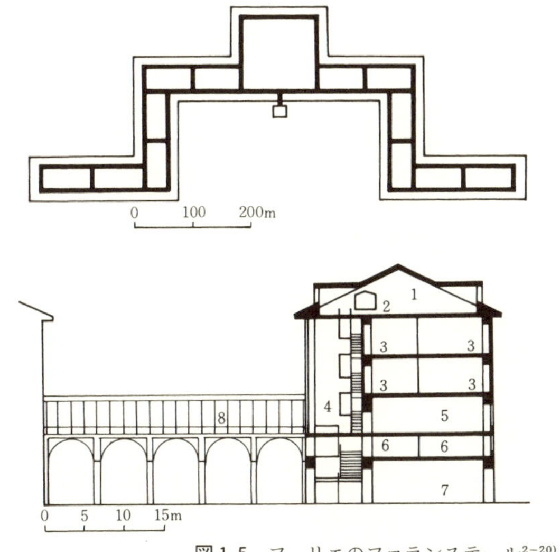

図 1.5 フーリエのファランステール[2-20]

ファランステールは人口千数百人の居住者からなる共産的協同組合によって運営され，組合員は資金を分担出資し，利益は貢献度に応じて分配されるとした。フーリエのユートピアの実現は，各地で試みられたが失敗に帰した。しかし，フランスのギース（Guise）で製鉄所を営んでいた若い工業家ゴダン（Jean Baptiste Godin）の財政的援助によって，彼の理想はほぼそのままの形で実現した。

ギースのコミュニティはファミリステール（Familistère）とよばれる。主要な建物は，それぞれに中庭をもつ三つの閉鎖式の建物ブロックに分かれ，中庭はガラスの屋根がかけられ，フーリエの屋内通路にとって代わった。これらの建物は 1859 年から 1880 年にかけて建てられ，保育所，幼稚園，学校，劇場，公衆浴場，共同洗濯所などを備えていた。1880 年にゴダンは協同組合を設立し，工場とファミリステールの管理を労働者に任せた。1939

年時点でも組合は活発で，工場はその規模を拡大していたといわれる(**図 1.6**)。また，ファランステールの建築形式は後にル・コルビジェに影響を与えたといわれている。

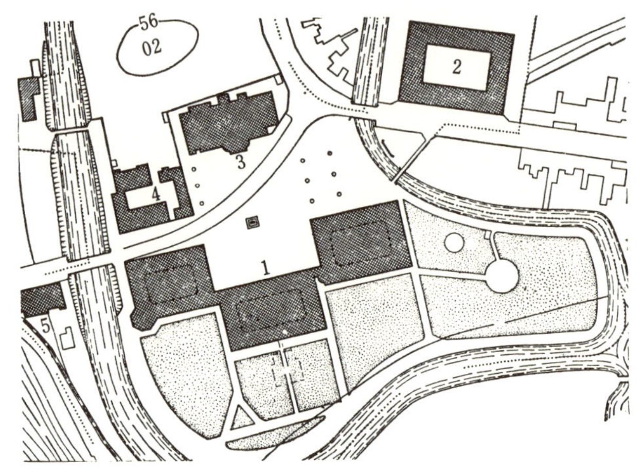

1. ファミリステール
2. 1886 年以後に建てられた新しい住棟
3. 学校と劇場
4. 作業場
5. 洗濯工場と浴場

図 1.6　ゴダンのファミリステール（ギース）[2-20]

⑸ バッキンガム（James Silk Buckingham）

バッキンガムもまた理想社会主義者の一人である。彼は 1849 年に「国家悪と現実救済策」と題する論文を著わし，この中で「住民約 1 万人のコミュニティ」の計画を示した。これはビクトリアと名づけられ，模範都市協会が，美，保障，健康，利便を優先し，近代建築技術や科学的進歩を積極的に導入して実現をはかるべきであるとしている。

設計は同心の正方形が重なり合った形で構成され，中央広場に高さ 92 m の電光塔を設けこれを焦点にしている。全面積は 1.5 平方粁で，放射状に設けられた八つの広路は，正義，統一，平和，調和，剛毅，慈善，希望，誠実と名づけられた。工場は都市の外周に設けられ，内部は住宅と公共施設にあてられている。すべての住宅に水洗便所を備え，地区ごとに公衆浴場を設け，工場には吸煙設備を義務づけるなど保健衛生を重視する主張がみられる。都市の周囲には 4,000 ha の農地を保有し，すべての土地は協会が所有し，建物も賃貸が原則とされている。

バッキンガムは当時の社会階級の区分を明確にプランの中に表現している。計画案の中心部に近いほど高官や富豪の住宅があり，外周部になるほど住宅の規模は小さくなり，外周部には労働者の住宅や作業場を配置している。この点についてルイス・マンフォードは「バッキンガムの設計した社会はブルジョワ社会の理想といえよう。」「彼は同時代人のもつ価値観をきわめて当然のことと考えていた。彼が追求したものはこれらの価値を完全に秩序正しい形で実現することであった」と述べている（**図 1. 7**）。

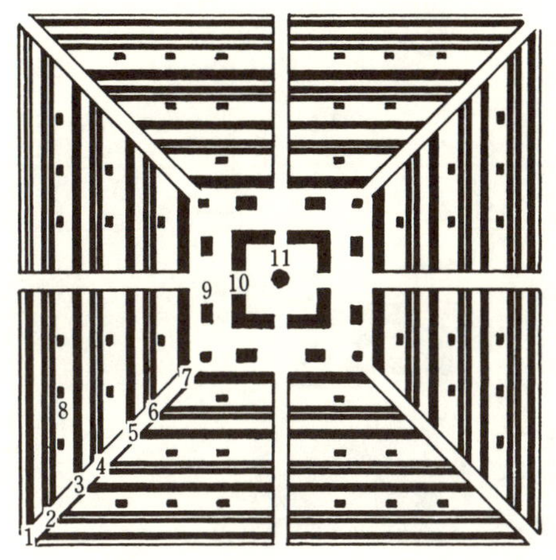

1. 奥行 20 ft の住宅 1000 戸
2. 工場のためのアーケード
3. 奥行 28 ft の住宅 560 戸
4. 小売商店
5. 奥行 38 ft の住宅 296 戸
6. 冬季歩行用アーケード
7. 奥行 54 ft の住宅 120 戸
8. 学校，浴場，食堂
9. 公共建築物，教会
10. 奥行 80 ft の邸宅 24 戸
11. 中央広場

図 1.7　バッキンガムの理想都市[2-9]

(6) 工場主によるモデル・タウン

ユートピアンの提案の多くは，あまりにも空想的であったり，経営に難点があったりして，実際にはいずれも実現しなかった。しかし，労働者の生活へ向けた関心，協同組合方式による運営，都市と農村を結合する計画への志向は，当時の世人の注意を喚起し，また工場の経営者たちに刺激を与えることになった。そして，工場経営者の中には，自分の工場で働く労働者たちによい住宅と環境を与えることが望ましいと考え，ユートピアンの提案の影響を受けて，モデル・コミュニティを実際に建設するものが現われた。

これらは今日からみると一種のカムパニイ・タウン（company town）で，規模も小さく，居住者も工場の従業員に限られていた。したがって，工場経営者の個人的な信念や慈善心によって計画が大きく支配され，管理上の条件が優先されたが，一般市街地における住宅や環境条件に比較すればかなり高い水準のものを実現したことは確かであると考えられる。

これらのおもなものをあげると次のとおりである。

1846　ベスブルック(Bessbrook)　アイルランドのニューリィに近い製麻工場の労働者のために建設。

1852　サルテア（Saltaire）　タイタス・サルト卿がイギリスのブラッドフォードの近くにある織物工場の約 2000 人の労働者のために建設。この開発には広範なコミュニティ施設がとり入れられた。敷地は 45 ha であった（**図 1.8**）。

1865　クルップ・コロニー（Krupp Colony）　ドイツのエッセンにクルップ製鉄工場の労働者のために数個のコロニーを長年にわたって建設した。

1879　ボーンヴィル(Bournville)　イギリスのチョコレート製造業者キャドバリイが工場をバーミンガムから田舎へ移し，最初は会社が経営し，土地は公有化されていた。

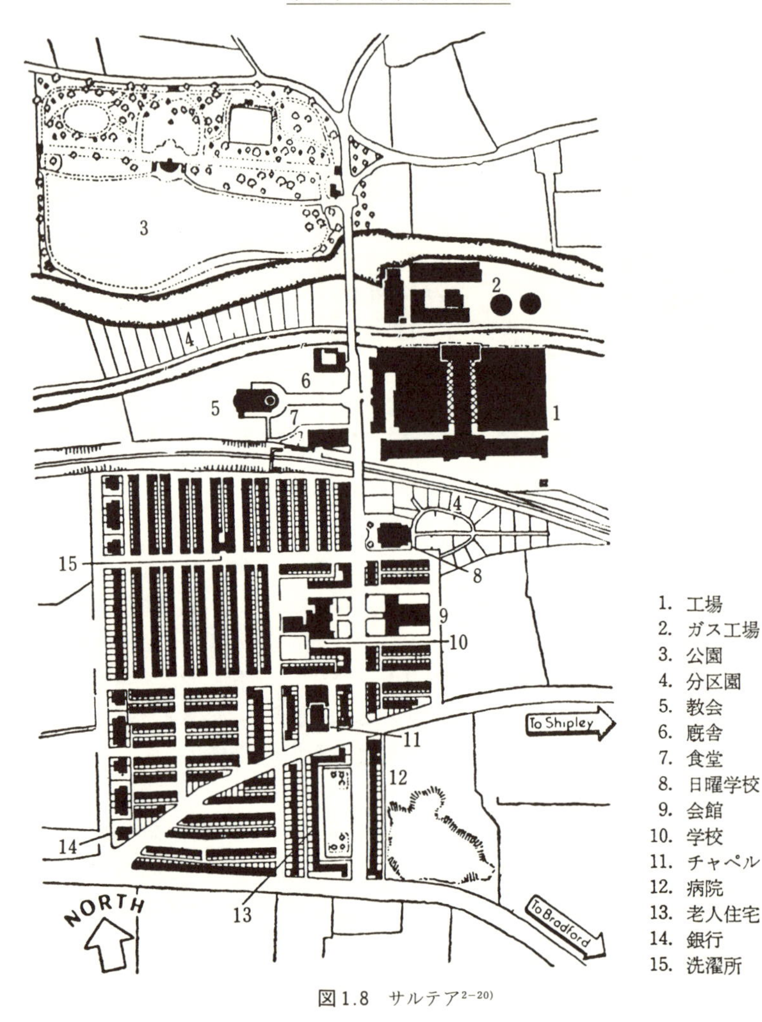

図1.8　サルテア[2-20)]

後に経営も自治団体に移り，今日では約2,000戸の住宅がある（図**1.9**）。

1881　プルマン(Pullman)　アメリカのプルマン寝台車製造工場と結合した都市としてイリノイ州に建設された。

1886　ポート・サンライト（Port Sunlight）　イギリスの石鹸製造業者であるレバー兄弟がリバプールの近くに建設。敷地は220 ha（図**1.10**）。

1905　アースウィック(Earswick)　ココア製造業者ジョゼフ・ラウンドトリー卿がヨークの近くに建設。これも自治団体となった。設計はベリー・パーカーとレイモンド・アンウィンである。

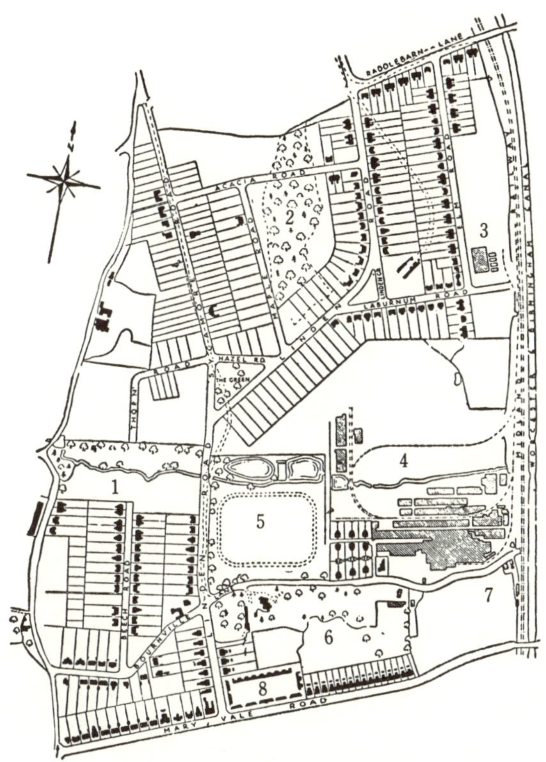

1. 公園
2. 森林
3. 煉瓦工場
4. 工場
5. 運動場（男子）
6. 〃　（女子）
7. 鉄道駅
8. 老人住宅

図 1.9　ボーンヴィル[2-17)]

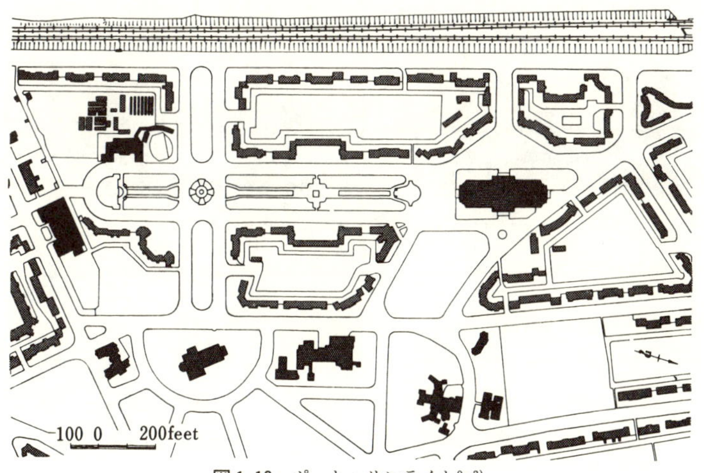

図 1.10　ポート・サンライト[9-2)]

(7) ソリア・イ・マータ (Arturo Soria y Mata)

ソリア・イ・マータは1882年に独自の考えから線型都市 (La Ciudad Linear) を提案したことで有名である。彼は都市の交通問題に関心をもち，マドリッドに最初の路面電車を開設する事業に関係した。

彼の案は軌道を中心にした幅500mの土地を確保し，水道・ガス・電気などの施設のほか，公園，消防署，保健所など市のサービス施設を設けて，1戸建住宅による住宅地開発を行なうもので，どこまでも連続的に延伸できる特徴をもっていた。軌道の両側の宅地は300m間隔に幅員20mの道路で分割され，敷地は4〜6haのスーパー・ブロックが基準になっていた。彼はこのパターンの適用例として，(i)既成都市の近郊を巡るリング状，(ii)二つの都市を結ぶ型，(iii)都市化していない地域の新都市の三つの型を考えていた。

彼はこの案の実現を図るため講演を行なったり，雑誌を発刊したりしたので，海外にも影響を与えたが，1894年，マドリッドで会社が設立され，軌道の経営と住宅地の経営を同時に行なう事業が実現した (図1.11)。

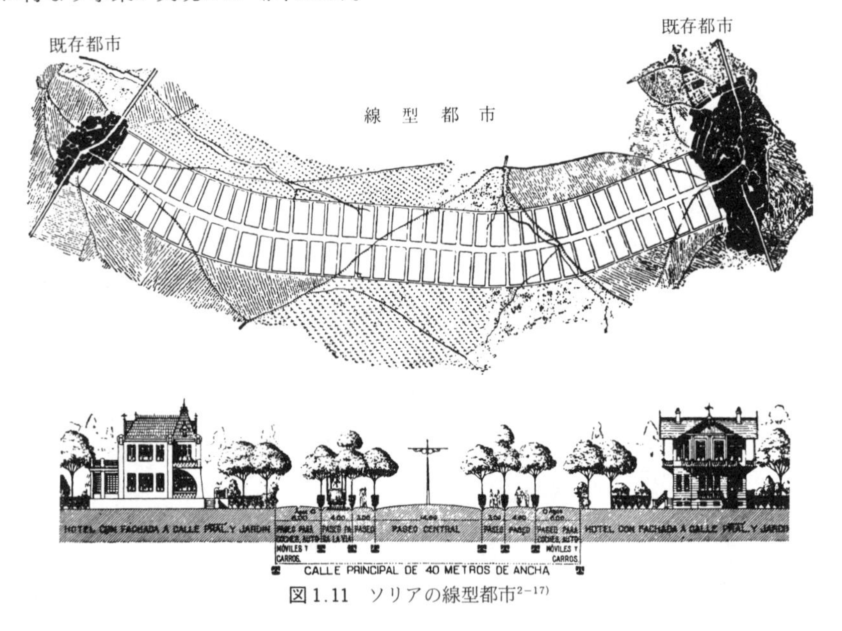

図1.11 ソリアの線型都市[2-17]

(8) カミロ・ジッテ (Camillo Sitte)

オーストリアの建築家であったカミロ・ジッテは，1889年「都市計画，その美的原理に向けて」[1] と題する著書を出版し，都市計画を純粋に芸術的，技術的視点から論じた。彼は古代，中世，バロックの都市の空間構成を解析し，そこに共通して内在する都市の要素間

1) Der Städte-Bau nach seinen künsterischen Grundsätzen.

の基本原理を見出し，これに基づいて空間構成のモデルを創り出した。彼は都市の空間は連続的に存在すべきもので，建物は広場やその他の要素と相互に関係し合う場合にのみ意味をもつものとした。

ジッテは彼の理論をウィーンの環状道路建設に伴うプロジェクトに適用した。ジッテ流のスペース・モデルの特色は，とくに中世の街へ再び目を向けることによって得られた要素の連続性，空間の閉鎖性と変化，非対称性，不規則性，意味のある要素の結合などにあるといわれる。

ジッテの影響はとくにゲルマン系の国々に強く現われた。これは当時，一世を風靡していたオースマン流の都市計画に対抗する主張でもあったからである。またイギリスではパトリック・ゲデスやレイモンド・アンウィンがジッテを推奨したこともあって，その影響は大きかった。

(9) エベネザー・ハワード (Sir Ebenezer Howard)

1898年，ハワードは「明日の田園都市」[1]を出版して，田園都市の理想を説いたことはあまりにも有名である。ハワードは建築家でも計画家でもなく，実務家であった。彼は都市，田園，田園都市を三つの磁石にたとえ，その利害得失を比較して，田園都市は都市と田園の両者の利点をかね備えるものであることを説いた。

ハワードの田園都市の独創性はつぎの提案にあるといわれる。

(1)　都市に欠くことのできない部分として農業のための土地を永久に保有し，このオープン・スペースを都市の物理的な広がりを制限するために利用すること。(都市と農村の結合)

(2)　都市の経営主体自身により土地をすべて所有し，私有を認めず，借地の利用については規制を行なうこと。(土地の公有)

(3)　都市の計画人口を制限すること。(人口規模の制限)

(4)　都市の成長と繁栄によって生ずる開発利益の一部をコミュニティのために留保すること。(開発利益の社会還元)

(5)　人口の大部分を維持することのできる産業を確保すること。(自足性)

(6)　住民は自由結合の権利を最大限に享受しうること。(自由と協力)

ハワードの提案する田園都市は人口32,000人の小都市であるが，これが計画人口に達するまで成長したときは，別の田園都市を次々に生み出し，これらは鉄道と道路で結ばれて，都市集団を形成する。彼のダイアグラムによれば，この都市集団の人口は約25万人になる。また，一つの田園都市の市街地は400 haで，その周囲に2,000 haの農耕地がとりまいている。市街地部分のパターンは放射・環状型で，土地利用と施設配置のパターンは中心部に

1)　原題は「明日——真の改革にいたる平和な道」として出版され，後に「明日の田園都市」と改められた．和訳は長素連訳：明日の田園都市，鹿島出版会，1968がある．

広場，市役所，博物館などの公共施設，中間地帯は主として住宅，教会，学校，外周地帯には工場，倉庫，鉄道があり，そのさらに外側は大農場，貸農園，牧草地などからなる農業地帯になっている（図**1.12**）。

多くのユートピアンの計画が実現をみずに終わったのに対して，彼の理想は実現した。すなわち，ハワードの提案によって1899年田園都市協会が設立され，1903年に田園都市株式会社が創設されて，ロンドンの北方54粁に，最初の田園都市レッチウォース（Letchworth）が実現した。買収した土地は1.547 ha，中央の745 haに市街地が建設された。計画はレイモンド・アンウィンとベリー・パーカー両氏による。

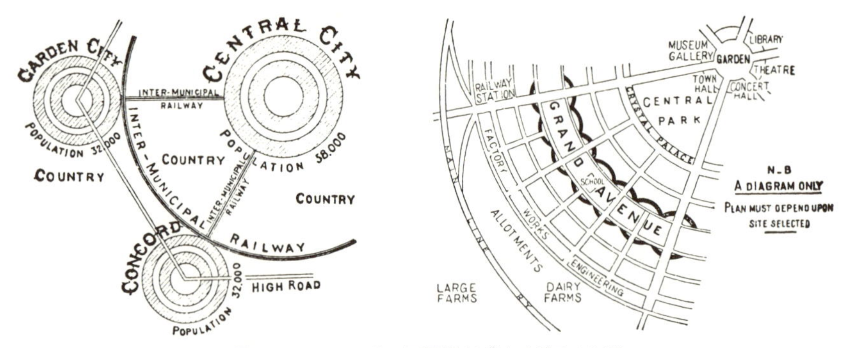

図1.12　ハワードの田園都市ダイアグラム[2-17)]

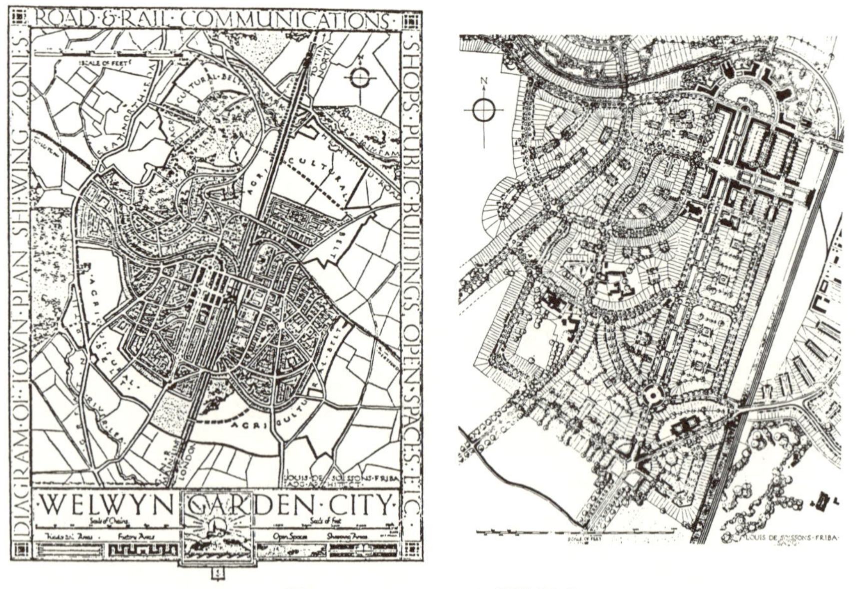

図1.13　ウェルウィン田園都市[9-2)]

この計画は住宅戸数7,000戸，全市にわたり道路，広場，公園，緑地，上下水道，ガス，電気などを含む総合的な計画がなされ，工場地や商店街も建設された。ハワードの主張していたとおり，都市は農業地帯で囲まれており，土地の公有と会社の利益の制限，および余剰の歳入を都市の便益のためにあてるという原則は完全に維持されている。

レッチウォースの成功のあと1920年，ハワードの希望によって第2の田園都市ウェルウィン（Welwyn）がロンドン北方36粁に建設された。この都市は15年後に工場数50を数える人口10,000の都市に成長したが，ロンドンの衛星都市として絶好の条件を備えているため，1948年からニュータウンの一つに指定され，開発公社によって新しく開発が進められた（**図1.13**）。

⑽ 田園郊外（garden suburbs）

イギリスにおける田園都市の成功は当時の世界各国に大きな影響をもたらし，田園都市に類するもの，あるいは田園郊外ともいうべきものが各地に建設された。田園郊外は大都市の郊外に位置し，十分なオープン・スペースや公共施設は備えているが居住者の大部分はバスあるいは高速鉄道によって母都市に通勤する一種の郊外住宅地であって完全な自給都市ではない。したがって，ハワードの田園都市の影響といってもその厳密な意味での後継者はイギリス政府が新都市法に基づいてニュータウンを開発するまで現われなかったといってよい。

イギリスにおける田園郊外としては，ロンドン郊外のハムステッド（Hampstead）およびマンチェスター郊外のウィゼンショウ（Wythenshawe）が有名である（**図1.14**）。ハムステッドは1907年，レイモンド・アンウィン，ベリー・パーカー両氏の設計になるもので

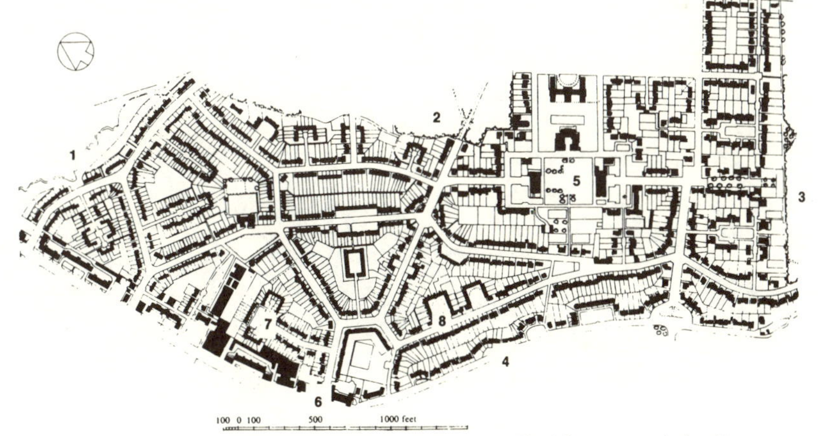

1. 小川　2. 樹林　3. ゴルフコース　4. Finchley　5. 中央広場
6. ショッピング・センター　7. Asmuns 広場　8. Hampstead 道路

図1.14　ハムステッド田園郊外[2-9]

当時の最もすぐれた設計の一つである。ウィゼンショウはマンチェスター市の中心部のスラムを救済する目的で，市の住宅委員会によって1926年から開発が着手されたものである。市は2,200 haの土地を取得し，400 haの農業地帯を残し，100 haの公園，40 haのゴルフ・コースを含む市街地として開発した[1]。

⑾ トニー・ガルニエ（Tony Garnier）

トニー・ガルニエは若くしてローマ賞を獲得したフランスの建築家であった。有名な工業都市（La Cité Industrielle）は1899年から1901年にわたって，ローマに滞在している間に設計されたもので，1917年に発表されている。

この計画は都市を構成する機能を地域的に分離し，明確な都市構造を示した画期的な提案であると同時に，彼はテラスや中庭をもつ住宅群やピロティをもつ集合住宅，多くの公共建築物などを設計し，都市における秩序を確立し，実利と造形を結びつけようとする提案であった。この点は多くの建築家に影響を与え，ル・コルビジェも彼から多くのものを得ているといわれる。

ガルニエの工業都市は人口35,000人で，工業地域は河に沿って低地に広がり鉄道，道路，水運の便を確保し，水力発電所がある。都市自体は台地の上に線型に広がり，中心地区には行政，集会，レクリエーションなどの公共建築物を備え，住宅や学校はその外側にあり，病院などの施設はさらに高所におかれている。工業地域と都市は緑地帯によって分離され，それぞれ拡張が可能である（図1.15）。

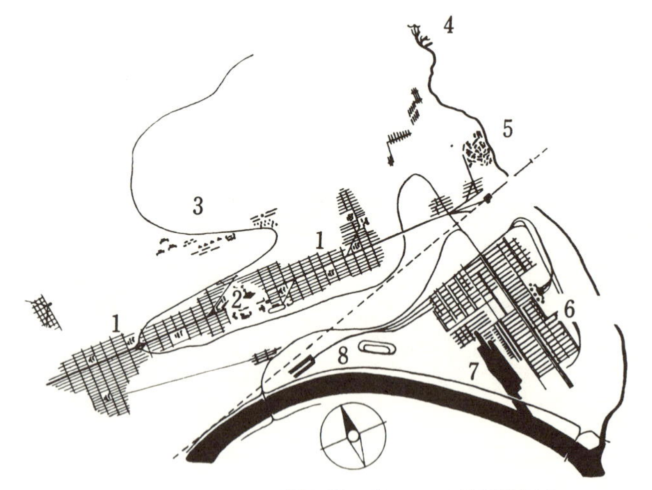

図1.15　ガルニエの工業都市[2-9]

1）ウィゼンショウはこの意味で最も田園都市に近似しているところから衛星田園都市（Satellite garden city）とよばれることがある．

(12) キャンベラ（Cambella）

オーストラリアの首都キャンベラは1901年6州をもって連邦を組織する協定が成立して以来，シドニー，メルボルンなど既存の都市とは別に，新しい都市として建設することになっていた。

1911年，連邦政府によって首都設計国際コンペティションが催され，シカゴの建築家グリフィン(Walter Burley Griffin)の案が選出された。この案は一時廃案となったが，1919年にグリフィンの案は復活し，その中心部はほぼ原案どおり実現されている。

グリフィン案は，モロングロ河をダムによってせき止め，洪水の多い平野を人造湖に変え，三つの異なる都市機能の中心を三角形の頂点に置くことによって都心部を形成している。すなわち，キャピタル・ヒルには中央官庁街を，シティ・ヒルには市政庁をはじめとする諸機能を，ラッセル・ヒルには鉄道駅を中心とする業務商業機能を配置した。その外側は郊外住宅地として計画されている。人口は約10万人（1969）である（図**1.16**)。

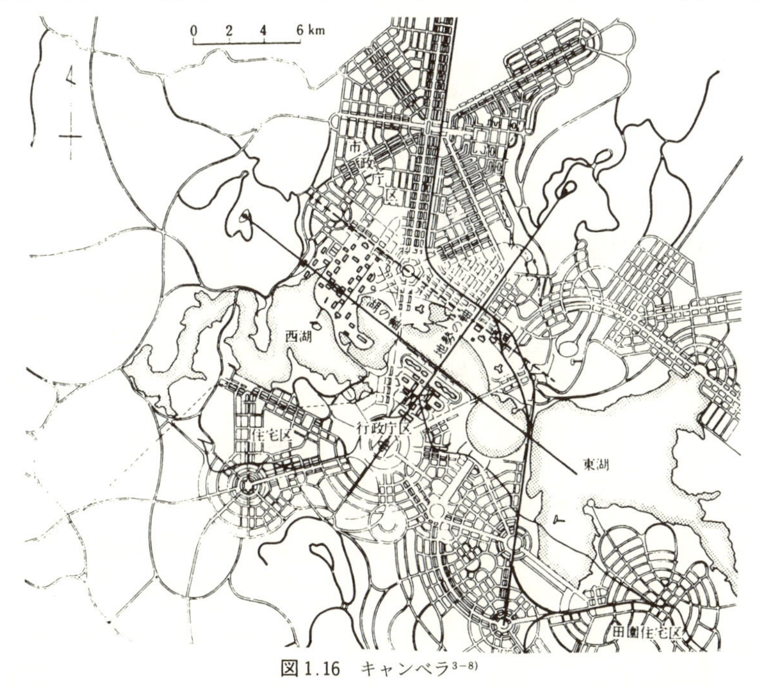

図1.16　キャンベラ[3-8)]

(13) 衛星都市（satellite towns）

衛星都市の発想は，E. ハワードの田園都市に由来するといわれている。衛星都市は大都市の膨張を抑制するために，その周囲に計画的に配置される独立した小都市である。これらの都市は工業地，商業地に職場を確保し，居住地域には日常生活に必要な各種の都市施設を完備する。また，大都市でなければ成立しない教育，娯楽，文化などの諸施設は母都市に置くが，衛星都市と母都市を結ぶ交通機関を整備し，容易にこれらの施設を利用しやすいようにする。大都市と衛星都市との間には永久的な農業地帯を配して連担を防止する。その名称は太陽の周囲に存在する衛星のような位置関係にあることから衛星都市とよばれるようになった。

衛星都市は1920年代に次のような各種のものが提案されている。

ポール・ウルフ（Paul Wolf）の工業都市（1922）

レイモンド・アンウィン（Raymond Unwin）の理想都市（1922）

ロバート・ホイットン（Robert Whitten）の理想都市（1923）

アドルフ・ラーディング（Adorf Rading）の理想都市（1924）

いずれも都市と農村の長所をとり大都市の弊害を救済するための都市分散政策に根ざしているといえる。後に戦時体制に入ってからは都市防空の観点から再び分散論が盛んになり，衛星都市的発想が脚光を浴びることになる[1]（図**1.17，1.18**）。

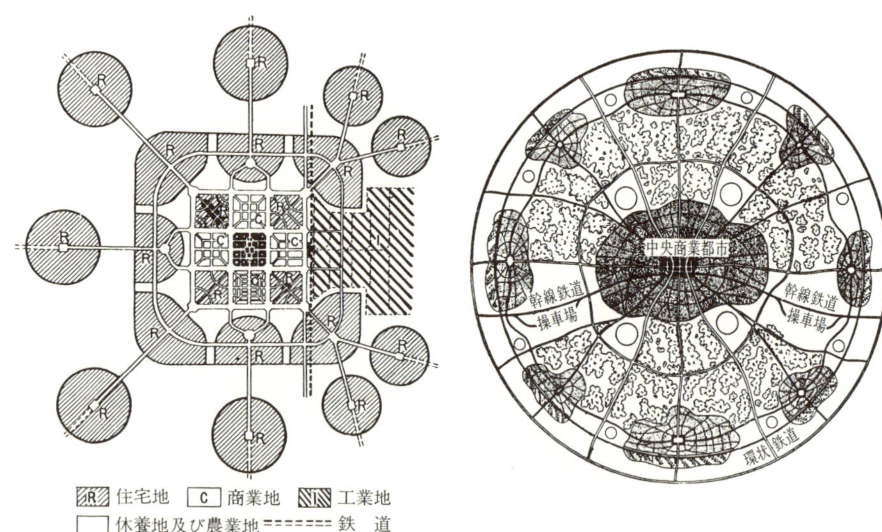

図1.17　アンウインの理想都市[2-22]

図1.18　ホイットンの理想都市[2-22]

⒁ パトリック・ゲデス（Patrick Geddes）

ゲデスはもともと生物学者であったが，1892年にエジンバラで雑誌「展望塔」（Outlook Tower）を発刊して，都市の構造や生活の複雑さの全容を明らかにしようとした。ゲデスは人間存在の全側面を観察することを主張し，物的計画と社会・経済的諸事業とを総合することを行動の基礎と考え，理論に基礎をおかないユートピアンの主張に対して反撃を加えることになった。

1）　武居高四郎：地方計画の理論と実際，p.51～52，冨山房，1938.

彼は著書「進化する都市」(Cities in Evolution, 1915) の中で工業都市に生ずる問題の解明を生物学からのアナロジイによって説き，都市の人口，雇用，生活などの調査と分析から，科学的な都市計画技術を発展させる必要性を主張した。この主張は当時の都市計画，とくに官庁の都市計画に大きな影響を与えた。それまでややもすれば感覚的にとらえられていた産業革命後の都市問題が，官庁の正確な統計によって把握され，解明されるようになったことは重要である。

⒂ ル・コルビジェ (Le Corbusier)

ピューリズムの近代画家でもあったフランスの建築家ル・コルビジェは，ハワードの田園都市やフェーダーの小都市論とは反対の立場で理想都市を唱えた。彼が都市計画についての考え方を発表したのは，1920 年代にさかのぼる。

1922 年，ル・コルビジェは「人口 300 万人の現代都市」の計画をサロン・ドートンヌに発表した。彼の目ざす理想都市は，広大なオープン・スペースに囲まれた壮大な摩天楼を中心とする都市であった。都市は巨大な公園でもあった。都心には 3,000 人/ha の人を収容する 60 階建の事務所建築が林立しており，その建ぺい率はわずか 5 % で，その中心には鉄道や飛行機のための交通センターが置かれた。摩天楼の周辺にはアパート地区があって，8 階建の連続住宅が広大なオープン・スペースの中に，あるいはこれを囲むように配置されており，その人口密度は 300 人/ha であった。郊外部には独立住宅からなる田園都市，工業地域，大公園が設けられていた (図 **1.19**)。

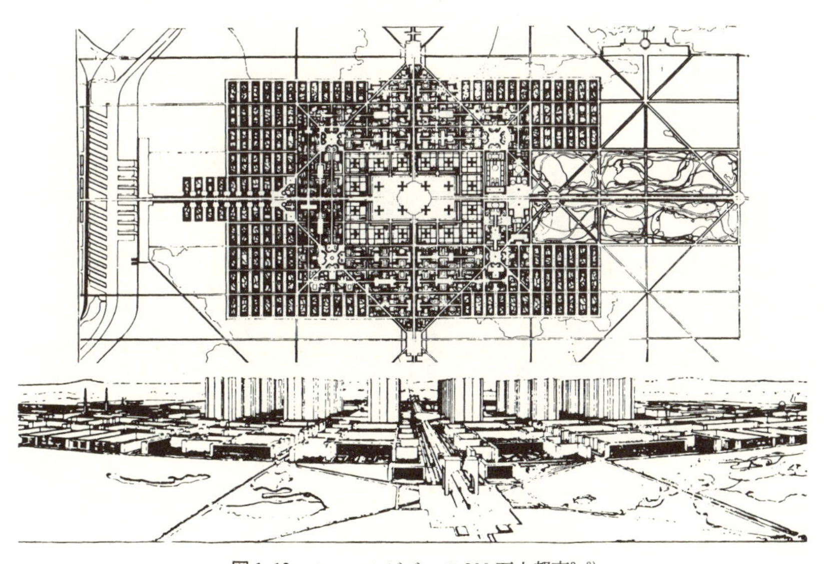

図 1.19　ル・コルビジェの 300 万人都市[2-8)]

ル・コルビジェの簡潔な都市理論と未来都市の計画の美しい表現は多くの人びと，とくに建築家や都市計画家の心をとらえ，大きなセンセーションを巻き起こした。

1925年にル・コルビジェはこの「現代都市」をパリ中心部のための「ボアザン計画」（Plan Voisin）に適用した。また，1933年「輝く都市」（Ville Radieuse）の計画でもこの発想を展開した。そしてこのような構想をアルジェ，ヌムール，アントワープ，ストックホルムの計画にも適用した。

ル・コルビジェは急速に進展する工業化社会の論理に忠実であった。アメリカの高層建築，自動車社会に魅せられてもいた。彼はこれらをすべて計画にとり込んでも技術的には解決の可能なことを実証しようとしたのである。

1928年，ル・コルビジェの主張を支持する各国の建築家によってCIAM（近代建築国際会議）が結成され，1933年のアテネの会議において現代都市のあり方についての考え方をまとめて，95条からなるアテネ憲章（La Charte D'Athènes）[1]として発表した。ここでは都市の四つの機能として，居住，余暇，勤労，交通をとりあげ，都市計画は住居単位を中核としてこれらの機能の相互関係を決定すべきであるとしている。〈緑，太陽，空間〉を理想都市の目標とするCIAMの主張は多くの人びとの共鳴を得て，各国の都市計画や住宅地計画の中に定着していった。

1945年，ル・コルビジェはさらに，建築刷新のための建設者の集り（ASCORAL）を組織して，都市の新しい研究を開始した。ASCORALは三つの「人間施設」を提唱した。「農耕単位」「放射集中都市」「線型工業都市」[2]がそれである。

⒃ クラレンス・スタイン（Clarence Stein）

アメリカにおいては郊外における中産階級の健全な住宅地の開発に努力が傾けられていた。1926年ニューヨーク市住宅公社はロングアイランドの10街区を取得して，サニーサイド・ガーデンス（Sunnyside Gardens）を建設した。この事業の計画はヘンリー・ライト（Henry Wright）とクラレンス・スタインが担当し，田園集合住宅（garden apartment）形式を採用した。

これに続いて，1928年に同公社はニューヨーク市から24粁離れたニュージャージーに420haの敷地を求めて開発したのが「自動車時代の都市」として有名になったラドバーン（Radburn）である。この計画もライトとスタインが担当した。ここでは，12～20haのスーパー・ブロックを採用し，この中を通過交通が通らないようにした。住宅は袋路や入込路を単位としてまとめられ，歩行者路と自動車の道路は交互に組み合わされて，完全に分離され，歩行者路はブロック内の共同庭園に導かれるシステムが組み立てられた。共同庭園は学校，プールなどの公共用地に連続しており，児童は学校や運動場に行くのにまったく

1）ル・コルビジェ著，吉阪隆正訳：アテネ憲章（ＳＤ選書102），鹿島出版会，1976.
2）5章5.4節参照.

通過交通を横切らずにすむ。この方式は後にラドバーン・システムとよばれ，各国のニュータウンや団地計画に適用されるようになった（**図 1. 20**）（**図 1. 21**）。

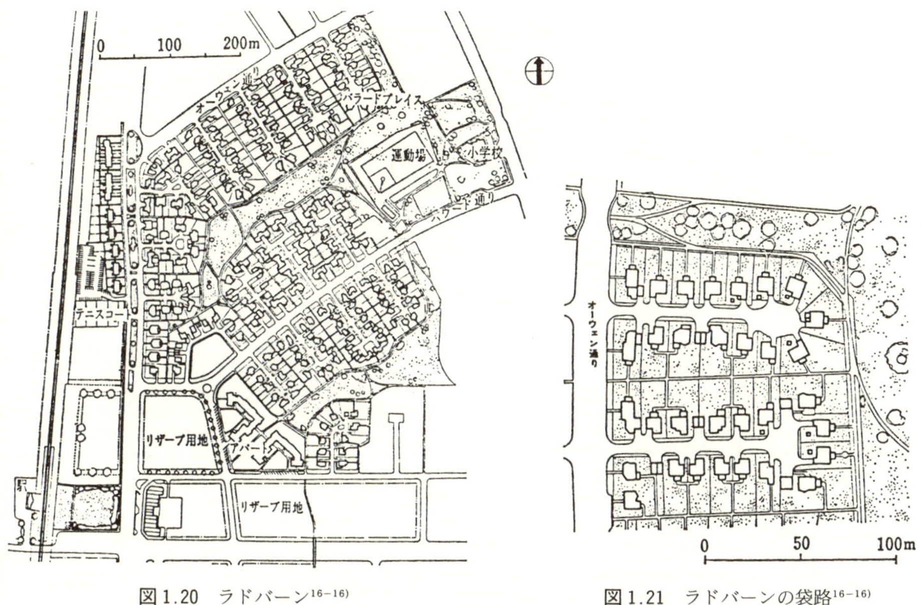

図 1.20　ラドバーン[16-16)]

図 1.21　ラドバーンの袋路[16-16)]

⒄ アーサー・ペリー（Clarence Arthur Perry）

1929 年，アーサー・ペリーは有名な近隣住区単位（neighborhood unit）[1)] の概念を明らかにし，これによって住宅地を構成することを提案した。この提案の骨子は小学校の校区を標準とする単位を設定し，住区内の生活の安全を守り，利便性と快適性を確保することを目的とするもので，次の六つの原則に要約される（**図 1. 22**）。

⑴　規模：住区単位の開発は，通常，小学校が 1 校必要な人口に対応する戸数をもつこと。したがって面積は人口密度によって変化する。

⑵　境界：住区単位は通過交通が内部に侵入せず，迂回して行けるように，十分な幅員をもつ幹線街路によって周囲をすべて囲まれていなければならない。

⑶　オープン・スペース：それぞれの住区の要求に応じて計画された小公園とレクリェーション・スペースの体系がなければならない。

⑷　公共施設用地：住区単位に応じたサービス・エリアをもつ学校その他の公共施設用地は，住区の中央部か公共用地の周囲に具合よくまとめられていなければならない。

1)　C.A.Perry：The Neighborhood Unit，1929 は，ニューヨーク大都市圏の調査報告（Regional Survey of New York and Its Environs）の第 7 巻に収録されている．邦訳として，C.A.ペリー著，倉田和四生訳：近隣住区論，鹿島出版会，1976 がある．

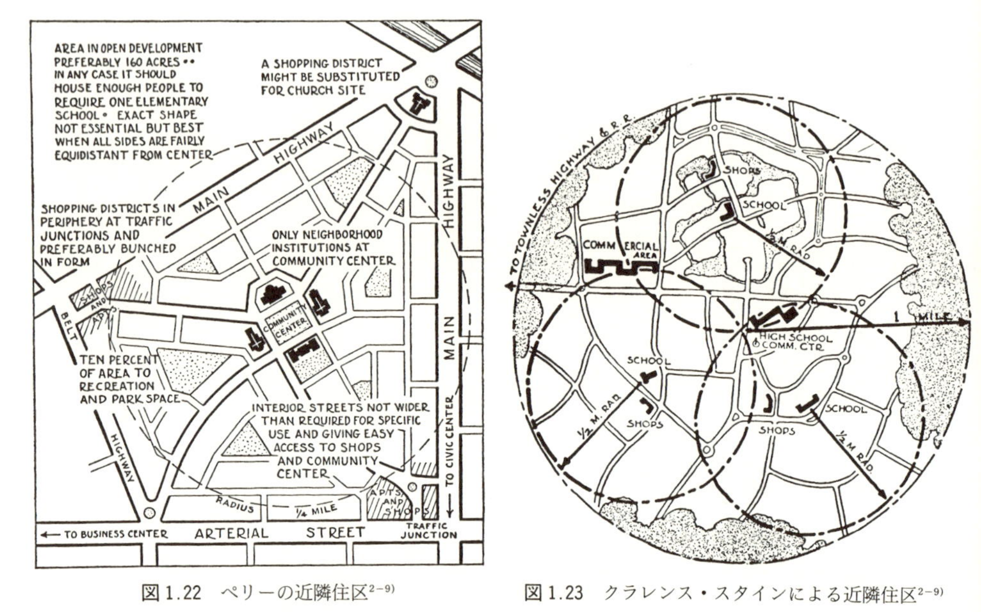

図1.22　ペリーの近隣住区[2-9]　　図1.23　クラレンス・スタインによる近隣住区[2-9]

(5)　地区的な店舗：居住人口にサービスするのに適当な，1ケ所以上の店舗地区を住区の周辺，できれば道路の交差点か，隣の住区の店舗地区に近い位置に配置すべきである。

(6)　内部街路体系：住区内には特別な街路体系を設ける。住区内幹線街路には適度の交通量を付加し，街路網は全体として住区内の循環交通を容易にし，通過交通を防ぐように設計されなければならない。

近隣住区単位の原則は各国の実情に合うように調整され，住宅地の計画原理として，イギリスのニュータウンをはじめ各国の都市計画基準に採用された。

ペリーの近隣住区の提案には，アメリカの1920年代の社会的背景および彼が関係していたコミュニティ・センター運動の経験など，社会的側面を見逃すことはできない。近隣住区の社会的側面についてはアイザックス，デューイ，ジェイコブスなどの批判がある一方，ルイス・マンフォードをはじめとして近隣住区の弁護者も多い（**図1.23**）。

(18) ミリューティン（N. A. Milyutin）

放射環状の求心的都市形態に対して，ソビエトのミリューティンの帯状都市は各種機能を平行に線型に配置している点で，一つの典型的な都市パターンといえる。このパターンは工業都市の編成に際して工業配置の流れ作業系統に従って，しかも住宅地・工業地を最短距離におくという要求に合致している。**図1.24**はそのパターン図であり，**図1.25**は1930年，ミリューティンによってボルガ河に沿ってスターリングラードの都市計画案に適用されたものである。

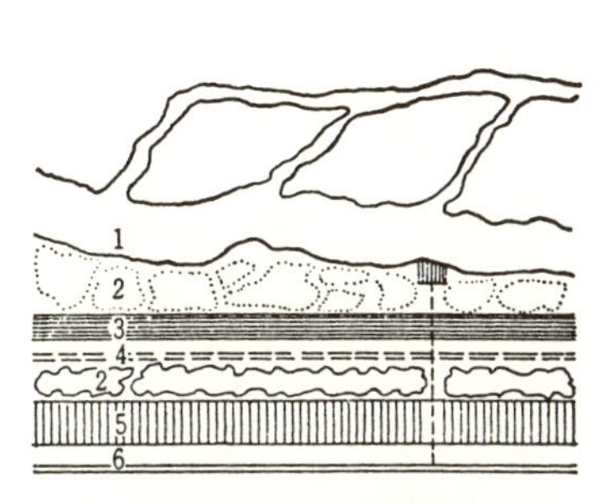

1. ボルガ河　4. 高速道路
2. 緑地帯　5. 工業地域
3. 住居地域　6. 鉄道

図 1.24　帯状都市[2-9]

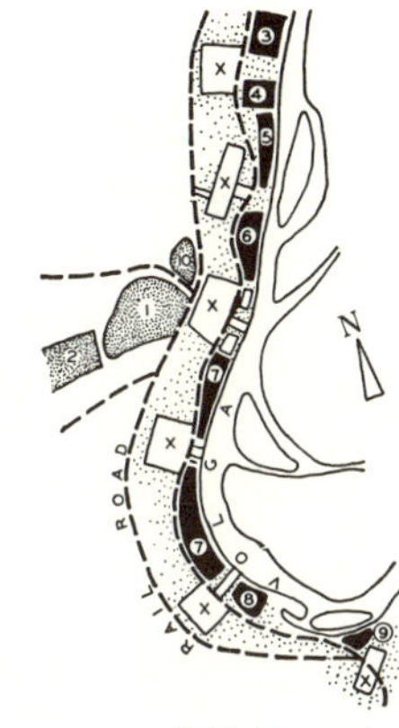

1. 空港
2. 休養の家
3. 木材工業
4. 冶金工業
5. トラクター工場
6. 機械工業
7. 製材工業
8. 化学工業および変電所
9. 造船所
10. 中央公園
×. 住宅地および学校

図 1.25　スターリングラード[2-9]

工業地域は鉄道に沿って線型に伸び，幅数百メートルの緑地帯が住宅地と工業地を分離している。したがって，緑地はどの住宅地にも近く，公園，運動場などの諸施設も各地区に均等に配置しうる。

この都市パターンは工業地の発展に沿って住宅地を延伸できるなど利点も多いが，求心性を欠くなどの欠点があり，現在，ソビエトの都市計画において一般的に行なわれているわけではない。しかし線型都市的な発想はMARS，ヒルベルザイマー，ル・コルビジェなどにもみられ，わが国の臨海工業都市の計画にもみられる。

⒆ ゴットフリード・フェーダー（Gottfried Feder）

1932年，ドイツの都市学者ゴットフリード・フェーダーは著書「新都市」（Die Neue Stadt）の中で人口2万の理想都市を提案した（**図 1.26**）。彼はドイツ諸都市の統計的な分析を行ない，これに基づいてモデル都市の構成を詳細に示した。彼は近隣住区の考え方を拡張して，生活の日中心，週中心，月中心の段階的構成とこれに対応する公共施設の種類と配置の基準を作成した。

当時のドイツはナチスの政権下にあり，彼はその都市政策に理論的な裏付けを行なった。彼の考える日常生活圏のゲマインシャフト的な閉鎖性や，社会現象に対する機械的にすぎる理論構築に対しては多くの批判があるが，戦前のわが国の都市計画論に大きな影響を与えた[1]。

⒇ フランク・ロイド・ライト（Frank Lloyd Wright）

建築家として有名なフランク・ロイド・ライトは1935年にニューヨークで開催された工芸美術展覧会にブロード・エーカー（Broadacres）の計画の基本計画を発表した。彼はそ

1)　石川栄耀，西山夘三氏らの論文にはフェーダーの影響が顕著である．

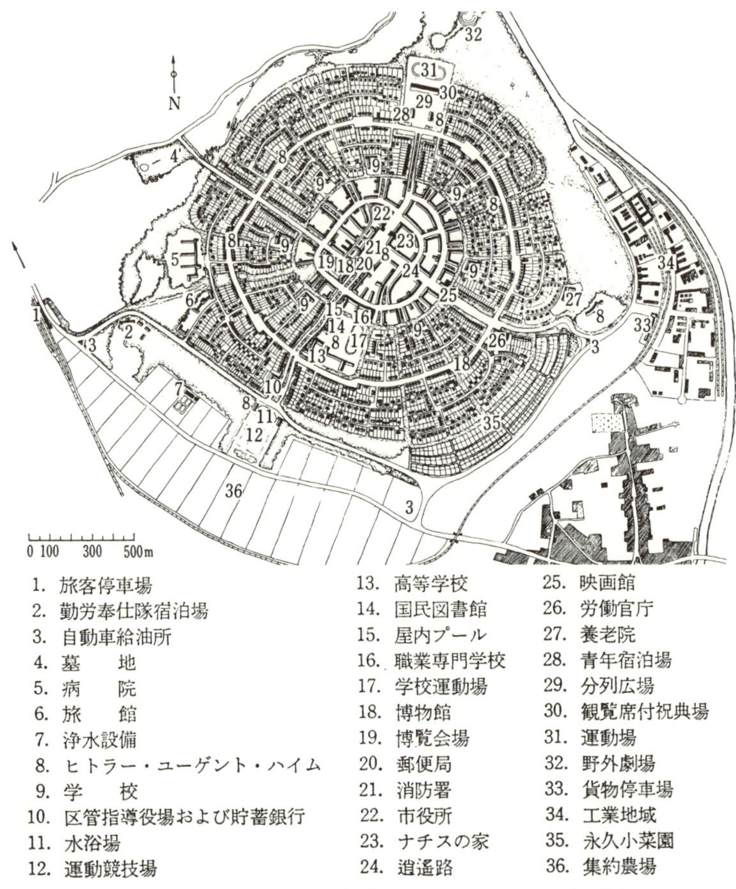

図 1.26　G．フェーダーが計画例として示した人口２万の都市
(Heinz Killus 案)[2-6]（田辺平学氏による）

の後，自分の建築作品のほとんどをこのブロード・エーカーの一部として組み込んでいたともいわれている。

彼の提案は「社会を形成する各単位の分散とその建築的合理化」を目的としたものといわれており，工業，商業，住宅，社会施設および農業を鉄道や幹線道路に沿って広域に展開し，分散再配置するというものであった。計画人口はとくに示されていないが，一戸あたり最小１エーカーの土地を保有せしめるという点に特徴がある。したがって，人口密度は ha あたり約 40 人という，日本では考えられない低密度の都市である。

ライトの基本的構想はユーソニアと名づける民主主義共同社会を理想とし，アメリカ大陸という広大な地域と自動車やヘリコプターなどによる交通を前提として考えられた理想都市であるといえる（**図 1. 27**）。

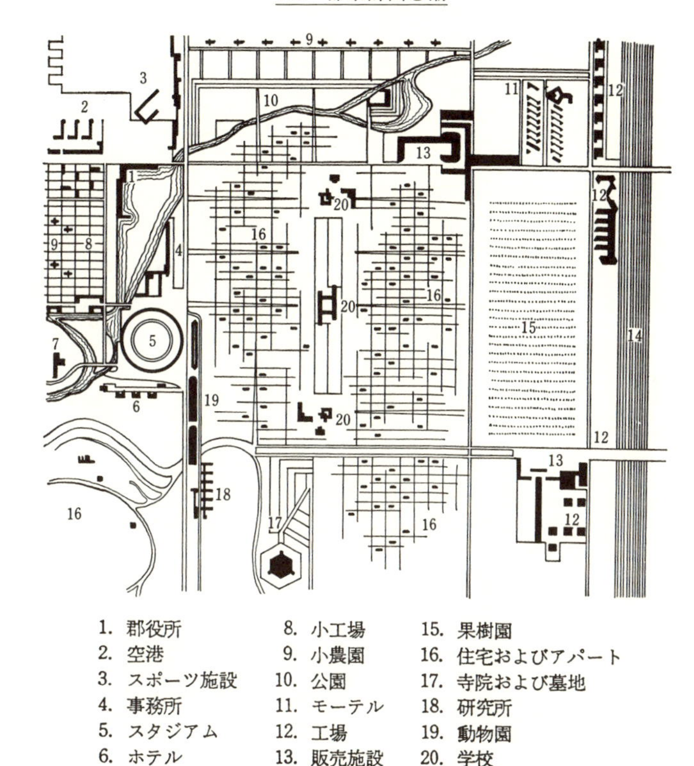

1. 郡役所
2. 空港
3. スポーツ施設
4. 事務所
5. スタジアム
6. ホテル
7. サナトリウム
8. 小工場
9. 小農園
10. 公園
11. モーテル
12. 工場
13. 販売施設
14. 鉄道
15. 果樹園
16. 住宅およびアパート
17. 寺院および墓地
18. 研究所
19. 動物園
20. 学校

図 1.27 ブロード・エーカー[2-9)]

(21) グリーンベルト・タウンズ（Greenbelt Towns）

Greenbelt Towns は1935年からアメリカ政府が不況対策の一環として開発した田園郊外の総称である。当初四つの都市が計画されたが，そのうちワシントン郊外のグリーンベルト（Greenbelt），シンシナティ郊外のグリーンヒルズ（Greenhills），ミルウォーキー郊外のグリーンデイル（Greendale）の三つは実現したが，ニュージャージーのグリーンブルック（Greenbrook）は実現しなかった。これらはいずれも大都市の近郊に開発されたもので，田園都市の影響を受けたものといわれる。

グリーンヒルズはシンシナティの中心から約11マイルの地点にあり，総敷地面積は5,930エーカーである。3000戸が計画され，1～2戸建が20%，3～6戸の連続住宅が50%，アパートが30%を占める。土地利用は168エーカーが住宅地，12エーカーがコミュニティ施設，35エーカーが道路にあてられ，50エーカーが住民菜園，コミュニティ公園，遊び場に使用されている。保存されるオープン・スペースは695エーカーで，残り4,970エーカーが農園や森林や野生地となっている（図 **1.28**）。

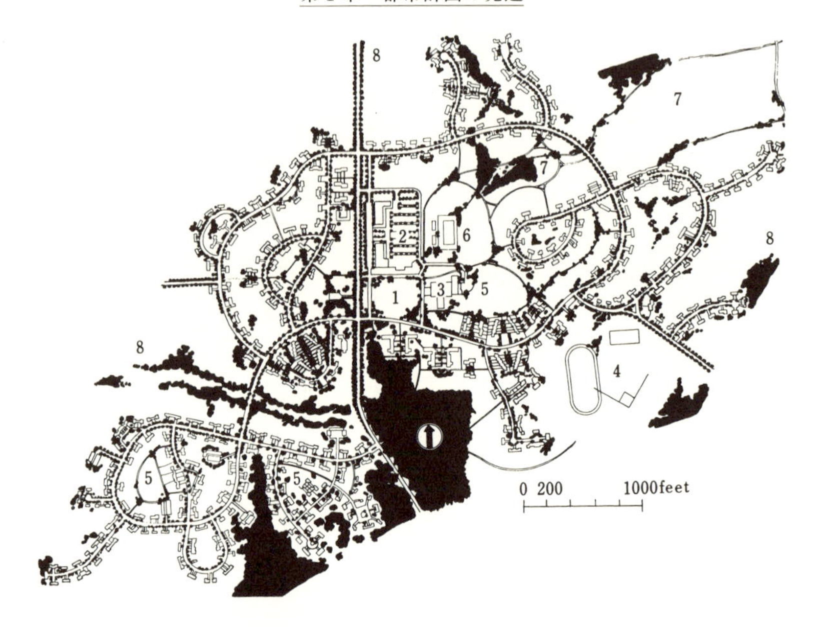

1. 都市共有地
2. 商業中心
3. コミュニティ施設
4. 運動場
5. 公園
6. プール
7. 将来拡張予定の住宅地
8. 緑地帯

図1.28　グリーンヒルズ[2-9)]

(22) チャンディガール（Chandigarh）

インドから西パキスタンが分裂したとき，インドのパンジャップ州の州都であるラホール（Lahore）はパキスタン領に編入された。そこでヒマラヤ山麓の起伏のあるチャンディガールが，パンジャップ州の新都市の地に選定された。ネール首相は，新都市計画の政府顧問にル・コルビジェを任命した。彼はイギリスのマックスウェル・フライ（Maxwell Fly），ジェーン・ドリュー（Jane Drew），州の主任技師であるヴァーマ（F. L. Verma）と協力して，1951年にマスター・プランを策定した。

将来人口は50万人と予定されたが，その第1段階として3600 haの土地に15万人を収容する建設が開始された。主要街路は格子状に計画され，800 m×1200 mの17のセクターによって構成されている。各セクターは5,000〜20,000人が居住する近隣住区で，商業中心やシビック・センターが中心に置かれている。

国会議事堂のある地区は，市街地からはずれた地点にあり（88 ha），ここには行政官庁，集会場，最高裁判所，州知事官邸などがあり，地区設計，建築設計ともにル・コルビジェの手になる（**図1.29**）。

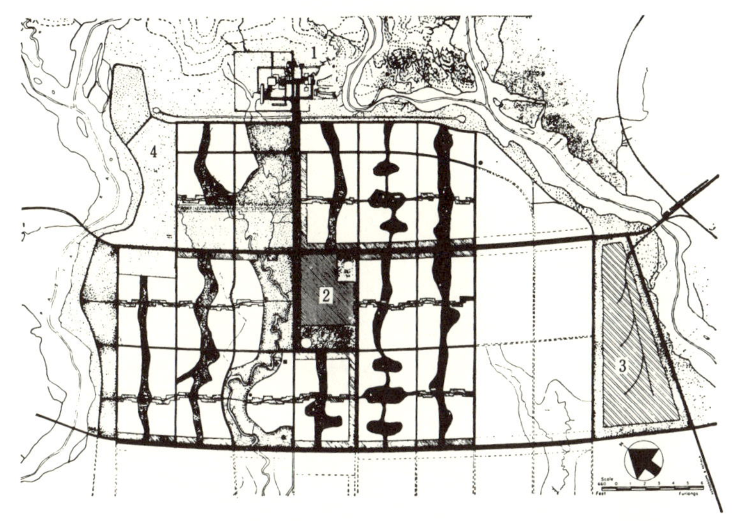

1. 官衙地区　2. 商業中心地とシビック・センター　3. 工業地区　4. 総合大学

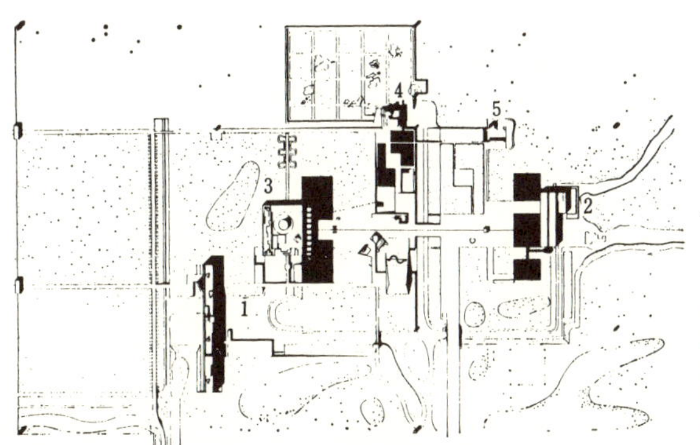

1．行政官庁
2．最高裁判所
3．議事堂
4．大統領官邸
5．彫刻「開かれた掌」

図1.29　チャンディガール[2-9)]

㉓ チーム・テン（Team 10）

1933年にCIAMが制定したアテネ憲章も，1950年代に入るとはやくも幻滅が感じられ，新しい時代に適応しないとする意見が若い建築家の間から出てきた。そしてル・コルビジェらによって推進されていたCIAMは1956年第10回の会議を最後に崩壊した。しかし，この会議の準備をした建築家たちは，チーム・テンというグループを結成した。メンバーは少しずつ入れ替っているが，オランダのバケマ(J. B. Bakema)，ヴァン・アイク(Aldo van Eyck)，フランスのキャンディリス（George Candilis)，ウッズ（Shadrah Woods)，イギリスのスミッソン夫妻（Peter & Alison Smithson）などが中心になって自由な結びつきで会合が続けられている。彼らは新しい時代に必要な建築や都市計画の問題の解決を目ざして互いにつながりを求めて，考え方や情報を交換し，CIAM の成果をふまえたうえで，これを乗り越えようという意欲を燃やしつづけている。

1962 年に，チーム・テンはメンバーがこれまで発表した資料，論説，図版などを集めて「Team 10 Primer」として出版した。この本は統一したスローガンや一貫した筋書きがあるわけではないが，建築家の社会的役割，都市のインフラストラクチュア，住宅のグルーピングなど多くの問題についての新しい考え方が述べられている。

この本の中にはアソシェーション (association)，アイデンティティ (identity)，クラスター（cluster)，モビリティ（mobility)，ステム（stem）など新しい概念がしばしば登場するが，これが彼らの都市構成理論の基本的要素になっていると考えられる[1)]。また代表的な作品としては，キャンディリス，ヨジック，ウッズらのグループによるトゥールーズ・ル・ミレイユ（Toulouse le Mirail)[2)] やスミッソン夫妻らのベルリン都心部計画などがあげられる。

㉔ ドキシアデス（C. A. Doxiadis）

ドキシアデスはギリシャの建築家であり，実務・教職の経験をもつ計画家であった。彼はギリシャに事務所をもち，ドキシアデス協会の会長として，エキスティックス＝人間定住社会理論（EKISTICS――Science of Human Settlement）を展開し，1963 年デロス宣言を採択した。

彼によれば，人間定住社会の要素は人間，社会，機能，自然，殻（shell）の五つからなり，これらの調和ある相互関係を生み出さなければならないとする。また，その空間単位として 15 の単位をあげている（**図 1.30**）。

彼の未来の都市は 3 次元の空間に対して，4 番目の次元である時間にポイントがおかれ，ダイナミックに発展する未来都市をダイナポリスと名づけた。ドキシアデスの人間定住社会論はこれまで研究の枠組や方法論に終始している感が強く，その具体的な計画内容や社会のあり方については，これまであまり明確な主張がみられない[3)]。

㉕ ブラジリア（Brasilia）

1889 年に制定されたブラジル共和国憲法には新首都の建設が規定されていた。新首都の位置は未定であったが，1955 年にリオ・デ・ジャネイロから約 960 粁離れた二つの河川の合流点が敷地として選定された。大統領によって任命された開発会社が新都市建設の責任を負い，1957 年に計画の競技設計が行なわれ，ブラジルの建築家ルシオ・コスタ（Lucio Costa）の案が当選した。

---

1) アリソン・スミッソン編，寺田秀夫訳：チーム 10 の思想，彰国社，1970.
2) 8 章 8.3 節参照.
3) ドキシアデス著，磯村英一訳：新しい都市の未来像，鹿島出版，1965.

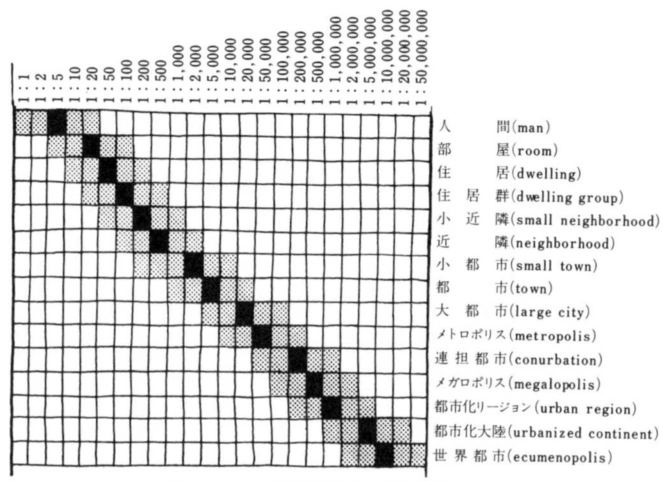

図 1.30　人間定住社会の空間単位[2-16)]

この計画は十字形に交差した二つの巨大な軸をもつ大胆な構想に基づいている。立体交差した幹線交通網がこの軸を横切っている。一方の軸には行政・業務・娯楽などのセンターがおのおの分離して配置され，もう一つの軸に沿って住居地区が配置されている。都市の建設にはオスカー・ニーマイヤー（Oscar Niemeyer）も参加し，力強い建築形態が生まれた。住宅地の多くは高層アパートの大街区で占められており，コンクリートとガラスによるモニュメンタルな表現が都市全体の形態的特徴になっている（**図 1.31**）。

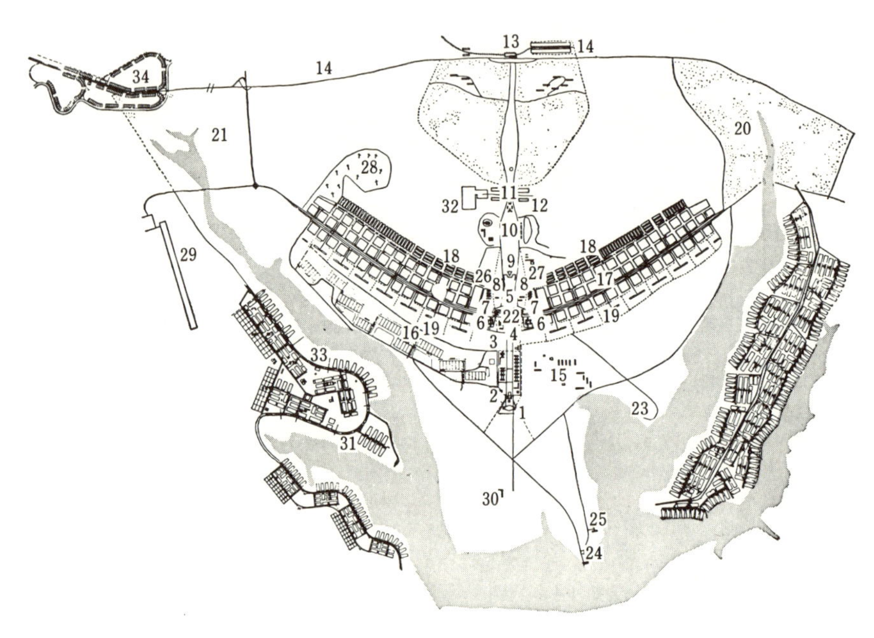

1. 三権広場
2. 中央官衙地区
3. 教会
4. 文化地区
5. アミューズメント地区
6. 事務所地区
7. 商業地区
8. ホテル
9. ラジオ・テレビ塔
10. スポーツ地区
11. 市政広場
12. 駐留基地 (Sentry Outpost)
13. 鉄道駅
14. 倉庫・小工場
15. 総合大学
16. 大使館・法王使節館
17. 住居地区
18. 二戸建住居
19. トウィン・スーパーブロック
20. 植物園
21. 動物園
22. ハイウェイ・ターミナル
23. ヨット・クラブ
24. 別邸
25. ツーリスト・ホテル
26. 展示場
27. 乗馬クラブ
28. 墓地
29. 空港
30. ゴルフクラブ
31. 独立住宅地
32. 印刷工場
33. 独立住宅地
34. 郊外住宅地

図1.31 ブラジリア[2-9]

(26) ケヴィン・リンチ（Kevin Lynch）

マサチューセッツ工科大学（M. I. T.）の都市計画専攻の教授であるケヴィン・リンチはフランク・ロイド・ライトに師事したことのある建築家でもある。彼は，1960年に「都市のイメージ」（The Image of the City）というきわめてユニークな都市論を発表したことで有名である。

彼は都市は人びとによってイメージされるものであるとし，イメージされる可能性をイメージアビリティ（imageability）と名づけ，これを高めることこそ，美しく楽しい環境にとっての要件であるとしている。彼のイメージアビリティは個人のそれではなく，集団のイメージを指し，都市の住民の大多数が共通に抱くイメージをパブリック・イメージと名づけている。彼は都市的なスケールをもつ視覚的形態を解析し，都市デザインに有効な原則を発見するために，ボストン，ジャージー・シティ，ロサンゼルスの3都市をとりあげて調査を行なった。

リンチは環境のイメージの成分として，アイデンティティ＝そのものであること（identity），ストラクチュア＝構造（structure），ミーニング＝意味（meaning）の三つをあげ，またイメージを構成する要素として，パス（path），地区（district），エッジ（edge），ランドマーク（landmark），結節点（node）の五つをあげている（**図1. 32**）。

リンチの論旨は明快で，独創性があり，都市景観に対する時代の要求をよく反映しており，時にはカミロ・ジッテと対比されるほど評価が高い。この研究はなお分析的段階に止まっているが，これから一歩前進して，実際の設計にこれを応用する試みはすでに各方面で始められている[1]。

(27) パターン・ランゲージ

クリストファー・アレグザンダー（Christopher Alexander）は1977年に建築や都市計画に対する全く新しい取り組み方としてパターン・ランゲージを提案している。

アレグザンダーは地球上の環境は一つとして孤立して存在しておらず，すべてが影響し合っているとする。そして，多くの人が環境づくりに参加すべきであり，その際に用いられるべき，環境を組み立てる道具がパターン・ランゲージだとしている。パターンは単語であり，ランゲージは文法，建物や町は文章である。町，近隣，住宅，庭，部屋について253のパターンを豊富な図をいれて説明している。

そして，このパターンを正しく用いた町や建物の作り方を述べている。

(28) コンパクトシティ[2]

20世紀末ごろから欧米諸国を中心とする国際的な地球環境問題への関心がたかまり，

1）ケヴィン・リンチ著，丹下健三，富田玲子訳：都市のイメージ，岩波書店，1968
2）海道清信：コンパクトシティ―持続可能な社会の都市像を求めて，学芸出版社，2001

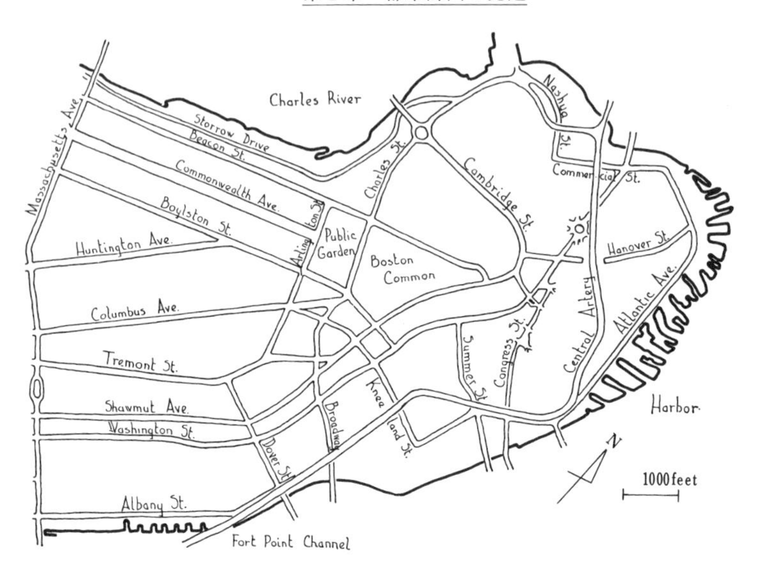

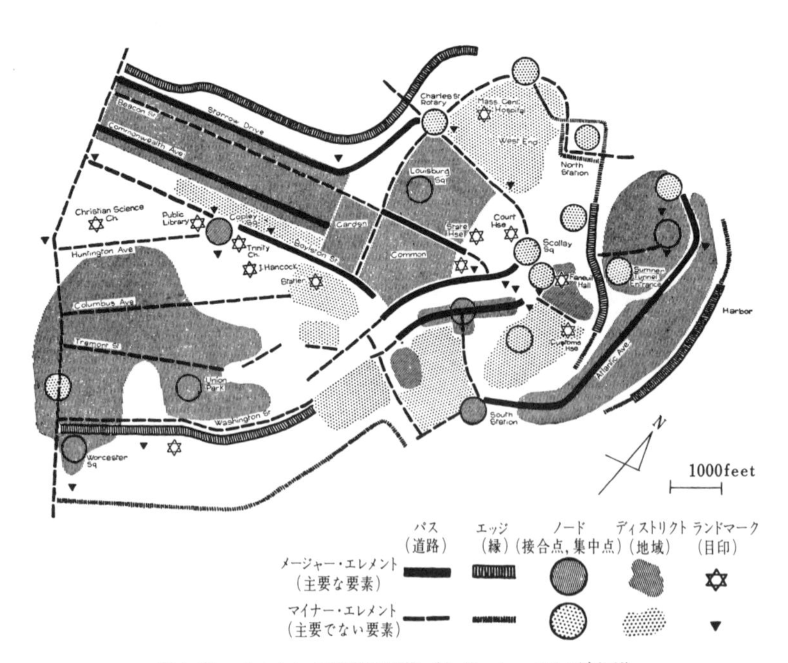

図1.32　ボストンの視覚的形態（ケヴィン・リンチ）[2-28]

地球上の人口規模の増大と地球環境の限界をめぐって新たな動きが生まれてきた。そこでは持続可能な都市形態として，コンパクトシティの考え方が提案され，都市の無秩序で際限のない拡張を押しとどめ，持続可能な都市化のありかたが地球環境にとって必要不可欠という合意が国際的に必要とされるようになった。地球上の都市化は19世紀から急速に発展する工業化社会において自然や快適な地球環境の破壊をもたらしていることへの危機感が次第に地球規模で共有される運動が展開されるようになった。

⒆ 創造都市論[1)]

一方，近現代の都市社会は，基本的に工業の成長発展が豊かな社会をもたらした。また，その拡大は爆発的な都市化を地球上にもたらした。都市は工業の発展によって人々に雇用の機会がもたらされ，経済的に豊かな生活を得られるようにもなった。工業を中心とする新たな産業によって人々は過去の歴史にない豊かな生活を都市で送れるようになった。しかし，その一方で産業公害の問題や過密化した都市環境で，都市では急速に悲惨な問題を人間社会にもたらしたのである。

一部の欧米先進国では，工業を核とする都市から芸術文化の機能を都市に求めるようになり，こうした都市を創造都市と呼ぶようになった。

そして，地球上の多くの大都市では一つの都市がいくつもの特徴を兼ね備えるようになっているところも多い。

⒇ エリアマネジメント[2)]

住民・事業主・地権者等により行われる文化活動，広報活動，交流活動等のソフト面の活動を継続的，計画的に実施することにより，街の活性化を図り，都市の持続的発展を推進する自主的な取組みのことを指している。

住宅の場合には，建築協定を活用した良好な街並み景観の形成・維持，良好なコミュニティづくり等が挙げられる。また，業務・商業地の場合には，市街地開発と連動した街並み景観の誘導，地域美化やイベントの開催・広報等の地域プロモーションの展開等がある。

この種の活動の概念は欧米先進国に存在するわけではなく，東京都心の大手町・丸の内・有楽町区域で企業が中心になって主体的に取り組んだものである。

東京都心千代田区の大丸有（大手町・丸の内・有楽町）地区では再開発協議会が母体となり，地区に関わりのある企業・団体やワーカー，学識者，弁護士等が集まって組成されたNPO法人がエリアマネジメント協会を運営している。地区内の美化・緑化・パブリック空間の活用，イベントによる地域の活性化など，様々なコミュニティの形成等の活動を

1) 佐々木雅幸＋総合研究開発機構編：創造都市への展望—都市の文化政策とまちづくり，学芸出版社，2007

2) 都市計画用語研究会：四訂都市計画用語辞典，ぎょうせい，2012

行っている。エリアマネジメントは欧米に諸国に類例があるわけではなく，わが国独自の地域活動である。

(31) 都市再生

1970年代の2度のオイルショック（石油価格高騰による経済への大きな影響）は世界経済に深刻な影響をもたらした。とくに，先進国の都市においては工業の衰退によって既に進んでいた都市の中心市街地の空洞化や産業用地の未利用地化に拍車がかかったのである。こうした問題に対処するために欧米先進国では，既に都市活性化（Urban revitalization）や都市再生（Urban regeneration）といった政策がとられるようになっていた。

わが国の場合は1980年代の経済成長が1990年代初頭のバブル経済の崩壊によって大きく転換して，その後20年以上にわたって経済が低迷し，デフレ経済の時代を経験することになった。この頃から，わが国でも都市再生政策がとられることになった。つまり，2001年5月に内閣に都市再生本部が設立され，2002年6月都市再生特別措置法，同法に基づく「都市再生緊急整備地域」の指定，建築基準法，都市計画法の改正，マンション建替えの円滑化等に関する法律の制定，特例容積率適用区域制度（容積移転の規制緩和など），都市再生特区，都市計画提案制度，都市再生ファンドなどの金融支援制度，といった「都市再生」のためのさまざまな制度が用意された。

また，都市再生政策は法制度や行政の体制などの見直し，新たな開発手法や，事業に対する支援強化など，極めて幅広い領域で展開されることになった。たとえば，都市計画区域マスタープラン制度創設，建物のバリアフリー化やIT対応化などの都市機能の高度化，都心居住や住宅供給，潤いある街並みの整備などの都市の居住環境の向上を民間企業などの資金力やノウハウを活用して進めていくというものである。 さらに，土地区画整理法の改正（高度利用推進区創設など），PFI（Project Finance Initiative）制度の導入などがある。

PFI制度とは，公共施設等の建築，維持管理，運営など従来公共が行なっていた事業について，民間の資金，経営能力，技術的能力などを活用して民間主導で行う手法であり，1999年9月に通称PFI法（民間資金等の活用による公共施設等の整備等の促進に関する法律）により導入された。

PFI事業の多くは，民間事業者が公共施設の設計，建設，管理運営など利用者に対するサービス提供を行い，公共部門がその民に対しサービス提供の対価を支払う「サービス購入型」，補助金の活用により，民間事業者が官民双方の資金を用い公共サービスを提供する「ジョイントベンチャー型」，官の許認可に基づき民が独立した事業を行なう「独立採算型」などに分けられる。

PFI事業における資金調達には，その事業のみから得られる収益を返済原資として借り入れる「プロジェクト・ファイナンス」という手法が導入された。

1.3　近代都市計画の発展

A. イギリス

都市問題の発生

都市問題が最も早く現われたのは産業革命の母国，イギリスであった。産業革命はいうまでもなく，工業生産過程における手工作から機械的作業への移行，マニファクチュアから工場制への転換を意味する。近代資本主義が順調に発達したイギリスでは，これは18世紀後半からすでに古典的な姿で展開したが，他の欧州諸国では19世紀の中頃，アメリカでは19世紀後半，わが国は19世紀末と遅れて起こった。

イギリスにおける産業革命は紡績から織布へ，軽工業からしだいに重工業へ移り，馬車から鉄道へ，帆船から蒸気船[1]へと交通革命に発展していった。

産業革命の進行に伴って，中小の工場が都市に侵入し，農村における囲い込みにより農村人口の都市への流入ははげしくなり，低賃金で働く未熟練労働者が工業都市に集中した。19世紀に入って，マンチェスター，バーミンガム，リヴァプールなどの人口は急激に増加し，これと並んで首都ロンドンも巨大化していった。19世紀初頭に人口96万を数えたロンドンは，1841年に195万，1887年に420万に増加し，世界最大の都市となった。

中小の工場が都市の中に無秩序に入り込み，林立する煙突から出る黒煙とガスは空を掩い，工場廃水は家庭の汚水とともに低地に溜り，悪臭を放った。交通機関の未発達の状況下では，住宅は工場の近くに立地せざるをえなかった。労働者の住宅は私利私欲に目のくらんだ投機的な業者によって個別に供給されたため，狭い道路は屈曲したままで，住宅は工場に隣接して建てられ，建て増しや割り込みによって，日照や通風の満足に得られない密集市街地が各所に形成されていった。溝は開渠で，ごみは路傍につまれた（**図1.33**）。

図1.33　19世紀イギリス工業都市の状況[2-20]

1)　1765年，ワットが蒸気機関を発明．

個々の住宅の質も今日では想像も及ばないほど低かった。イギリス諸都市における住宅難の惨状はエンゲルスの「イギリスにおける労働者階級の状態[1]」に詳しく描写されている。これによるとグラスゴーでは建物の各階に3〜4家族が住み，1室に15〜20人もつめ込まれていた事例が報告されている（**図1.34**）。

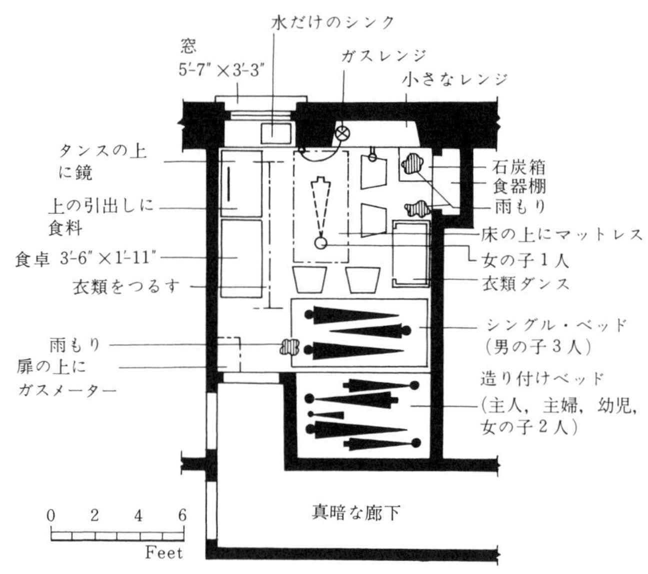

図1.34　グラスゴーの一室過密住宅の例（R.I.B.A.誌1948による）[2-20]

住居法の成立

一方，1830年から32年にかけて伝染病が蔓延し，多くの死者を出すという事態があり，シャフツベリー卿（Lord Shaftesbury）らの努力によって，労働者階級の社会的条件を改善すべきであるとする主張が採り上げられるようになった。1839年には全国の都市の衛生状態の調査が行なわれ，1848年にようやく公衆保健法（Public Health Act）が制定された。この法律は有害物の除去と疾病の予防を内容とするものであったが，過密居住，排水の不完全，汚水溜，便所など不衛生な住宅の確認が含まれていた。1866年の衛生法(Sanitary Act)以降，不良住宅の登録，検査，通告，改善勧告へと進むが，これよりさき，1851年にはじめて労働者階級宿舎法[2]（シャフツベリー法）が制定され，衛生法から住居法への一歩が踏み出された。この法律は市および県に労働者のための住宅の建設または購入の資金を貸し付ける権限を与えたものである。住居法の改正により，住宅の保全は所有者の義務とし，義務を果たせない場合には公共団体が強制的に改善する責任があるとし，また，

1) F.Engels: The Condition of the Working Class in England, 1844.
2) Labouring Class Lodging Houses Act (Shaftesbury's Act).

個々の住宅だけではなく地区全体を対象として改良しうるという考え方からスラム・クリアランス（slum clearance）が可能になった。

建築条例

この頃，新興工業国ドイツにおいては列国に先がけて 1875 年にプロシャ建築線法を制定したが，1894 年には有名なロンドン建築法が定められ，道路の幅員，壁面線，建物周囲の空地，建物の高さなどの規制が行なわれるようになり，次いで各市で建築条例が設けられるようになった。このようにして，住居法によって住宅の質の低下が阻止され，建築条例によって一定の幅員の道路の確保と住宅の配列は規制されるようになったが，条例の機械的な適用によって，いわゆるバイ・ロウ・ハウジング（bye-law housing）といわれる殺風景で無味乾燥な市街地が広い面積にわたって形成された。1666 年のロンドンの大火後，大都市では木造建築は禁止されていたので，労働者の住宅は 2 階建煉瓦造の連続住宅が普通であったが，ブロック内にわずかな裏庭がとられているだけで，家並は道路の両側に 100 m 以上も延々と続き，自然の風物はまったく欠けていた（**図 1.35**）（**図 1.36**）。

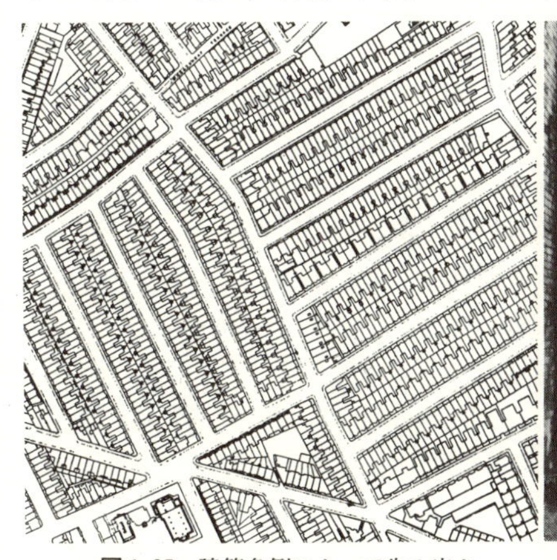

図 1.35　建築条例によって生み出された街並[2-17)]

図 1.36　イギリス 19 世紀労働者住宅[1-8)]

都市計画の成立

1902 年にフランクフルトでアディケス法が施行されるなどドイツにおける都市計画の発展がめざましかったことや，E. ハワードの田園都市や P. ゲデスの提案などの影響もあって，イギリスにおいても都市計画に対する関心が高まり，1909 年には「住居および都市計画等法」（Housing, Town Planning etc. Act）が制定された。

このようにして，衛生法から発展した住居法は都市計画を内包するようになり，住宅政策は都市計画と不可分の関係において運用されるようになった。しかし，当時の都市計画の内容はまだ不明確であり，1894 年のロンドン建築法にみられるような，道路の幅員，壁面線，建築周囲の空地，建築物の高さなどによる規制などはこの都市計画の範囲に含まれていなかった。1919年の同法はすべての市と人口2万以上の町に都市計画の準備を義務づけたが，都市計画の概念は依然として不明確で，都市計画は，これから開発される見込みの土地に対する計画として観念されていた。

1919年法による進展はむしろ住居法の側でみられた。同法は公共による住宅供給を増加させるために，国庫補助の原則を確立し，公営住宅の供給と地方庁による家賃補助を可能にしたのである。またこれらの住宅の基準として，チューダー・ウォルター報告（Tudor Walter's Report）で推奨された1エーカーあたり12戸以下の密度と台所，浴室，庭つきの3寝室住宅が採用されたことは重要である。

このようにして郊外地の市街化は交通機関の発達によって急速に進展したが，誕生してまもない都市計画は土地利用の規制の能力に欠けていた。1925年には都市計画法は住居法から分離独立した法律となり，1932年には地方計画の概念をとり入れて「都市・農村計画法」（Town and Country Planning Act）となった。しかし，この都市計画は実際には一種のゾーニング計画であった。土地は住居地域，工業地域など特定の用途に区分され，建物の数や建物の周囲の空地などを制限することができた。しかしカリングワースも指摘しているように，「都市計画は現実の開発の傾向を受け入れ，認めたにすぎなかった。ゾーニングは必要以上に広く決められていたので，イギリス全土について合計すると1937年に3億5,000万人の人口を収容するだけの住居地域が指定されていた」といわれる。また，1935年には幹線道路沿いに開発が進むことを規制する目的で，帯状開発禁止法（Restriction of Ribbon Development Act）が制定されたが，これも有効ではなかった。

戦後の諸施策

このようにして，イギリスにおける都市計画の実質的な発展は第2次世界大戦後に持ち越されることになる。1945年大戦終結とともに，空襲の被害の少なくなかったイギリスでは，住宅の量の充足が最も大きな課題であった。政府は1946年の住居法によって国庫補助額を拡大し，地方庁による公営住宅の建設を促進する措置をとった。当時，建築資材や労務の不足もはなはだしかったため，労働党内閣は国内の建築を統制して，公営住宅4戸に対して個人住宅1戸の割で新築を許可する政策をとった。この措置は1952年の末，保守党内閣によって大幅に緩和されるまで継続されたので，戦後このときまでに建てられた新築住宅の約80%が公営住宅であったといえる。

一方，イギリスの都市計画の行政面では第2次世界大戦中から戦後の再建を目ざして準備が整えられていた。バーロウ委員会（産業分散），アスワット委員会（補償と開発負担金），スコット委員会（農村地域の土地利用）の3委員会の報告書の完成，土地使用の統制に関する政府白書，アーバークロムビーの大ロンドン計画の答申など，戦時中にかかわらず一連の組織的な研究の努力が着実に続けられ，その成果は1945年工業分散法，1946年新都市法，土地取得法，1947年都市・農村計画法，1952年都市開発法と相次ぐ立法となって結実した。

大ロンドン計画

大ロンドン計画は都市農村計画大臣の要請によって，アーバークロムビー（P. Abercrombie）教授が1944年に報告書として完成刊行したものである。この計画の骨子は，ロンドンの市街地の膨張を防ぐため，周囲に幅約10 kmの緑地帯をめぐらし，内部市街地から約100万の人口を工業とともに主として緑地帯とその外周の地域に移住せしめるものであった。ロンドン・カウンティを中心に内部市街地リング，郊外リング，緑地帯リング，外部田園リングの四つのリングを設定し，約40万人は既存都市の拡張によって収容し，約40万を八つの新都市[1]を建設して収容することを提案した（**図1.37**）。

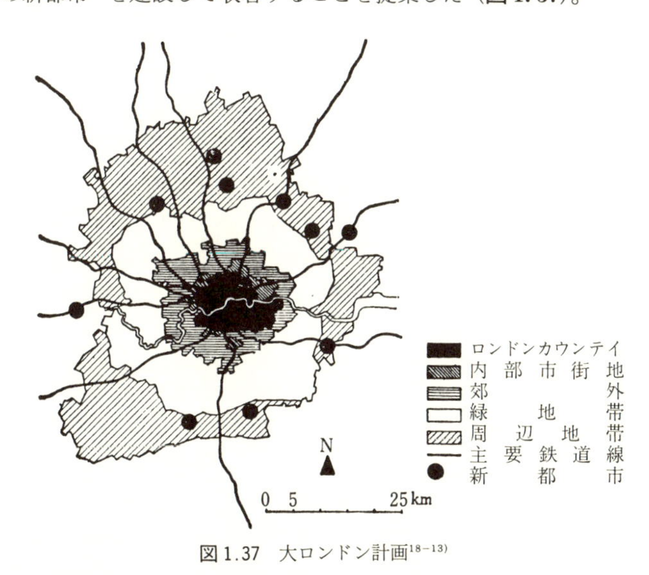

図1.37 大ロンドン計画[18-13]

新都市法と拡張都市

新都市法はバーロウ委員会の勧告に基づいて，大都市の人口分散，産業が衰微しつつある地域の振興を目的として，特定の地区に産業と人口を定着させるためニュー・タウンを建設する特別法である。今日までに30都市以上が指定を受け開発が進められてきた[2]。

また，都市開発法は大ロンドン計画にも提案されているように，ニュータウンとは別に，既存の小都市を計画的に拡張することにより人口の分散を図る意図をもつ。人口の受入れを希望する都市は，人口を送り出す都市と負担金などについて一種の協定を結ぶことにより拡張都市が成立する。この法律に基づいて受入れ側の都市に開発される住宅団地を拡張都市（expanding town）という。一般に事業規模は小さいものが多く，数の多い割に成果をあげていない。

1) 提案された10都市のニュータウンのうち2都市は計画区域外にある.
2) イギリスのニュータウンの発展経過と今日の問題点については8章8.3節C.を参照.

都市計画の基本体系

1947 年都市農村計画法は全国を統一する，戦後はじめての都市計画の基本法である。この法律にはいわゆる計画法としての内容と土地法としての内容の二つの柱がある。計画法としては全国の県および特別市（この両者を地方計画庁という）に計画立案の権限を与え，統一された様式による開発計画（development plan）[1] とプログラムの策定を義務づけた。この計画は主務大臣の承認を必要とする。また，土地利用の規制については，地域制（zoning）の制度はとらず，開発計画による計画許可（planning permission）の制度を採用し，すべての開発に対して計画との整合を条件に，地方計画庁は許可，条件付許可，不許可のいずれかの決定を行なうが，これについては広汎な裁量権が与えられている。この制度は 1968 年法によって改正され，地方計画庁はストラクチュア・プラン（計画書および模式図による）とローカル・プラン[2]（図面および計画書による）によることになった。前者は地域または都市全体の社会的・経済的に望ましい方向に諸活動を誘導するための一般的な政策を述べるもので大臣の承認を必要とするが，後者は承認を要しないことになった。

1947 年法は総合開発区域（comprehensive development area）を指定する権限を地方計画庁に付与することになり，地区全体を一体的に開発または再開発[3] することが可能となった。なおこの制度は 1968 年法により事業地区（action area）の制度におきかえられた。

開発利益の社会還元

1947 年法の土地法として特色は，すべての開発権を国有化し開発による利益を社会に還元する政策を導入した点にある。いかなる開発も地方計画庁の許可がなければできないが，開発が不許可になった場合でも，特別な場合を除いては補償金は支払われない。許可が与えられた場合には，それに基づく地価の上昇分はすべて開発負担金（development charge）として徴集されることとなった。この制度は実際に施行する際には難点が多くまもなく保守党によって廃止され，地価の評価は一時は市場価額へ復帰した。1967 年法では土地委員会法および財政法によって，土地増価賦課金（betterment levy）と資本所得税（capital gains tax）を徴収することによって再び開発利益の社会還元がはかられたが，これも保守党によって骨抜きにされた。

その後，労働党は第 3 次の施策として開発土地公有化法（Community Land Act 1976）および開発土地税法（1975）によって，計画許可を得た土地を地方公共団体がすべて強制収用する施策を打ち出したが，これもまた 1980 年，保守党によって廃止された。

内部都市地域問題

1973 年オイルショック以降，イギリスにおける経済の落込みは激しく，ロンドンをはじ

1) 県の行政区域についてはカウンティ・マップ（county map）とプログラム・マップ（programme map），都市部についてはタウン・マップ（town map）とプログラム・マップおよびそれぞれ計画説明書が要求される．
2) ローカルプランには，action area plan, district plan, subject planなどの種別がある．
3) イギリスにおける再開発については 8 章 8.4 節を参照．

め，リヴァプール，マンチェスターなどの工業都市では人口が減少し，都心部における衰退現象が著しく，内部都市地域問題（Inner Urban Problem）として対応を迫られるにいたった。政府は1978年に内部都市地域法（Inner Urban Areas Act）を公布し，ニュータウン政策を終結せしめ，これに代って，内部市街地の産業基盤を確立し，同時にそこに働く労働者の住宅と生活環境を再整備する事業に対し補助金を支出して，経済の回復と地域の活性化を図る施策を開始した。

都市開発公社と企業誘導助成地区

オイルショックに端を発したイギリス経済の低迷は，鉱工業や港湾労働者の失業の慢性化など，構造的な側面が次第に明らかになり，イギリス病と呼ばれた。一方，計画行政庁である自治体の対応は，参加プロセスの拡充もあって決定に時間を要するようになった。また，福祉充実による財政難から大掛かりな都市改造には手がつけられないでいた。1980年代に入ると，サッチャー首相率いる保守党政権が誕生し，中央主導で思い切った改革が行われた。その一つが強大な計画・事業能力を持つ都市開発公社（urban development corporation）による大規模遊休地の再開発である。

都市開発公社は，1980年地方自治体・計画・土地法（Local Government, Planning and Land Act 1980）に基づき，主務大臣が指定する都市開発地域（urban development areas）の都市再生（urban regeneration）を目的として中央政府により設立された。大規模跡地の強制取得，インフラ整備，不動産開発，借地権譲渡といった事業権能とともに，公社が自治体に替わって計画行政庁となり，都市開発地域内の計画・許可権限を付与された。強力な実施機関であるが，制度的にはニュータウン開発公社がモデルとなっている。ロンドンのドックランズ地区，リバプールのマージーサイド地区，マンチェスター郊外のサルフォード地区など31の公社が設立され，都市再生に大きな実績を上げている。都市開発公社は，自治体の都市政策の行き詰まりを打開しようとする中央政権の強い意思によって設立された。迅速に成果をあげるため存続期限付きの機関とされ，1997年までにすべて廃止された。なお，開発後の土地管理等は後継のイングリッシュ・パートナーシップ（EP）に移管された。

また，同法では，企業誘致助成地区（enterprise zone）を指定し，都市計画規制の簡素化と法人税率の引下げにより企業立地を誘導する制度も実施され，2014年においては24地区で適用されている。

行政改革と都市計画制度

1980年代後半以降，イギリスの地方制度と都市計画制度は，大きな変更を再三繰り返している。転機の節目は政権交代であるが，その背景には，1980年代における福祉国家型の大きな政府から新自由主義による小さな政府・民業主導への転換，2000年代におけるEUの地域政策との整合化と官民連携型の地域再生の模索，2011年の地域主権法（Localism Act 2011）以降の改革がある。

地方自治体の行政組織の改革は，主に県と市（county and district）の二層制がもたらす二重行政の是正と，広域地域計画の要・不要が論点となって揺れ動いた。

都市計画制度に関しては，先ず，前述の1968年法によるストラクシュア・プランとローカル・プランの二層制の計画体系が，1985年の地方自治法（Local Government Act 1985）によって大ロンドン庁（GLC：Greater London Council）が廃止された。併せて，32のロンドン特別区（borough）と36の大都市においては一層制の都市計画（unitary development plan）に改められた。2004年には更なる大改革があり，計画および強制収用法（Planning and Compulsory Purchase Act 2004）によってストラクチュア・プランは全廃され，広域地域レベルの地域空間戦略（RSS：Regional Spatial Strategy）と，基礎自治体レベルの都市計画（LDF：Local Development Framework）という二層の計画体系に再編された。1990年代後半から2000年代を通じて，イギリスは官民連携による地域経済の再生に関して広域地域レベルの体制を模索することに費やした。これは，EUの補助金を使った域内格差是正戦略に用いられる空間単位を意識しつつ，地域の競争力強化を意図したものである。その主役は1994年法で法定化された国設立の8つの地域開発庁（RDA：Regional Development Agency）と2000年に復活した大ロンドン庁（GLA：Greater London Authority）であった。

しかし，2010年に保守党・自由民主党連立政権が発足すると，地域主権法（Localism Act 2011）によって地域開発庁や地域空間戦略は廃止され，基礎自治体の単独での創意工夫が推奨されることとなった。2014年現在の都市計画制度の枠組みは，地方計画行政庁である基礎自治体によるローカル・プランの策定および計画許可（planning permission）の実施と，国が出す計画政策方針（National Planning Policy Framework）および実務的手引書類（Planning Practice Guidance）という，簡素な構成である。

イギリスの都市計画の運用においては，自治体の計画許可に不服な者が行う国の計画審査庁への申立て（appeal）が少なからず用いられ，重要な役割を果たしている。また，1990年代からの一連の制度改革を通じて貫かれてきた改革の方針は，裁量的で時間を要する行政体質から，計画主導（plan-led）という発想のもとに予見性が高く積極的な開発政策を目指すことであった。

B. アメリカ

アメリカにおいては産業革命は19世紀の後半に起こった。仕事と自由を求めて新大陸への移民が相継いだが，大陸内においても1870年ごろから，農村地域の青年男女が都市の工場や事務所に職を求めて流入し，とくに東海岸の港湾都市や中部の工業都市に集中した。当時人口増の最も多かったのはシカゴで，ニューヨーク，ブルックリン，フィラデルフィアなどがこれに次いだ。また，地方の鉱山や森林伐採の作業場にカムパニイ・タウン（company town）が出現した。

土地の投機が横行するようになり，自治体は敷地の分割（subdivision）を規制しなければならなくなった。これが都市計画の第一歩であった。このころは都市計画家はいなかったので，建築家，造園家，測量技師が，公園，広場，道路などを設計していた[1]。これらのうち何人かはやがて都市計画のパイオニアとして登場することになる。

住宅問題

都市への人口集中が激化するに伴って，とくに大都市の低所得階層の居住状態は深刻なものとなった。1843 年，ニューヨークで不良住宅が伝染病の原因となったことが報告され，住宅問題は社会問題として注目されるようになり，各市は条例を設けて不良住宅の監視体制を敷くようになった。これは主として換気，下水，清掃に関するものであった。

1867 年，ニューヨークとブルックリンに保健衛生的見地からアパート住居法を制定するための運動が起こった。当時，賃貸住宅の大部分は，光すらろくに入らない過密狭小住宅であった。窓のない部屋をもつアパートは「汽車式」平面（railroad plan）とよばれ，敷地は 25 呎×100 呎，建ぺい率 90％，5～6 階建で各階に 4 戸で，各住戸のうち 1 室だけが光と空気を採ることができ，他の部屋は外気との接触がなかった。これをわずかに改良した「亜鈴式」平面（dumbbell plan）も低質な住宅で，1901 年に法律でこれらはすべて禁止された（図 **1.38**）。

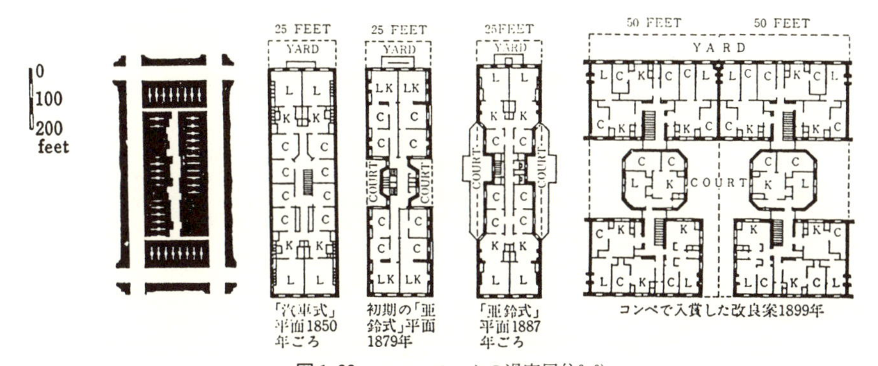

図 1.38　ニューヨークの過密居住[2-9)]

1894 年にマンハッタン全体の平均人口密度は 350 人/ha でフランスやドイツの密集都市より高く，第 10 区は 1,565 人/ha でヨーロッパ最高といわれたプラーグの最高密度を上回った。また第 11 区は実に 2,466 人/ha という高密度でボンベイの最高密度 1,899 人/ha をはるかにこえていたのである。

1）ワシントンの道路計画はフランスの設計家ランファンによって 1791 年に計画され，ニューヨークのマンハッタンの格子状道路網は委員会によって 1811 年に決められた。

公園緑地系統

このような状況下でアメリカ各市では公園をつくる運動が起こり，小学校の校庭開放が始まった。ニューヨークのセントラル・パークの設計者として有名な造園家であるオルムステッド（Frederick Law Olmstead）は公園運動の熱心な推進者で，シカゴに多くの小公園や美観地区をつくり，1880年には800haを公園に変え，シカゴは公園面積で全米第2にのし上がった。彼の弟子のケスラー（George Kessler）は1893年にカンサス市の公園緑地系統計画（park system）をつくり，公園系統を地方計画スケールに発展させた。また，造園家エリオット（Charles Eliot）は1902年に有名なボストン大都市圏の公園緑地系統を計画し，この時代には造園家の活躍がとくに目ざましかった（**図1.39**）。

図1.39 ボストン大都市圏公園系統（エリオットの計画に従って開発したもの，1902）[1-5]

都市美運動

1893年にはコロンブスのアメリカ大陸発見400年を記念して，シカゴで世界博覧会が開催された。会場はミシガン湖畔が選ばれ，建築家バーナム（Daniel H. Burnham）が中心となって全国の建築家を動員し，古代ギリシャ・ローマ，ルネサンス，イタリー，フランスなど各種の様式を網羅した絢爛たるホワイト・シティが現出したのである（**図1.40**）。

シカゴ博の成功は多くのアメリカ人に感銘を与え，都市美運動（City Beautiful Movement）の動機となった。パリの町にみられるような広い舗装道路，広場，寺院や公共建築，河と橋，美しい彫刻などによってつくり出される壮麗な都市景観をアメリカの都市にも再現しようという運動であった。そして，多くの都市で，都心部，とくに公館地区の整備が進められ，大きな広場や広路をもったシヴィック・センターはどこの都市でもごく普通のものとなった。

図 1.40　シカゴ世界博覧会（1893）[1-5]

コミュニティ・センター運動

やがて，都市美運動の反動として再び社会問題に目が向けられるようになる。オルムステッドやジョン・ノーレン（John Nolen）は都市全体を一つの複合したシステムと考え，コミュニティの社会的ニーズに合致した都市を計画すべきだと主張した。

1907年，セント・ルイスの市民団体は都心のモニュメントではなく，近隣に公園やコミュニティ・センターをつくれという運動を展開した。1911年ウイスコンシン大学において「第1回市民ソーシャル・センター開発全国大会」が開催され，1916年には全国コミュニティ・センター協会が設立された。ルイス・マンフォード（Lewis Mumford）やラドバーンの設計者の一人であるクラレンス・スタイン（Clarence Stein）はコミュニティ・センター運動[1)]の熱心な支持者であり，また，運動のリーダーの一人であったペリー（C. A. Perry）が1919年代に有名な近隣住区論[2)]を発表するにいたるのである。

都市計画行政の発足

一方，行政側でも都市計画に関する組織をつくることが全国で開始された。1907年にコネティカット州，ハートフォードではじめて都市計画局が設立され，1909年に第1回都市計画全国会議が開催された。また，1911年全国住宅協会の設立となった。1913年には全国18市に正式に計画局が置かれ，同年マサチューセッツ州は都市計画を地方自治体の義務とする最初の州法を定め，人口1万以上の都市には，すべて計画局を置かなければならなくなった。

地域制

工業化の進む中で，第3次産業の台頭は目ざましいものがあり，商業やビジネスが都市の主人公となり，鉄骨構造，エレベーターなどの技術革新に支えられてニューヨークをは

1)　その起源はイギリスにおけるセツルメント運動（settlement movement）にあるといわれる．
2)　1章1.2節（17）参照．

じめ大都市には摩天楼が林立するようになった。当時は敷地の上下の空間は建築物によって無制限に占有することが許されていた。ビルの谷間は光を失い，汚れた空気は滞留した。何らかの規制が必要であった。一方，土地利用の混合，とくに住宅地内での店舗の無差別な立地が地価を引き下げ，資産価値を下落させることが問題とされるようになった。

1903年，ボストンでは建築物の高さの制限[1]を設けるようになり，1909年に，ロスアンゼルスでは業務地域を七つの産業地域に分けて指定し，残りの地域を住居地域としてこの地域から洗濯業を排除した。このような地域制（zoning）の導入に努力した人に，ニューヨークの弁護士バゼット（Edward M. Bassett）がある。バゼットは「地域制は地域ごとに建物の高さ，容積，用途，土地利用，人口密度の規制を警察権力のもとで行なうもの」としている。1916年，ニューヨーク市に最初の総合的な地域制条令が施行された。また，1929年，ニューヨーク地方計画委員会は高層建築の周囲に光と空気をとり込むためにセット・バック方式を採用することを勧告した（**図1.41**）（**図1.42**）。

私権を大幅に制限することになる地域制に対しては反対も多く，その都度，法廷において争われた。最高裁のサザーランド判事の判決によって，住民側に勝訴をもたらしたユークリッド訴訟（Euclid Case）[2]は地域制の合憲性を確認した判例として有名である。

地域制はその目的は別にあるとしても，結果的には自己の所有する不動産価値を守り，階層の混合を防止し，日常生活の不快を排除する手段として有効に働くので，とくに中産階級に受け入れられ全国に普及した。したがって，地域制はその排他性のゆえに，人種問題と階層隔差の大きいアメリカの都市計画の手法として定着したという見方もある。

道路整備と郊外住宅地

1916年には各州の道路局（Bureau of Public Roads）が立案する州間道路に対して連邦の補助が与えられるようになり，都市間の幹線道路の開発が開始された。

第1次世界大戦後，異常ともいえる好景気の波に乗って多くのすぐれた計画住宅地が開発された。1921年，ジョン・ノーレンによって設計されたオハイオ州のマリーモント（Mariemont）をはじめ，テキサス州ヒューストンのリヴァー・オークス（River Oaks）などゴルフ場を備えた高級住宅地が郊外に開発されるとともに，田園集合住宅（garden apartment）の開発もさかんに行なわれた。1926年にニューヨーク市公社が開発したサニーサイド・ガーデンズ（Sunnyside Gardens）はラドバーン[3]と同じくヘンリー・ライト（Henry Wright）とクラレンス・スタイン（Clarence Stein）が計画を担当したもので，内側の園庭を取り囲んだ2階建の田園集合住宅方式を採用し建ぺい率は30％以下であっ

1） 中心地では125フィート，その他では80フィート．

2） アメリカのゾーニングの歴史の中で重要な判決の一つ．事件の起こったユークリッド村はクリーヴランドの郊外にある．周辺に工業開発が進行し，全村がこれに併呑されようとした際，村は条例を発動して工業開発を村内のある線で止めようと図り，開発側と対立し訴訟となった．1926年，最高裁サザーランド判事の判決により自治体側の勝訴となり地域制の合憲性が確認された．

3） 1章1.2節（16）参照．

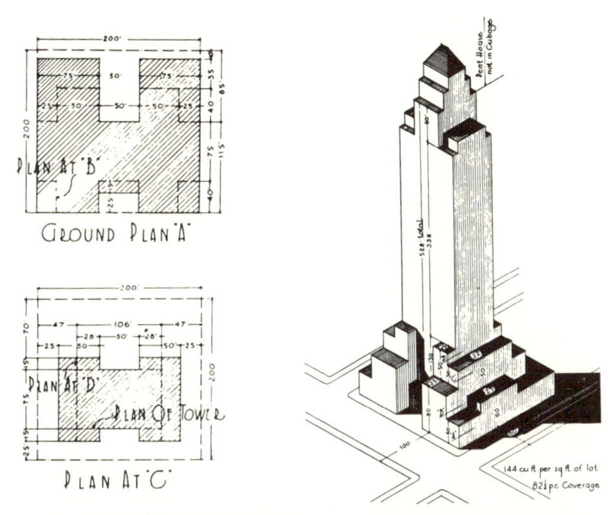

図 1.41 高層建築のセット・バック[1-5]

図 1.42 ニューヨークの高層建築[1-5]

た。このようにして中産階級以上の階層は郊外化によって新しい良好な居住環境を獲得していき，深刻な住宅問題は内部市街地の低所得階層に限られることになった。

住宅金融とスラム・クリアランス

そして，国が本格的に住宅問題を取り上げるようになるのは 1929 年の経済恐慌，フーバー大統領以後であり，とくに 1933 年ルーズベルトの NIRA[1] 政策以後である。注意すべきことは，この住宅政策がいずれも恐慌から脱出するために産業の振興および失業救済が

1) NIRA：National Industrial Recovery Act 全国産業復興法.

第1の目的であったことである。政府は1932年連邦住宅金融公庫（Federal Home Loan Bank Board）を設立，また，緊急救済建設法[1]を制定して，一般向住宅建設およびスラム・クリアランスに対して融資することになり，また，ニューディール政策による公共事業を起こすことによって景気を回復する政策がとられた。有名なT. V. A.（Tennessee Valley Authority）による開発事業もその一つであった。

一般住宅建設促進のためには1934年，国民住宅法（National Housing Act）が制定され，連邦住宅局（Federal Housing Administration＝FHA）および連邦住宅抵当金庫（Federal National Mortgage Association＝FNMA）が設立され，資金抵当保証を与えることによって民間資金の住宅部門への導入を促進することとなった。この政策によってますます都市の郊外化が進展することとなったが，これに対して各都市では敷地割規制[2]（subdivision control）を強化するようになった。これは，地域制とならんで，アメリカの都市計画の土地利用規制の有力な手法として定着していった。

もう一つはスラム・クリアランスの推進であった。1935年当時，ニューヨークのマンハッタンおよびブルックリンだけでも1,500地区のスラムがあり，その居住者は100万人といわれた。1934年の64都市の不動産調査[3]によって，住宅やその設備の不良度が明らかにされ，また，不良地区やスラムを維持する費用は，この地域から市が徴収する税収の何倍にもなることがわかった。復興金融公庫からの融資によるスラム・クリアランスが進展しないことから，1933年連邦公共事業局住宅部は直接スラム・クリアランス事業に乗り出し，4年間に全国51地区，22,000戸の改良事業を行なった。

このほか，公共事業局は，全国に道路，橋梁，公園，学校，病院，空港など各種の公共施設の整備を推進したが，1935年に設けられた再定住局（Resettlement Administration）はアメリカにおける田園都市ともいうべきグリーン・ベルト・タウンズの建設に乗り出し，グリーン・ベルト，グリーン・ヒルズ，グリーン・ディルの三つの田園郊外を建設した[4]。

戦後の住宅政策

第2次世界大戦中は，多くの工場が戦略物資の生産に切り替えられ，1942年以降，国家住宅庁（National Housing Agency）が設けられ，これらの工場に働く労働者住宅の建設を資金面で優先的に保証する政策をとった。したがって，この間は一般向けの住宅政策や都市計画に空白期間を生じた。

終戦直後は戦勝国アメリカにおいても未曾有の住宅難に見舞われた。戦時中の住宅の供給不足，復員兵の帰還，平和産業への復帰のための労働者の移動などがその原因であった。

1) Emergency Relief and Construction Act.
2) 1936年国家資源委員会から「モデル敷地割規制」が刊行され，1960年H.H.F.A.から「敷地割規制」の指導書が出されている．7章7.5節参照.
3) Real Property Survey.
4) 連邦政府の手で新都市を開発することはアメリカでは特例に属する．1章1.2節（21）参照.

一般住宅の立地動向としてはアメリカでは1930年ごろから，自家用車の普及が一段と高まり，フリーウェイ（freeway）の整備が進むに従って，中流階層が都心部から離れて郊外に住宅を移す傾向が強くなり，一方，都市内の工場で郊外に転出するものも多く，都心部の商店も郊外に支店を設けるようになってきた。

住宅産業

このような状況にあって，アメリカの住宅産業は大きな発展をとげることになる。大小さまざまな開発業者のなかでも，住宅の量産による低廉化と民間で可能なサービス施設の供給によって一躍，全米一の業者にのしあがったレヴィット父子会社（Levitt and Sons Co.）はとくに有名である。この会社は住宅建設ブームの波に乗って事業を拡大し，ヴァージニア州ノーフォークに2,350戸，1945年から1953年にかけてロングアイランドに約25,000戸，1952年から1955年にかけてペンシルヴァニアに約16,000戸を建設した。レヴィットタウン（Levittown）とよばれるこれらの開発は規模においてはイギリスのニュータウンにも匹敵するものであるが，民間企業であるだけに公共公益施設の整備に限界があり，地方自治体との関係にも問題が少なくなかった（図**1.43**）。

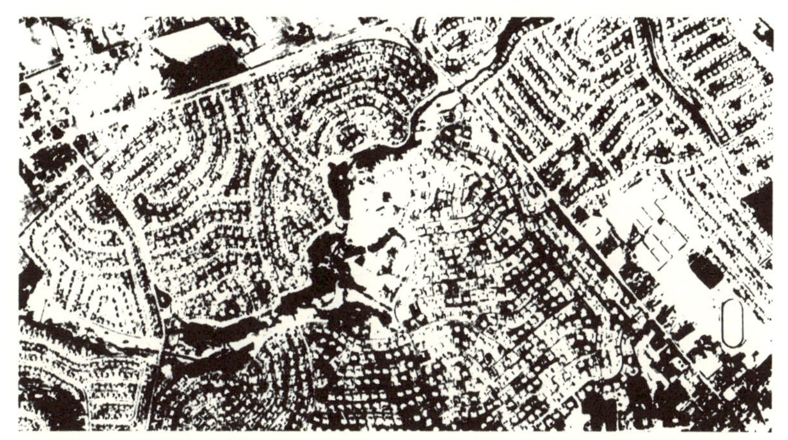

図1.43　レヴィットタウンの一部[16-20]

高速道路網と郊外化

1956年からは連邦の援助による大規模な州間高速道路建設計画が国会で承認され，これによってほとんど全国にわたる高速道路網が急速に整備されたのである。アメリカの有力都市の郊外化は住宅団地だけにとどまらなかった。郊外に転出した工場・流通施設・研究所・倉庫などは敷地を十分にとった一団地を形成し，いわゆる産業公園（industrial park）として，高速道路の沿道，地方空港の周辺地域など交通の利便性の高い地域に進出するようになった。これは大手のディベロッパーによるものが多く，建ぺい率，セット・バック，施設，広告物，植樹などにわたって業者自身がかなり厳格な計画基準を設けて自主規制を行なっており，中には住宅団地より環境のすぐれているものも少くない。また，住宅地の進出に伴って，ショッピング・センター，ドライヴ・イン，銀行，遊園地，ゴルフ場，大学などの転出も目ざましく，これらは相互にゆるい結びつきで，一種の複合開発地域を形成するにいたった。これらの傾向は計画的に各種機能を誘致するイギリス型のニュータウンとは異なるが，自由に進出する機能を地域的に調整することによって，アメリカ型ニュータウンの成立を予測させるものであった。

ニュータウンの成立

1960年代に入ると，住宅を求める人びとの要求も変化し，大量生産による規格型住宅が好まれなくなり，病院，学校など公共施設が完備し，森林や湖沼など自然環境を取り入れたよりすぐれた居住環境を求めるようになってきた。このような要求に対応して，アメリカにおけるニュー・コミュニティ開発の気運が全国的に高まり，大企業や大地主などが広大な土地を準備し，基本計画をたて，住宅地，産業地域，中心地区の建設を行なう有力なディベロッパーを傘下に糾合して開発に乗り出し，連邦政府もこれに対して財政上，行政上の援助を行なうことになった。

これらは単なるベッドタウンではなく，職場地域を備え，ショッピング・センター，教育施設，レクリエーション施設などが完備しており，狩猟のできる森林やヨットハーバーをもつ人造湖やゴルフ・コースと一体となった計画が多い。レストンやコロムビアはその先駆をなすものといえる[1)]。

再開発から都市更新へ

一方，都市の内部の密集市街地に対する対策は，戦前のスラム・クリアランスの方式を引き継いで行なわれた。この場合，土地は地方公共団体が取得して分譲し，地区内公共用地の提供，税の減免によって民間投資の形で再建が行なわれたものが多い。ニューヨークのスタィヴサント・タウン（Stuyvesant Town）はその典型的な例である。土地はニューヨーク市当局がスラム･クリアランス地区として，ここの18ブロックを収用し，建設はメトロポリタン生命保険会社（Metropolitan Life Insurance Co.）が投資の形で行なった。この場合，道路敷地であった土地は無償で提供され，またニューヨーク州法による税の免除を受けている（**図1.44**）。

1947年，N. H. A. に代わって住宅金融庁（Housing and Home Finance Agency＝H. H. F. A.）が連邦政府機関として戦後の総合的な住宅政策を担うことになった。また1949年には長期計画を目標とする住宅法が制定された。この法律は従来のスラム・クリアランス，低家賃住宅の供給などに加えて，新しく都市の再開発（redevelopment）に対して国庫補助の道をひらいた。そしてこの補助金は都市レベルの開発に関する基本計画（general plan）に適合することを条件としたため，1950年初頭からアメリカの各都市では基本計画の策定がブームとなった。

---

1)　8章8.3節D．参照．

ニューヨーク・マンハッタン区の 18 ブロックを占める。従来からあったスラムを除去し，13 階建のアパート 8,800 戸が中央公園を囲んで対照形に配置されている。居住人口 24,000 人，建ぺい率 28 %，人口密度 1,100 人/ha。

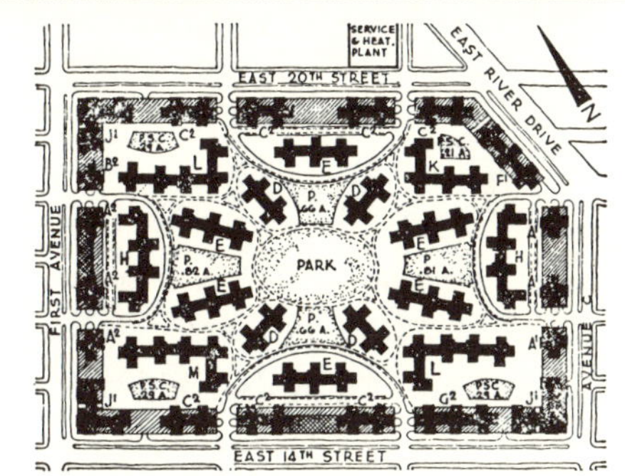

図 1.44　スタィヴサント・タウン（ニューヨーク）[2-9]

1949 年住宅法は，市町村がスラム地区を強制買収し，劣悪な住宅や諸施設などを除却し，新たに基盤整備を行なった土地を，私企業に時価と原価の中間の価格で売却する方式を創設した。このように再開発用地を時価を下まわる価格で処分することをライトダウン（write-down）方式という。

1949 年住宅法は 5 年を経て再検討され，1954 年住宅法となった。これまでは都市再開発といってもスラム地区，ブライト地区の除去に限られていたが，その範囲を拡大して，既成市街地全体の都市としての蘇生，すなわち都市更新（urban renewal）を目標とするようになり，地区再開発（clearance and redevelopment）のほかに，地区修復（rehabilitation），地区保全（conservation）に対しても連邦政府は抵当保証を与えるようになった。また，連邦補助金は住宅用途に限られていたが，10% に限って住宅以外の用途に利用することを認めた。その後 1961 年の住宅法は再開発計画を拡張して，住宅中心から都心のビジネス機能の再開発への移行を強めた。

HUD の設立

このような政策にもかかわらず，アメリカにおける都市問題の解決は程遠く，1965 年の大統領教書によれば，1975 年までに 2,000 万戸の新築住宅が必要であり，スラム地区から移転を余儀なくされる低所得者階層の社会的不満は急速に高まるにいたった。これらに対処するために,連邦政府の最高レベルにおける恒久的な住宅政策の確立が必要となり,ジョンソン大統領は偉大なる社会の建設構想の一環として,住宅・都市開発省(HUD)の設置を議会に要請し,1965年,住宅・都市開発法(Housing and Urban Development Act)の通過によってこれを実現した。そして,従来のHHFAを改組し,FHAなど都市開発関係の機関はHUDに吸収された。1966年のモデル都市法[1]はさらにいくつかの機能をHUDに付与した。HUDは国内の住宅および都市開発に援助を与える連邦政府の基本プログラムを遂行するため,土地取得,都市再開発,都市修復,大量輸送施設,その他の都市公共施設に対する補助金や貸付金,モデル都市や特別な再開発プロジェクトに対する補助金など38項目に及ぶ援助計画を実施することになった。

1974年には住宅・コミュニティ開発法(Housing and Community Development Act)が制定され,ニクソン大統領の提唱する新連邦主義の一環として,従来あった七つの事業別補助金を一本化し,良好な住宅と快適な居住環境を備えた都市コミュニティの整備および低中所得者のための雇用機会を拡大することを目的として,コミュニティ開発包括補助金(Community Development Block Grant, CDBG)を自治体に交付することとなった。

また,カーター大統領は,1977年に住宅・コミュニティ開発法を改正し,民間投資を誘発することにより,経済的に衰退した都市地域の活性化を図ることを目的とした都市開発活性化補助金(Urban Development Action Grant, UDAG)を自治体のプロジェクトを対象に交付することになった。この補助金による代表的プロジェクトには,ボルチモアのインナー・ハーバー・プレイス地区[2]がある。しかし,その後,景気の後退に伴い肥大化した連邦政府の施策を縮小し,民間活力を活用する方向に向かったため,1986年にはこの補助金も廃止された。

誘導再開発手法

民間活力を活用するため,連邦政策によらない誘導再開発方式が,州,市町村の地域制(zoning)の例外的,弾力的運用を通じて登場してきた。公開空地など一定の公共利益を負担することを条件に主として容積率の上乗せを認めるインセンティヴ・ゾーニング(incentive zoning),上空の開発権の隣接地への移転を認める開発権移転制度(TDR),鉄道操車場,駅,高速道路上の空中権(air right)の利用,特別地域制度(special district),イギリスの制度に似た企業誘導助成地区制度(enterprise zone)などがこれである。

C. ドイツ

建築線法

ドイツにおいて産業革命の影響が現われ,近代的な都市計画の必要が生じ始めたのは1850年以降といわれる。1868年には既にバーデン(Baden)には建築線法が公布されていた

1) Demonstration Cities and Metropolitan Development Act, 1966.

2) 8章8.4節F. 参照.

といわれる。人口の都市集中は1871年，プロシャによるドイツ統一後，とくに顕著となった。当時は経済活動の自由思想を反映して，土地の所有権に基づき，土地を自由に利用し利益を追求することが許されていたので，工場はどこでも建てられ，住宅の増築によって空地は埋められ，公衆衛生や道路整備上の問題が生じた。これまで，建築に対する取締りは各州の警察の権限で，建物の安全基準や防火のための規定を定め，時に道路を確保するために部分的に建築線（Baufluchtlinie）を決める程度であった。

1875年にプロシャ建築線法（Fluchitliniengesetz）が制定され，集落内の道路や建築線の決定権を市町村に与え，市町村議会と警察の合意を必要とするようになった。これによって，市街化に先立って道路や広場を整備することが可能になったが，敷地内の建物の規制は危険の防止に限定されていた。

土地の公有化

都市への人口集中による市街地の拡大と土地に対する投機，地価の高騰が問題になってきたため，ドイツの多くの都市では市街地周辺の空地を先行的に取得する政策が採用された。1900年当時，フランクフルトでは全市域の52.68%，ハノーファーでは37.29%，ライプチッヒでは33.15%の土地を市が保有していたといわれる[1)]。このようにして都市の発展に秩序を与えることが意図されるようになり，これらの都市では不動産局や土地測量局も設置され，積極的な土地政策が展開されるようになった。

この政策は第1次世界大戦後の住宅難の時代に，個人組織や協同組合に大量の市有地を貸し付け，地価暴騰に悩まされないで住宅建設を行なわせることによって，十分に報いられた。人口50,000人以上の70のドイツ都市で，1926年からヒットラー台頭までに2,400 haの市有地が貸し付けられた。同様の政策はオーストリア，スイス，オランダ，スウェーデン，デンマークなどの諸国でも採用された。

土地区画整理

フランクフルトのアディケス市長は在任中の1902年に，アディケス法（Lex Adickes）を通過させた。この法律は市当局が民間所有の土地をプールし，市の計画に適合させて配置したうえで，用地を再配分することを許可する土地区画整理法であった。この過程で，市は街路，公園その他の公共用地として土地の40%までを，所有者に補償を支払うことなく確保することができた。この制度は農地整理の考え方を都市に導入したもので，わが国の土地区画整理に影響を与えたといわれる。

住宅政策

第1次世界大戦後，深刻な住宅難に見舞われたドイツ共和国は住宅政策と正面から取り組まざるをえなかった。1918年に制定されたプロシャ住宅法は，住宅の質の改善，自治体による良質な住宅の積極的な供給，建築線法との調整などを目的とするものであった。そして1920年から30年にかけての住宅建設事業は未完成ではあったが，今日からみていく

1) 河田嗣郎：土地経済論，p.666，共立出版，1924． 飯沼一省：都市の理念，p.251，都市計画協会，1969．

つか評価される業績を残している。

一つは住宅供給の有力な主体として，公益事業団体と協同組合が登場してきたことである。いずれも国の監督と助成を受けるが，前者はローコスト住宅を供給する一種の配当制限会社であり，後者は労働組合によって組織され，組合員に住宅を供給する機関であった。協同組合の数は当時 4,300 を数え，そのうち三大組合といわれる，デヴォーク (Dewog)，ガグファー (Gagfah)，ハイマート (Heimat) がとくに有名であり，1929 年までに 71,000 戸の住宅を供給した。

ジードルンクの建設

第 2 は計画技術の発展である。1925 年以前は計画の対象はほとんど一般市街地に限られていた。当時はまだ建築規制が不十分であったので，一般に街区の内部は過度の人口密度や建ぺい率が許されていた。これを改善するために街区の中に中庭 (hollow square) をとり，レクリエーションあるいはサービス用地にあて，街区の外縁に 3 ～ 4 階のアパートを配置する方法がとられていた。

計画技術の研究が進むにつれて，住宅地には十分なオープン・スペースをとり，各種のコミュニティ施設を整備するとともに，各住戸に均等な日照が得られ，かつ，プライバシィが保たれるように住棟は合理的な配置をとるべきであるという考え方が導入された。フランクフルト・アム・マインの建築技術主任エルンスト・マイ (Ernst May) とその協力者たちは全市の総合計画に取り組み，市街地の周辺に衛星コミュニティを配置する計画を策定した。ニッダ・ヴァリー (Nidda Valley) は衛星コミュニティの一つで，ローメルシュタット (Romerstadt 1920～1928)，プラウンハイム (Praunheim 1926～)，ヴェストハウゼン (Westhausen) には，上記の計画方針が導入されており，ドイツにおける低コスト住宅を主体としたジードルング建設の先駆をなした(**図 1. 45**)。また，カールスルーエのダンメルシュトック (Dammerstǒck 1929) は建築家ワルター・グロピウス (Walter Gropius) の指導のもとに多くの建築家が参加したプロジェクトで，750 戸を収容するすべての住棟は東西軸をとり，道路に直角に配置されており，当時のドイツの住宅地計画の典型的な方式を示している。

住宅の配置にあたって，日照条件によって隣棟間隔を定めることは，近隣住区の提案者といわれる C. A. ペリーも述べているが，L. ヒルベルザイマー (L. Hilberseimer) は，1935～36 年ドイツの建築雑誌に「日照と都市人口密度」という論文を発表し，日照条件によって隣棟間隔を決めることによって都市の許容人口密度の算定式を提示し，北ヨーロッパ諸都市の許容人口密度を計算した[1]。

---

1) $$S=\frac{10,000\cdot n\cdot x}{l(\varepsilon h+t)}$$

ここにS：人口密度，n：1戸あたりの居住人数，x：建物の階数，l：住家の間口，ε：隣棟係数，h：1階窓台より軒高上端までの高さ，t：住宅の奥行．ただし，屋根勾配が $1/\varepsilon$ 以上の場合はhは棟高となり，奥行tは$t/2$となる．

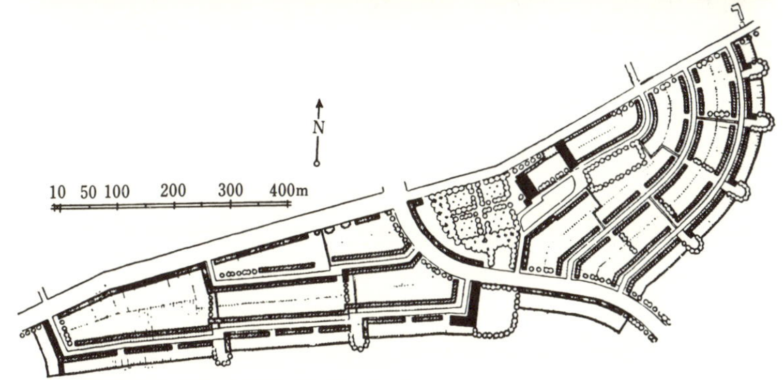

エルンスト・マイの指導で行なわれたフランクフルト・アム・マインの初期の開発事業の一つである。戸数 1,220 戸，1920～28 年の建設である。住宅は一部 3 階建を含むが，大部分は 2 階建のテラス・ハウスである。日照を考慮して方位が定められ，平行配置をとり，潤沢にオープン・スペースが確保されている。また，コミュニティ施設も学校，遊び場，客用宿舎，商店を備えている。

図 1.45　ローメルシュタット[2-9]

このほかもう一つ注目すべきことはドイツの人口集中の著しい地域において，地域計画の策定が始められたことである。1920 年にルール炭田地帯地域組合（SVR）が設立されたが，これは地域計画のための，自治体による計画連合として最初のものであり，ドイツの地方計画に一歩を踏み出したものといえる。

ナチスの都市計画

1933 年以降，ナチスが政権を握ってからは，中央集権による独裁が強化され，都市計画や地域開発にも上からの統制が貫徹されていった。その特徴をあげれば次のとおりである。

(1)　軍備と産業の拡充を至上命令とする国土計画が策定され，強力に施行された。重要産業の分散を目的とする，ヘルマンゲーリング（1938～）などの軍需工業都市の建設や軍用道路を兼ねた自動車国道（Autobahn）の建設もその一環であった。

(2)　ナチスによる住宅政策が強力に推進された。ナチスの思想によれば「住宅は国民の健康を守る器であるとともに，人間を陶冶する揺籃である」と考えられた。そして産業労働者に自己の土地を与えることによって，郷土と結合した政治的信念の強固な国民共同体の一員たらしめることができ，また，食料自給，防空，人口政策の点からも好ましいとされた。したがって，小菜園と畜舎を付属したクラインジードルンク（Kleinsiedlung）を住宅の最善の形態としてその助成に努力が払われ，これを補うものとして庭付一戸建の「国民住宅」の建設が推進された。

(3) ナチス政権下の多くの立法によって，都市計画は国の統制下におかれ，これまでの建築線計画や区画整理などに加えて，上位計画による土地利用の統制，条例による建築地区のゾーニング化，建築形態の統制が行なわれた。また国が決定した計画の実現にも力が入れられ，土地の収用，先買，区画整理事業などの手続や補償の簡略化が行なわれた。

戦災復興

1939年に始まった第2次世界大戦によって多くのドイツの都市は破壊され，戦後の都市計画はまずその復興に取り組まなければならなかった。国土が分割され，連合軍の占領下にあった西ドイツでは，計画的な復興は1948年ごろから始まり，各州で復興法が制定され，州計画を上位計画として，はじめて市町村のもとに都市計画が行なわれることになった。しかし，各州で内容は異なっており，計画の手法はほとんど戦前のナチス時代の手法が受け継がれた。

連邦建設法

戦災復興は多くの問題を含みながらも州の主導権のもとに市町村が実施し，経済の復興と相まって，少なくとも住宅の量的な建設と交通網の整備において大きな成果をあげた。しかし，これまではあくまで復興を中心とする都市計画にすぎなかったので，国内を統一し，全国民に平等な生活環境をつくり出す都市計画法の必要性が叫ばれるようになり，多くの曲折を経て1960年に基本法である連邦建設法（Bundesbaugesetz）が成立した。

この法律によると西ドイツでは市町村は憲法の保障する自治行政権の発動として都市計画（Bauleitplan）を決定する。しかし上位計画の目的に適合する義務があり，計画は上級官庁の認可を必要とする。都市計画は全市域を対象とし，地区詳細計画に指針を与える土地利用計画（Flächennutzungsplan）と地区ごとに住民参加のもとで決定され厳格な法的拘束力をもつ地区詳細計画（Bebauungsplan）とから成っている。これらの計画を可能にするための保障条項や民間の開発に対する許容条件，計画の実現のための制度などが規定されており，はじめて全国的に統一ある都市計画が可能になった[1)]。しかし，新都市の開発や都市の再開発を公の手で積極的に推進するためにはこの法律だけでは十分でないので，1971年にこれを補う目的で都市建設促進法（Städtebauförderungsgesetz）が制定された[2)]。

また，1976年には住宅近代化促進法（Wohnungsmodernisierungsgesetz）が制定され，住宅近代化措置を含む改善型再開発が促進されることになった。

---

1) 6章6.2節C．参照.
2) 連邦建設法および都市建設促進法は1986年に統合され，建設法典（Baugesetzbuch）として公布された.

ニュータウンと再開発

ドイツではイギリスのニュータウンのように,完全な自立都市としてのニュータウンは,ほとんど開発されていない。これはもともと人口が地方に分散していて，50〜60万人級の中都市が多いことにも関係がある。したがって，一部に職場を備えていても，多くは郊外住宅団地の性格が強い。

戦後に開発されたニュータウンとしては,フランクフルトの郊外に1959年から開発された人口2.5万人のノルドヴェストシュタット(Nordweststadt)がある。これは複合的な団地集団で，フランクフルトの通勤住宅都市である[1]。

大規模な住宅団地の開発は，1960年代以降各都市で積極的に進められた。西ベルリンでは東南部のBritz-Buckow-Rudouの3地区に亘るグロピウスシュタット（Gropiusstadt）と北部のメルキッシェ・フィアテル（Märkische Viertel）が1962年から1963年にかけて相次いで着工している。前者は建築家ワルター・グロピウスが当初から計画の指導に当り，また，いくつかの住棟を自ら設計しているので有名である。

現在，開発を進めつつあるニュータウンの例としてミュンヘン郊外のノイペルラッハ(Neuperlach)がある。ここは市の計画に基づいて，ノイエ・ハイマート(Neue Heimat)[2]が，1990年完成を目指して，人口5.7万人の新都市を建設している。この都市が完成すると，おそらく西ドイツでの最大規模のニュータウンになると思われる。

都市再開発（Sanierung）にとくに関心が向けられるようになったのは20世紀に入ってからで，その本格的な実施は第2次世界大戦後である。西ドイツの場合，戦災復興は前述のように旧制度による復旧事業として行なわれたので，他の国のように再開発事業として行なわれたものは少ない。ただ，西ベルリンでは，1946年ハンス・シャロウン（Hans Scharoun）を中心としてマスター・プランがつくられ，1957年には国際建築博覧会が開催され，ハンザ地区に20人のドイツ建築家と15人の世界各国の有名建築家が参加して，集合住宅や諸施設を建てたが，現在は4,000人を収容する住宅団地として残されている。そのほか西ベルリンでは，歴史的に重要な位置を占めるメーリングプラッツ(Mehringplatz)の再開発や音楽堂，図書館など国際文化施設の建設など既成市街地の再整備が進められてきた。また，今日では1963年に発表された都市再開発計画を骨子として，ティアーガルテン(Tiergarten)，クロイツベルク(Kreuzberg)をはじめ大小10数地区に亘って，主として内部住宅地の地区修復事業に取り組んでいる。

地区修復事業は比較的小規模で，これまでの道路などはそのまま生かし，在来の建物もできるだけ残しながら，住宅の改造・近代化，地区施設の整備を行なう事業で，全国各都市で進められている。このほか，既存道路を改良して歩行者専用のモールを整備する事業は全国の都市で盛んである。ミュンヘンのノイハウザー通り（Neuhauser Str.)，ハノー

1)　8章8.3節E．参照.
2)　ドイツ労働組合総同盟（DGB）の出資による住宅および都市建設を行なう公共企業体.

ファーのパセレーレ（Passerelle）はその代表例である。

また，最近は農村地域の更新事業（Dorferneuerung）も行なわれつつある[1)]。

ドイツの統一と建設法典

1986年12月，西ドイツの新しい都市計画の基本法として建設法典（Baugesetzbuch）が制定され，1987年7月から施行されている。この法律は，従来の基本法であった連邦建設法と都市建設促進法とを合体，整理するかたちで制定されたもので，70〜80年代に現れてきた経済社会の変化に対応しようとするものである。

新法は，市全域にわたる基本計画である土地利用計画（F-plan）と地区レベルの詳細な土地・建物利用計画である地区詳細計画（B-plan）とによる二層制の計画システムについては変わりはない。しかし，中小企業の立地の確保を優先，新開発よりも再開発とくに修復型都市更新を重視，自然保護や自然生態系の保全への配慮，さらに，土地区画整理など計画実施手続きの迅速化，計画内容の柔軟化を促進する方針を前面に打ち出している。

1990年10月3日，東西に分かれていたドイツの統一が実現した。半世紀近く，別の道を歩んできた両地域の経済・社会の統一を図る中で，都市計画の分野で解決すべき課題が数多く存在した。旧東独時代にインフラ整備，更新が不十分でこのために膨大な投資が必要となった。また，中心市街地の老朽化，住環境の悪化も著しく，さらに郊外部の労働者向けに建設されてきた大型住宅団地の欠陥，空き家問題も深刻化した。

一方で，旧東独に膨大な復興・整備需要が起こるとの期待が起こり，ドイツ政府は民間の開発，投資を誘導させ，計画手続きを迅速にするために，行政体制が未整備の旧東独に限って一連の新たな都市計画制度を時限的に適用した。

一連の民活型，規制緩和型の都市計画の旧東独での実践を踏まえて，連邦全域に官民連携型（PPP）都市計画を進める意図もあり，建設法典の改定が1996年以降，随時進められてきている。特に重要なのが，民間事業者が都市計画プロジェクトを提案して自治体と連携してBプランを策定する，いわゆるプロジェクト型Bプランの制度[2)]，また都市計画を進めるにあたって自治体と民間事業とが契約を結び計画内容や費用分担を取り決める都市計画契約制度が導入された。

21世紀に入り，旧東独で顕在化した団地での空き家問題，中心市街地の衰退に対処するために東の都市改造（Stadtumbau Ost），旧西独の経済構造の転換，都市衰退問題に対処するための西の都市改造（Stadtumbau West）という都市再生プログラムが進められ，それに合わせて建設法典の改訂（2004年）により都市改造（Stadtumbau）の地区指定の規定が盛り込まれた。さらに，気候変動への対応，コンパクト都市，中心市街地の再生への対応等の現代的な課題に対応するために，都市計画の目的規定の項目の追加，計画策定

1）4章4.5節B，図4.29参照．

2）建設法典第12条に規定する開発・地区施設整備計画 Vorhaben und Erschißungsplan の略称で公民連携型Bプランといえる。

手続きの改訂等が進められている。

D. 日　　本

明治期（1868～1912）

日本における近代都市計画は明治維新以後に始まる。鎖国によって欧米諸国の文化に遅れをとったわが国は文明開化・富国強兵・殖産興業を旗印として，近代国家の建設を急ぐ中で，明治政府は外に対しては威信の高揚と内に対しては国家権力の象徴としての都市建設から着手しなければならなかった。

外国の都市計画技術の導入は，外国人居留地のある横浜，神戸，長崎などにも局部的にみられるが，中央集権国家の帝都である東京に集中的に行なわれた。当時，政治の中心である皇居周辺，経済の中心である日本橋，外国への玄関口である築地居留地が三つの核をなしていた。外国に対する威信を高めるためには，新橋，銀座，築地付近の道路を拡幅し，帝都の中心とする必要があった。

銀座煉瓦街

1872 年（明治 5 年）に銀座から築地へかけての約 100 ha を焼失するという大火があった。この直後，太政官より東京全市を煉瓦家屋で不燃化する方針が出され，この大火の復興を機会に道路改正と銀座煉瓦街の建設が決議された。しかし，事業実施の財政的裏付けと技術的能力に欠け，また，住民の抵抗にあってこの事業は完全に失敗に終わり，完成した煉瓦街も数年にわたって空屋が続出した。この失敗により，以後大火があっても単に建築の不燃化を奨励するだけで，市街地改造と防火対策は切り離されることになった[1)]。

市区改正条例

1888 年に東京市区改正条例[2)]が公布された。市区改正の提案はこれより約 10 年前に遡るが，元老院の反対にあってしばしば廃案となっていた。しかし，諸外国に対する配慮もあり，政府も断行に踏み切ったものと考えられる。計画区域は皇居の周囲と上野・浅草から新橋にいたる区域および本所・深川の一部で，芳川顕正が意見書で「道路，橋梁，河川は本なり，水道，家屋，下水は末なり」と述べているように，事業は道路，橋梁，河川，鉄道，公園などに限られ，しかも財政上，計画は極度に縮小され，皇居周辺に集約された。

当時，政府は在来の大名屋敷跡を諸官庁にあてていたが，1873 年，皇居炎上跡に宮殿を再建するとともに，旧本丸内に太政官をはじめとする諸官庁を集中する計画を立案したが，地盤の関係で沙汰止みとなっていた。1886 年に臨時建築局が設置され，中央集権の牙城である官庁の集中計画が再登場してきた。この計画は日比谷に議院を設け，現在の有楽町付近に中央停車場を置き，浜離宮，皇居などを有機的に結ぶバロック式の雄大な構想

1）上野勝弘：銀座れんが街，近代日本建築発達史，p.981-935，1972
2）1918（大正 7）年に東京市以外の 5 大都市に準用することとなった。

であった。設計はドイツの設計事務所に委嘱され，日比谷官庁街計画の設計図は完成したが，日比谷練兵場跡の地質が大建築に不適当であることが判明し，廃案となった[1]（**図1.46**）。

大正期（1912〜1925）

1914年に始まった第1次世界大戦は日本の国際市場の拡大をもたらし，日本の経済は急激な発展を示した。これに伴って都市の様相も大きく変化し始めた。封建時代の木造市街地を下地としながらも，工場，役所，事務所，勧工場，百貨店，学校，兵営など煉瓦造の洋風建築物が登場してきた。また，これらの諸機能は地域的に分化を開始し，しだいに複合都市化へと進みつつあった。政治，経済，文化の中心としての東京のほか，商工業を中心機能とする大阪，名古屋の発展がみられた。また，港湾を利とした横浜，神戸，軍港都市としての横須賀，呉，佐世保，国営製鉄所の設けられた八幡など特殊機能をもつ都市も現われた。

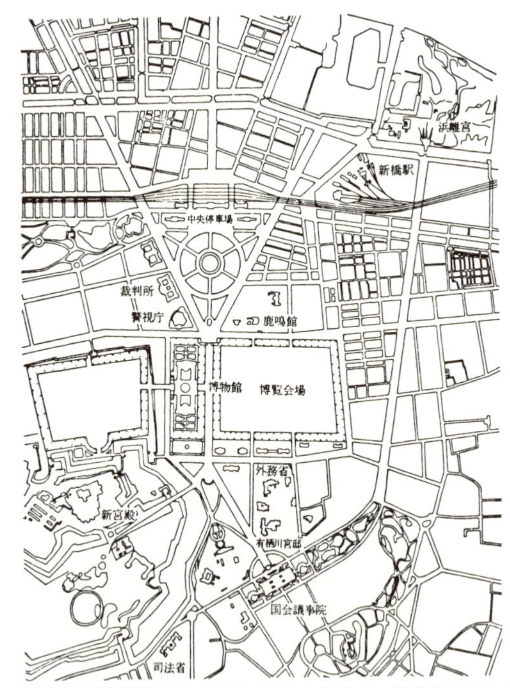

図1.46 日比谷官庁街計画（伊藤ていじ：都市史，建築学大系2巻より）

都市計画法と市街地建築物法

このような情勢のもとに，官僚や学者によって諸外国における都市計画法や建築法規な

1）伊藤ていじ：日本都市史，建築学大系第2巻，p.210，彰国社，1975.

どが紹介され，研究の蓄積がなされていた[1]。これを土台にようやく政府は国の政策として都市問題に取り組むことになる。すなわち，1918年内務省大臣官房に都市計画課が置かれ，同時に都市計画調査会が設置され，1919年に都市計画法と市街地建築物法が公布された。この，わが国ではじめての都市計画法，建築法の制定に努力したのは，内田祥三，笠原敏郎，中村　寛，片岡　安，北村徳太郎らであった。この法規によって建築物の配置・構造の基準が設けられ，地域制によって住居，工業，商業地区，工業地内特別地区，甲乙2種の防火地区，美観，風致，風紀地区を区分し，建築の制限を行ない，道路，公園，下水道などの都市施設，耕地整理法の準用による土地区画整理などの事業を施行する道が開かれた。またこの法律は1920年6大都市に適用され，1926年6大都市以外にも適用されるようになった。市街地建築物法の地域制はその後幾度かの改正によって細分化，専用化の方向をたどった。また，この法律による建築線の指定制度は，その運用によって道路用地の確保ができるので小規模の区画整理も可能であったが，1950年以降廃止されている。

大都市への人口集中はようやく顕著になり，内部市街地では住宅と工場の混在と過密，スラムの発生が問題となってきた。下層市民の集団居住地の問題は明治の末期から衛生・保安上注目されるようになり，内務省社会局をはじめ6大都市の社会課によって，調査と生活改善の努力が開始された。また，郊外においては分譲住宅地開発の動きがあり，内田祥三は1919年に東京西郊を対象に郊外住宅地の提案を行なって一団地住宅経営の啓蒙につとめた。この作品にはイギリスの田園都市の影響がみられる（**図1.47**）。

関東大震災と復興計画

1923年関東一円をおそった大震災は1府6県下に10万4千の死者と46万5千の住宅の滅失という大被害をもたらした（**図1.48**）。内務大臣後藤新平は帝都復興の議を提出し，ただちに諮問機関としての帝都復興審議会ならびに執行機関としての復興院の官制が公布された。復興院の総裁は後藤新平で，計画局長は池田　宏，建築局長は佐野利器であった。帝都復興計画の計画区域は東京の都心および下町を含む地域で，南から芝，虎の門，市ヶ谷，飯田橋，本郷三丁目，上野，鶯谷，三の輪，浅草，錦糸町，南砂町を外縁とするものであった。その内容は地域制を実施し，土地区画整理を行ない，幹線街路，河川・運河，公園，上下水道などを敷設することにあった。このうち，最大の経費を要したのは土地区画整理と道路整備で，土地区画整理は1,100万坪にも及ぶ世界に例をみない規模のものであった。この経験により，土地区画整理はわが国の都市計画事業の手法として定着していった。

震災によって多数の建築が倒壊あるいは焼失したが，この経験に鑑み，煉瓦造，石造はほとんど禁止に等しい制限が加えられることになり，また，防火地区を拡大し，地区内に

1）1907年内務省の有志によりハワードの「田園都市」が紹介されている。また，1916年には片岡　安の「現代都市の研究」をはじめ，池田　宏，関　一，渡辺鉄蔵などの著書が刊行されている。日本建築学会は建築法規に関する研究を続け，成案を得て，1917年ごろから内務大臣への陳情を開始している。

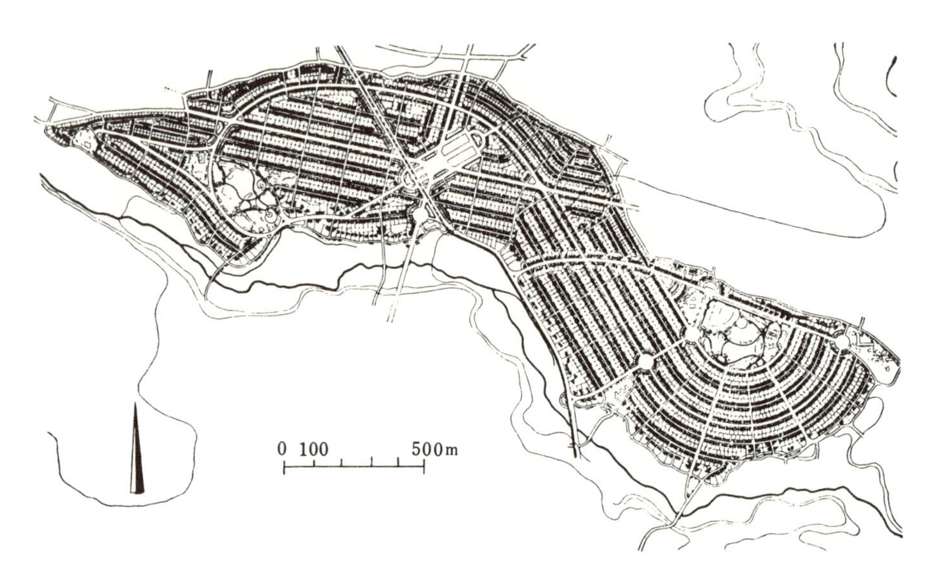

敷地全面積	472,914坪	人　口	15,000人
建築宅地	68.3%	道路・広場	19.6%
公　園	6.2%	公共施設敷地	5.9%
宅地坪数	323,262坪	住宅戸数	3,038戸

図1.47　東京西郊某住宅地計画図（内田祥三氏による，1919）[2-32]

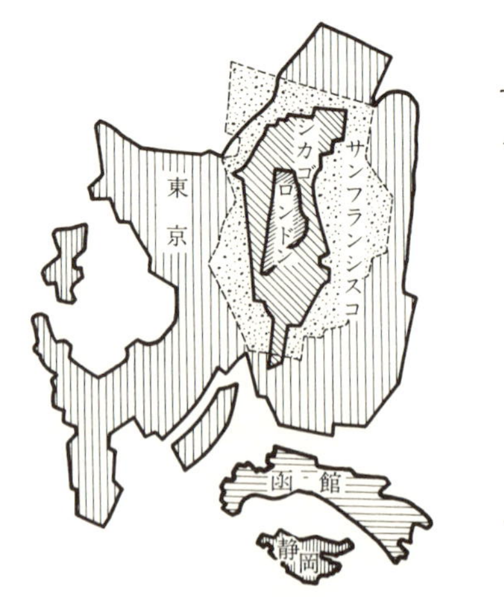

地　名	年　月　日	焼失面積 (ha)
ロンドン	寛文 6(1666) 9. 2—6	170
シカゴ	明治 4(1871) 10.10—9	780
サンフランシスコ	明治39(1906) 4.18—21	1,190
東　京	大正12(1923) 9. 1—3	3,390
函　館	昭和 9(1934) 3.21—22	430
静　岡	昭和15(1940) 1.15	130

図1.48　関東大震災と歴史的大火災の比較[14-1]（田辺平学氏による）

建てられる耐火建築物に対し，木造の建築費との差額の3分の1を補助する政策がとられた。また，耐火建築の促進のため復興建築助成株式会社が設立され，復興貯蓄債券の6千万円が運用資金として貸し付けられた。

同潤会

住宅の復興のためには，震災の年に全国から寄せられた救援金1,000万円をもって，内務大臣を会長とする財団法人同潤会が設立され，罹災地の住宅建設にあたった。同潤会は1924年に仮住宅2,160戸および木造普通住宅3,420戸を建てたが，復興のスピードが速く，住宅の需給が緩和される見透しがたったので，1925年から1927年にかけて渋谷区代官山，千駄ヶ谷，深川区東大工町，本所区中の郷，柳島元町などに鉄筋コンクリート造アパートを建設した。これは公益法人によるはじめての不燃住宅の建設であった（**図1.49**）。

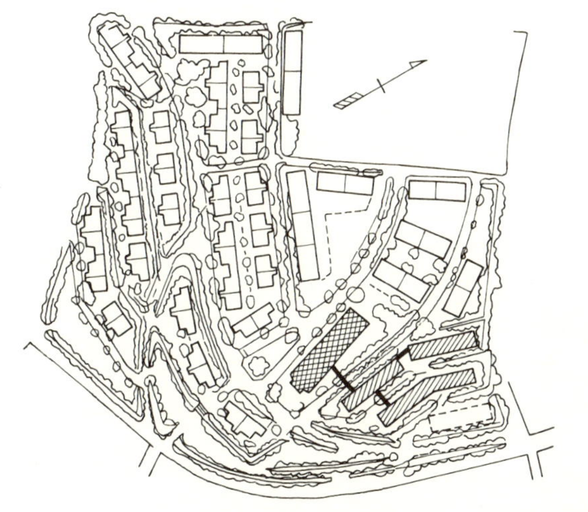

代官山アパートメント
位　　置：東京都渋谷区代官山
設　　計：同潤会建設部建築課
敷地坪数：4,811坪
棟　　数：2階建25棟
3階建13棟
収容戸数：298戸　他に食堂，娯楽室
建　　坪：1,228.1坪
延　　坪：3,139.27坪
竣　　工：1927. 3. 7
住宅の型：A～E　世帯向連続住宅
J　独身者向住宅（斜線）
S　食堂および店舗（二重斜線）

図1.49　同潤会アパート団地の一例[18-13)]

スラム問題はすでに明治時代から社会問題となっていたが，第1次世界大戦後はさらに問題が大きくなり，1925年政府は270万円を出資し，同潤会は深川区猿江町の不良住宅地区の改良に着手し5年後に完成した。当初は特別法がないため事業の推進に問題があったが，1927年に不良住宅地区改良法が公布された。この後，東京，大阪，名古屋，神戸，横浜など6ケ所で事業が行なわれ，総計約4,000戸の改良住宅が建設された。

昭和初期—終戦（1926～1945）

民間分譲地の開発

大正末期から昭和初期にかけて，大都市の郊外においては民間分譲地の開発が行なわれ

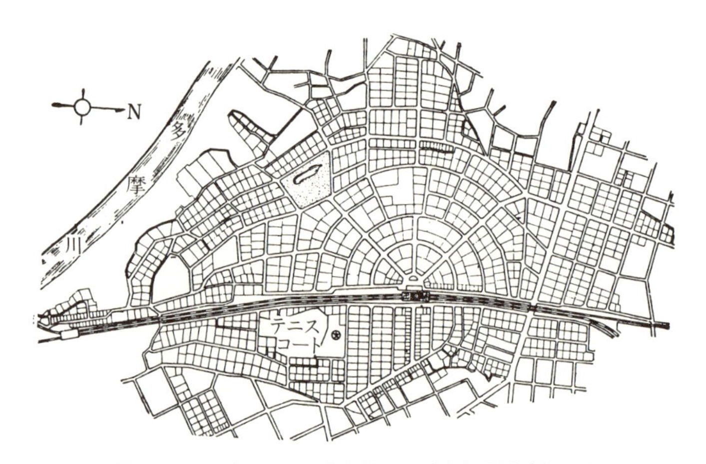

図1.50 電鉄会社による住宅開発の一例（田園調布）[18-13]

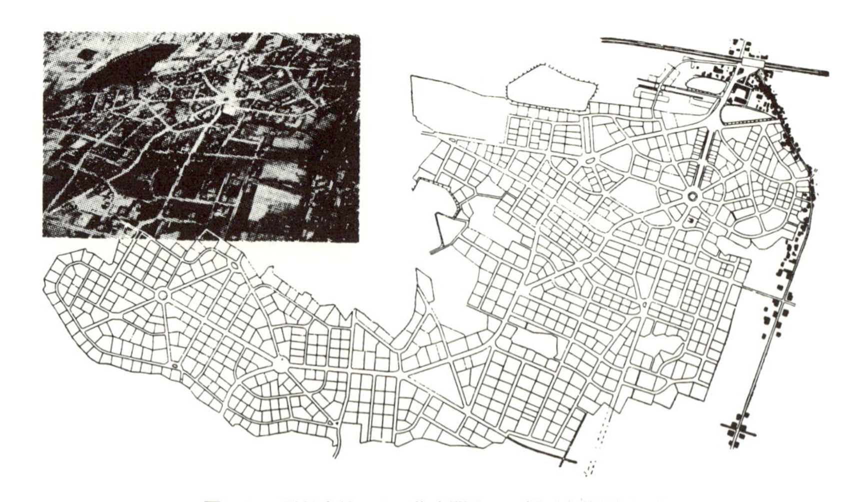

図1.51 電鉄会社による住宅開発の一例（大美野）[18-13]

た[1)]。その多くは郊外電鉄会社による沿線開発を目的とした宅地の分譲や別荘地の開発であって，どちらかといえば関西方面で盛んであった。これらは用地を買収して単なる敷地割を行なったものが多かったが，中には広場，公園，クラブなどを備えたものや，電柱を廃して地下ケーブルにしている高級住宅地や住宅地の保安と美観を維持するため協定を設けているものなどもあった（**図 1.50，図 1.51**）。

満州の都市計画

1931 年には満州事変，37 年には日華事変が勃発し，軍需工業の拡充とそれに伴うインフレが進行した。1932 年，満州国建国後は満蒙に対する関心が高まり，都市計画技術者の派遣も盛んになった。わが国の支配下にあった満州国政府は 1936 年に都邑計画法を公布し，関東軍の圧政のもとに日本人官吏の実権をもって，新京（長春）の国都建設計画をはじめ，奉天，安東，吉林，上海など各都市の計画を進めた[2)]。

一方，晋化自治政府は大同都邑計画の作成をわが国に依頼してきた。計画案の作成の代表は内田祥三で，高山英華，内田祥文，関野　克が計画を担当した（**図 1.52，図 1.53**）。この案は当時のわが国の計画技術の水準を示す計画ともみられるもので，旧都市を含む中核都市の周囲に衛星都市を配置する構成をとり，住宅形式など現地の諸条件を生かしながら，近隣住区による構成を提案している。

暗黒時代

1940 年には防空体制の強化のため都市計画の目的に「防空」が加えられ，内務省は部落会，町内会の整備を行ない，隣組制度が敷かれ，戦時色はますます濃厚になってきた。小学校はドイツにならって国民学校とよばれるようになり，国土計画設定要綱が決定され，新興工業都市，軍関係都市の整備事業は優先され，光，広畑，相模原などの大規模な区画整理事業が着手された。

同潤会は 1933 年以降，労務者分譲住宅を東京，横浜，川崎，川口の 4 市の工業地帯に建設，1939 年以降は横須賀海軍工廠，日鉄八幡製鉄所などの社宅などの建設も手がけてきたが，1941 年発展的解消をとげて住宅営団に吸収された。住宅営団は国民の住宅問題を解決する目的で設立されたが，とみに悪化する建設資材の不足のため，軍需工場の労働者住宅に限定されるようになり，住宅の質も極端に低い戦時規格型におち込んでいった。

1942 年本土空襲が開始され，相次ぐ焼夷弾攻撃のもとにわが国の木造都市はその弱体を現わし，ほとんど為すところを知らず，1944 年から始まった建物疎開による空地の確保も，隣組による防空活動もまったく無力であった。

1）比較的大規模なものを沿線別に拾うと，
阪急沿線（宝塚，伊丹，園田，甲東園），大軌沿線（朝日ケ丘，生駒山），阪神沿線（甲子園，六甲山），京阪沿線（香里園，花壇前），南海沿線（初芝，大美野），芦屋付近（六麓荘），東横・目蒲沿線（田園調布，大岡山，洗足），小田急沿線（北沢，成城学園，林間都市，片瀬，藤沢），東海道線沿線（大船，辻堂），横須賀線沿線（鎌倉山），中央線沿線（国立），東上線沿線（常盤台）
2）越沢　明：日本占領下の北京都市計画（1937～1945）日本土木史研究発表会論文集，1985．

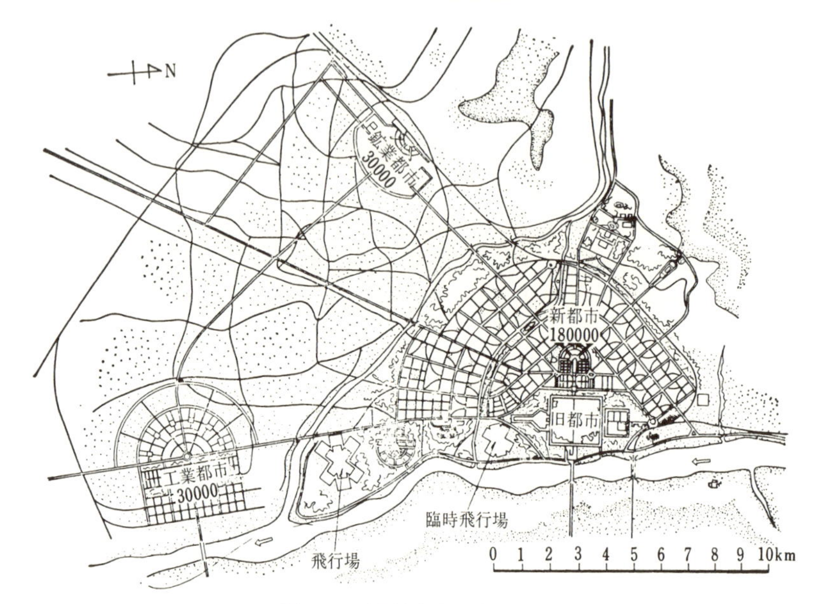

図 1.52　大同都邑計画案図[2-32)]

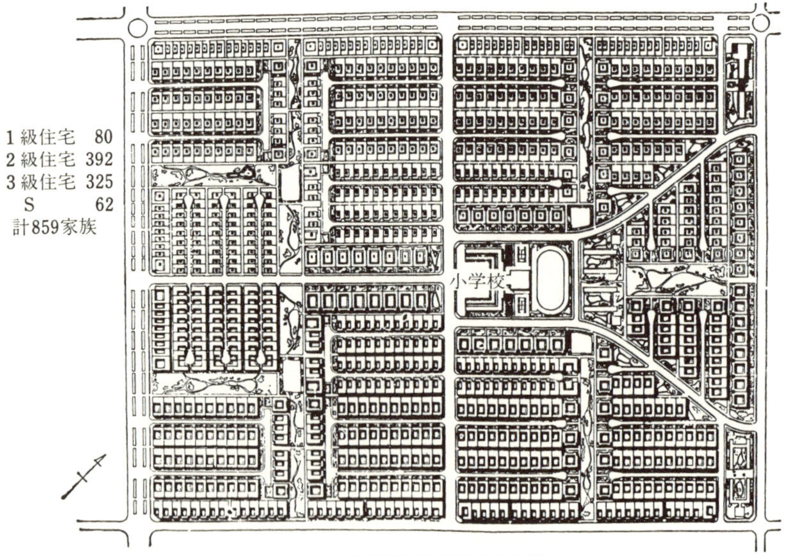

図 1.53　大同都邑計画近隣単位図[2-32)]

戦後（1945～）

戦災復興

1945年終戦を迎えた。これまで都市計画の主管省であった内務省は1947年に廃止され，1948年7月に建設省が発足し，これに代った。全国の戦災都市は120市，全焼全壊家屋230万戸という大きな被害がもたらされた。ただちに，戦災復興院が設けられ，関東大震災後の帝都復興の例にならって，大規模な土地区画整理事業を主軸とする戦災都市の復興計画が進められた。当初の計画は焼失地5万haを含む6万haの地域に対する土地区画整理事業を145億円の事業費を投入して，6ケ年で完成する予定であった。このため1946年に特別都市計画法が公布され，土地区画整理の特例を定め，緑地地域の制度が新設された。

しかし，戦後の急激なインフレにより事業費が不足する一方，建築の制限や土地の減歩に対する住民の不満も大きく，1949年に計画の再検討を余儀なくされ，土地区画整理の面積を約2分の1の2万8千haに縮小し，広幅員街路や大規模な緑地も廃止された。この結果，復興計画のシンボルと目された100m道路も名古屋と広島の2市を除いてすべて姿を消した。

結局，戦災復興事業は1959年をもって終止符が打たれ，この間に486億円の事業費が投入されたが，当初の計画からみるとその面積は3分の1程度にとどまった。しかし，名古屋のように当初の計画をほぼそのまま達成した都市もあれば，東京のように計画を20分の1に縮小し，盛場地区など部分的にしか完了しなかった都市もある。

一方，戦後の住宅不足はきわめて深刻なものとなった。住宅不足数は340万戸といわれ，政府は越冬住宅30万戸建設計画を発表し応急建設を開始した。

住宅営団は1946年に解散し，地方公共団体の建設する国庫補助賃貸住宅に引き継がれた。公営住宅も当初はきわめて粗悪な木造の応急住宅であったが，1946年末東京都が芝高輪に鉄筋コンクリート造4階建のアパート2棟を試作したのを機会に，この種の中層アパート団地は全国に普及するようになった。

団地開発とニュータウン

1955年日本住宅公団の発足によって，住宅団地開発は著しく進展し，わが国の都市にはじめて公共公益施設の整ったかなり質の高い住生活環境が出現することになった。そして地価の高騰による用地の取得難から，団地の遠隔化と大規模化は並行して進み，やがてニュータウン方式を生み出した。千里丘陵（大阪府），高蔵寺（日本住宅公団），泉北（大阪府），多摩（日本住宅公団および東京都），千葉（千葉県），港北（横浜市および日本住宅公団）などがそれである。これらの開発規模は計画人口が30万人以上にも及び，通勤住宅都市でありながらその規模だけは世界各国のニュータウンのそれを上回ることになった。

日本住宅公団はこのほか「市街地住宅」の建設や工場跡地を買収して公園緑地を残しながら高層アパートを建設するいわゆる「面開発」手法を開発している。東京の金町駅前，大島四丁目・六丁目，関西の住吉，森の宮などはその例である。一方，同公団は大都市圏の衛星的位置にある諸都市に多くの工業団地を開発し，また国土庁の所管である筑波研究学園都市の開発事業を行なってきたが，後述のように，1970年代に入ってからは新開発の需要は急速に減退し，これに代って都市の再整備が大きな課題となってきた。このため1981年同公団を改組し，住宅・都市整備公団として再出発することとなった。

地域開発

一方，敗戦によって打ちひしがれていたわが国では戦争直後はまず経済の復興をはかるため石炭，電力を中心とする資源開発，製鉄，造船など重要産業の復興に力が注がれた。終戦の年にはやくも内務省国土局は国土計画基本方針を打ち出し，翌年には国土計画要綱を定めているが実効をあげるにいたらなかった。1950年には国土総合開発法が制定され，全国総合開発計画，都府県総合開発計画，地方総合開発計画，特定地域総合開発計画の4種の計画から構成されることになっていた。しかし，実際に実施されたのは特定地域の開発のみであった。地域開発は現在，国土庁の主管となっている。

わが国の経済は朝鮮戦争を契機として年率10%以上の急激な成長路線に転じた。1960年には国民所得倍増計画が発表され，経済発展を第一義とする政策が強化された。重工業化は大都市周辺に集中的に展開され，大都市への人口集中は世界に例をみない急速度で進行し，公害，住宅，交通など過密の弊害が顕著になってきた。

このような情勢に対する反省として，1962年政府はようやく全国総合開発計画を決定した。この計画は大都市の過大化の防止と地域格差の是正を2大目標とし，拠点開発方式を採用している。具体的には同年，新産業都市建設促進法，また1964年には工業整備特別地域整備促進法が公布され，全国に15の新産都市と六つの工特地域が誕生した(**図1.54**)。また，1956年からは首都圏整備法が制定され，大都市圏計画にはじめて取り組むことになり，近畿圏，中部圏についても整備が進められることになった[1] (**図1.55**)。

全国総合開発計画にもかかわらず，東京をはじめ大都市圏地域への人口と機能の集中は続き，過密・過疎問題はますます深刻化しつつあるところから，1969年に新全国総合開発計画が発表された。この計画は全国に交通通信のネットワークを広げ，国土開発の骨格を建設し，工業だけでなく農林・水産，流通，観光・レクリエーションなどの大規模開発プロジェクトの実施，環境保全に関するプロジェクトの実施などを提案している。

これらの全国総合開発の結果として全国あるいは地方スケールの大規模施設の整備は大いに進んだ。臨海コンビナート，東海道新幹線，高速道路網，大規模ニュータウン，超高層建築群など世界の先進諸国のそれと比較して遜色のない規模のものが続々登場した。

また，地域開発構想として建設省は地方生活圏，自治省は広域市町村圏を全国に指定し，実現を図る施策を打ち出した。

1973年いわゆるオイル・ショック以降は，わが国の経済成長率の落ち込みも激しく，四半世紀に亘る高度成長期は終りを告げた。低成長経済のもとで，安定した国民の生活基盤

1) 3章3.5節F．参照．

図 1.54　新産都市，工特地域分布図[5-17]

を築くためには，限られた国土資源を前提として歴史と伝統をふまえ，人間と自然の調和のとれた安定感のある健康で文化的な人間居住の総合的環境を計画的に整備することが必要であるという視点から，1977 年第 3 次全国総合開発計画が発表された。この計画では折から大都市圏への人口の集中が鈍化し，他の地域への人口定住の兆しが見えはじめていることから，いわゆる「地方の時代」をふまえた施策として定住圏構想を打ち出している。

1980 年代後半になると，東京圏への高次都市機能の一極集中と人口の再集中が高まり，地方圏では産業の不振，雇用問題の深刻化が進行した。また，21 世紀へ向けて，国際化，情報化，高齢化が急速に進み，経済・社会の大きな変化が予想されることから，1987 年第四次全国総合開発計画が発表され，多極分散型国土の交流ネットワーク化が打ち出された。1988 年には多極分散国土形成促進法が公布され「地方振興拠点地域」と大都市圏では「業務核都市」の制度が創設された。

一方，1990 年代に入ると，東京一極集中および地価高騰に対する対策として，遷都問題についての論議が全国的に高まってきた。遷都論はすでに，1950 年代から学界，政界，政府関係機関で，遷都・展都・分都・改都などさまざまな提言が行なわれてきた。1990 年 11 月衆議院および参議院において「国会等の移転に関する決議」[1)] が議決され，1991 年 2 月，国土庁長官の主催する「首都機能移転問題に関する懇談会」は中間報告を発表し，その中で新首都の規模（最大限人口 60 万人，費用約 14 兆円），開発の方法・スケジュールなどの試案を示した。また，これとは別に道州制を含む地方分権に関する議論が根強くある。

都市環境と住民

しかし，一方において都市の生活環境はどうであったか。住宅は 1970 年ごろには数において，世帯数を上回り量的な住宅難はいちおう解消したが，質においては二極分化が進み，高級・中級住宅も増加する一方，木造賃貸アパートに代表される低質な住宅の密集市街地が広範に広がり都市の防災性能を著しく低下させた。鉄道や広幅員街路の沿線・沿道は騒音，振動，排気ガスなどによる環境阻害が顕著となり，また，土地利用計画と建築規制の

1)　1992 年「国会等の移転に関する法律」が制定され，国会等移転調査会が設置された．

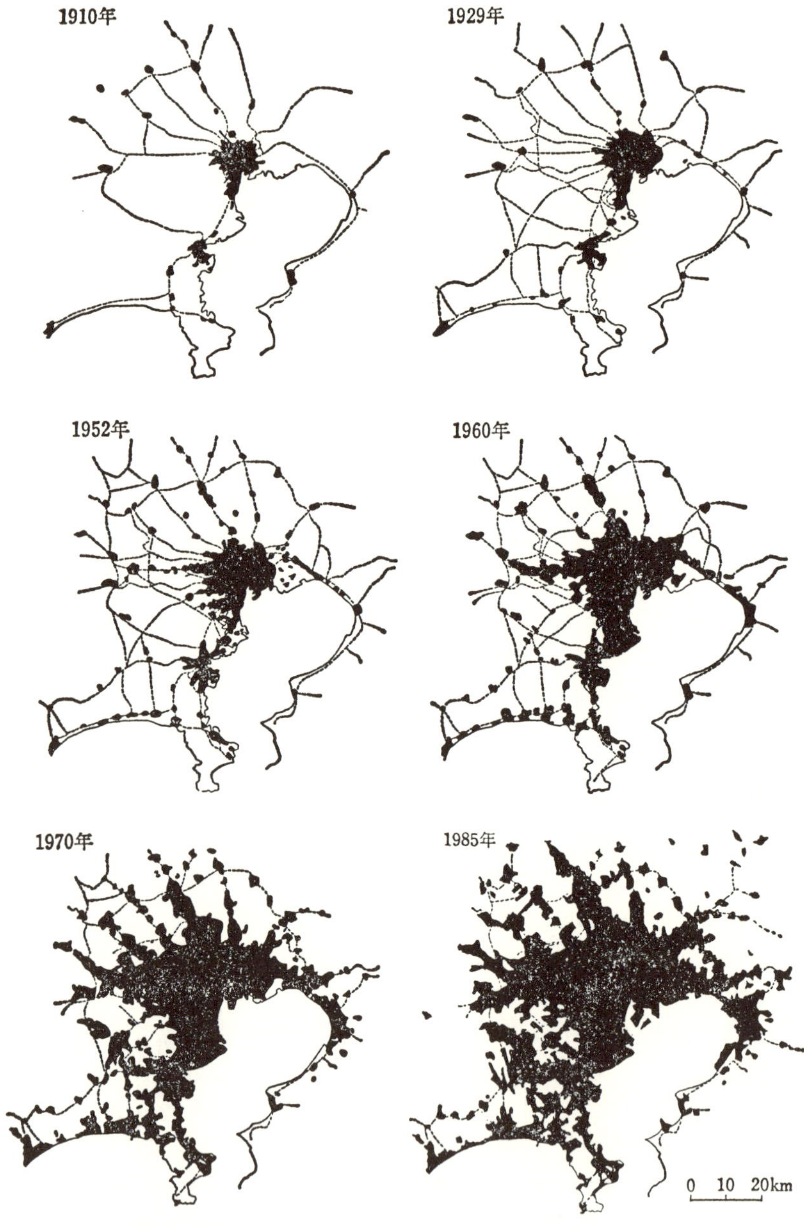

1910年，1929年，1952年の3図は国土地理院5万分の1地形図から作成
1960年，1970年，1985年は人口集中地区を示す。

図1.55　東京圏市街地発展図

欠陥を潜って建設される高層建築物による日照，風，電波などの障害が問題となった。その結果，産業施設による公害問題に端を発した住民の反対運動は鉄道，道路，土地区画整理など都市計画施設や高層建築物に関しても広く展開されるようになった。一方，開発による自然破壊が進んだことから，自然や文化財などの保全運動が盛んになり，また，建築協定や街づくり運動によって，住民の力で地区の環境を守り，あるいはよりよい街づくりを指向する傾向も生じてきた。そして，行政もこれらの住民の参加によって都市計画を決定し施行する方向に進まざるを得なくなった。

具体的には，1960 年代後半から各市町村が住民のニーズに対応して好ましい環境を保全し，新市街地に対しては一定の環境条件を義務づけ，問題のある既成市街地に対しては改善を行なうため，現行法制度の有無に関わらず，地方条例や行政指導によって，地方独自の判断で新しい街づくり運動を全国的に展開するようになった。この運動は後に述べる地区計画制度導入を予想させるものであった。

サステイナブル・シティ[1)]

1972 年にローマクラブが提示した「成長の限界」をきっかけに，地球環境問題への認識が高まり，20 世紀末に地球の持続可能な開発とは何か，そのありかたに関する議論が国際的に行なわれるようになった。また，国連の活動とは別に新たな環境都市のあり方に関する運動が市民運動のかたちで国際的に拡がり，世界の関心を集めた。それはサステイナブル・ディベロップメント（Sustainable Development），あるいは，サステイナブル・シティ，持続可能な都市という概念となって，世界が持続可能な地球環境の開発を求めるようになった。

計画法制度の整備

制度の面では，1950 年に従来の市街地建築物法に代わって建築基準法が制定されたが，地域地区制は存続され，新たに建築協定などの制度が加えられた。一方，都市計画法は大正 8 年以来，半世紀にわたって根本的な改正を加えることなく運用されてきた。しかし新憲法と地方自治法の施行に伴い，都市計画に関する事務の地方委譲の必要が生じ，また，高度経済成長に伴う都市問題の解決のためには土地利用計画の確立が必要であるという議論が取り上げられるにいたって都市計画法を抜本的に改正することとなり，1968 年，新しい都市計画法が制定された。この法律ではじめて市街化区域と市街化調整区域の区分，開発許可制度が新設され，また都市計画を主務大臣が内閣の許可を得て決定する点をあらため，都道府県知事と市町村が決定することになった。また，建築基準法は 1970 年に改正され，建築物の用途と形態の組み合わせによる新しい地域地区制に改められ，さらに 1992 年の改正により，社会経済の変化に対応するため，従来の 8 種類の用途地域が 12 種類に改められた[2)]。

1）海道清信：コンパクトシティ，学芸出版社，2001.

2）7 章 7.5 節 B. 参照.

1980年には，先述のような全国市町村における新しい街づくり運動の展開を受けて，建設省は旧西ドイツの地区詳細計画制度をモデルとして，わが国にはじめて地区計画制度を導入した。これは都市計画法と建築基準法の一部を同時改正し，地区計画を市町村が定める都市計画として認知したものである。その後，地域の特性に応じた地区計画の適用の要請に応ずるため，適用区域を広げるとともに，地区計画のメニューは著しく拡大された。集落地区計画，再開発地区計画，住宅地高度利用地区計画などがこれである[1)]。

また，1992年の都市計画法改正により，新たに「市町村の都市計画に関する基本的な方針」いわゆるマスタープランを定めることとなった。

このような都市計画の基本法の改正のほか，戦後は多くの都市計画関係法が単独法として制定された。たとえば土地区画整理法（1954），都市公園法（1956），駐車場法（1957），新住宅市街地開発法（1963），古都における歴史的風土の保存に関する特別措置法（1966），流通業務市街地の整備に関する法律（1966），都市再開発法（1969），新都市基盤整備法（1972），都市緑地保全法（1973），生産緑地法（1974），大都市地域における住宅地等の供給の促進に関する特別措置法（1975）[2)] などがある[3)]。

土地問題と土地基本法

一方，戦後における地価の高騰は世界各国に例をみないはげしい上昇が続き，値上りによる利益をあてこんだ投機的な土地売買が全国的に広がった。政府は地価公示制度，公共用地の先行取得などこれまでの地価対策だけでは実効があがらないことに鑑み，野党の意見もいれて，1974年，国土利用計画法を公布した。これはわが国ではじめての本格的な土地利用および土地取引規制の規制法である。同法による監視区域制度の実施のほか，土地税制の改正・強化，不動産金融の総量規制など地価抑制対策が打ち出されたことにあわせて，景気の後退による需要の減退も加わり，地価は1987年の中頃をピークに，住宅地を中心に，緩やかな下降を示すところが多くなった。

1989年12月，わが国ではじめて土地基本法が制定された。この法律は，土地についての基本理念を定め，国，地方公共団体，事業者および国民の責務を明らかにし，土地に関する施策の基本的事項を定め，適正な土地利用の確保を図り，正常な需給関係と適正な地価の形成を図ることを目的としている。（第1条）

総則には，①土地についての公共の福祉優先，②適正な利用および計画に従った利用，③投機的取引の抑制，④価値の増加に伴う利益に応じた適切な負担，の四つの基本理念があげられている。（第2～5条）

土地利用計画の策定については，地域の特性を考慮しての土地利用計画の詳細化と地域

1）7章7.4節B.参照.

2）1990年法改正により，法律の名称も一部変更され，住宅および住宅地の供給計画，住宅市街地の開発整備の方針，いわゆる住宅マスタープランの制度が導入された.

3）6章表6.6参照.

の社会経済活動の広域的展開を考慮しての土地利用計画の広域化について触れている。（第11条）この法律はいわば宣言法であるので，この理念に沿って具体の土地利用計画をいかに実現しうるかが問われることになろう。

1992年（平成4年）の都市計画法・建築基準法の改正は，これを念頭において改正を行なっているが，従来の法体系はそのままに，用途地域の細分化，地区計画制度の拡充強化，市町村の都市計画マスタープラン制度などを導入することになった。

また，生産緑地法は，1991年に改正された。これは市街化区域内の農地について，宅地化する農地と保全する農地を区別し，宅地化する農地については地区計画，区画整理などにより計画的な宅地化を促進するとともに，保全する農地については市街化調整区域へ編入するかまたは生産緑地に指定して農業の継続を認めることになったためである。

都市再生

1990年代初頭のオイルショック（国際的な原油価格の高騰による経済不況）を契機にして，日本経済が低迷し，従来の工業生産に依存した経済の再建が困難になった。この結果，わが国は長期のデフレ経済の不況の時代に入って，中心市街地の空洞化や都市郊外や縁辺部の停滞も著しくなった。

21世紀にはいると，こうした状況に対して都市再生政策が浮上した。2001年，内閣に「都市再生本部」が設立され，2002年に「都市再生特別措置法」が制定された。これにより「都市再生基本方針」の決定や「都市再生緊急整備地域」の指定，都市計画提案制度の創設や土地利用制度に関するさまざまの規制緩和，都市計画法・建築基準法の大改正，民間活用制度創設，緊急プロジェクトの企画など「都市再生」のための政策が次々に打たれた。

しかし，この20数年は「失われた20年」ともいわれ，経済の停滞と国や自治体の深刻な財政難などにより都市再生政策は必ずしも目覚ましい成果を生んできたとはいえない。欧米先進国でも既に1970年代以降，都市の空洞化や経済の停滞の状況が続き，都市政策も様々な対応が工夫されたが目覚ましい成果を得るという状況からは程遠い。その底流には，政策によって経済の停滞から活性化への自律的転換が図れるといった状況ではなくなった。そこには工業化社会から脱工業社会への都市文明の変化があるように思われる。

19，20世紀の工業文明の時代から21世紀に入った都市は，工業文明から知識創造産業文明への転換が鮮明になってきた。人々の価値観の多様化も加わって都市の社会的，経済的，文化的存在基盤そのものが変質しはじめたように思われる。

第2章　都市計画の意義

2.1 都 市 論

A. 都　市

都市は古代からすでに存在し，今日まで存在し続けている。これらの過去の都市は学術上の研究対象としてきわめて重要である。

都市とは何か，はこれまでも多くの研究分野の学者によって論じられてきたが，都市のある側面あるいは構造の一部は解明されても，その複雑な本質と全体像は永遠の謎であるかもしれない。「神は田園をつくり，人は都市をつくった」といわれるが，その人間とは何かが解明されないかぎり，都市の何たるかを明らかにすることはできないのかもしれない。

古代においては王候・貴族が都市を統治し，農村を支配していたので，都市と非都市の区分は明確であった。西欧の中世都市の多くは城壁によって囲まれていたので，その区域は画然と識別できた。近代に入ってからも，交通・通信が今日のように発達していなかった時代には，人口密度，職業構成などによって都市と農村を区別することは比較的容易であった。

しかし，今日のように都市化が全国的に進み，都市の圏域は拡大し，流動性が高まるとともに，マスメディアによって生活意識のうえでも都市化が進んでくると，都市と農村を区別することはきわめて困難なものとなってきた。

今日では都市は人間定住社会の空間単位の一つと考えられる。ギリシャの建築家ドキシアデスは15段階を提案し，その中に都市を位置づけている[1)]（図 **1.30**）。

一方においては，都市はきわめてダイナミックな動態的側面をもっている。都市を形成せしめ，発展させる機構はきわめて複雑である。また，その機能は経済，社会，政治，文化などの諸分野にわたり，それらの統合的，結節的役割を備えている。さらに，都市はその運営をはかる行政的組織体でもあり，これは市または町という地方自治体である。

a．市の要件　わが国では行政上の市は地方自治法第8条第1項によって次のように規定されている。市となるべき普通地方公共団体は下に掲げる要件を具えていなければならない。

---

1)　1章1.2節（24）参照.

①人口5万以上を有すること(1954年改正，それまでは3万人)。②当該普通地方公共団体の中心の市街地を形成している区域内にある戸数が全戸数の6割以上であること。③商工業その他の都市的業態に従事する者及びその者と同一世帯に属する者の数が全人口の6割以上であること。④前各号に定めるものの外，当該都道府県の条例で定める都市的施設その他の都市としての要件を具えていること。

町となる普通地方公共団体は，当該都道府県の条例で定める町としての要件を具えていなければならない。

b．指定都市　日本の行政上の市の総数は661都市(1992年3月現在)で，東京都の区部も1市として数えられている。このうち指定都市は人口50万以上で政令により指定された都市をいう（地方自治法252条の19)。

指定都市は都道府県の事務の一部を行なうことができ，都市計画，土地区画整理事業なども含まれている。指定都市は大阪，名古屋，京都，横浜，神戸，北九州，札幌，川崎，福岡，広島，仙台，千葉の12市である(1993年現在)。また，東京都の特別区については特別な規定がある（地方自治法281～283条)。

c．中核市　指定都市以外の人口30万以上の都市で，政令により指定された都市をいう。指定都市に準ずる事務を行なうことができる（1995年施行)。

d．特定行政庁　特定行政庁とは，建築主事を置く市町村の区域については市町村長をいい，その他の市町村の区域については都道府県知事をいう(建築基準法2条)。人口25万以上の市は建築主事を置かなければならない（同法4条)。

B．都市の区域

農村の工業化，生産・流通機能の都市からの転出，広域にわたる都市の郊外住宅地の展開などによっていわゆる広域都市圏が都市の区域となり，都市は単なる連担市街地だけでなく周辺に広大な農業地域を含むようになった。

都市の区域をどこまでとるかということは，都市計画区域や市街化区域の設定にあたって，重要な意味をもっている。これには大別して二つの考え方がある。

a．標準都市圏　都市の物的形態にかかわらず，その社会・経済活動の及ぶ範囲をいくつかの指標によって画定しこれを都市圏とする。アメリカの標準大都市統計地域(**S.M.S.A.**)[1]，わが国では科学技術庁資源調査会の提案した「都市地域」などがこれにあたる。わが国の国勢調査では「大都市圏」は昭和35年以降，「都市圏」は昭和60年以降，集計単位として設定されている。都市計画区域の設定にはこの方法が参考になる。

b．人口集中地区（D.I.D.)[2]　わが国で昭和35年の国勢調査から採用された地域区分であって，(1)国勢調査区を基礎単位地区として用い，(2)市区町村の境域内で人口密度の

1)　S.M.S.A. はStandard Metropolitan Statistical Area.

2)　D.I.D. は Densely Inhabited District.

高い調査区（人口密度 40 人/ha 以上）が隣接して(3)人口 5,000 人以上の集団を構成する地域をいう。この方法は物的な市街地の広がりを画定することになるので，市街化区域の設定に利用されている。

イギリスでは conurbation (連担市街地) という概念があるが，これも上記のように，社会学的な考え方によるものと地理学的な考え方によるものとがある。

C．都市分類

(1) 人口規模による分類：巨大都市(500 万人以上)，大都市(100 万人以上)，中都市(10 万人以上)，小都市（10 万人未満～5 万人）

(2) 都市の機能による分類：政治都市,商業都市,工業都市,住宅都市,観光都市など。

(3) 立地条件による分類：臨海都市，内陸都市，寒冷地都市，多雪地都市，温帯都市，亜熱帯都市など。

(4) 歴史的条件による分類：城下町，宿場町，市場町，港町，門前町など。

(5) 都市計画的な観点からは上記に加えて，人口増減率による分類を加えることが重要である。過密地域か過疎地域かによって地域計画上，都市の果たすべき役割が異なってくるし，人口急増か，漸増か，減少かによって都市施設の整備計画上の問題が大きく相違するからである。**図 2.1** はわが国の都市を人口規模と人口増減率(昭和 35-40，40-45)によっ

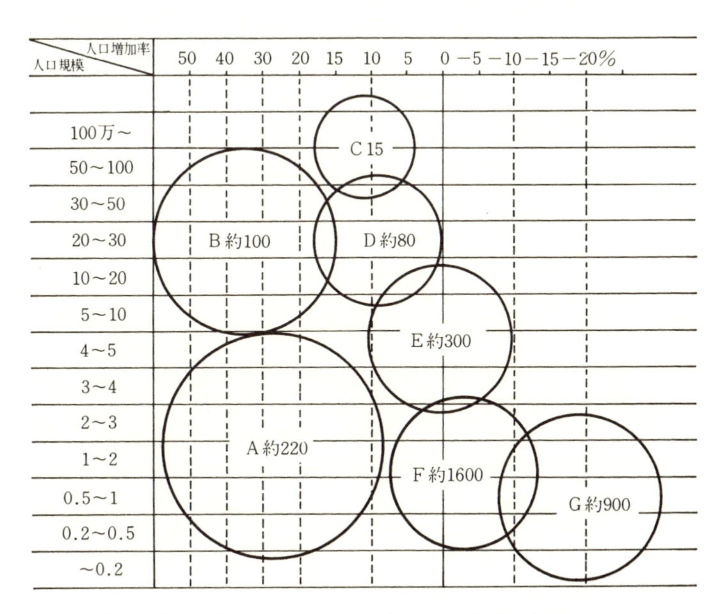

（注） 数値は都市数．ただし東京23区は一つの都市と考えた．

図 2.1 人口規模・人口増減率よりみた都市分類（森村道美氏による）

て分類したもので，ここに分類された都市はそれぞれ都市の目標設定[1)]に関してかなり共通点をもつものと考えられる。

D．都市問題

都市への人口・機能の集中を無計画に受け入れ，これに対して適切な対策を欠くことによって都市の活動ならびに生活上，好ましくない各種の問題を生ずる。都市問題は都市計画と密接な関係があるが，都市計画だけでそのすべてを解決することはできない。そこには都市計画としての一定の役割と限界が存在する。

住宅問題，交通問題，公害問題，防災問題，生活環境問題などはとくに都市計画との関係が深い都市問題である。また，都市計画の推進をはばむ基本的な問題として，土地問題，財源問題，制度問題などがある。

E．現代都市の目標と都市計画の理念

現代都市が達成すべき窮極の目標（goal）は，国によって，都市によって大きな相違があるとは考えられない。しかし，目標に到達するための当面，解決しなければならない具体的な目標（target）は，それぞれの国や都市によって当然，異なってしかるべきものと考えられる。わが国の都市が今日おかれている状況からみて，将来の目標とすべき点を掲げれば次のとおりである。これらは同時に都市計画の理念につながるものと考えられる。

⑴ 市民生活を優先する都市　都市環境の安全性，保健性が確保され，教育・文化・福祉についても一定の水準を保持し続ける都市であること。

⑵ 完全自治体である都市　都市の環境整備と住民の福祉・教育・文化についてのすべての権限と財源を与えられた完全な自治体によって都市が運営されること。

⑶ 個性のある都市　歴史的条件，地方的伝統をふまえ，同時に独自の新しい文化を生み出す創造的発展を指向する都市であること。

⑷ 科学的な計画に基づいて建設を進め，社会的公平を貫く都市　科学的な情報に基づいて，住民参加のもとに計画を決定し，その実現にあたっては社会的公平の原則を貫く都市であること。

⑸ 地球環境の保全に一定の役割を果たす都市　自然的環境の保全と良好な市街地形成の調和が図られ，また資源の節約とリサイクルに積極的に取り組む都市であること。

⑹ 広域圏における正しい役割を果たす都市　国土・地方計画の中で正しい一定の役割を積極的に果たす都市であること。

⑺ 安定成長を続ける適正規模の都市　都市の規模は過大であってはならず，時間をかけて安定した成長を遂げる都市であること。

1） 3章3.1節D．参照．

2.2 都市計画

A. 都市計画の定義

アメリカでは city planning，イギリスでは town planning，ドイツでは Städtebau，フランスでは urbanisme という。文字どおり都市を計画することにちがいない。この場合，都市は計画される対象であって，前述のように空間的にも限定することが困難であるが，実際には市町村という自治体の区域が対象とされ，必要な場合にはその連合によって計画がつくられる。一方，計画とは将来のある時点における目標を選択・設定し，その目標に対して現実を対比して，これら二者間の関連を明らかにしたうえで，一定の手段によって現実を目標に同一化していくことである。すなわち計画は本来，実践的・技術的な概念である。しかし，都市計画という場合には計画といっても経済的，社会的な計画そのものではなく，物的手段によって達成される計画に限定した意味をもっている。都市計画は物的計画（physical planning）である。しかし，経済的，社会的な計画との整合がなければ真の都市計画とはいえない。

都市計画の定義を一言で述べることはむずかしいが，あえてするならば次のようになる。都市計画は都市というスケールの地域を対象とし，将来の目標に従って，経済的，社会的活動を安全に，快適に，能率的に遂行せしめるために，おのおのの要求される空間を平面的，立体的に調整して，土地の利用と施設の配置と規模を想定し，これらを独自の論理によって組成し，その実現をはかる技術である。

都市を計画することは古代から行なわれている。しかし，これらは現代の都市計画とは著しく異なっている。それぞれの時代における計画の主体（誰が）および目的（何のために）がまったく異なるからである。神殿や伽藍の配置が都市計画の中心に考えられた時代もあったし，都市の周囲に城壁を設け，外敵に対する防衛を主とする時代もあった。荘麗な広路や威風堂々たる街並みを誇示することに主眼がおかれた時代もある。かつては都市は美観のために設計されるものであり，芸術であった。今日の都市計画の中心的課題はそうではない。また，わが国では都市計画というと，かつては街路・公園・上下水道などの都市施設の建設事業と考えられてきた。しかし，都市計画は単なる建設技術や工学であってはならない。

次に，より大きな計画体系の中での都市計画の位置づけについて考察しよう。

B. 都市総合計画

産業革命以後，都市計画の目的は大きく転換した。都市を人間の経済的活動，社会的活動の場としてとらえ，複雑な都市構造を調査・解析によって明らかにし都市計画（物的計画）と社会・経済計画（非物的計画）の統合を主張したのはゲデス（Patrick Geddes）に始まるといわれる。

このような考えに立つと都市計画は都市の総合計画の一部をなすことになる。都市総合計画の内容とその関係は次のように考えられている。

都市総合計画	非物的計画	経済計画 economic plan	産業，雇用，労働，賃金，金融
		社会計画 social plan	人口，教育，保健，福祉，文化
		物的計画 physical plan	土地利用，交通，通信，その他の施設
		行財政計画 administrative plan	制度，組織，財源

経済計画と社会計画は相互に関連するが，非物的計画（non-physical plan）として物的計画に対応している。非物的計画はいわば都市における活動（activity）の計画であって，物的計画はその活動の行なわれる場を設定し，施設を計画することになる。そして行財政計画はそれを実現に移すにあたっての行政体の行動を裏付ける条件を設定する計画である。

したがって，都市総合計画は都市の将来の目標の設定に始まる。目標の内容は都市の将来の規模，発展の速度，性格，産業の構造，市民生活のあり方と生活環境施設の水準などである。このような共通の目標に対して経済計画と社会計画はバランスのとれたものでなければならないし[1]，その活動の場である土地の配分がこれに適合しており，活動を安全に能率よく快適に実現しうるような施設の条件が備えられなければならない。

a. 基本構想と基本計画　わが国ではこの都市総合計画にあたるものは必ずしも明確ではないが，基本構想，基本計画，実施計画という流れで各市町村が計画を立案決定することが多い。このうち基本構想については地方自治法第2条5項[2]によって，その決定には議会の議決を必要とされていたが，地域主権改革の下に平成23年5月公布の地方自治法の一部を改正する法律によって当該条文が削除されたために，現在は策定及び議決ともに市町村が判断することとなっている。また，都市計画法第15条3項[3]には市町村が定める都市計画はこの基本構想に即したものでなければならないことを規定している。したがって，この段階は市町村のすべての計画に共通ではなく，基本構想を策定及び議決している市町村のみ対象となる。一般的に基本構想の内容は次のとおりである。

Ⅰ　将来図　1.将来像　2.フレーム　3.土地利用構想　4.目標水準

Ⅱ　1.将来図を実現するための基本的施策　2.基本構想実現の方策

また，基本構想を定めている市町村では，基本構想に次いで基本計画をたてることとなるが，ここに，非物的計画（社会計画，経済計画，行財政計画）とならんで，物的計画としての都市基本計画が位置づけられることになる。なお，最近は部門別計画のほかに地区

1）20世紀末から，「持続しうる開発」とか「都市の成長管理」などという表現もある．

2）地方自治法第2条5項　市町村はその事務を処理するにあたっては，議会の議決を経て，その地域における総合的かつ計画的な行政の運営をはかるための基本構想を定め，これに即して行なわなければならない．

3）都市計画法第15条3項　市町村が定める都市計画は議会の議決を経て定められた当該市町村の建設に関する基本構想に即し，かつ，都道府県知事が定めた都市計画に適合したものでなければならない．

別計画を策定する市町村も増えつつある。

そして，最後に実施計画の段階があり，この段階で，都市基本計画の内容の一部は法定都市計画として計画決定され，他の一部はその他の事業計画に移される。この段階では，予算，機構，土地の問題が重要である（**図 2. 2**）。

b. 計画立案方式　基本構想，基本計画の立案方式は，都市の規模によって異なり，市民，自治体，首長の政治的体質によって一概にはいえないが，現在は市町村が原案を作成し，住民代表や学識経験者を加えた審議会方式をとるものが多い。さらに，アンケート調査の実施など様々な方法による住民意向の把握・住民参加の仕組みが取り入れられるようになってきている。今後も計画立案のプロセスにおける資料の公開，住民参加の問題はますます重要になると思われる（**図 2. 3**）。

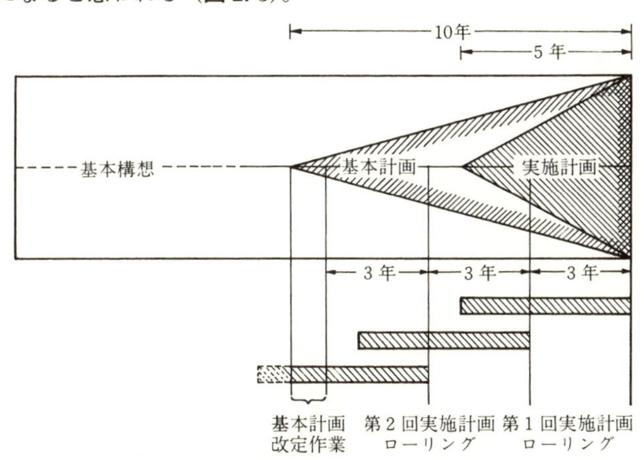

図 2.2　自治体計画重層構造（松下圭一：現代都市政策IIIp.291 より）

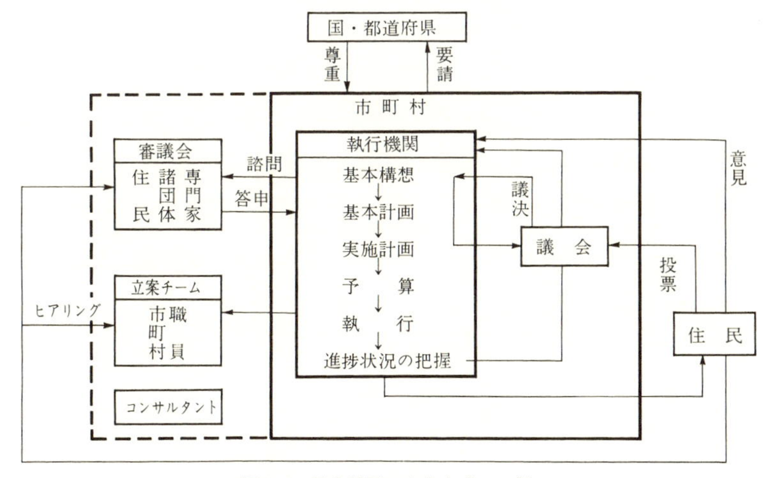

図 2.3　総合計画の立案方式の一例

このようにして策定され，実施された計画のアフター・ケアーとしては，計画の進捗状況の把握と政策効果の評価が必要である。「基本構想は市町村の長期にわたる運営の根幹になるものであるから，みだりに変更すべきものではないが，社会，経済状勢の変化が著しく，計画が実情にそぐわなくなった段階ではすみやかに改訂する必要がある。基本計画は，具体的な内容をもつ計画であるからおおむね5年ごとに見直しを行ない，部分的にも改訂を繰り返すことが望ましい[1]」とされている。

C．地域計画

一定の地域に対する物的計画を地域計画という。地域計画はその対象地域の大きさと計画の内容によって，全国計画，地方計画(大都市圏計画)，都市計画，地区計画の基本的な区分がある。より広域を対象とする計画を上位計画，より狭域を対象とする計画を下位計画ということがある。

上位計画から下位計画へブレークダウンする振分け方式と下位計画から上位計画へ要求を拡大する積上げ方式と二つの考え方があるが，いずれにしてもスケールの異なる地域計画間のフィード・バックによって調整をはかる必要がある（図2.4)。

最近，技術革新と経済の発展に伴って，経済・社会活動が広域化し，地方計画，都市計画，地区計画いずれもその対象地域は拡大する傾向がある。

上位計画ほど産業計画に重点がおかれる傾向があったが，いずれの計画段階においても産業の発展と社会生活はバランスのとれたものでなければならない。各段階における物的

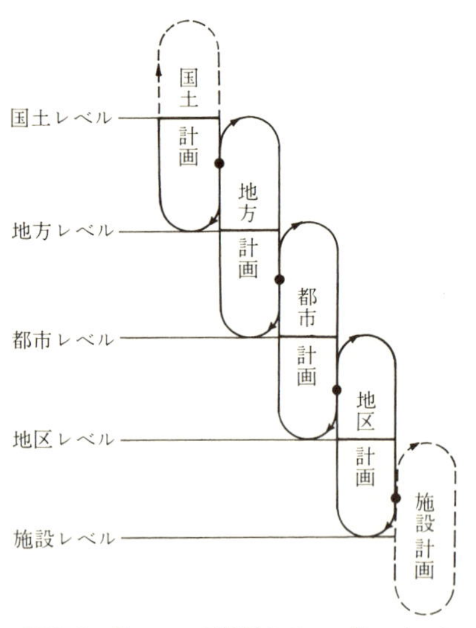

図2.4 各レベルの計画のフィード・バック

1) 地方自治協会：基本構想の問題と展望 1976．

計画の内容を土地利用計画，線型施設計画，核型施設計画の三つに分けて示せば，**表 2.1** のとおりである。

土地利用計画は，面的な広がりをもつ計画であって，国土レベルでは，都市地域，農業地域，森林地域，自然公園地域，自然保全地域に 5 区分されている（国土利用計画法第 9 条)。下位計画になるに従って地域区分はさらに具体的になり，規制・誘導と開発事業によって実現がはかられる。

線型施設計画は鉄道（R），道路（V），空路（A），海路（S）その他いずれも樹木の幹，枝，小枝というように一連のシステムを構成したり，葉脈のようにネットワークを形成する点に特色がある。

核型施設はその機能によって単独型，結節型，凝集型，分散型などの分布形態をとる[1)]。

D．都市基本計画と法定都市計画

都市基本計画はアメリカでは master plan，general plan，comprehensive plan などとよばれる[2)]。基本計画は長期(目標年次は普通 20 年後とし，中間年次として 10 年後を考える）の予測に立って，その都市の将来のあるべき姿を比較的自由に描き出すことに特色がある。したがって，計画の論理は明快で，一般の人びとにもわかりやすく，創意に満ちたものであることが望まれるが，あくまで勧告的な性格の計画であって，法的拘束力をもたない場合が多い。

これに対して法定都市計画は基本計画の示す方向を十分尊重し，これを実現するための手段の裏付け（制度，予算，組織など）の枠内でつくられる比較的短期（目標年次は 5 年または 10 年後におくのが普通である）の目標に従う計画で，都市計画法その他の関係法による手続きをとるために策定される法的拘束力を伴う計画である。したがって，その国の都市計画制度や自治体に与えられている権限などによって著しく相違する。

都市計画の理論体系の中で都市基本計画が重要な意味をもつことはいうまでもない。しかし，都市計画の実際面において，どのような効果をもち，住民や権利者にどのような影響を及ぼすかは別の重要な問題である。すなわち，都市の目標の設定――基本構想――基本計画――実施計画――実施という一連のプロセスの中で基本計画がどういう意味をもつかの点である。都市基本計画はこの場合，計画の実現の手段のいかんによってその内容の具体性に大きな相違を生ずる（**図 2.5**)。

基本計画の内容は大きく分けて，土地利用計画と都市基盤施設の整備計画および特定地区のプロジェクトに分けることができる。

---

1) 4 章 4.4 節参照.

2) master plan は個々の敷地，大規模な敷地，団地さらには都市と，ほとんどすべての土地開発に使用される一般用語である．general plan は行政体の行政体による行政区域内のすべての土地開発政策の基礎となる長期的総合開発を意味する．comprehensive plan はその内容が総合的であり，財政上検討も経ているという点に力点をおいて用いられる．したがって，いずれも本質的に差異は認められない．

表 2.1 各種地域段階における

	国際	国土	地方	
			一般地方	大都市地方
人口規模（千人）		100,000	6,000〜4,000	30,000〜10,000
広がり半径（km）		750	200〜100	100〜50
人口密度（人/km²）		250		
土地利用計画	・国　境 ・領海と公海 ・発展途上国開発 ・自然保護 ・極地開発 ・海洋開発	・国土開発のパターン ・地方計画区域 ・産業立地（国土的産業） ・天然資源開発 ・国土防衛 ・国土防災と国土保全 ・首都および皇居 ・離島，山村の振興 ・観光，レクリエーション	・地方開発のパターン ・開発地域と保全地域 ・拠点都市区域 ・産業立地（地方的産業） ・農林水産地域 ・観光，レクリエーション地域 ・天然資源開発 ・防災，自然保護	・大都市地方開発のパターン ・開発地域と保全地域 ・衛星都市，新都市の開発 ・都市再開発 ・産業配置（分散と集中） ・近郊農業地域 ・観光，レクリエーション ・臨海部開発 ・防災，自然保護 ・廃棄物処理
線型施設計画	・大陸横断高速鉄道（R_7） ・大陸横断高速道路（V_8） ・国際航空路（A_5） ・国際航海路（S_3） ・大陸横断運河 ・大陸間海底ケーブル ・大陸間連絡海底隧道（V_7） ・大陸間連絡海上架橋道（V_7） ・大陸横断石油パイプライン	・国土縦貫高速鉄道（R_6） ・国土幹線鉄道（R_5） ・国土縦貫高速道路（V_7） ・国土幹線道路（V_6） ・地方間連絡海底隧道（V_6） ・地方間連絡海上架橋道（V_6） ・国内航空路（A_4） ・国内航海路（S_2） ・内陸横断運河 ・国土河川 ・マイクロウェーブ回線	・地方幹線鉄道（R_4） ・地方準高速道路（V_6） ・地方幹線道路（V_5） ・地方航空路（A_3） ・マイクロウェーブ回線 ・超高圧送電線 ・農業用水，工業用水路 ・地方河川 ・精油パイプライン ・地方鉄道（R_5） ・林道，観光道路	・地方幹線鉄道（R_4） ・通勤高速鉄道（R_4） ・地方準高速道路（V_6） ・地方幹線道路（V_5） ・地方航空路（A_3） ・マイクロウェーブ回線 ・天然ガスパイプライン ・超高圧送電線 ・広域用水路 ・大都市河川 ・精油パイプライン
核型施設計画	・国際機関本部 ・通信衛星 ・宇宙空間基地 ・南極基地	・中央官庁行政施設 ・国会議事堂 ・最高裁判所 ・公団，公社 ・国際空港，自衛隊基地 ・国際貿易港，原子力船港 ・宇宙ロケット基地 ・ダム，発電所 ・国立教育，文化，厚生施設 （大学，試験研究所，図書館，会議場，劇場，貿易館，美術博物館，病院，リハビリテーションセンター，公園，競技場，情報センター） ・国際機関支部 ・大使館，公使館	・国出先機関 ・地方庁，警察本部 ・ローカル空港 ・高速鉄道駅 ・高速道路インターチェンジ ・発電所，ダム，貯水池 ・地方立教育，文化，厚生施設 ・ゴルフ場，遊園地 ・スキー場，スケート場 ・動植物園，水中公園 ・地方港湾	・国出先機関 ・大都市圏庁，警察本部 ・ローカル空港 ・高速鉄道駅 ・高速道路インターチェンジ ・発電所，ダム，貯水池 ・地方立教育，文化，厚生施設 ・情報センター ・医療センター ・ゴルフ場，遊園地 ・スキー場，スケート場 ・動植物園，水中公園 ・サーキット，ヨットハーバー ・地方港湾 ・大規模廃棄物処理場

物的計画の内容

都市		地区	
一般都市	大都市	集落地区	都市地区
1,000～200	20,000～3,000	50～10	400～100
15～5	20～10	3～1	3～1
2,000～1,000	20,000～10,000	4,000～500	30,000～10,000
・広域都市開発のパターン ・市街化区域，市街化調整区域 ・土地利用用途規制 ・都市防災 ・文化財保存	・大都市開発のパターン （都心・副都心の規模と配置，大規模団地，各種センターの規模と配置 ・市街化区域，市街化調整区域，開発保留区域 ・土地利用用途規制 ・土地利用強度規制（容積地域制） ・再開発，新開発地区の指定 ・都市防災 ・文化財保存	・集落の規模と整備 ・農業用地の集団化 ・自然の保護 ・文化財保存	・土地利用用途規制 ・土地利用強度規制 ・特定建築街区 ・公共用地の規模と配置 ・防災，避難拠点
・都市幹線街路(V_4) ・地方鉄道(R_2) ・都市軌道(R_1) ・高圧送電線 ・電信電話ケーブル ・ガス需要本管 ・上水道配水本管 ・広域下水道	・都市高速道路(V_5) ・都市幹線街路(V_4) ・都市高速鉄道(R_2)（地下鉄，モノレール，郊外電鉄） ・超高圧送電地下ケーブル ・電信電話ケーブル ・都ガス本管 ・広域用水道，上水道本管 ・広域下水道	・地区幹線(集配)街路(V_3) ・農業灌漑用水路 ・農道，林道 ・上水道配水本管 ・下水道幹線 ・電信電話ケーブル	・地区幹線街路(V_3) ・バス専用道路 ・遊歩道，地下道 ・自転車専用道路 ・上水道配水本管 ・地下共同溝（電信電話，電力，ガス，下水） ・地域暖房給湯本管
・国，地方出先機関 ・市　庁 ・消防本部，警察署 ・鉄道軌道駅 ・バスターミナル，駐車場 ・都市港湾，都市空港 ・地方放送，新聞社本社 ・地方銀行本店，農協本部 ・市立大学，短期大学，高校 ・中央卸売市場，流通センター ・デパート ・動植物園，水族館 ・墓苑，プロ野球場 ・各種センター	・国，地方出先機関 ・都道府県庁 ・都市高速鉄道，バス総合ターミナル，駐車場 ・都市高速道路インターチェンジ ・都市港湾，都市空港 ・中央放送局，新聞社本社 ・都市銀行本店 ・大学，短期大学，高校 ・中央卸売市場，流通センター ・デパート，地下商店街 ・動植物園，水族館 ・墓苑，プロ野球場 ・各種センター （情報センター，医療センター，文化センター，娯楽センター，スポーツセンター，防災センター，業務センター，福祉センター	・地方出先機関 ・町村役場 ・消防署，警察支所 ・小中学校 ・コミュニティ・センター ・ショッピング・センター，スーパー ・農業センター ・総合病院，診療所 ・農協支部 ・漁港，水産センター ・運動公園，緑地	・地方出先機関 ・区役所 ・消防本部，警察署 ・短期大学，高校，小中学校 ・コミュニティ・センター ・ショッピングセンター，スーパーマーケット ・医療センター ・都市銀行支店，信用金庫 ・地区中央公園，緑地 ・地域暖房センター ・駅前広場，駐車場

（地区以外住区などの地域段階は省略）

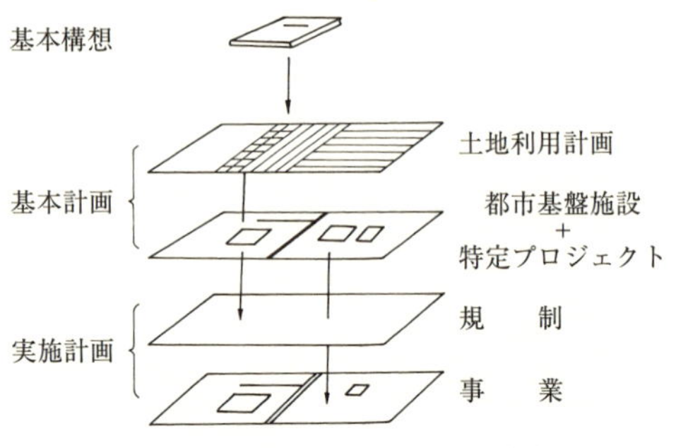

図2.5　基本構想・基本計画・実施計画

土地利用計画の実現について，アメリカやわが国のように，民間主導型の都市計画制度をとる場合には，その実現手段として地域・地区制や敷地割規制のような間接的な規制方法がとられるので，具体的な計画をそのままの形で実現することは困難である。この場合，都市基本計画が具体的な表現をとったとしても一種のビジョンに近いものにならざるをえない。したがって，これに法的拘束力をもたせることはできないし，抽象的な表現をとらざるをえない。

一方，ドイツやイギリスのような公共主導型のきびしい都市計画制度のもとでは，土地利用計画はかなり具体的な表現をとることが可能であり，また計画どおりに実現することがほぼ保証されることになる。例えばドイツの土地利用計画（Flächennutzungsplan）は法定計画であって，都市施設の計画については市町村および公的な計画主体を拘束するものであるが，土地利用の計画については直接的に市民に対して法的拘束力をもつものではなく，地区詳細計画に対して拘束力をもつ。この意味では土地利用計画はここでいう都市基本計画の機能を果しているといえる。わが国でも市町村が定める都市計画の基本方針として，地区レベルの計画に対する基本計画を策定することは可能である。

都市基盤施設や特定地区のプロジェクトについては，いずれの国も公共事業として実施されるので，土地利用計画の場合とはちがうが，実現のための予算のメドがたたなかったり，実現のプログラムが明示されていないと，長年にわたって都市基本計画に示された施設やプロジェクトが実施されず，住民の期待を裏切ることになったり，権利者を不当に拘束することになりかねない。そのため，近年ではこうした長期間にわたって未着手となっている都市施設や市街地開発事業の見直しが進められている。また，近年の我が国では，行政の財政が逼迫している状況もあり，プロジェクト推進にあたって民間活力を活用して予算の確保と事業期間の短縮が進められている。

都市基本計画は長期の計画とはいいながら，ある程度，実現の見通しとの整合性をもって示されないと，計画に対する住民の信頼性をつなぐことはできない。この意味で，計画内容の表現には十分注意する必要がある。

E. 建築と都市計画

都市の物的構造からみると，都市は建築物によってつくられているといっても過言でないほど建築物は都市の主要な構成要素になっている。しかし，道路，公園などの広義のオープン・スペースもまた都市の重要な要素であって，これと建築との適切な組み合わせが都市空間をつくり出していることを忘れてはならない。

近代都市が成立し，封建的な束縛から離れて個人の自由が確立したとき，土地の絶対所有権が認められ，建築もまた自由な権利を主張した。これが建築の自由（Baufreiheit）である。しかし，都市全体の構成要素である個体としての建築の自由には限界があることは当然であった。このため建築に対して一定の制限を課することになる。これが地域制（zoning）に代表される建築に対する一連の都市計画制限である。しかし，この種の制限は，環境悪化の最低条件を回避することはできたが，一方において都市における建築物をある意味で歪んだものとしたこともいなめない。

欧米の古い都市の中心部は，商業地も住宅地もこのような制約のもとに建てられた建築物によって構成されているし，今日，すぐれた建築家によって設計される建築物の多くも，このような一率の制限の枠内で設計されているともいえる。

戦後，経済の発展，モータリゼーションの進行，生活意識の変革に伴って，建築物の大型化と複合機能化，自動車の効率的利用，人間環境の保全といった新しい要求が生まれてきた。そうなると従来のような道路と地域制でつくり上げられる市街地は，とうていこのような新しい要求には応じられなくなってきた。そのために公的機関が一定の土地を買収し，従来の区分された敷地の観念を取り払い，ここに建築物，公園緑地，道路などを一体的に計画し実現する都市計画手法が登場してくる。この手法は郊外においては団地開発（estate development）からニュータウンへ発展し，既成市街地では再開発（redevelopment）から都市更新（urban renewal）へ発展してきた。また，このような地区開発事業によらず，一般市街地を私有のままで誘導する手法として地区詳細計画（detail plan, Bebauungsplan）の制度を積極的に活用して，同様の成果をおさめている国もある。

このような一連の動きは，Baufreiheit の一部制限にとどまらずその否定に向かうものであり，都市における土地の私有は認めても，その利用に対して社会的な見地から大幅に制限を課することになる。したがって，これを可能にするか否かは，その国の内政全般にわたって，いかに社会化が進行しているかの程度と無関係ではない。

しかし，これを建築と都市計画の関係でみれば，都市計画は建築を個々の敷地という枠と，地域制などによる桎梏から解放し，都市設計（urban design）に場を提供することになる。しかし，同時に従来のような建主の私的な要求だけでなく，都市における建築物そのもののあり方，建築の社会的な意義が問われることになるわけである。いいかえれば建築は都市の中で Baufreiheit を失ったが，同時にこれを社会化された形で取りもどすことが可能であるともいえる。

このように建築と都市計画はきわめて密接な関係にある。しばしば建築が都市環境破壊の元凶であったり，都市計画がすぐれた建築の設計を制約したりするのは，この同じ原理で貫かれなければならない建築と都市計画の関係が誤まった状態にあるからにほかならない。建築は都市の部分であり，都市は建築によって構成されているのである。都市設計はこの両者を結ぶものとしてきわめて重要な役割を担っているといえる。チーム・テンの人びとの次の主張は，この問題の核心にふれていると思われるので次に引用する。

「都市計画と建築は一連のプロセスの部分である。計画とは種々の人間活動を相互に関連づけることであり，建築はこれらの活動に対する容器である。都市計画とは建築が生まれ出るような環境をつくることである。ともに経済的，社会的，政治的，技術的，物理的な背景によって条件づけられている。計画はそれが建築を生み出すまでは抽象であり，その結果（建物，道路，広場）を通してはじめて具体的に存在しうる。計画の機能は現在が未来につながるような望ましい最適条件を確立することである。そうするには，種々の人間活動の間にある関係を調べ，掘り下げ，明らかにしなければならない。したがって，都市における生活全体が，その部分をたし合わせた合計より，いっそう豊かなものとなるように，これらの活動を総合しなくてはならない」[1]。

2.3　都市計画の現下の諸問題

A．大都市の抑制と地方都市の育成

大都市への人口・機能の集中は他の国々においても大なり小なりみられる現象であるが，わが国の戦後におけるそれは，その量において，その速度において各国のそれを上回るはげしいものであった。これに対する適切な抑制策を欠き，同時に土地投機と地価の高騰を野放しにしたことと相まって，過密の弊害と生活環境の悪化をもたらしたといえる。住宅，交通，防災，公害など大都市における都市問題はますます深刻化しつつあり，個別の対策ではいかんともしがたい状況に追い込まれている（**図2.6〜2.9**）。

大都市への人口，機能の集中の根本的な原因は，政治，経済，文化あらゆる面において中央集権的な機構を強化し，効率を高めようとする政策がとられていることにある。遷都論や機能の分散政策が話題にのぼるが，この根本的な原因にメスを入れることなしに，分散政策をとってもその効果は焼石に水でしかない。一日も早く大都市に集中している権限を地方に移譲し，地方において意志決定ができる機構に改めていかなければならない。

わが国の地方中小都市は美しい自然的環境条件に恵まれており，土地や住宅の条件もよいが，雇用の機会が少なく，近代的な都市生活が行なえるような環境施設の整備がおくれている。したがって，いたずらに大都市に追随することなく，自然および地方文化など好ましい条件を生かしながら，個性のある健全な中小都市を育成することがたいせつである。大都市の抑制と地方都市の育成の問題は古くして新しい基本的な問題である。

1)　A.スミッソン編，寺田秀夫訳：チーム10の思想，p.119，彰国社，1970.

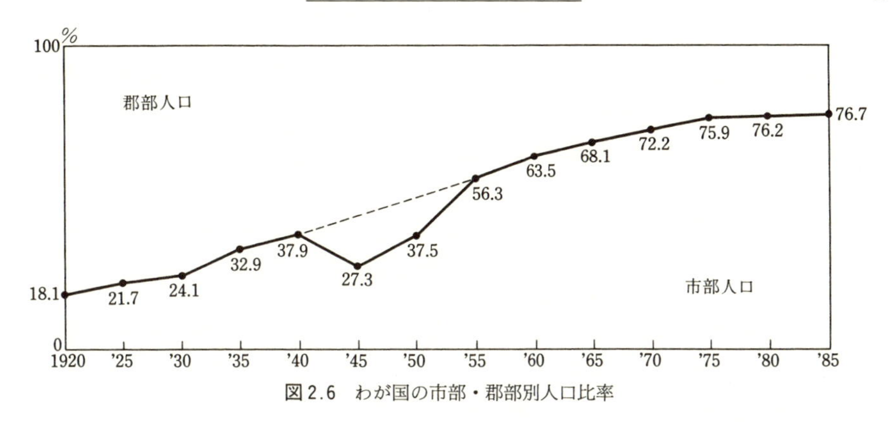

図 2.6　わが国の市部・郡部別人口比率

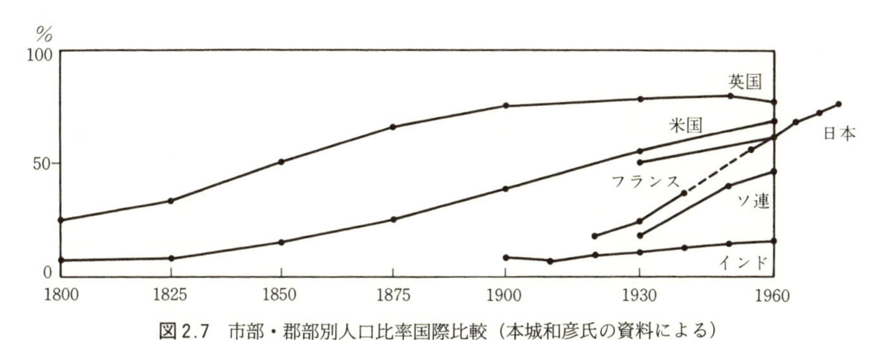

図 2.7　市部・郡部別人口比率国際比較（本城和彦氏の資料による）

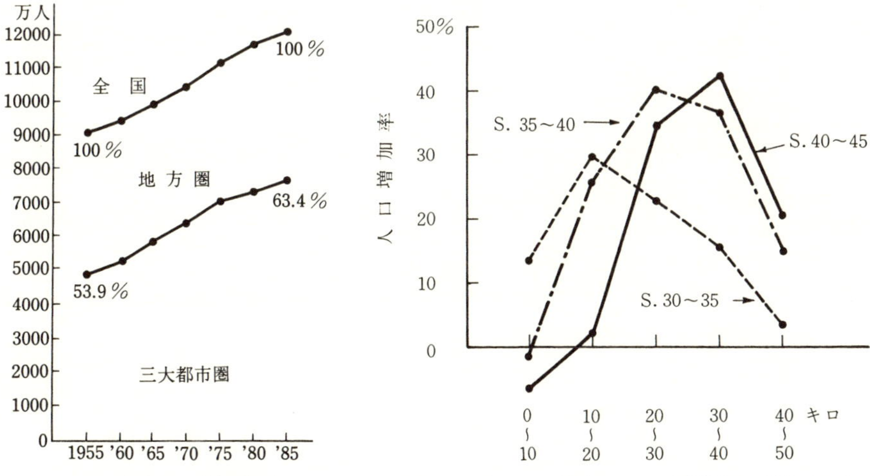

図 2.8　三大都市圏・地方圏別人口

図 2.9　東京 50 キロ圏都心からの距離別人口増加率の変化

B．都市計画の広域化

交通・通信などのコミュニケーションの発達によって，都市における諸活動の場が広域化し，都市計画の対象区域が拡大して，いわゆる広域都市圏の計画がそのまま都市計画と考えられるようになった。都市計画が広域化したといっても，その上位計画である地方計画とは計画の目的や内容が異なるわけで，都市計画の主たる目的は都市的スケールにおける土地利用や施設整備と同時に個々の住民の日常生活の場，すなわち居住環境の整備に重点を指向するものでなければならない。

広域化によって生じてくる問題は次のとおりである。

(1)　地域開発の中で都市が果たすべき役割が大きく認識され，その中に正しく位置づけられ，産業立地，広域レクリエーションなどとの調整をはかる必要がある。

(2)　都市計画区域内に多くの近郊農村地域を含むことになるので，市街化の進展とこれら農村の間の関係を調整することが必要であり，土地利用計画がいっそう重視されなければならない。

(3)　高速道路，都市鉄道などの沿道，沿線の都市化は従来の市街地の形成とは様相を異にするのでその適確な予測とこれに対する土地利用上の対策を講ずる必要がある。

(4)　市町村間の関連がますます密になり，行政区域にまたがる計画の立案，決定，実施についての態勢を十分整える必要がある。

(5)　都市計画が広域化する結果，計画の総合性が担保されることは望ましいが，計画として取り上げる対象施設が格上げされることによって，きめこまかい環境施設の整備がなおざりにされないように注意する必要がある。また，末端施設の統合吸収により行政の合理化がはかられる結果，サービスに欠ける地域や階層が生じないようにする必要がある。

(6)　わが国では広域圏の計画は統一されておらず，各省庁がそれぞれ所管の範囲内で計画を進めている。広域市町村圏（自治省），地方生活圏（建設省），定住圏（国土庁）などがこれである。これらの調整をはかり行政の縦割の弊害を除くべきである。

C．モータリゼーション

自家用車の普及によって通勤・通学・買物・レクリエーションなど生活行動のパターンが変化することは欧米先進国の例をみるまでもなく明らかである。自動車は交通手段として次のような長所をもっている。

(1)　道路さえあれば個人の意志によって，戸口から戸口への交通を随時に行なうことができる。運転技術も比較的簡単である。

(2)　かなりスピードが出せるので中距離であれば効率もよい。（100 km/hr 程度）

(3)　かなりの量の物資の輸送ができる。（10 ton 程度）

しかしその反面，欠点としては次の点があげられる。

(1)　通勤などの場合，大量輸送機関に比して輸送量が小さいうえに，スピードも長距離になると高速鉄道に及ばない。

(2)　交通事故の発生を防ぎにくい。

(3)　排気ガス，騒音，震動，塵埃が生活環境を害するおそれがある。

(4)　道路の容量をオーバーすると路上で渋滞し，交通麻痺を起こす。

(5)　燃料がガソリンやL.P.G.などであるので災害時に危険である。

1960年以降わが国の自動車保有台数は急激な増加をたどっている（**図2.10**)。乗用車の普及率は最近，地方ほど高くなっている(**図2.11**)。しかし，自動車に代わる有効な交通手段が実用化するまでは，自動車そのものや燃料を改善するとともに，必要最小限に自動車を制限して利用していかなければならない。この点について次のことが重要である。

(1)　大都市と地方中小都市では自動車の利用についての考え方に相違があってよい。ブキャナン・レポートによれば人口50万の都市リーズ（Leeds）についてのスタディの結論として，自動車の全潜在量を収容することは実現の可能性がなく，通勤用の自動車の利用を規制し，大量輸送機関を整備する必要があることを述べている[1)]。おそらく，自動車の全潜在需要量を収容するには都市の規模に限界があると考えられる。

(2)　自動車の利用を規制する場合には公共性（救急，保安，バスなど）と代替性（生活物資の輸送など）を重視し，優先順位を決める必要がある。

(3)　自動車を都市という高密度な地域内で利用する場合には当然，それに合った環境条件を整えることが必要である。ブキャナン・レポートでは居住環境地域（environmental area)を区分することを提案している[2)]。この方式では通過交通はすべて排除され，歩行者と車は完全に分離されている。歩車分離のためにはラドバーン方式，ペデストリアン・デッキ，クルドサック，ループなど各種の設計技法がある。

D．都市防災

わが国の大都市が先進諸国のそれと著しく異なる点の一つとして，木造密集市街地の問題がある。木造市街地の不燃化は戦前から，建築や都市計画関係者の念願であったが，経済大国といわれるようになった今日でもいまだにこの問題は解消していない。木造密集市街地の連担，自動車の洪水，危険物の増加など往時より市街地の防災性能は著しく低下していることから，首都東京が再び関東大地震級の地震が発生した場合にはおそらく数十万人の死傷者を出すおそれが十分にあるとされている。また，東京以外の大都市においても，それなりの危険性をはらんでいるといえる。

かつては木造都市であったロンドンが1666年の大火後，当時の政府の徹底した政策によって，不燃建築によって復興したことを思うと，東京は不燃化という点で実に300年のおくれをとったことになる。応急的な防災対策は逐次とられつつあるが，わが国の現在の

1)　八十島義之助・井上孝訳：都市の自動車交通，p.111，鹿島出版会.
2)　同上，p.42，鹿島出版会.

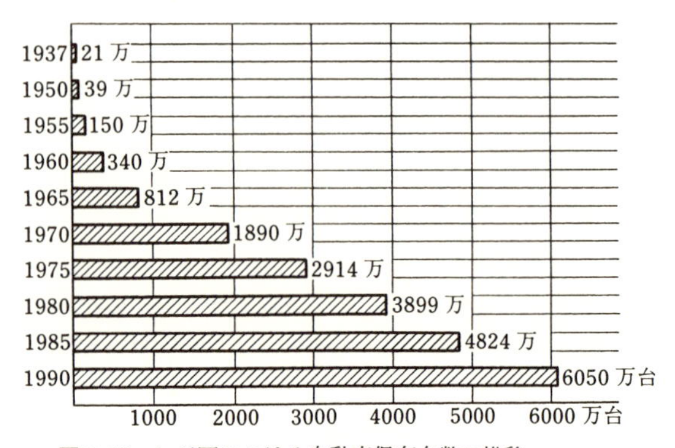

図 2.10 わが国における自動車保有台数の推移
(日本自動車会議所：数字でみる自動車，1992)

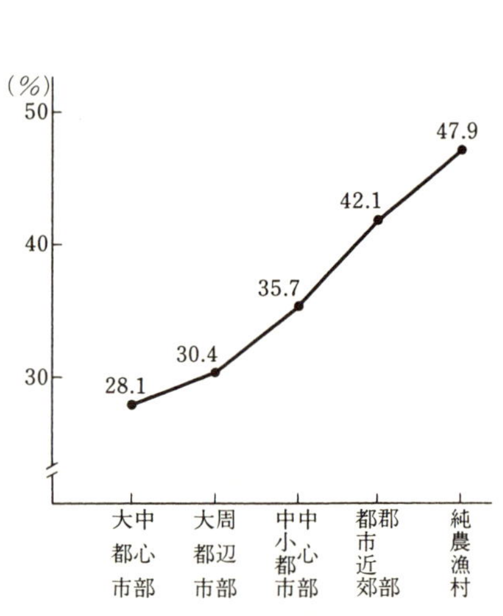

図 2.11 地域タイプ別乗用車世帯普及率

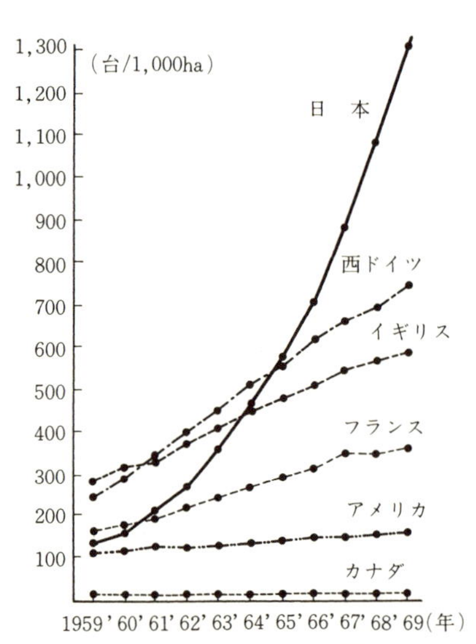

図 2.12 各国の平地面積あたり自動車保有台数
(環境白書 昭和 47 年度版より)

表 2.2 自動車保有台数 (単位 1,000 台)

国	年次	自動車 (四輪以上)				二輪車 (125 cc 以上)	1,000 人当たり自動車数 (台)
			乗用車	バ ス	貨物車		
アメリカ合衆国	10	246,664	193,824	857	51,983	8,212	797
イギリス	10	32,270	28,421	171	3,678	1,234	519
ドイツ	10	46,811	42,302	76	4,432	3,828	572
フランス	09	37,435	31,050	85	6,300	3,532	598
日本	13	74,279	59,357	226	14,696	3,536	583

(注) 資料：総務省統計局 2014

経済力のもとでこの300年のおくれに対して抜本的な回復策がとられないことは誠に不思議であるとしかいいようがない。生命の安全を犠牲にしながらの繁栄を後世の史家は何とみるであろうか。この問題の解決は日本の民族の生命の安否に関わる問題であって，再び原爆を受けなくても大震火災によって広島，長崎の惨状を再び繰り返すおそれがあるということである。したがって，個人や自治体が容易に解決しうる問題ではなく，国が現状を適確に把握し，科学的な解析結果に基づいて危険度を判定し，断固たる決意をもって対策にあたるべき問題である。

最近，災害危険地区や防災拠点の周辺地区に対して，補助金を支給する防災不燃化促進事業が行なわれるようになった。これらの施策は地区計画制度の適用と相俟って積極的に推進をはかる必要がある。

E. 自然の保護と文化財の保全

国土のスケールでみると，2011年にわが国の総面積3,777万haのうち，66.3%が森林・原野，12.1%が農用地であって，道路・宅地の占める割合はわずか8.6%にすぎない（**図2.13**）。

したがって，自然破壊の元凶は何かということになると，農林業による原生自然の破壊を別とすれば，工業廃水による河川や海域の汚染，観光道路やダム建設などによる自然破壊のほうが市街化による破壊よりもはるかに大きい。

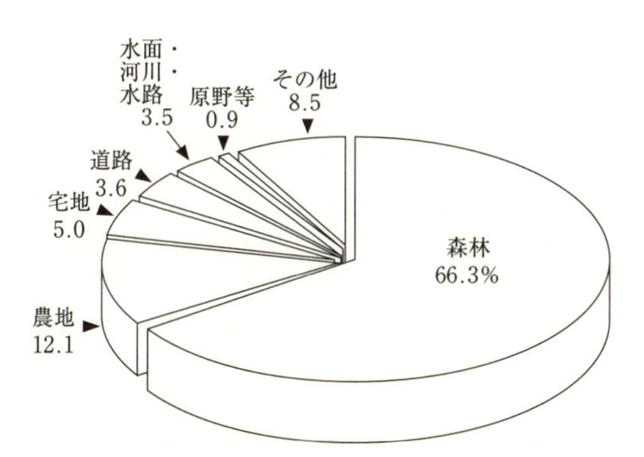

図2.13　国土利用の現況（2011）
（資料：国土交通省「土地白書」）

しかし，乱開発による無秩序な市街化は，都市周辺のすぐれた農用地や山林を破壊し続け，また，市街化の進行した地域では，ほとんどあますところなく宅地化され，都市の中の緑はみる影もなく，歴史的な遺産である文化財の保全もまったく危殆に瀕している。

これからの都市計画では市街化すべき地区を具体的に指定して秩序ある市街化を進め，スプロール状の市街化を禁止することによって，都市近郊の優良農地や山林を保護する必要がある。これらは国，県レベルの自然保護地域と系統をなし，また都市内の公園・緑地やこれに準ずるオープン・スペースの系統とも連なって，緑のネット・ワークを構成すべきである。

また，市街化すべき地域における歴史的な建造物や埋蔵文化財などは，それ自体を保全するだけでなく，それを公園や緑地にとり込むことによって文化財の環境についても保全をはかる必要がある。また，地方都市などにみられる古い家並の保全は，多くの場合，木造建築であるので，市街化の波にさらされることによってきわめて破壊が急速に進むおそれがある。したがって，道路計画なども保全を十分に考慮して慎重に検討する必要がある。

欧米の諸都市では自然や文化財の保全は，都市の景観上重視するだけでなく，現代都市のアメニティを保つうえで欠くべからざる条件であると考えられており，市民や国民の保全運動も実質的な成果をあげるまでに発展している。

F. 住宅と生活環境の整備

わが国は古い歴史と文化を祖先から継承してきた国であり，最近は経済の高度成長によって，国際的地位を高め，科学技術の面でも世界の水準に達しつつあり，生活文化の面でも欧米の水準をこえている部分がある。それにもかかわらず，都市の住宅と生活環境の水準は先進国に比して著しくおくれている。とくに大都市における生活環境は，上水道や下水道などの施設の面では向上していても，住宅，公園，生活道路などについてみるとますます悪化の程度を加えている。

なぜそうなのか。それは一口にいえばわが国の都市計画は幹線道路，大公園，河川，運河などの施設づくりが中心であって，住生活を中心とする生活環境計画として不徹底なためである。都市計画法と建築基準法その他の都市計画関係法は多くあるが，道路，公園，上下水道，学校，病院など生活に必要な諸施設の整備計画のある一定のまとまりのある地区に限って住宅の建設を許可し，それ以外の地区については原則として禁止するという制度がない。また，住宅政策はとかく地域的にはバラバラな公的住宅供給事業と地域的に無差別な金融政策になりがちであって，都市計画とは直接関係なく行なわれている。民間や個人の投資に対して公共投資の絶対量が不足しており，健全な市街地を自ら建設する責任をもつべき市町村は，そのための権限も財源も十分に与えられていない。

都市は人間生活の場である。住生活は人間生活の最も基本的なものであるが，都市はこのほか生活を維持し，向上し，発展させるための生産的活動，レクリエーション，教育，文化というように人間社会の価値を生み出すあらゆる活動が行なわれる場である。「住む」「働く」「憩う」「交通」はCIAMの掲げた都市のおもなアクティビティであるが，このような人間活動の場を計画するのが都市計画である。都市計画は安全，保健，利便，快適という環境の目標を達成することを目的として，人間の集団生活の環境をつくる総合的な技術であって，単なる道路計画や建築計画であってはならない。

2.4　都市計画関係の団体

A. 国際機関

都市計画に関する国際機関としては，国際住宅・計画連合(International Federation for Housing and Planning＝IFHP）があり，オランダのハーグに事務局が置かれている。この団体は，田園都市運動の提唱者，イギリスのサー・エベネザー・ハワードにより，国際田園都市・都市計画協会として，1913年ロンドンにおいて発足し，その後次第に機構を拡充して，現在の国際的組織となった。その間80年にわたり一貫して民間の団体として都市計画および住宅問題に取り組んできた。日本においてもこれまでに3回本会議が開催されている。

この機関のアジアの支部組織であるEastern Regional Organization for Planning and Housing＝EAROPHの事務局は現在，マレーシアにあり，日本支部JASOPHは都市計画協会に置かれている。

B. 国内団体

日本都市計画学会：1952年10月に設立，初代会長に内田祥三氏が選ばれた。会員は，建築，土木，緑地の三分野の技術者が中心である。機関誌「都市計画」を発行している。会員数は2013年現在，約6,000人を数える。常置委員会として総務・企画委員会，編集委員会，学術委員会，事業委員会，情報委員会，国際委員会，表彰委員会が活動している。毎年秋に学術研究発表会が開催され，学術論文集が刊行されている。研究の国際交流の面では，とくに中国，韓国および台湾の都市計画学会との学術交流が盛んである。

都市計画関係団体：次の団体とは関係が深く，会員も重複している者が多い。

日本建築学会(都市計画部会)，土木学会，日本造園学会，日本不動産学会，都市住宅学会，農村計画学会，日本土地法学会，日本都市学会

都市計画協会，日本住宅協会，日本地域開発センター，全国市街地再開発協会，再開発コーディネーター協会，都市計画コンサルタント協会，日本住宅総合センター，東京市政調査会，都市開発協会，第一生命財団，土地総合研究所，総合研究開発機構，住宅都市工学研究所

第3章　都市基本計画（総論）

3.1　都市基本計画の枠組

A. 計画の要件

都市計画は実現されなければ実際的な意味をもたない。したがって最終的には拘束力と実現力のある法定都市計画が施行される。しかしながら法定都市計画は，数年間の見通しにたつ財源と組織のうえに組み立てられる計画であるから，比較的，短期の見通しにたち，しかも，一定の枠の中で計画を立案せざるをえない。都市計画がプロセスの連続であるかぎり，これはやむをえないことである。しかしながら法定計画が都市全体の将来像の実現をめざすプロセスの中の一部であることの正当な位置づけと，市街地をつくり出していくあらゆる開発（民間や都市計画の所管に属さない他の官庁による開発を含めて）の中での位置づけを明らかにしておかないかぎりは，その方向を見誤ることは必然である。この意味において長期の見通しにたった都市基本計画の策定がぜひ必要である。

都市基本計画は上記のような目的でこれに続く法定都市計画あるいは実施計画に方向を与える総合的，基本的な計画であるので，下記の諸条件を備えていることが必要とされる[1)]。

(1)　都市というスケールをふまえ，その都市に関連ある周辺地域を十分考慮した基本計画であって，土地利用に関しては地域・地区制のような直接的な法的拘束力をもたない。しかし，下位計画や公共施設の整備計画に対しては一定の拘束力をもたねばならない。

(2)　国土計画，地方計画よりの要請を十分に考慮した計画であること。

(3)　経済計画，社会計画，行財政計画など非物的長期計画と十分整合し，都市総合計画の一環としての計画であること。

(4)　都市の将来の目標を明確にとらえ，その実現をめざす長期計画であること，目標年次は通常20年後とし，中間年次を10年後とする。ただし，計画の内容によって目標年次の異なることは実際問題としてやむをえない場合がある。たとえば自然保護計画は50年後を目標とし，交通計画は20年後を目標とするなどということはありうる。

(5)　都市の目標達成のため，都市の諸活動の場としての都市空間のあり方を土地の利用，

---

1)　T.J.Kent,Jr.: The Urban General Plan,1964.

施設の種類，量，配置を通じて表現する総合的な計画であること。

⑹ 必ずしも現行制度にとらわれる必要はないが，計画の論理に一貫性があり，実現の方途についての一定の見通しのあること。

⑺ 計画の内容は詳細にわたる必要はなく，包括的，弾力性のある計画であって基本という枠をこえないものであること。

⑻ 全体を貫く構想が創意に満ち，また地方性を十分に生かした計画であること。

⑼ 計画の表現が明快，簡潔であり，計画の意図が一般市民にもわかりやすく，説得力があること。

⑽ 基本計画はつねに新しい情報に基づいて部分的に修正される。通常，5年ごとに新しく調査を実施し計画の再検討を行なって計画を修正する。この意味で計画はつねにプロセスである。

⑾ 基本計画は都市計画の専門家がチーフとなり，建築，土木，造園などの技術者の協力組織を固め，経済，社会，地理，保健，福祉など多くの関連分野の研究者や県・市の行政担当官などから必要な情報の提供を受けなければならない。都市基本計画はこのようなチーム・ワークによってつくられる。

B．計画立案方式

計画に着手し，種々のプロセスを経て，最終的に計画案を得るまでの過程を示すものが計画立案方式である。普通は次のような順序で行なわれる。

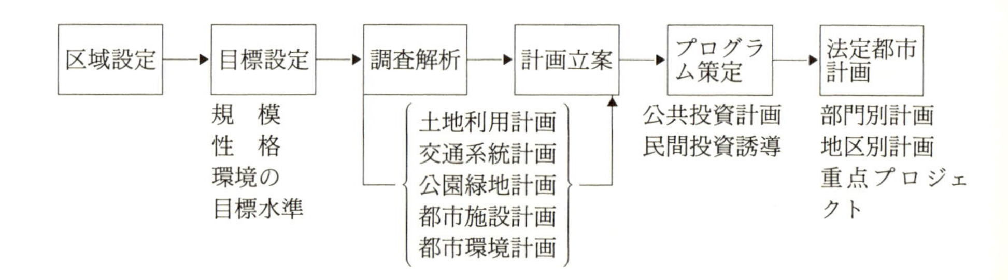

区域設定，目標設定のための調査も行なわれるが，具体的な都市計画調査は主として計画立案を目的として行なわれる。以下，項目別に解説するが，調査の解析および計画の内容別には各論において解説する。

C．区域設定

計画区域は対象都市を中心として通勤，通学，買物，レクリエーションなど日常生活の行なわれる範囲として地域的な一体性を有する区域を選定することが望ましい。その指標としては人口増加率，通勤・通学依存率，通勤時間帯図，市街地発展図，人口密度図などを用い，市街化の予測に基づいて決定するのが有効である。

わが国の法定計画では都市計画法第5条に都市計画区域に関する規定があり，必要があるときは，市町村の区域外にわたり都市計画区域を指定することができる[1)]。

計画区域は計画の主体とその内容に関係がある。わが国の場合は，市街化に関する計画や根幹的都市施設に関する都市計画はほとんど都道府県知事が定めることになっているので，都市計画区域は市町村の区域にまたがって知事が定めることができる。しかし，地方自治権の強い欧米諸国では，都市計画区域は原則として市町村の区域である。この場合，広域にわたって関連する計画内容について一体性が失われるおそれがあるので，隣接市町村の間で調整をはかったり，計画連合の結成などの手段がとられる。

地域的一体性といっても大都市の連担市街地（conurbation）の場合は，広大な面積にわたり一つの機関が全域にわたるきめこまかい計画をたてることができないので，地方中小都市と同様に扱うことができない。したがって，大都市圏全域についての計画が別に必要であり，市町村の行なう通常の都市計画は大都市圏内の市町村または特別区がこれを分担するのが適当である。

D．目標設定

都市の基本計画を立案するにあたって，区域決定に次いで重要なことは都市の目標をどこにおくかということである。さらにその前に都市をどのような考え方に基づいて計画するかという都市計画の理念があり，それを受けて計画の目的（objectives）が決定されなければならない。この段階は都市計画だけの問題ではなく，市町村の行政全般に関わる政策の問題であり，世論を背景として政治的な判断によって定まってくる問題である。したがって，ここでいう都市の目標（targets）はそれらの理念や目的を受けて，都市の将来の物的構造にどのような量と質を確保するかという，より具体的な達成目標を意味しているのである。

計画人口

第1は目標年次において，都市の人口をどの程度にすべきかということである。これを計画人口といっている。計画人口は理論的に都市の将来の健全で安定した発展を想定し，年々増加する都市機能に対応する人口増に対して，都市施設，とくに生活環境施設の整備が可能であるかどうか，また都市が大規模化するに従って発生する住宅需要，交通需要，各種公共施設に対する需要などに十分対応することが可能で，いわゆる都市問題を発生させるおそれがないかどうかを十分に検討したうえで，政策的に決定すべきものである。

計画人口とは別に，予測人口という概念がある。これはその都市の人口が過去のトレン

1）　わが国の都市計画区域数は1,243区域で，1,937の市町村が対象となっている（1990.3.31現在）.

ドの延長として変化する場合に計画目標年次にどの程度の人口になるかを各種の方法を用いて推計するものである。

計画人口は市町村が公共的にコントロールしうる住宅適地を年々需要に見合うだけ提供しうるかどうか，これに対する都市施設の整備が行財政上十分に対応しうるかどうかによって算定されるので，予測人口は需要が計画に対してどの程度あるかを示す参考データであるにすぎないはずである。しかし，計画人口を設定するということは目標年次にその人口に達するということを意味するので，予測人口が計画人口を上回る場合には，人口の流入あるいは市街化の進展を計画的にコントロールする手段がなければならない。イギリスでは計画人口をこえる過剰人口をオーヴァースピル（overspill）という。

わが国の場合，人口の抑制，市街化を制限する有効な手段を欠いているので，予測人口をもって計画人口とすることがしばしばある。

計画人口の設定は，都市の規模，性格，関係位置などによって事情がかなり異なっているので，一概にはいえない。たとえば，

(1)　人口が停滞または減少しつつある地方中小都市では財政の窮乏を緩和するために企業の誘致を行なう場合がある。この場合，誘致企業の規模や雇用量が大きければ，小さい都市ほど人口量の変動が大となる。また企業誘致による農業など他産業への影響も大きい。

(2)　単能鉱工業都市の場合も，基幹産業の動向によって人口の増減が顕著に生ずる。

(3)　大都市の場合は転入，転出による人口の流動がとくにはげしく，人口変動の機構がきわめて複雑である。たとえば，都心区では都心の業務施設の拡大によって，夜間人口は，減少するが昼間人口は増加する。過去に人口急増の時代があり，いったん飽和点に達したかにみえる中間区でも，宅地の細分化や住宅の高層化などによって再び増加するという人口の逆流現象もみられる。

(4)　大都市周辺の住宅都市の多くは人口急増都市であり，この場合，将来人口がどのぐらいになるかということよりも，年間の人口増をできるだけ抑え，市街化のスピードをスローダウンすることのほうが都市政策上，重要な課題となる。

予測人口の推定方法には次のようなものがある。

(1)　トレンド方式によるもの　　都市人口を時間の関数として表わし，過去の人口の推移から将来人口を推定する。等差級数，等比級数，ロジスティック・カーブ，最小自乗法によるものなどがある。また，自然増と社会増を分けて推定する方法もある。

(2)　比較類推方式　　推定しようとする都市に性格が類似し，かつ規模の若干大きな先進都市を選定し，それとの対比において将来人口を推定する。

(3)　就業人口から予測する方式　　将来の産業計画に基づいて産業別就業人口予測から総人口を予測する。

(4)　土地利用計画方式　　将来の土地利用計画をたて，公共用地を除く宅地部分について，土地利用比率，容積率，密度などを設定して，土地の物理的な収容力から人口を算定

する。これは人口予測というよりは収容力の枠組を検討するものである。

(5)　定住モデル方式　　都市のどこに定住し，どのように移動するかという行動パターン・モデルによって将来の都市人口と市街地形成を予測しようという試みもある。

(6)　適正人口論（2章2.1節E.参照）

都市の性格

都市の将来の性格をどのようなものにするかという問題である。

(i)　**大都市**　　大都市の場合は，既存の機能の蓄積の量があまりにも大きいので，都市の性格をどうするかということはさほど問題にならない。ただ，大都市の過大化を少しでも緩和する目的から，大都市に必ずしも存在する必要のない機能を都市外に転出せしめることが考えられる。各種の業種の工業や事務所，大学などの文教施設がこれである[1]。ただし，事務所などの業務機能は都心部を離れることを一般に好まないし，大都市が唯一の存立基盤になっている中小零細企業は分散が困難である。また，社会的な諸条件から立地限定階層のための雇用を大都市に確保する必要があるので，ある種の工場の分散が好ましくない場合もありうる[2]。

(ii)　**地方中心都市**　　地方中小都市には，歴史的な背景をもち，長い都市発展の経過をもつ都市がある。県庁所在都市や地方中心都市に多い。このような都市では，今後の発展を計画する際にも，これまでの経過を生かしていくことに重点がおかれるべきであって，急激な方向転換によって，大きな断絶をつくり出すことは好ましくない。

また，地方中小都市の中にはわが国の戦前，とくに戦後の急激な工業化の要請を受け入れて大規模工場あるいはコンビナートが立地することによって，単能的な工業都市になった都市がいくつかある。このような都市は多かれ少なかれ，公害問題や交通対策などに追われ，都市の生産機能と生活機能の間に大きな不均衡を生じている。このような欠陥都市は，今後は土地利用や施設計画の総点検を行なって，緩衝緑地計画などを含む緑の回復，都市の生活環境の修復などに全力を注ぎ，不均衡の是正をはからなければならない。

また，過疎地域の中心になっているような地方中心都市では，何よりも人口の減少をくいとめるために雇用の確保をはかることが政策の重点にならざるをえない。この場合，雇用の確保は他から産業を誘致する方向をとりやすいが，農業をはじめとする地元産業の育成に十分に意を用いると同時に，先進地域における事例などを十分に検討して，産業誘致によって地元地域社会ならびに都市の環境にどのような影響をもたらすかの事前評価（assessment）を行なったうえで，慎重な判断を下すべきであろう。

(iii)　**衛星都市**　　さらに，大都市周辺のいわゆる衛星都市ゾーンにおける諸都市は，従来，都市近郊の農村として発達してきたところが多い。それが大都市からの人口の溢出に

---

1)　首都圏の既成市街地における工業等の制限に関する法律，近畿圏の既成都市区域における工業等の制限に関する法律.

2)　ニューヨーク市における工業再開発政策はこの例である.（industrial redevelopment）

よって，団地あるいはスプロールの形で急速で無秩序な市街化が進行することになり，都市機能からみるといわゆる地元産業をもたないベッド・タウンあるいはねぐら都市になっている。このような都市では人口急増対策が中心になるが，一方において都市としての何らかの自立性を確立するために独自の都市機能を導入したいという考えが出てくるのは当然である。この場合，地域の大半は住宅地であるから，誘致すべき施設は居住環境を害さないことはもちろん，居住地の風格を高め，居住地に相応しい種類の広域対象施設であることが望ましい。大学，研究所などの文教施設やオープン・スペースの性格を備えたレクリエーション施設などは，従来の住宅地でもうまくなじんでいる例が多い。

以上のように，都市の将来の性格の決定は，都市の立地条件，歴史的な発展経過，地方圏において都市が果たすべき役割，都市が現在抱えている問題の解決など考慮すべき重要な事項についての解析とそれらを踏えた総合的判断にまつべきものであり，市民各層の都市の将来に対するイメージを十分反映するような仕組によって決定すべきであろう。

なお，都市の分類については2章2.1節C.(5)を参照されたい。

環境の目標水準

計画する都市の環境の目標水準をどの程度のものにするかということである。憲法第25条の生存権，国の社会的使命を定める条項には「すべて国民は，健康で文化的な最低限度の生活を営む権利を有する。国は，すべての生活部面について，社会福祉，社会保障及び公衆衛生の向上及び増進に努めなければならない」と述べられている。安全性，保健性，利便性，快適性の確保は環境の究極の目標である。

これに対して建築基準，公害基準，社会保障基準などは法律で定められているが，ここでいう環境水準は法律基準をこえて設定される自治体の政策公準である。シビル・ミニマムともいわれる。この場合第1に何について設定するか，第2にどの水準のレベルとするかが問題となろう。

物的計画の対象としては次の項目が考えられる。

(1)　住宅基準　　家族数に応ずる住宅規模，構造，設備

(2)　地区環境基準　土地利用率，土地利用強度，各種コミュニティ施設

(3)　都市施設基準　交通通信施設，供給処理施設（上下水道，エネルギー，ごみ処理），公害防止施設，防災施設，教育・文化・保健・福祉施設，公園緑地施設など。

(4)　自然および文化財の保存基準

環境基準のレベルとしては次の三つが考えられる。

(1)　最低基準（minimun standard）法規レベル　　緊急対策

(2)　中間基準（medium standard）　行政指導レベル　経常的処理

(3)　目標基準（optimum standard）計画目標レベル　長期的勧告，奨励

3.2 都市計画調査

A. 調査の目的

都市活動の均衡を探究する意味で，社会・経済分析（socio-economic analysis）は欠くことができないが，都市の施設的条件など都市計画独自の調査もきわめて重要である。調査の目的のおもなものをあげると次のとおりである。

(1) 地域全体の中での都市の役割を明らかにし，正しい位置づけを行なうこと。

(2) 都市の発展過程と現在の諸機能を明らかにし，その存立条件を理解すること。また，諸機能を結ぶ人と物の動きをとらえ，その法則性を明らかにすること。

(3) 現在その都市がどのような問題に当面しているかを明らかにし，その問題に対して正しい認識をもち，その要因と解決のめどを明らかにすること[1]。

(4) その都市の良好なストックや保全すべき好ましい条件を明らかにしておくこと[2]。

(5) 都市内をいくつかの同質的な地区に区分し，それぞれの機能，活動力，環境水準などを調査し，地区の抱えている問題を明らかにし，地区相互間の関係と都市全体の構造を理解すること[3]。

(6) 上記の調査を時系列的に分析することにより，将来の市街化の動向を予測し，また既成市街地の機能，特性の変化を予測する。

(7) すでに構想しつつある都市の目標設定をより具体的なものにする。

(8) 将来の計画理論を展開し，技術を発展させるために系統的に資料を蓄積しておく。

B. 調査の特質

都市計画調査は最終的には都市の物的空間の計画に役立たなければならない。このため，データ処理のプロセスにおいても経済調査や社会調査と異なる点がある。それは，得られたデータをできるだけ地図上におとして図上で解析する点にある。土地利用，交通量，各種施設などのデータは図上に記録され，これによって地域的広がり，分布傾向，発展拡大の方向などを空間的に分析し，独自の計画の論理を展開するのに役立てる。

データを地図上におとす場合，できるだけこまかい地区単位を選定する必要がある。都市全体の統計だけでは不十分であって，たとえば町丁目別，小学校区単位などのデータが必要である。最近は国勢調査のデータや都市財政の基礎統計もこのような細かい地区単位に集計発表されるようになった。

---

1) 後述のような資料調査に入る前に，市区役所の各部各課の職員から日常業務上問題点とされている点を聴取し，また住民からの陳情請願書から問題点を抽出することも有効である．このうち地域的物的諸条件については地図上におとすことが可能であり，これを問題地図とよんでいる．

2) これを地図上におとしたものを良好ストック図とよんでいる．

3) コミュニティ・カルテもこの種の試みである．

調査結果やその解析結果は計画の根拠を説明するのにしばしば用いられる。したがってデータはできるだけ定量的に，また，時系列的に現象の動態を把握することが必要であり，結果はできるだけ一般の人びとにもわかりやすいように，記号やグラフを用い，要すれば色彩を用いて図化することが望ましい。

C．調査項目

調査の内容は自然的条件，社会的条件，施設的条件など多岐にわたるが，そのおもな項目をあげれば次のとおりである。

(i)　**自然的条件**　　地形（国土地理院地形図），地盤（都市地盤調査），気象（温・湿度，風向・風速，降雨量，積雪量など），自然災害（地震，台風，洪水，雪害，大火），植生

(ii)　**経済的・社会的条件**　　人口（夜間人口，昼間人口，人口集中地区人口，移動人口，人口動態，年齢別人口，推計人口），人口密度（人口ドットマップ，人口等密度線），産業（産業別人口，職業別人口）（事業所数，従業員数，出荷額，売上額）（工業適地，農地等級，産業開発事業地区），交通量（道路・鉄道等）

(iii)　**施設的条件**　　土地（市街化の変遷，面積，土地利用，土地所有，土地価格），団地施設（住宅団地，工業団地，流通団地，大公園，一団の官公庁施設，軍用地），交通施設（鉄道，軌道，道路，河川，運河，空港，港湾），通信施設（電信，電話，ラジオ，テレビ），供給処理施設（上水道，下水道，ガス，電気），オープン・スペース（公園，緑地，運動場，広場など），公共建築物（官公庁，学校，病院，福祉文化施設），一般建築物（建物用途別，構造別，階数別現況図），特殊建築物（市場，火葬場，ごみ処理場），圏域（学校と学区，駅と駅勢圏，商店街と商圏）

(iv)　**環境条件**　　安全（自然災害，火災，産業災害，地盤沈下，交通事故），保健（不良住宅地区，大気汚染，河川・水域の汚濁，騒音・振動，臭気，産業廃棄物）利便（通勤・通学，交通流動），快適（緑被度，文化財，都市景観，生活障害）

(v)　**行財政**　　歳入，歳出，投資的経費，補助金，起債

法定都市計画の立案のための都市計画調査の内容を示すものとしては，建設省通達による「都市計画基礎調査要綱」がある。

D．調査の方法

調査の方法には次のように各種のものがある。

(1)　統計を処理して情報をつくり出すもの。

(2)　地図や航空写真から情報を読み取るもの[1]。

1)　航空機からの写真撮影技術が進歩し，写真測量，地質判読，農地・宅地などの利用状況調査に広く用いられるようになった．これをさらに進めたものが，リモート・センシング＝遠隔探査（remote sensing）である．

(3)　フィールド・サーヴェイによって現地から情報を採取するもの：建物現況調査（用途，構造，容積など），交通O.D.調査などは典型的な例である。

(4)　聴問によって情報を得るもの：ヒアリング，アンケートなどによるもの。生活環境意向調査，パーソン・トリップ調査（生活圏行動調査）などはその例である。

(5)　文献調査：地誌，古文書などによる。

地　図　都市計画の調査ならびに計画の立案にはそれぞれに適した地図を選択し利用する。都市基本計画には1/10,000～1/25,000が適当であり，地区計画には1/2,500～1/3,000の地図が適当である。最近はカラー空中写真や特殊地図の利用も多い。

（国土地理院）		（地方公共団体）	
1/50,000	地形図		
1/25,000	地形図	1/10,000	都市基本計画
1/5,000	国土基本図		
1/2,500	国土基本図	1/3,000 1/2,500	地区計画
1/8,000	カラー空中写真		

面積測定・計量の方法　地図上の不規則な図形の面積を測る方法。

1.　普通に使われている方法

(1)　プラニメーター法

(2)　メッシュ法：一定の方眼をあて，その目を数える方法

(3)　秤量法：地図を切り抜いて化学天秤で重量を測る方法

2.　自動計測法

(1)　光点走査法：地図を切り抜き，動くベルトにのせ，光学的に走査して0.1 mm×0.1 mmの光点に分解し，図形の反射部分の点の数を電子計算装置で集計する。光点でなく，走査時間によって計量する方法もある。

(2)　図形解析装置：図形の区画線をたどり，ディジタル化したXY座標値を電子計算機の入力データをつくり，面積計算のプログラムによって算出させる方法。

おもな指定統計と白書

統計には政府の指定統計として定期的に発表されるものと指定統計以外に各官公庁が作成する統計や白書がある。指定統計のうち都市基本計画の立案によく用いられる統計は**表3.1**に示す。

E．調査結果の解析

都市計画調査の結果得られる諸データは，主として計画の立案に役立つように，様々に組み合わされ，加工され，処理され，表現される。多くの場合，指標の選択とデータの指数化を伴うが，その場合にも計画の論理との整合が必要である。つまり，

計画の理念→計画の目的→計画の目標→指標の選択→指数の選択→表現

表 3.1 都市基本計画の立案に用いられる統計

指定番号	名 称	主 管	調 査 年	
1	国勢調査	総務庁統計局	（大9～）	5年ごと
2	事業所統計	総務庁統計局		3年ごと
6	港湾調査	運輸省	（昭22～）	毎月
10	工業統計調査	通産省	（昭22～）	毎年
13	学校基本調査	文部省	（昭23～）	毎年
14	住宅統計	総務庁統計局	（昭23～）	5年ごと
23	商業統計	通産省	（昭24～）	2年ごと
26	農業センサス	農林省	（昭35～）	5年ごと
32	建築着工統計	建設省	（昭26～）	毎月
34	百貨店販売統計	通産省	（昭25～）	毎月
65	医療施設調査	厚生省	（昭28～）	毎年
67	漁業センサス	農林省	（昭29～）	5年ごと
84	建設工事統計	建設省	（昭30～）	毎4半期および毎年
99	自動車輸送統計	運輸省	（昭35～）	毎年

という一連の思考過程がつきまとう。一例をあげれば，

人間尊重→住環境の改善→安全性・快適性→人口の集中度→人口密度→ドット・マップ

このプロセスは逆にフィード・バックすることによって，新しい計画の目標に遡及する場合も当然考えられる。いずれにしても問題意識の不明確なデータ操作や統計の誤読は厳に警戒しなければならない。

都市調査によって得られる情報のおもなものは，次の二つである。一つは都市構造の実態であり，もう一つはその変動の法則性である。実在する都市は一定の都市構造をもち，過去から現在そして将来に向けてこれが変動をとげつつある。これに対して調査は土地利用，交通などに関して多くの指標を駆使してこの都市構造および変動の法則性を間接的にとらえる。ここに得られる結果は，いわば理解された都市構造と変動法則であって，必ずしも実在する都市そのものではない。ここに一定の限界の存在することを忘れてはならない。しかし，この情報によって次のアセスメントが可能である。

(1) 現在の都市構造に対する評価

(2) 推定あるいは予測される将来の都市構造に対する評価。

これらの評価はおそらく行政側，市民各層，地域住民，プランナーなどそれぞれの立場によって当然，異なってしかるべきである。したがって，これらのデータは計画立案に参加する各層に公開され，衆知を結集して大局的に合意に達する努力をつくす必要がある。そして，そのプロセスにおいて，調査から得られた客観的なデータは討議をより実質なものとするのにきわめて有効であると考えられる。

F．調査例

(1)　市街地の形成過程　　時系列的に地図を配列する例（図 **3.1**）。

(2)　土地利用現況　　土地の用途別に面積を算定する例（図 **3.2**）。

(3)　通学障害区域図　　異種の資料を重ね合わせて，新しい情報を得る例（図 **3.3**）。

(4)　保育園計画のための調査図　　一定の基準を設けて，これを現地に適用する例（図 **3.4**）。

このほか，計画立案に有効な新しい情報をつくり出す方法はいくらでも考えられるので，新たに工夫することが望ましい。

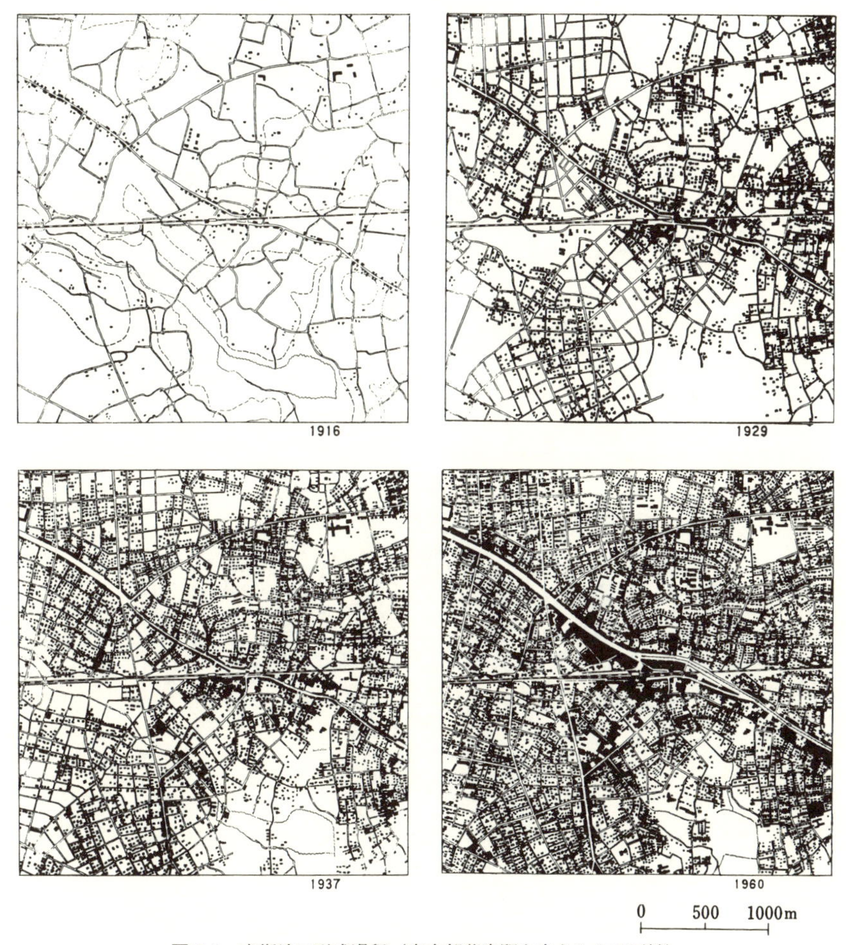

図 3.1　市街地の形成過程（東京都荻窪駅を中心とする区域）
（建設省建築研究所　杉山熙氏作成）

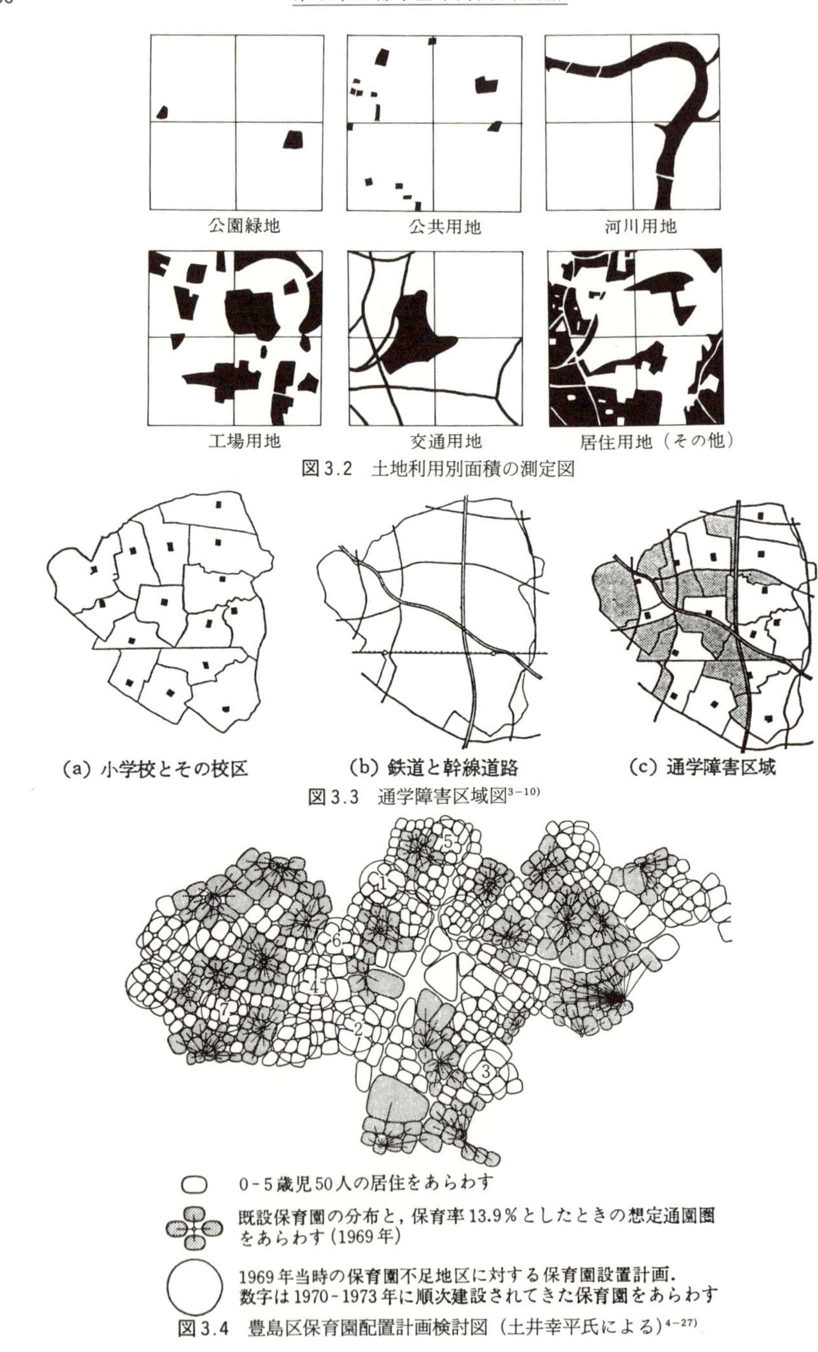

図3.2　土地利用別面積の測定図

図3.3　通学障害区域図[3-10]

図3.4　豊島区保育園配置計画検討図（土井幸平氏による）[4-27]

表 3.2　調査結果の各種表現方法

1．指数	諸データの組み合わせによる指数化
2．系列指数グラフ	x 軸に時間または距離，y 軸に指数
3．指数構成比	区分された指数の構成比
4．指数の面的表示	
地区別表示	市区町村，町丁目別指数
メッシュ別表示	標準メッシュ別指数*
5．ドットマップ	点または記号に付価を与え分布図を作成
6．コンターマップ	等価の地点を結ぶ線的表示
7．希望線路図	交通量など地区間の量の線幅による表示
8．圏域図	核と圏域の関係の表示

*) 標準メッシュは総務庁統計局が国土実態総合統計地図の作成のため，採用したメッシュで，一辺約 1 km の経線および緯線に囲まれた方形の地域である。

3.3　都市基本計画の立案

A．計画の内容

a．土地・施設計画　基本計画の内容はいくつかの視点からとらえることができる。一つは都市を形づくっている土地と施設に着目して，物的な計画対象によって分ける仕方である。大きく概念的に分ければ土地利用計画と施設配置計画に 2 分されるが，施設計画は線的施設と点的施設に分けることができる。土地利用計画は面的な計画であるから，基本計画は，面，線，点に分けることになる。

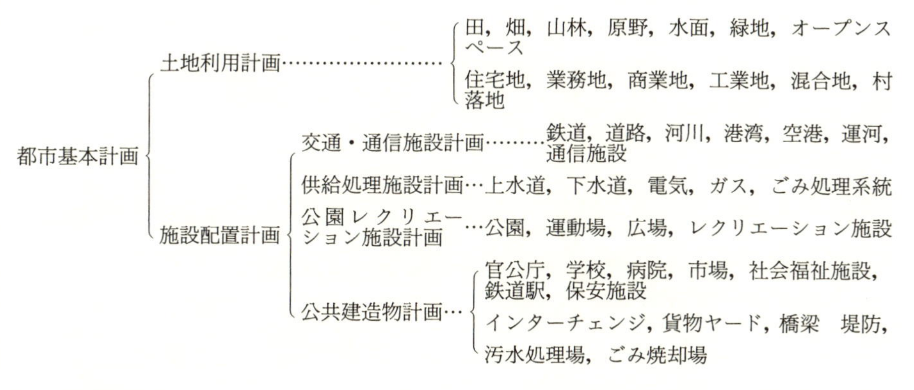

b．環境計画[1]　これに対してもう一つの新しい考え方は人間の生活を中心とする都市環境計画の視点から計画を横断的にみていく分け方である。この場合には下記のような計画が考えられ，現在でもすでにその一部，たとえば都市防災計画，自然保護計画，都市景観計画などはその緒についているといえる。

1)　4 章 4.5 節B.項参照.

都市基本計画
- 安全……………………都市防災計画，交通事故防止計画
- 保健・福祉……………公害防止計画，保健福祉施設計画（医療，保健，福祉）
- 利便……………………通勤・通学計画
- アメニティ・文化……自然保護計画（緑のマスタープラン）
教育・文化施設計画，文化財保護計画
都市景観計画
- 経済……………………産業地域計画，省エネルギー計画

以上二つの計画内容はもともと矛盾するものではなく，体系化の視点の相違に基づくものである。都市計画を織物にたとえれば，いわば縦糸と横糸の関係にある。前者は従来から一般的に用いられてきた構成であって，物的計画としての都市計画の計画技術，実現の手段につながるように体系化されている。そして当然，項目のいずれかに後者の内容が含まれていなければならないものであるが，あまりにも土地や施設に則して構成されているために，ともすると，後者の視点が脱落するおそれが十分ある。

後者はこれまで主として都市環境計画とよばれてきた構成であって，今後，時代の要請を受けてますます重要性を増すものと考えられる。都市計画は最終的には土地と施設の計画としてまとめられるが，計画立案のプロセスにおいては，もっと経済・社会計画の要求に接近しなければならないし，都市における人間の生活空間そのもののあり方と表裏一体として組み立てられなければならない。わが国の都市計画はこれまでややもすると物だけを扱い，それも能率と利便性の追求に急なあまり，どちらかというと安全，保健，アメニティというような価値観を軽視する傾向があった。その反省のうえに新しい都市基本計画を立案するにあたっては，環境計画の視点を取り入れることがぜひとも必要である。その意味で，ここでは二つの計画内容を組み合わせ，相補的に計画の内容を構成することを提案したい。それぞれの計画については4章に述べる。

c．市街地整備計画　次に計画を実現に移す場合に，あるまとまりのある地域または地区に対して，公的機関自体が，あるいは公的機関が民間の開発を誘導して，地区的プロジェクトとして総合的な開発あるいは保全を行なうものを地区整備計画という。地区整備計画の設定される地域については，その区域，計画の種別などを都市基本計画に示さなければならない。これが市街地整備計画であって，地区計画のマスター・プランともいうべきものである。

市街地整備計画のカテゴリー
- 抑　制……A．自然保護地域　B．市街化抑制地域
- 保　全……C．優良市街地保全地域　D．歴史的環境保全地域
- 新開発……E．新市街地開発地域
- 再整備……F．地区修復地域　G．地区再整備地域
H．地区再開発地域　I．集落整備地域
- その他……J．白地地域

B. 計画の立案

(1) 計画立案の作業はすでに，都市の目標の設定や調査解析の段階から始まっているともいえる。というのは，プランづくりの前の段階でもつねに計画の課題を念頭におきながら作業を進めなければならないからである。

(2) 調査から得られた資料をもとに将来の予測がなされるが，予測は過去のトレンドの延長であって，必ずしも計画ではない。この場合，たいせつなのは予測に対するプランナーの評価である。好ましい予測は計画に取り入れることができるが，好ましくない予測結果はこれを好ましい方向に転ずる計画でなければならない。すなわち，予測値と目標値との差を縮める方法の追求が計画の責務であるともいえるからである。

(3) 計画は一方において実現しなければ絵に画いた餅であって意味がない。実現しやすいという意味では，トレンド予測は最も可能性の高いものであるかもしれない。しかし，多くの場合，それは計画の目標とは乖離してしまうであろうし，計画はそれに対して何事もなしえなかったことになる。

実施計画の場合とちがって，長期の目標を達成するための都市基本計画の場合には，将来の実現の可能性を含んで計画が立案されなければならない。プランナーの責務はただ現在の傾向に押し流されることではなく，予測の結果に対する厳しい評価を踏えて，これに積極的に対処し，好ましくない方向を是正するとともに，さらにすぐれた環境を創出するための新しい発想が要求される。このような発想は必ずしも調査結果の解析からは生まれない。現在ではむしろ将来のあるべき姿を洞察するプランナーの能力に負うところが少なくない。この点でプランナーの資質と能力が問われるわけである。

都市計画の発達の歴史をふり返ってみても，すぐれたプランナーの画期的な発想が正当なものであるかぎり，時を得て各国の都市計画に組み込まれ，みごとに実現した例は少なくない。ただ，それがどのようなタイム・スパンで実現の機会を得たかはさまざまである。提案の内容と社会の進展の速度にも関係があり，また実現を可能にするための他の多くの人びとの努力がそこには介在するからである。いずれにしても，目標を達成するためには，計画が実現への何らかの手掛りをもっていることが必要であり，計画のタイム・スパンの中で，その手掛りをつくり出す努力をすることがたいせつである。

(4) 以上のように，目標－調査－計画－実現というプロセスは，一つずつ片付けていく一方通行のプロセスではない。つねにこれらの間でのフィード・バックを行ないながら計画作業を進めていくことになる。そして，計画を設定する一般的な計画技術体系は現在のところ必ずしも確立されているとはいえない。これまでも調査解析の段階では各種の手法が開発され，コンピューターによるデータ処理の技術も導入されたが，調査から計画への段階には，最終的にプランナーによる意志決定が必要である。そして，さらにこの計画を法定都市計画とするためには，地元住民，上級官庁，関係部局，市町村議会などの合意を前提として自治体が最終的に意志決定を行なう必要がある。

(5)　上述のように，プランの決定にはプランナーの決断が最終的に必要であるが，これには当然，プランナーの主観が入ることは否めない。そして，プランナーの主観が独断に陥入らないためには，何よりも科学的な調査解析結果を十分に尊重することと，計画に関心をもって参加する各層の意見を広く聴取することによって，プランナーの主観をできるかぎり客観化することが必要である。このようにして，プランナーの資質と個性をいい意味でプランに反映させることによって，計画が独創的な魅力をもつものとなることが理想であろう。この計画を実現するためには，計画に関する情報をつねに一般に公開することと，計画の基本的な原理についての知識が一般に普及するように努力する必要がある。

C．計画の表現形式

計画の立案には多くの経済的，社会的要求，各種の技術的提案，行財政上の制約が絡み合うが，その何れを優先するかによって，中間段階においては，計画案は必ずしも一つに絞られない場合がある。このような場合には複数の案が並列する。これらを選択案（alternative plans）とよんでいる。選択案はさらに調査などによって，評価を確定し，一案に絞ることもできるが，むしろこの段階で計画に関心の深い各層の討議にかけるのが適当である[1)]。

審議会や住民集会などで，選択案を一般の人びとの討議にかける場合には，必ずしも最終的な計画図の表現が適当であるとはいえない。法定の書式や計画図は抽象的，あるいは専門的で一般の人にはわかりにくいことが多いからである。この場合にはむしろ計画案の争点になっている点や選択案の特質を明確に示すような表現が望ましい。このような表現形式は法定のものではないが，プランナーによって工夫され，実際には多く用いられている。この種のプランを概要計画（outline plan）といっている。とくに選択案の場合には，各案の利点と問題点を整理して資料として提出することが有効である。しかし，最終案に絞られた段階では，法定の様式による計画を再び討議にかける必要がある。

都市基本計画の表現は国によって異なっている。図面によらず，ほとんど文書で表現するもの，概要計画程度の表現にとどめるもの，かなり詳細な図面と文書を併用するものなど各種の様式がある。これは国によって都市計画制度が異なり，都市計画の体系の中で都市基本計画のもつ役割や意味づけが異なるためである[2)]。わが国では都市基本計画の段階が明確でないが，法定都市計画に関しては都市計画法第14条により，総括図，計画図および計画書によって表示されることになっている。

---

1)　ドイツの建設法典（Baugetzbuch）の住民参加の項には「住民は，事前にできるだけ早い時期において，計画の一般的目的，地域の開発に関する実質的に異った解決策および計画の予想される効果に関する公的な報告を受けることができる．住民には，意見表明および聴聞の機会が与えられなければならない．」という記述がある．

2)　イギリスの都市計画制度によるstructure planとlocal planの表現についてはH.M.S.O.：Development Plans, A Manual on Form and Contentsを参照．

D. 計画立案と住民参加

計画の立案を地方公共団体から委嘱される場合には，計画立案の責任者はチーフ・プランナーであるが，公式の計画を立案する場合には，地方公共団体，すなわち市町村が計画立案の主体である[1]。

都市は住民のものであるから，都市計画の立案は住民のために，住民の手で行ない，住民が自ら計画を決定すべきであるという考えがある。これは理想であり，人口が数百人の村の計画であれば，専門家の援助を得て可能であるかもしれない。しかし，人口数十万，数百万という都市の計画を住民が直接，計画し決定することは不可能である。その理由の第 1 は計画の立案は一つの専門であって，住民は専門家ではないということである。第 2 は議会制度の存在意義が問われる点である。第 3 は計画を決定しても，その実施にあたって予算，制度といった行政上の運用が必要であり，その責任を負う自治体当局がその任にたえられなければ計画の実現はおぼつかないということである。

もう一つの考えは，住民は投票によって市町村長を選び，議員を選んでいるのであるから，地方自治体が計画を作成し，議会で議決すればよく，住民は関与する必要はないという考え方である。完全自治体に近い欧米の諸都市では，ほぼこのような形で計画を設定し，実施してきた。しかし，最近はこれに加えて住民が直接，計画の立案に参加する方式をとるようになってきている。その理由としては次のいくつかの点が考えられる。

(1)　科学技術の発達によって，都市の環境の利便性も増したが，一方において従来と異なる程度に環境の阻害が生じてきたこと。

(2)　住民の生活に関する意識が高度なものになってきたと同時に，価値観が多様化してきたことから，一般的要求 (general needs) を満たすだけでは満足しなくなってきたこと。

(3)　議会制民主主義の形骸化，政治不信の風潮など。

その結果として，計画の立案にあたっては一般的要求を満たす以外に，住民の直接参加によって地区的要求（local needs）を汲み上げることが必要になってきたわけである。

都市基本計画の立案にあたっての住民参加は，目標の設定，調査，計画の各段階で考えることができるが，その方法としては次の各種のものがある。

(1)　審議会への住民代表，地元専門家，議員などの参加。

(2)　地区別住民集会

(3)　住民に対するヒアリング，アンケート調査など。

(4)　住民からの請願，陳情，意見書など。

都市基本計画を受けて立案される地区計画レベルでは，さらに多くの地区住民が直接参加する機会を設ける必要がある。

---

1)　わが国では都市計画法第 15 条によって，法律で定められた都市計画は都道府県知事および市町村が決定することになっている．

3.4　都市基本計画の実現

A．計画とプログラム

都市基本計画は計画目標年次における，その都市のあるべき姿を画いた図面と計画説明書（written statement）からなる。したがって，現況と計画によって変動する部分とが加えられて示されている。ニュータウン計画の場合には，普通，非市街地としての素地に対して開発が計画されるので，基本計画に示された内容そのものがすべて新しい計画であるといえる。しかし，既存の都市を対象とする都市計画では通常，既成市街地を多く含んでおり，とくに大都市の場合は既成市街地が大部分を占め，計画によって大きく改変される部分はごく一部にすぎない。したがって，基本計画図をみただけでは，どの部分が保全され，どの部分が改良され，またどの部分が大きく変わるのかが判然としない。したがって，既存の市街地のままで大きく変化しない部分と計画によって大きく変わる部分とを画き分けた図面が必要である。

また，計画目標年次は示されていても，それは20年というような長期の目標年次であって，計画された内容のどの部分がいつ事業に移され，実現するのかわからない。そこで，計画内容について，実現がはかられる時期を示す年次計画が示されなくてはならない。これがプログラム[1]である。プログラムは普通，5年ごとに区切って年次計画がたてられることが多い。これは事業計画が3ケ年計画とか5ケ年計画としてたてられるため，予算の見通しのたつのはだいたい5ケ年が限度だからである。たとえば，イギリスでは0～5年，6～20年，20年以降と3区分によってプログラムが示されている。そして，実施計画は3～5年ごとに新しく立案される。これをローリング・システムとよんでいる。

プログラムを作成するにあたって考慮すべき点は次のとおりである。

(1)　市街化の予測あるいは計画に従って，土地利用の変動に合わせて施設を整備するのが原則である。

(2)　都市施設の整備の手順に従い，手戻りが起こらないようにする。

(3)　市街地整備の緊急度，たとえば災害復旧とか，危険地区の解消など。

(4)　上位計画の要請とこれに関連する事業。

(5)　市町村の財政計画との見合。

プログラム図に示される内容は次のとおりである。

(1)　市街地開発事業地区　　これは新開発・再開発事業など地区全体の環境を大きく改変する開発事業地区である。イギリスにおける総合開発地区（comprehensive development area）またはアクションエリア（action area）がこれである。

(2)　単独事業　　これは道路，鉄道，上下水道，公園・緑地，官公庁，学校，病院など大規模建造物または施設の単独事業である。

---

1)　プログラムの全体を示さず「重点プロジェクト」として示す場合もある．

⑶　地区整備計画区域　　都市防災，交通事故防止，保健・福祉・教育・文化など生活環境施設の整備を含むモデル・コミュニティ地区など。

B．計画の実現（法定都市計画との関係）

都市基本計画はそれ自体，勧告的な機能しか有しないのでこれを実現するためには法定計画に移していかなければならない。

⑴　都市基本計画を一般に宣伝し普及をはかることによって，勧告を尊重しこれに協力する気運が醸成されるとすれば，それ自体の効果といえる。アメリカではこの点がかなり高く評価されているといわれる。

⑵　都市基本計画とほぼ同様のものを立案し，市議会において議決し，上級官庁の承認を経て，法定計画とする。これは各国で行なわれているが次のような相違がある。

イギリスでは，structure plan が上級官庁により承認され，local plan は市町村の議会で議決し，上級官庁の承認を必要としない。しかし，これらは法定計画であって，開発許可制度によって計画の実現がはかられる。

ドイツでは土地利用計画（Flächennutzungsplan）がほぼ都市基本計画と同じ内容のものである。しかし，これも法定計画であって，公共施設の計画は所管の官公庁を拘束するが，土地利用計画は地区詳細計画に指針を与えるだけで，一般住民の建築行為，開発行為を直接的に拘束しない。

スウェーデンでは都市基本計画をつくるが，上級官庁の承認は必ずしも必要としない。また，法定計画ではあるが，法的拘束力はない。

アメリカでも，都市基本計画は法定計画であるが，法的拘束力はない。

わが国の都市計画法は，都市基本計画の策定を義務づけていない。これに代わるものとして，都市計画法第7条第4項に，市街化区域および市街化調整区域については，その区分および各区域の「整備，開発または保全の方針」を都市計画に定めるものとされている。また，これを受けて，緑のマスタープラン，都市交通体系のマスタープラン，市街地整備プログラム，都市再開発の方針，住宅マスタープランなどが，やや具体的な形で策定されている。

また，地区計画などについては，それぞれの地区について，整備，開発または保全の方針を定めることとされており，1992年の都市計画法の改正により，市町村は，市町村の建設に関する基本構想ならびに法第7条第4項の整備，開発または保全の方針に即して，当該市町村の都市計画に関する基本的な方針を定めるものとし，市町村が定める都市計画は，この基本方針に即したものでなければならないことになった。

このほか，市町村が任意に策定する，建設に関するさまざまなマスタープランがあるが，いずれも法的な拘束力はない。

したがって，都市基本計画を実現するためには，その内容の一部を，都市計画法に定める市街化区域，市街化調整区域，地域地区，都市施設，市街地開発事業，地区計画などの都市計画にそれぞれ組み替えなければならない。しかし，都市計画法にいう都市計画は都市の環境形成すべてに対応するものではないから，都市計画法以外の関係法若しくは市町村の条例，要綱などによって計画内容の実現を図らなければならない。

3.5 大都市圏計画

A. 概 説

各国の大都市圏計画を比較する意味で，ここでは，ロンドン，ニューヨーク，パリ，ワシントン，東京の5都市を取り上げる[1]。**図3.5**は50 km圏および100 km圏スケールでみた各都市圏の人口推移を比較したものであるが，東京首都圏への人口集中の圧力がいかに強大であるかがよくわかる。とくにロンドン大都市圏ではすでに人口が横ばいになっているが，東京50 km圏では増加が続いている。

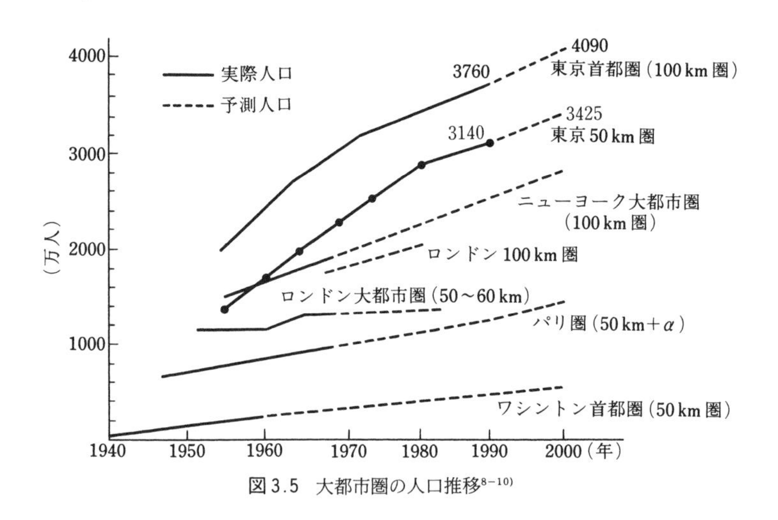

図3.5 大都市圏の人口推移[8-10]

図3.6は市街地の広がりを同スケールで比較しているが，東京大都市圏の市街地が，ニューヨーク，ロンドンに比していかに高密度であるかが知られる。またモータリゼーションによって郊外化の進行したアメリカの都市とヨーロッパの都市との差異も顕著である。

東京都市白書は，東京都23区とほぼ面積の類似した区域をとり，ニューヨーク，ロンドン，パリの3都市と人口ならびに人口密度を比較している（**図3.7**，**図3.8**）。これをみると，東京都23区の夜間人口は，他の3都市のいずれより大きく，とくに昼間就業人口では

1) 東京大学都市工学科日笠研究室：大都市圏の比較研究，1972.

パリ　840万人(1962)

ロンドン　1296万人(1969)

ワシントン　200万人(1960)

ニューヨーク　1680万人(1965)

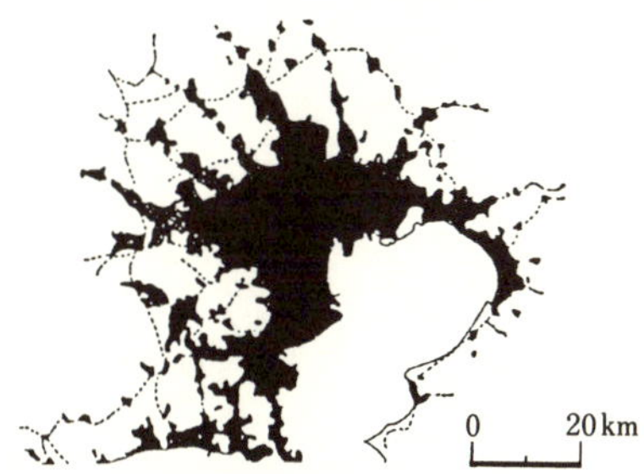

東京　2175万人(1970)

図 3.6　大都市圏における市街地の広がり[8-10]

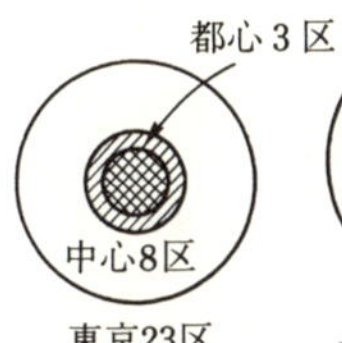

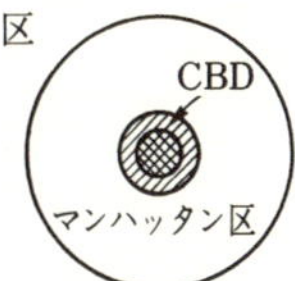

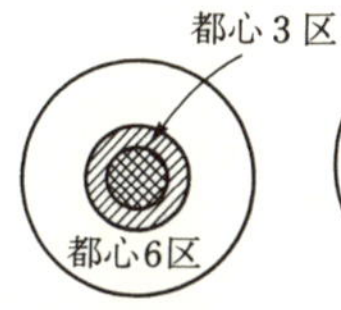

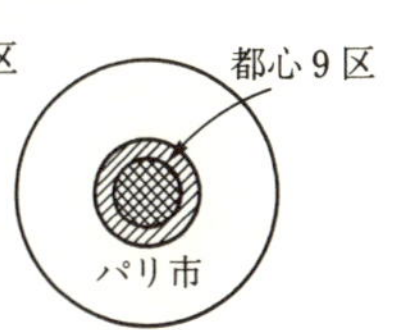

図 3.7　4 大都市の区域の比較（東京都市白書 '91 より）

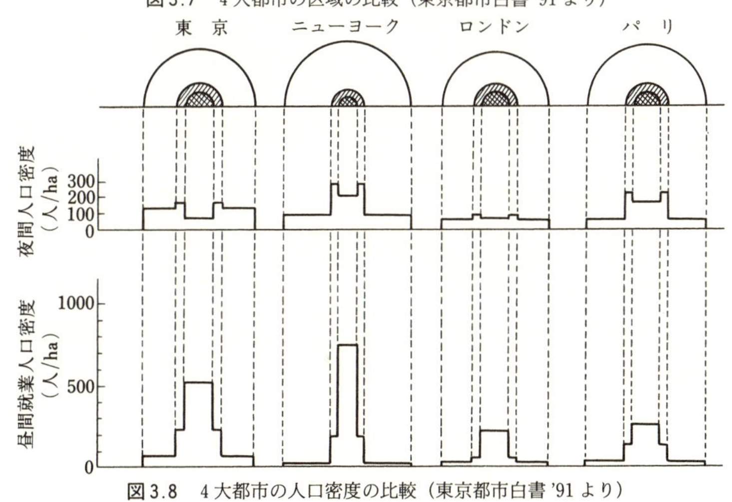

図 3.8　4 大都市の人口密度の比較（東京都市白書 '91 より）

東京の大きさはさらに顕著である。この点で東京は最も高密な世界都市であることがわかる。しかし，4都市の人口密度を都心部，内周部，外周部に区分してみると，夜間人口・昼間就業人口ともにかなり違った特性がみられる。

B．ロンドン

ロンドン大都市圏は中心地区から50〜60 kmの範囲で，イギリス東南部地方の中心をなす位置を占めている（**図3.9**）。

1944年，大ロンドン計画がアーバークロムビー教授によって提案された[1)]。この計画によると中心部から外周に向かって，内部市街地，郊外，緑地帯，外周田園地帯の四つの地帯

図3.9 ロンドンとその周辺地域[9-2)]

1) 1章1.3節A.参照.

に区分され，ロンドンに集中する人口と機能を中心部から外周部へ分散し，都市化地域を再編成することを目標としている。また，人口分散のためにニュータウンの開発と周辺部既存都市の拡張の二つの方策を提案しているが，人口の再配置の提案は次のとおりである。

1	戦災住宅計画：準衛星都市	12.5万人
2	周辺部既存都市拡張	26.1
3	計画区域外の既存都市拡張	16.4
4	八つの新都市	38.3
5	首都圏外への分散	10.0
	計	103.3

その後，政府のニュータウン政策によって八つのニュータウンが開発され，数多くの拡張都市の施策も行なわれた。

1951年と1960年にはロンドン・カウンティの計画が発表された。1963年ロンドンの行政機構の改革があり，ロンドン・カウンティに代わって，大ロンドン庁が新設され，都市農村計画法に基づくストラクチュア・プランの策定のための調査を開始し1968年に調査報告書を刊行した。その後，経済社会状勢の大きな変動があり，この計画は1976年にようやく環境庁長官の承認を得て「大ロンドン開発計画」として発効した。この計画は1981年を目標年次とし計画人口を634～654万人と想定している（1961年800万人，1971年745万人）。

この計画人口は1964年の「東南部イングランド調査報告」（South East Study）および1971年の「東南部イングランドに対する戦略的計画」（Strategic Plan）を基礎として算定されている。**図3.10**はロンドンを中心とする約100 km圏を対象とする構想図で，ニュー

図3.10　東南部イングランド調査報告による開発提案[8-3)]

シティおよび大規模な都市拡張計画（1981年計画人口20万人以上）によって，ロンドンの魅力に対抗しうる強力な拠点開発が提案されている[1]。

1970年代に入って，イギリスの都市政策が180度の転換を行なったことは先に述べた[2]。ロンドンにおいても，ニュータウン政策や事務所の分散政策は影を潜め，地域経済の活性化を図るための施策が次々に打ち出された。1981年に設立された都市開発公社の手で進められているロンドン・ドックランド開発は，総面積2,064 haに及ぶ大規模再開発事業で，ロンドン都心部の経済的再生を図る代表的プロジェクトである。このほか，ブロードゲート（Broadgate），チェアリングクロス（Charing Cross）など英国国鉄の駅やヤードの空中権を利用し，オフィスの集積を目指す再開発事業が行われている。

1986年の地方行政組織の改革により，これまでロンドンの広域行政を担当してきた大ロンドン庁（Greater London Council）が廃止された。これに伴って，従来のストラクチュアプランとローカルプランによる二層制の計画方式に代わって，特別区が一層制開発計画（unitary development plan）を策定し，広域の計画調整は，1985年にロンドン33特別区によって設立されたロンドン計画諮問委員会（London Planning Advisory Committee）の意見を聴いて，環境省（Department of the Environment）が定める計画指針（Planning Policy Guidance）によることとなった。

また，わが国の首都圏基本計画にあたる東南地域計画については，ロンドン特別区および周辺の地方庁をメンバーとするロンドン・東南地域計画会議（London and South East Regional Planning Conference）が，1962年に設立されており，環境省はその意見を聴いて，東南地域計画指針（Regional Guidance for the South East）を定めている。

C. パ　リ

1965年にパリ圏整備本部は基本計画を発表した。その区域はパリ市を含むセーヌ県，セーヌ・エ・オワーズ県，セーヌ・エ・マルヌ県の3県にわたっている。この計画の目標年次は2000年で，パリ圏の将来人口を1,400万人，フランスの都市人口の24%を占めるものと想定し，この場合の諸活動に応えられる都市圏構造を提案している。計画のおもな内容は次のとおりである（**図3.11**）（**図3.12**）（**表3.3**）（**表3.4**）。

(1) 放射状の一点集中型の都市圏構造を解体し，既成市街地をはさむように新しい2本の都市開発軸を設定し，梯子状の幹線道路網を組む。

(2) 都市開発軸に九つの新都市を建設し，それぞれに新都心を整備する。新都市に収容する人口は1985年までに62万人，2000年までに約450万人とし，各新都市は軸に沿って30〜100万の都市に発展しうる構造とする。

(3) 既成市街地の再開発によってデファンス（La Defense）をはじめ6ケ所に大規模な

---

1) 8章8.3節C.参照.

2) 1章1.3節A.参照.

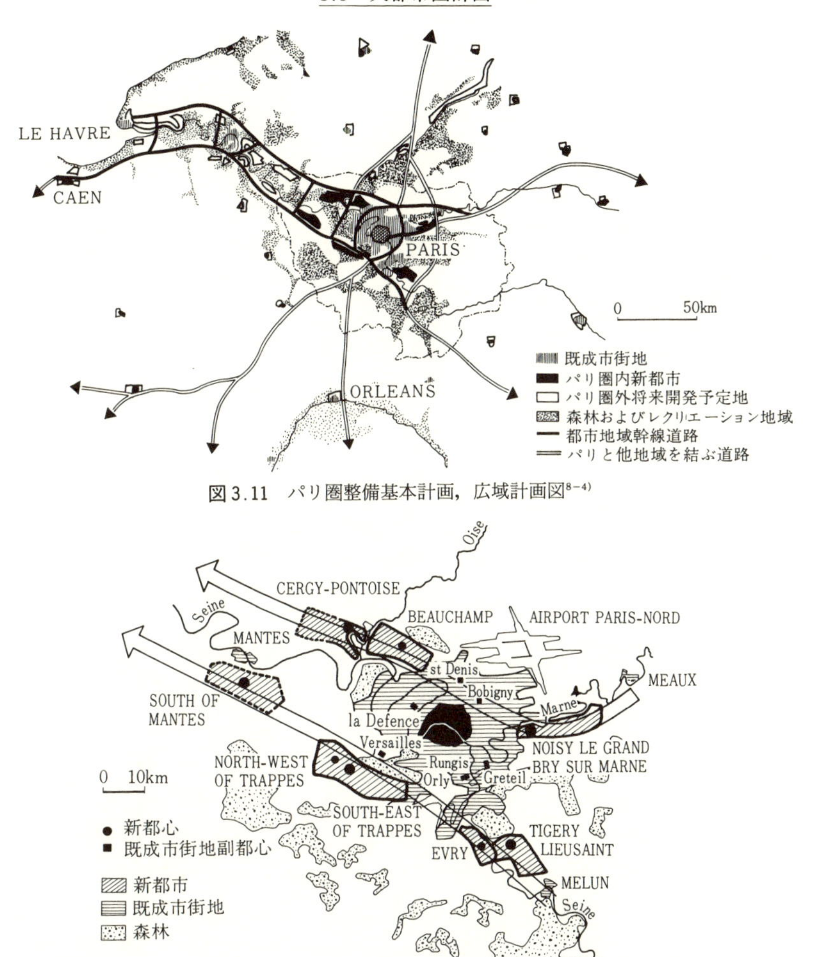

図 3.11 パリ圏整備基本計画，広域計画図[8-4)]

図 3.12 パリ圏整備基本計画，構想図[8-4)]

副都心を整備し，主に業務施設を分散する。都心，副都心，新都心は地下鉄で結ばれる。

(4) 開発軸以外のセクターは市街化を抑制し，森林やレクリエーション用地にあてるとともに空港などを設ける。既成市街地と新都市の間にも十分緑地を確保する。

1989 年のフランス革命 200 周年に向けて，1982 年ミッテラン大統領の発表した「グラン・プロジェ」(Grands Projets) と呼ばれる 9 大プロジェクトがパリ市内を中心に展開された。①ビレット地区の科学産業都市，②オルセー美術館，③アラブ世界研究所，④デファンスのアルシェ (Arche)，⑤大ルーブル美術館計画，⑥ベルシーの新大蔵省，⑦バスチーユの新オペラ座，⑧ビレット地区の公園，⑨ビレット地区の音楽都市で，それぞれ，今後芸術の都パリを代表する新しい文化施設の整備である。

表 3.3 フランスの都市人口とパリ圏への集中度[8-4)]

	総人口（百万人）	都市人口		パリ圏以外		パリ圏	
		人口（百万人）	総人口に対する%	人口（百万人）	%	人口（百万人）	%
1946	40.1	22.2	54	15.6	70	6.6	30
1962	46.2	29.5	64	21.1	71	8.4	29
1985	60	44.0	73	32.4	74	11.6	26
2000	75	58.0	77	44.0	76	14.0	24

表 3.4 パリ圏新都市の計画人口[8-4)]

	1962	1985	2000（予測）
Noisy-Grand.	40,000	90,000	700,000-1,000,000
Bry-sur-Marne.			
Beauchamp.	12,000	60,000	300,000- 500,000
Cergy-Pontoise.	40,000	130,000	700,000-1,000,000
Tigery-Lieusaint.	5,000	35,000	400,000- 600,000
Evry-Courcouronnes.	7,000	100,000	300,000- 500,000
South-east of Trappes. . . .	3,000	100,000	400,000- 600,000
North-west of Trappes. . . .	2,000	100,000	300,000- 400,000
South of Mantes.	1,000	5,000	300,000- 400,000
合計	110,000	620,000	約 4,500,000

D．ニューヨーク

ニューヨーク大都市圏は，マンハッタンからほぼ半径100 km圏におさまる地域であるが，西側は70 km，東北と北は一部150 kmまで延びた不整形な地域である。1929年に，民間団体である地方計画協会（Regional Plan Association）が「ニューヨークとその周辺地域の地方調査」と称する尨大な調査報告書をまとめて発表している。そして，1968年には第2次地方計画書を発表した。この計画はメトロポリタン・コミュニティ単位の区分とアーバーン・センターの指定計画がおもな内容となっており，他の大都市圏計画とはかなり性格を異にしている。これはアメリカにおける計画体制に基礎をおくためであると考えられる。

計画の目標年次は2000年で，推定人口2,780万人と見込まれている。1965年から2000年までの増加人口1,100万人に対して，今日のようなスプロール開発によって土地の浪費がなされると，現在1,900万人の住む市街地より広い面積を必要とすることになる。これに対処するため24の自己充足的なメトロポリタン・コミュニティ単位を設定し，各単位にメトロポリタン施設（主要なセンター，事務所，大学，病院，デパート，劇場，その他）を設けるとともに，住宅の供給，自然の保護，公共交通機関の整備，旧市街地の再編などを積極的に推進することが提案されている。

E．ワシントン

ワシントン首都圏の2000年を目標年次とする構想が発表されている[1]。2000年時点での人口は500万人と想定されているが，中心市街地の人口増はほとんどなく，大部分は近郊地域での人口増とみなされる。現在の首都圏の雇用の主たるものは行政雇用であるが，将来は軽工業，サービス業の伸びが著しいとみている。

以上の想定のもとに，新独立都市型，単独都市型，計画分散型，分散都市型，外周定住型，環状都市型，放射帯状型の七つの代替案を比較した結果，最終的には放射帯状型が最もすぐれているとされている。この開発パターンは放射状に高速鉄道を設置し，駅ごとに人口10万人程度の住宅地単位を串団子状に配置し，各セクターの間には楔型緑地が残される。また高速道路は放射・環状型に組まれており郊外の居住者は鉄道と道路を選択的に利用しうるよう配慮されている（**図3.13**）。

しかし，この計画は構想計画にとどまり，現実には必ずしもこの案によらずに開発が進められている。民間開発によるレストン，コロムビアの二つのニュータウンはそれぞれ西北および東北の郊外にある。

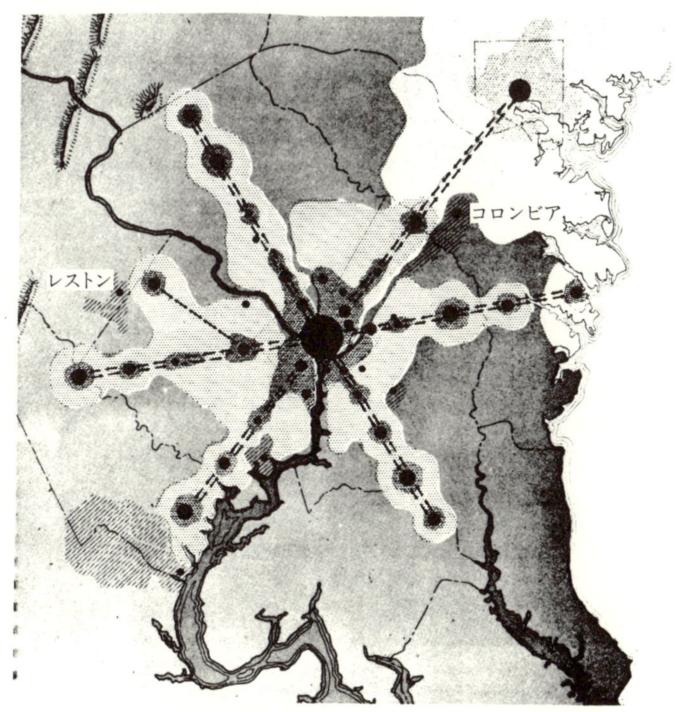

図3.13　ワシントン首都圏2000年計画（放射帯状型プラン）[8-2]

1)　A Policies Plan for the Year 2000, The Nation's Capital, 1961.

F. 東 京

第1次基本計画

1956年首都圏整備委員会が発足し，2年間の準備の後，1958年7月首都圏整備法に基づいて基本計画を定めた。この計画の基本は東京およびその周辺への人口，産業の集中に対応するため，既成市街地の発展を一定の限度にとどめ，その整備を行なうとともに，周辺地域に衛星都市を育成し，首都と衛星都市の間の連担を防止するため，農地，山林，その他の緑地を残し，いわゆるグリーン・ベルトを設定することにあった。

首都圏の区域は東京を中心とした半径約100 km，1都7県にまたがる区域とし，既成市街地，近郊地帯および市街地開発区域の区分を設けることとした。

既成市街地は東京都区部のほか，横浜市，川崎市などにおける市街化が既に相当程度進んだ区域で，市街地の整備，再開発を行なうほか，人口増加の原因となる大規模工場や大学の新増設を制限する。近郊地帯は既成市街地を囲む幅約10 kmの地帯で，緑地帯として構想され，ロンドンのグリーン・ベルトを範としたといわれる。市街地開発区域は近郊地帯の外側の地域内で，既存の中小都市を中核とし，既成市街地から分散する人口および産業を受け入れ，原則として工業都市として発展させるものと考えられた。

1958年の基本計画では1975年の首都圏の人口を2,660万人とし，既成市街地の人口を1,160万人に抑え，約270万人を市街地開発区域の開発によって収容する計画であった。市街地開発区域は40 km圏から100 km圏にかけて18区域[1]が指定され，日本住宅公団あるいは県・市の一部事務組合などによる工業団地造成事業が進められた。しかし，緑地帯として構想された近郊地帯は，地元の市町村や権利者の反対に会って，ついに指定にいたらなかった。こうして首都圏の第1次構想はくずれ去った（**図3.14左図**）。

第2次基本計画

その後，1965年に計画は改訂され，地域区分は既成市街地，近郊整備地帯，都市開発区域の3種類に改められ，既成市街地は従前と同じ性格のものであるが，近郊整備地帯は計画的に市街地を整備し，あわせて緑地を保全する地域とされ，緑地帯構想から一転し，既成市街地の周辺部の50～60 km圏内の地域がこれに指定された。したがって，旧市街地開発区域のうち7区域はこれに包含されることとなった。また，都市開発区域は従来の住宅都市または工業都市に限定せず，その他の機能をもつ都市をも含みうるものとし，研究機関や教育機関の分散を主とする筑波研究学園都市もこれに含めることとなった。なお，1966年には近郊緑地保全法が制定され，これによって近郊緑地保全区域および同特別保全地区が設定され，首都圏の区域も東京都および周辺7県の行政区域をすべて含めることとなった（**図3.14右図**）。

---

1) 50 km圏：平塚・茅ケ崎・藤沢，町田・相模原，八王子，青梅，川越・狭山，大宮，千葉の7区域.
100 km圏：前橋・高崎，佐野・足利，太田・大泉，熊谷・深谷，小山，古河・総和，宇都宮，真岡，土浦・阿見，石岡，水戸・勝田の11区域.

第3次基本計画

これまで一貫して，首都および近郊への人口および産業の集中抑制ならびに分散の方針を基調としてきたにもかかわらず，首都圏の人口は1975年に3,362万人に達した。オイルショック以降，地方から大都市へ向う人口移動は激動期を過ぎたものの，なお社会増に代わって自然増が見込まれることから，1976年第3次基本計画が定められた。

この計画では，1985年の人口を3,800万人とすることを目標に，東京大都市地域（既成市街地および近郊整備地帯）においては，人口および産業の集積を極力抑制し，東京都心への一極依存を避けるため，多数の核都市[1]を育成し，多極構造の都市複合体とすることを提案している。また，周辺地域においては都市開発区域[2]を再編・強化し，工業その他の都市機能の適切な配置により人口の適度な増加を図ることとしている。なお，1985年，国土庁は多核型連合都市圏の構築を目指して50 km圏を計画区域とする首都改造計画を発表

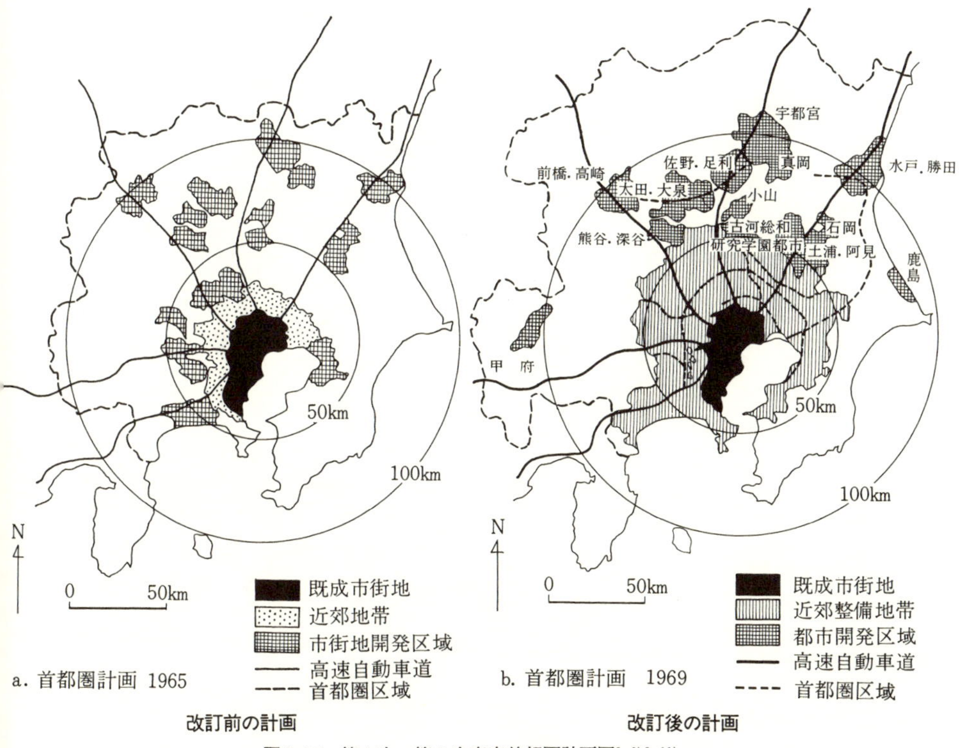

図3.14　第1次・第2次東京首都圏計画図[8-9),8-11)]

1)　核都市としては，横浜・川崎，立川・八王子，浦和・大宮，千葉，土浦・筑波が候補とされている．

2)　1980年2月現在，下記の地区が指定を受けている．熊谷・深谷，秩父，水戸・日立，鹿島，石岡，土浦・阿見，古河・総和，筑波，下館・結城，宇都宮，佐野・足利，栃木，小山，大田原，前橋・高崎，太田・館林，桐生，甲府 計18地区．

した（**図3.15**）。これらを踏まえ，1986年に第4次基本計画が発表された。

第4次基本計画

3次にわたる首都圏基本計画は，いずれも首都圏への人口および諸機能の集中抑制および分散を基調としてきた。総人口の増勢は鈍化したものの，首都圏は依然として大きな集積を有しており，過密問題，環境問題その他の大都市問題は必ずしも解決されたわけではなく，21世紀へ向けて予測される社会変化に対応しつつ，首都圏に期待される役割を積極的に果たす必要があることから，1986年第4次基本計画が定められた（**図3.16**）。

この計画は，2000年の人口を4,090万人程度と見込み，これまでの既成市街地，近郊整備地帯，都市開発区域などの整備の考え方を踏襲しながら，東京大都市圏（東京都（島しょ部を除く），埼玉県，千葉県，神奈川県および茨城県南部）と周辺地域（茨城県北部，栃木県，群馬県，山梨県および東京都島しょ部）に区分して，広域的な地域整備の方向を示している。

とくに，東京大都市圏については，従来の一極依存構造に代えて多核多圏域型の地域構造の連合都市圏として再構築するため，東京中心部では，国際金融機能，高次の本社機能などわが国の経済社会を先導していくことが期待される機能の整備を図り，その他の機能については「業務核都市」（八王子市・立川市，浦和市・大宮市，千葉市，横浜市・川崎市，および土浦市・筑波研究学園都市），「副次核都市」（青梅市，熊谷市，成田市，木更津市，厚木市等）などに誘導を図る。さらに，業務核都市，副次核都市相互を結ぶ環状方向で，広域的交通施設の整備と併せて，その沿線に多様な機能を有する「軸状新市街地」の開発を行なうとしている。

周辺地域においては，水戸・日立，宇都宮，前橋・高崎，甲府の各都市開発区域を中心

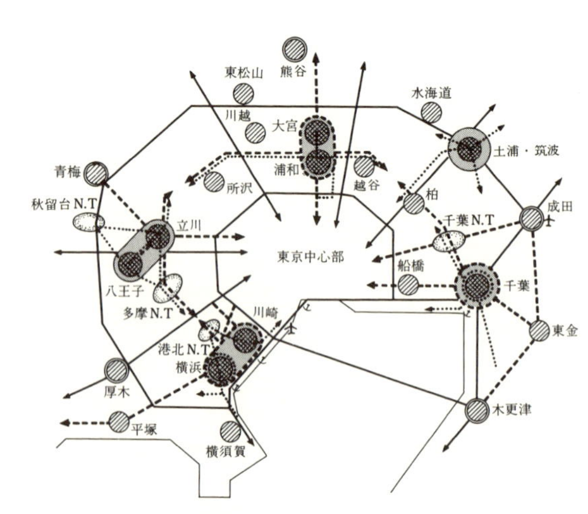

図3.15　首都改造計画[8-14)]

とする地域を「中核都市圏」として整備，北関東地域については，南部の鹿島，小山，太田・館林の各都市開発区域，北部の高萩市・北茨城市，大田原市・黒磯市，沼田市をそれぞれ拠点として整備・育成する。

首都圏計画につづいて，近畿圏，中部圏についても，大都市圏計画が定められている。近畿圏は大阪府，京都府，福井，三重，滋賀，兵庫，奈良，和歌山の各県，中部圏は愛知，三重，滋賀，富山，石川，福井，長野，岐阜，静岡の各県にわたる区域を対象としているが，それぞれ首都圏計画とは計画の体系を若干異にしている。とくに中部圏計画は名古屋を中心とする大都市圏計画をその一部に含む地方計画というべきである。

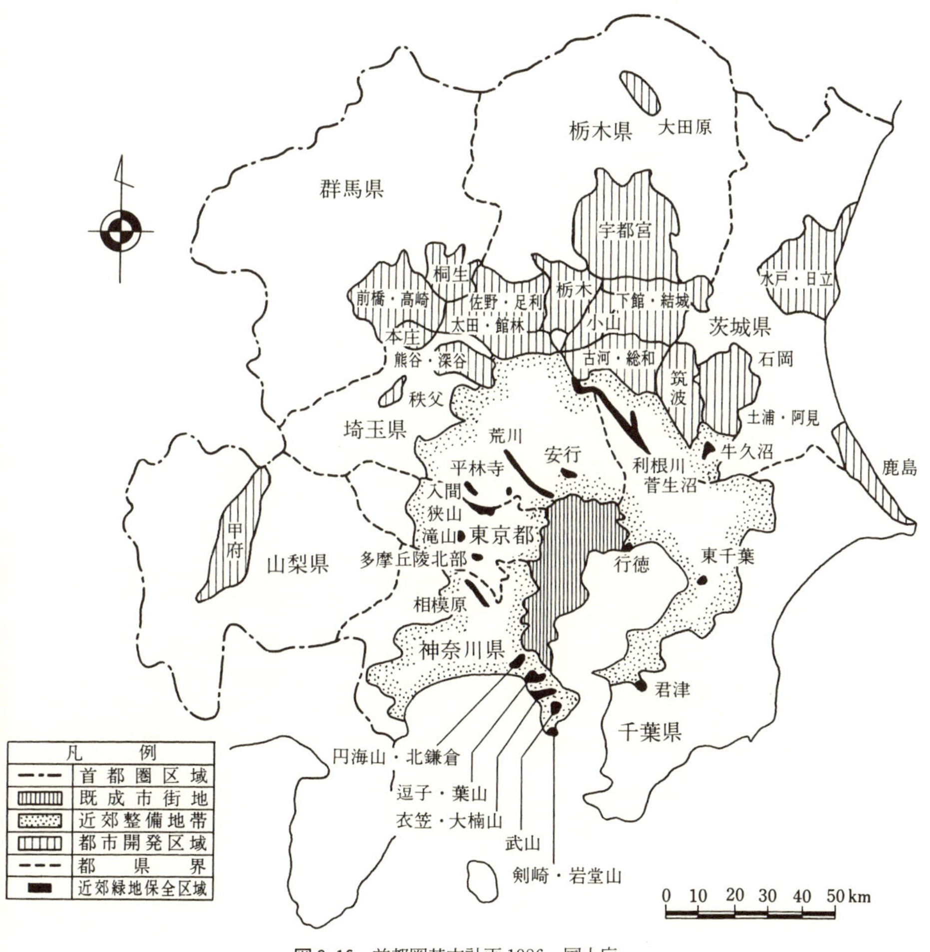

図3.16　首都圏基本計画 1986，国土庁

第4章　都市基本計画（各論）

4.1　土地利用計画

土地利用計画は計画区域内の土地をいかに利用するかの計画である。土地は**表 4.1** に示すように埋立地，干拓地など造成予定の土地も含まれる。しかし，その利用という概念をどこまで広くとるかということで内容が変わってくる。たとえば，鉄道，道路，上下水道なども土地の利用にはちがいないので，最も広義に解する場合には，すべての都市施設の計画は土地利用計画に含まれることになり，土地利用計画は都市基本計画とほぼ同義となる[1)]。しかし，ここでは，交通計画，都市施設計画はいちおう，土地利用と並ぶ重要な計画として別に解説することとする。

表 4.1　土地の用途区分（都市スケール）

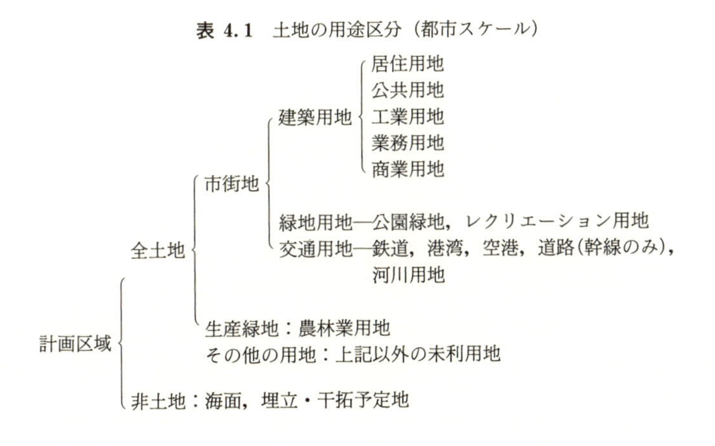

A．歴史的背景

土地利用は個人または集団（企業や公的機関を含む）が土地のうえに権利を設定し，開発行為（土地の造成・改変および建築，工作物の設置・改変）を行なうことによって土地

---

1)　ドイツのFlächennutzungsplanは土地利用計画という意味であるが，公共施設の計画を含む都市基本計画に近いものである．

を利用し，または利用しないことによって実現される。したがって土地利用を決定するものは個人または集団の最終的な意志である。しかし人間の意志決定は社会の仕組の中で行なわれるので，個人または集団の最終的な意志決定に関与する要因として，

(1) 自然的要因　地形，地盤，土地の量と質，水，緑，景観
(2) 経済的要因　自由競争，資本力
(3) 共同体的要因　近隣関係協定，慣習，道義
(4) 権力的要因　法律，条例，行政指導
(5) 上記以外の個別的要因　個人または集団の意志（顕在，潜在）

が考えられる。上記は個々の宅地ごとの土地利用決定要因であるが，その集積の結果として地区としての土地利用が実現し，さらに都市全体の土地利用が実現する。

これを歴史的にみると，人類が都市を構築するようになってから今日まで，土地の利用を誰が何を目的として決めてきたかという変遷をたどることになり，きわめて興味ある問題である。一言にしていえば，それは土地の所有権と利用権に関わる問題であり，近代国家の成立以前の土地の私有権が認められなかった時代と，認められている現代とでは大きく異なっており，土地利用のコントロールという点からみると現代の都市はきわめて複雑で，困難な条件のもとにおかれていることがわかる。

次にヨーロッパの都市の発達の中で，土地の利用の決定がいかになされてきたか，その経緯についてみることにしよう。

先史時代

先史時代には土地は誰の所有でもなかった。農耕と牧畜が土地に定着しはじめた時代には，ある土地は作物の栽培に適し，ある土地は放牧に有利であり，またある土地は不毛であることを経験的に知り，代々伝えられることによって，最初の土地利用計画が成立したと考えられる。要するに，自然的要因が土地利用を決定したのである。

文明が発達し，都市が建設され，人口が増大するにつれて，土地は農業と牧畜以外の価値をもち始めた。古代から中世にいたる歴史を通じて，土地の私有は今日のように法律で保護されるということがなかった。したがって王侯，貴族，領主などの支配者が土地の利用を定め，それによって土地の使用が認められていた。この場合には自然的要因のほかはもっぱら権力的要因によって都市の土地利用は定められていたとみられる。

中　世

中世はいわゆる封建時代で，領主が農民，市民，商人を支配した。領主間の争いのため都市は防衛を必要とし，城壁と濠が都市の安全を確保する手段となった。このようにしていちおう，安全を確保した中世都市では商業資本が力を得るにしたがって，領主，教会，ギルドの間に一種の力のバランスが生まれた。

すなわち，一般に領主の権力はそれほど強大ではなかったし，教会も教育や福祉に力をつくし，商業資本もようやく力を得た段階にあったからである。このような力のバランス

から市民は自らの力によって自治権を獲得し，海外貿易の発達によって商業資本のとくに強力な港町では自由都市が生まれ，12〜13 世紀にはハンザ同盟が結ばれるなどして経済都市として発展した。このように市民が自らの力によって獲得した自治権，すなわち，共同体的要因によって土地の利用が決定されるということは，都市の歴史が始まって以来，はじめてのことであった。

近　世

近世は専制君主制の時代であり，商業資本と政治的権力が合体してつくり出した社会であった。もはや中世の自治はそこにはなかった。専制君主制を支えたものは軍隊と官僚機構であり，首都はバロック式の都市計画で荘麗な街路や広場が建設された。近代国家の成立とともに土地の私有制は確立されたが，土地利用は再び権力的要因が支配的となった。

近　代

近代は産業革命に始まる。資本主義は宗教が分裂し，権力が横暴をきわめている時代には健全で自由な活動として現われ，その個人的利益の追求は最終的には公共の利益になるようにみえた。しかし，資本主義はその本質から地方自治や地方的自給自足を損い，安全よりも投機を，伝統的価値よりも利潤を生み出すことに狂弄するようになる。土地の私有権が最大限に認められ，自由競争のもとにおかれると，土地の売買は資本にとって手早く金に還元できる投機的なものとなる。商品経済的要因の独走が急速に進行し，過密，スプロール，乱開発が蔓延するにいたるのである。

産業革命によって手工業から大規模工場への変化が生じ，人口の集中する工業都市や大都市では，かつて経験しなかった劣悪な都市環境が生み出された。これに対する修正手段として権力側からは衛生法規の整備，住宅政策の形で一連の政策が打ち出され，都市計画そして，地方計画の登場となる。産業資本はますます巨大化し，官僚機構と結びついて，独占資本主義体制を構築するにいたる。

これに対する大きな歴史的な流れは社会主義の登場である。社会主義運動は労働者階級の団結を促し，一方においては革命による社会主義国家の誕生をみる。この場合，土地の所有権は国家に帰属し，土地の利用は計画経済のもとにおかれ，主として権力的要因によって決定されることになるが，これは共同体要因と一致すべきものと考えられていた。このような体制下では，地価の騰貴や企業や個人による土地投機を介して不当な利潤を追求することはありえない。したがって，土地利用計画の決定にあたっては，官僚的独善主義を排し，社会全体の利益と個人や企業の利益をいかにして均衡せしめ，社会的な公平を保持するかが重要な課題となると思われる。

もう一つは資本主義体制を維持しつつ，土地や一部の生産手段を公有化し，労使対策や福祉対策など社会政策を強化して，資本主義の矛盾を克服し，さらに進んでは社会民主主義による福祉国家の確立を目ざすものである。この場合には，それぞれの国の歴史的背景や国土の大きさや資源の賦存状況によって，土地利用計画のあり方は大きく相違する。

今日，道路，鉄道，学校，病院といった公共施設の整備のために必要な土地の公的取得や施設の建設・管理・運営についての制度は，国によってほとんど差異はないが，私有に属する土地の利用の統制についてはとくに大きな相違が認められる。この点についてアメリカとヨーロッパ諸国では，考え方の基本において異なっているし，ヨーロッパでも国によって，かなりの相違がある。

しかし，いずれにしても，土地利用の決定にあたっては，商品経済的要因，共同体的要因，権力的要因のいずれを優先して計画的に調整をはかるかが問題となる。たとえば，より社会民主化の進んでいる体制では，権力的要因がより強力で，土地利用の社会的統制，開発利益の社会還元，さらには土地の公有化が進んでいるが，そうでない国においては，土地利用の統制は緩かで，土地の自由市場は温存されている。後者の場合には，企業や個人による土地投機を制御することがきわめて困難であるので，社会全体の見地から土地を合理的に利用することによって都市の住民ひとりひとりの居住環境を安全で，快適なものにするには余程の努力を必要とする。

B．土地利用の決定要因

土地利用計画の立案については，計画者（プランナー）の価値判断によって各要因に対する評価が行なわれ，それに基づいて計画案が立案される。しかし，最終的には計画主体(planning authority)が，それぞれの関係主体の参加を経て，最終案を議決し，土地利用計画は法定都市計画として決定される。決定した計画内容は法的拘束力をもって個人または集団の開発行為を拘束し，一方，計画主体は積極的に計画の実現をはかることになる。

このような計画のプロセスを含めて，F. Stuart Chapin Jr.[1] は土地利用の決定要因として，a．経済的要因，b．社会的要因，c．公共の利益の三つをあげている。
以下これについて簡単に説明を試みる。

a．経済的要因　資本主義社会では，土地利用の決定要因の中で経済的要因が最も強力であって，他の要因を制して土地利用を決定することが少なくない。都心，副都心の業務，商業地域の形成，工場の立地などにみられるように，個々の宅地が何に利用されるかは土地市場(land market)における需要と供給の関係によって決定されるということである。商業地の地価は投下される資本が生み出す利潤に比例して高騰する。住宅地の地価についても，宅地の需要と農家地主の宅地供給についての思惑から，スプロールはますます外延的に広がり，住宅地の地価は高騰を続ける。このような個々の土地の自由な取引だけでなく，道路，鉄道の敷設は都市の交通の利便性を高めていくが，これは土地の経済性を高め，市街化を促進する役割を果たす。

これらの関係を扱うのは土地経済学であって，自由競争のもとでの企業立地の予測や地価形成のモデルが組み立てられている。

---
1) F.S.Chapin Jr.：Urban Land Use Planning.

b．社会的要因　すべての土地利用が経済的に要因のみで決まるかといえば必ずしもそうではない。もう一つの要因として社会的要因ともいうべきものを考えることができる。しかし，これは経済的要因に比してまだ十分に研究されていないし，また経済的要因としばしば混同される。しかし，最近は社会学者の努力によって，社会的な価値観が，都市の土地利用形態の決定に果たす役割がしだいに明らかにされつつある。

都市社会学が取り上げている研究のうち，とくに土地利用と密接な関係が深いのは，都市生態学（urban ecology）的過程と社会組織論（social organization）的過程である。

都市生態学は都市の外形的な変化の過程を説明しようとして，社会学者が生物学から導入したものである。集中と分散，向心と離心，支配と傾度，侵入と遷移などの概念を用いて，時間的，場所的に都市社会の進化と発展を説明しようとする。しかし，人間社会の場合には動植物と異なり，経済の力が大きな役割を果たしている点が異なるし，人種問題のあるアメリカの都市の場合にはある程度，説明ができても，わが国の場合には必ずしも有効でない。

次に社会組織論は都市社会を構成している個人および集団のもっている価値観，行動および相互作用に着目する。集団としては家族，住民組織，宗教団体，行政体，企業体などが考えられる。人間行動は，(1)必要と欲求，(2)目標の設定，(3)計画，(4)決定，(5)行動という一連のサイクルをもって現われる。そしてその行動は他の個人や集団に影響を及ぼす。また，価値観は必ずしも行動に現われず潜在化している場合もある。そして一つの土地利用を決定しようとする場合，たとえば，ある地区の更新を行なうという場合に，それぞれ異なった価値観が現われる。第3者であるプランナー，行政当局，企業家，その地区に永住している住民では異なっているのが当然であろう。あるコミュニティの大部分の住民や集団がもっている共通した価値観があれば，これがマス・ヴァリュー（mass value）とよばれるものであり，またコミュニティに影響力をもつ人びとが一集団として働くような権力構造を構成している場合もある。

ファイレー（Firey）はボストンにおける調査結果から土地利用に及ぼす価値観の影響には「維持的な」，「復元的な」および「抵抗的な」の3種のものがあり，価値観は土地利用に対しても原因的な効果を及ぼすものであるとしている。

土地利用に関する住民運動には経済的な要因だけでなく，このような社会的な要因，すなわち，マスとしての価値観やグループとしての価値観が含まれている場合が多い。したがって，土地利用計画の決定にあたっては，このような社会的な要求と都市住民の精神衛生にとって重要な価値観と行動パターンを十分に考慮する必要があり，このための調査研究[1)]を重ねる必要がある。

c．公共の利益　上記の経済的要因と社会的要因は土地利用の決定要因として互いに

1)　社会学では態度調査（attitude studies）によって個人やグループの価値観をとらえる技法が開発されつつある．

相補的に複雑にからみ合っているものである。しかし，都市計画の部門計画として，土地利用計画を決定するためには，環境の目標，すなわち一般に公共の利益という点から検討する必要がある。1989年に制定されたわが国の土地基本法は，土地についての基本理念として，① 土地についての公共の福祉優先，② 適切な利用および計画に従った利用，③ 投機的取引の抑制，④ 価値の増加に伴う利益に応じた適切な負担を掲げ，国および地方公共団体は，住民その他の関係者の意見を反映させて土地利用計画を策定することを義務づけている。

公共の利益の要素としては，安全性(safety)，保健性(health)，利便性(convenience)，快適性（amenity）のほかに，公的機関，公的費用に関わる経済性（economy）があげられる[1]。

安全性は人間の生命に関わる最も重視すべき目標であり，自然災害，火災，事故などからの安全を確保することである。保健性は人間の肉体的，精神的に健康な状態を維持することであって，疾病や疲労からの予防，回復，公害からの保護，適正な日照・通風の確保などを含むものである。安全と保健は組み合わされて一つの目標とされることもある。

利便性は土地用途の配置によって生ずる機能地域の間の相互関係，住居―職場，職場―職場，住居―中心地区，住居―レクリエーション施設など人と物の動きを時間的，労力的に容易にすることである。利便性を高めるために安全性，保健性，快適性を損うことがあってはならない。

快適性，いわゆるアメニティということばはイギリスで一般に用いられる。住み，働き，遊ぶという環境の快適さをさすが，視覚的な景観の快適さと同時に，公園の緑が与えてくれるやすらぎや歴史的建造物や文化財が与えてくれる文化的な雰囲気による満足感なども含まれている。アメニティの概念には美的な要素も加わるし，地方性も含まれるので価値判断がむずかしい場合も生ずる。しかし，環境の目標のうちでは最も高度な文化性を伴うので，コミュニティの住民の選択を尊重してこれを高く評価する必要がある。

経済性は土地市場を基盤とする開発業者のそれではなく，コミュニティ全体の公的経済に無駄を生じないということである。経済性はまた利便性とも結びつく概念である。利便性の対象となるのは時間およびエネルギーの負担であり，経済性の対象とするのは市および市民が負担すべき時間およびエネルギーの費用である。経済性は計画の実現にあたって財政的に制約条件になるという点で他の目標とは異質である。

以上の五つの目標はいずれも重要でないということはできないが，安全性と保健性をとくに重視してこれを必要条件とし，他は十分条件とする考え方もある。しかし，わが国ではとかく，利便性が先行して，安全性，保健性，快適性を損い，経済性がこれらの目標の実現の大きな制約条件になっている場合が少なくない。

1）さらに福祉性（welfare），道徳性（morals），安楽性（comfort），繁栄性（prosperity），文化性（culture），能率性（efficiency）をあげる場合もある．

C. 競合と調整

以上述べたように，現代の都市社会においては土地利用の決定にかかわるいくつかの主体が存在し，それらが異なった意志決定をしようとするために，各主体間において利害関係が相反する場合が発生し，対立が生ずる[1]。それをおおまかに国，県，市町村，住民，産業に分けて，その間に生ずる利害関係の対立を例示してみると**表 4.2** のとおりである。これによってもわかるように，異なった主体間ばかりでなく，同種の主体の間でもこの矛盾は発生している。そして，都市によって，また地区ごとに抱えている問題はそれぞれ異なっている。

この対立と矛盾を調整することは土地利用計画とそれに基づく土地利用規制（land use control）の役割であるが，わが国の計画制度ではとくにこの点が弱点になっている。

計画はそれを実現する手段を伴わない場合には画餅に帰する。わが国の都市計画制度のうち施設整備に関しては，事業予算の制約などはあっても，制度としてはその実現をはかる一定の保証があるが，土地利用計画については，きわめて不十分である。すなわち，わが国の都市計画では土地利用計画という制度が不明確で，市街化区域，市街化調整区域および地域地区の規制によって実現される間接的な土地利用規制にとどまっている。一方，以下に述べるように近年，土地利用計画の立案のための調査研究が進み，かなり合理的な

表 4.2 土地利用計画に関連して各主体間に生ずる利害関係の対立と問題点の例示

	国・県	市町村	住民	産業
国・県	官庁 vs 官庁 産業行政 vs 環境行政 都市行政 vs 農林行政 住宅行政 vs 公園行政			
市町村	上位計画 vs 下位計画 住宅政策 vs 都市行政 産業政策 vs 都市行政	都市行政 vs 都市行政 合併問題 用排水問題 処理場問題 市町村連合		
住民	国の施設 vs 地区環境 新幹線，高速道路，国際空港	全市施設 vs 地区環境 都市計画道路，歩道橋，ごみ処理場 住民参加	地区環境 vs 地区環境 新住民 vs 旧住民 相隣関係 建築協定・緑化協定	
産業	国土の開発 vs 保全 工業開発 vs レクリエーション 観光開発 vs 自然保護	外部経済 vs 都市環境 コンビナート公害 産業廃棄物 公害防止協定	外部経済 vs 地区環境 産業公害，マンション公害，交通公害，ビル公害	外部経済 vs 外部経済 工業 vs 農林水産業 百貨店 vs 個別店舗 宅造業 vs 農業

1) 川上秀光：都市計画における総合と都市基本計画，UR 2号 東大都市工高山研究室，1967.

計画立案方式が確立されつつあるが，綿密な調査に基づく計画案を作成しても，その実現の手段を欠くために徒労に帰する場合が少なくない。これは土地利用計画が提案する地区ごとの具体的な環境条件を，法定計画が受けとめて実現することができないためである。

このような矛盾を少なくし，両者をできるだけ整合せしめるためには，まず，法定都市計画の中に土地利用計画の制度を明確に位置づけ，具体的な地区ごとの環境の将来像を明確にする。次に，地区毎に環境診断を行なって，問題点を明らかにし，地区計画において整備・開発・保全の方針を明らかにするとともに，地区計画を実現する手段を強化することが是非必要である。

D．アーバン・スプロール（urban sprawl）

アーバン・スプロールとは市街地の無計画な散落的拡大（uncontrolled expansion of built-up areas)をいう。一般的に都市の外延的発展をさしてこの語を用いる人がいるがこれは誤りで，都市生活に必要な公共施設の整備を伴わず，点々と農耕地を食いつぶす形で，きわめて疎散な市街地が形成されていくことをいう。これに似た概念としてリボン状開発(ribbon development)がある。これは道路などに沿って無計画な線状の市街地が形成されることをさし，イギリスで主として用いられる。

アーバン・スプロールは土地利用計画とこれを確実に実現に移す制度を欠いているところから生ずる。わが国の場合，中小都市よりも大都市の郊外においてはスプロールが広域にわたって拡大し，東京を中心とするアーバン・スプロールは半径50 km圏まで及んでいる。アメリカの場合は主としてハイウェイに沿った地域に団地のスプロールが蔓延するが，わが国の大都市の場合は鉄道依存型ともいうべきで，都心から放射状に伸びる高速鉄道の沿線にバラ建ちのスプロールが展開する。

スプロールを放任しておくことによる社会・経済的損失ははかりしれない。農業サイドからみると，農地への宅地の蚕食は農地の一体的な利用が困難になるばかりでなく，付近に残存する農地の質の低下を招くことになり農政上きわめてマイナスである。住民サイドからみれば，住宅から職場まで遠距離通勤を強いられることになり，時間とエネルギーのロスが大きいばかりでなく，長年にわたって道路，下水，公園，学校などの公共施設は整備されず，日常生活上の不便を忍ばなければならない。都市計画サイドからみればこのような地域に公共施設の整備をすれば，一戸あたりの道路や下水管の延長が大きく不経済であるので，市街化が一定程度進行するまで，施設整備を見合せ放置することになるが，後になってから整備をする段階で土地区画整理や施設整備に莫大な費用を要する。

スプロールの防止を意図して，わが国の都市計画法では市街化区域，市街化調整区域の制度を設けているが，市街化区域内ではスプロールは許容されており，また各市町村の宅地開発指導要綱も一定規模以下のバラ建ちは対象外としており，現在のところこれに対する防止策はほとんど効果をあげていない（図3.1)。

E．土地利用のカテゴリー

従来は多くの場合，土地を農業，住居，商業，工業用地の四つの大項目に分類し，さらにこれを土地利用強度と用途の専用度の視点から細分する。これを段階分類（step down）といっている。工業という大分類は重工業と軽工業に，商業は専用商業と中小商業に，住居はアパートと戸建住宅などに分ける。また，同じ商業でも近隣住区における小売業中心の商業と地区中心における慰楽性，娯楽性の業種を含む商業とを区分するといった分類法である。これは主として地域制（zoning）を前提とした分類であって，アメリカでよく用いられ，大都市の場合は15種，小都市の場合は9種類で足りるとされている。**図4.1**は東京都区部を対象とし，500 mメッシュを用いて六つの用途別に土地利用比率を算定したものである。

しかし，地域制を前提とせずに，土地利用をもう少し広義に解する場合，そのカテゴリーは都市における人間の経済的，社会的活動に対応する機能，すなわち「働く」「住む」「憩う・創る」「交通」の四つの機能から導かれるのが自然である。

また施設を機械的に分類するのではなく，その施設が実際に果たす機能に着目して分類すべきである。たとえば，同じ道路であっても幹線街路と住宅路では機能がまったく異なるし，商店にしても都心の機能の一部である商業施設と近隣住区の商業施設では機能が異なるわけである。このような考え方をとると幹線街路は交通用地に，都心の商業施設は職場地域に，そして住宅地における細街路，近隣商店，小公園などは地区内に当然必要な機能として居住地域に含め，一つの土地利用カテゴリーとして扱うことになる（**表4.3**）。

また，ドイツでは建築的土地利用，非建築的土地利用，その他に分け，さらにそれぞれを細分している（**表4.4**）。

F．スペース要求（space requirement）

土地利用計画は都市の活動に伴って必要とされる施設あるいは空間の量をあらかじめ算定し，それらの施設や空間の適地条件に従ってこれを配置し，あるいは配分する計画である。この場合，ある機能に必要とされる施設あるいは空間需要をスペース要求という。

たとえば，ある業種の工場が都市に立地することになれば，その工場がどれだけの敷地を必要とするか，またその工場の従業員が都市に住むとすればどれだけの住宅地が必要となり，それに伴って公園，学校などの施設がどれだけ必要かを予測しなければならない。

スペース要求は普通，大きく分けて農業，製造業，卸売業，小売商業，業務，住宅，レクリエーションなど市街地において大面積を占める機能ごとに算定される。またこのほかに教育施設，官公庁施設，上下水道などの施設も当然スペースを必要とするが，個々に配置された場合のスペースはそれほど大きくないので，その他の用地として一括する。

スペース要求のデータは都市計画の多くの調査研究から得られるので，既往の研究のデータを収集し，または新たに調査して利用する。これには既存都市の土地利用の現況調

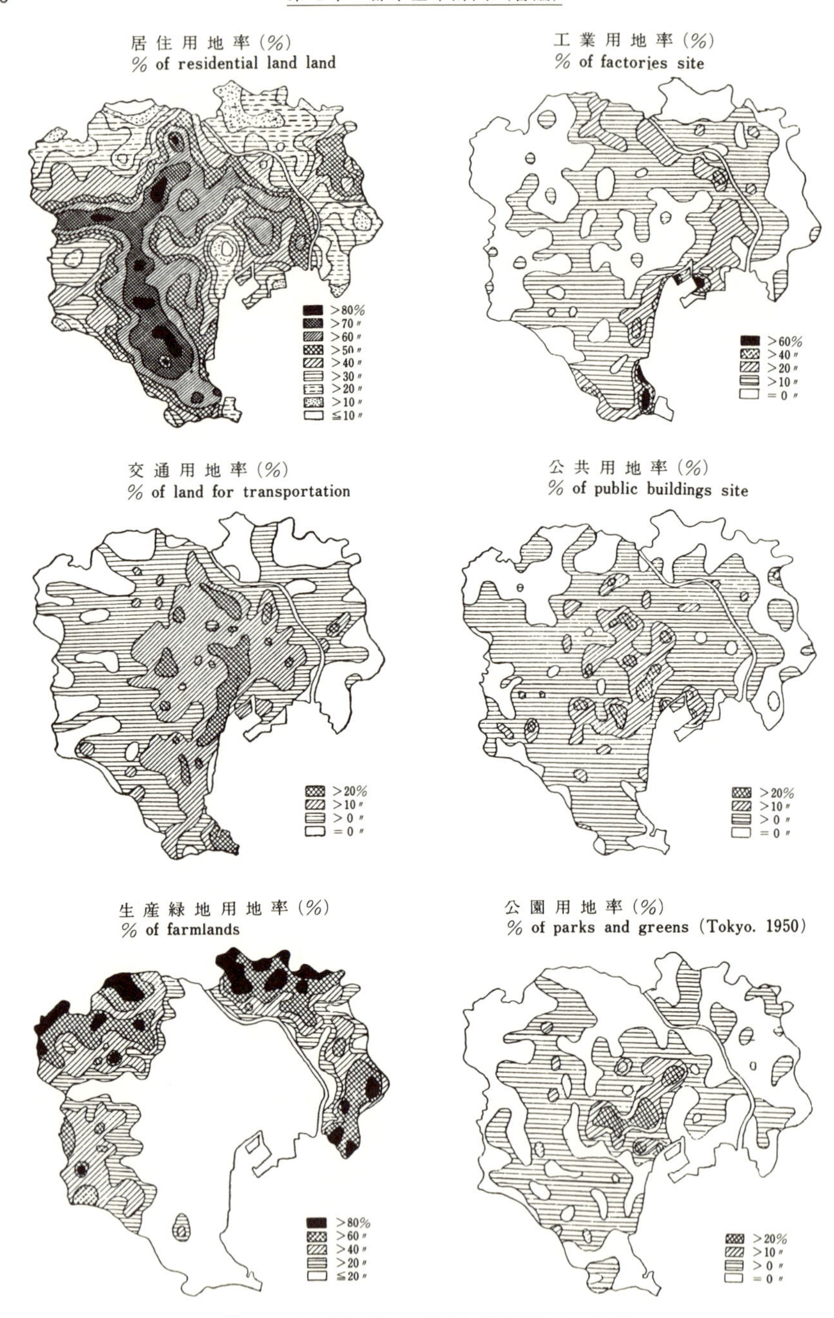

図4.1　東京都区部の用途別土地面積比率（1950）

表 4.3 都市の機能と土地利用のカテゴリー

機能	地域	
(1)働く	職場地域	農林地域(集落を含む) 製造業地域(大規模，中小規模)(重工業，軽工業) 卸売業地域 業務地域(都心，副都心) (公共サービス施設を含む)
(2)住む	居住地域	住居地域(専用，混合)(低，中，高密度) (小公園，小売店舗，小中学校その他のコミュニティ施設を含む)
(3)憩う 創る	レクリエーション地域	大規模公園，緑地，その他のレクリエーション地域
	文教地域	教育施設，厚生施設，その他の文化施設用地
	中心地域	専用商業地域
(4)交通・ その他	交通用地	大量輸送機関，幹線道路，その他交通用地
	保留用地	河川，遊水地，埋立地その他の未利用地

表 4.4 ドイツの土地利用カテゴリー

a) 建築的土地利用

建築地域 (Baufläche) 一般種別	建築地区 (Baugebiet) 特殊種別
住居地域(W)	菜園住居地区(WS) 住居専用地区(WR) 一般住居地区(WA) 特別住居地区(WB)
混合地域(M)	村落地区(ND) 混合地区(MI) 中心地区(KM)
産業地域(G)	準工業地区(GE) 工業地区(MK)
特別地域(S)	特別地区(SO)

b) 非建築的土地利用
- 交通用地(幹線道路，バスターミナルなど)
- 緑地(公園，集団小菜園，運動場，キャンプ場，墓地)
- 供給処理施設用地(上水道，下水道など)
- 水面，未利用地
- 農業用地，林業用地

c) その他の土地利用
- 環境汚染に対し予防措置，制限を行なう用地
- 防災のための用地(洪水危険区域，廃鉱など)
- 再開発地区
- 他の法律によって決定された計画や土地利用上の規制(景観保全地区，水面保護区域，鉄道，空港など)

査からマクロに推計する方法と，各機能を構成する要素についてのデータから積み上げる方法とがある。

たとえば，小売商業についてみると，マクロ的には類似都市の人口数，商店数，販売額，商業地面積などの統計を用いて推計するが，積上げ方式による場合は，市人口と昼間買物のために流入する人口を推定し，その消費金額から商店の売場面積を算出し，これに居住部分，駐車面積，道路などの面積を加えて商業地の面積を算出することになる[1]。

工場の場合はマクロ的には業種別工業出荷額から算出するが，積み上げる場合には業種別規模別の敷地面積統計から算出する。業務の場合はまず就業人口を推定し，従業員1人あたり床面積，および建物の容積率などを用いて算出する。住宅地については将来人口か

1) 5章5.3節D.参照.

ら世帯数を算出し，既存の世帯数を差し引いて，新たに必要とされる住宅数を算出し，これを地区別に配分するとともに，住宅形式別に土地利用率，戸数密度などを用いて用地面積を算出する。幼児施設や老人施設などは年齢別人口を基礎に算定される。

これらの算定に用いられる数値は逆にいえば一定の土地のうえにどれだけの機能が存在するかということを表わすので，これらを土地利用強度（land use intensity）という。人口密度，戸数密度，一戸あたり敷地面積などは最もよく用いられる土地利用強度の指数であるが，この概念には単位面積あたり売上高，あるいは生産高というような土地の生産性も含まれる。

G．立地要求（location requirement）

土地利用計画において次に重要なことは，スペース要求に基づいて算定された各種の機能の用地を計画的に配置することである。この場合には各種機能別の特質を考慮し，その競合を避けるため立地要求を十分尊重して，適地に配置することが必要である。先に掲げた農業，製造業，卸売業，小売商業，業務，住宅,，レクリエーションなどの機能は，自然に放任しておいても経済的，社会的要因に支配されてある程度の機能分化をとげるものであるが，一部には異種の機能が特定の地域に集中していわゆる混合地域をつくり出す。とくに住宅地は工場や娯楽施設などの混入によって著しく環境条件が低下するし，戸建住宅と共同住宅の混合も地区計画的に調整されないと，日照，通風，プライバシイなどの生活障害を起こす。

また，この場合に重要なことは，機能によっては，一定の分布法則に従って，都市の中にある種のパターンをつくり出すことである。このようなパターン形成が土地利用計画上とくに好ましくない理由がある場合は別であるが，このようなパターンを生かして他の機能を配置することが好ましい場合がある。たとえば大都市の郊外において住宅地はさきに述べたように，郊外鉄道の駅を中心にスプロールし，これが沿線に串刺し団子状の市街地を形成する傾向が強い。これを非とするか，あるいはこれを生かして幹線街路や緑地のパターンを形成せしめるほうがよいかという問題がある。

業務機能は都市の中心部の交通の便利な最も地価の高い地域に集中し，都心を形成し，逐次外延的に広がる傾向をもつ。小売商業機能もまた都心を形成する機能であるが，サブセンター（副都心）を形成したり，住宅地の中に地区中心を形成して，市民の消費性向とマッチした段階構成をとる傾向がある。このように業務機能と商業機能の立地性向には基本的な相違がある。これは業務機能は主体的に立地するのに対して，商業機能は後背地を持ち従属的に立地するためである。従って，副都心や業務核都市の計画に当たって，この点を混同すべきではない。

また，工業機能は，特殊なものを除いて一般に地価の安い未利用地に立地する傾向があるが，道路交通の便は欠くことのできない条件である。工業機能と居住機能との立地上の関係は距離，風向などを考慮して，とくに十分注意する必要がある。

住宅地は以上の機能と異なり，交通条件と居住性の両条件の満たせる地域に立地する。地価が上昇するにつれて急速に外延的に発展し，さきに述べたように周辺農業地域を蚕食してスプロール化する傾向をもっている。

立地要求はこのように機能間で若干異なっているが，いずれにしても交通手段との関係はきわめて密接である。したがって，逆に道路や鉄道が市街化を誘導し，機能の立地を促すことも事実である。しかも，自家用車が普及し，道路が整備されてくると，鉄道に依存する施設と道路に依存する施設の混合化が起こる。かつては混合地域は都心に比較的近い内部市街地に発生し，住，商，工の混合地域が形成されたが，今日では大都市の遠郊において工場，住宅，農地の混合地域の発生がみられ，これにハイウェイ沿道施設としての商業が加わる可能性もある。

土地利用計画においてとくに重要なことは，このような各機能の立地要求を考慮して，それぞれの活動が能率的に展開されることを考慮する一方，公共の利益すなわち健全な都市環境の目標（安全性，保健性，利便性，快適性，経済性）を達成するよう土地の配分を行なわなければならない。一般に最も弱い機能は居住機能である。都市が発展するに伴って都市地域に業務機能や商業機能の集積が急速に進行するが，これによって周辺の住宅や中小企業が個別，無秩序に駆逐され，コミュニティの破壊や居住地の共同施設のミスマッチが生じないよう都心部における居住機能の保全対策が必要である。また，工業機能や高速道路，高速鉄道などによる騒音，振動，排気ガスなどによって居住地が障害を受けないよう配慮しなければならない。

H. 土地利用計画の立案プロセス

土地利用計画の立案プロセスは**表 4.5** のように整理される。まず，基本計画における都市の目標に従って，計画の構想を画きながら，土地利用の現況を調査し，地区別の問題点を把握し，将来の動向の推定を行ない，計画課題の整理を行なう。

次に計画の立案に移るが，ここでは各種の指標を用いて，将来の土地の所要量を算定し，これをそれぞれの適地に配分する。また，住居系の地域についてはコミュニティの区分を行なって，地区計画として必要な諸元を提示する。地区のうち，新開発，再開発など地区開発事業を行なう区域や特別に保全をはかる区域を明示することも必要である。

最後に土地利用計画の実施であるが，これは法定計画による土地利用規制と各種の都市計画事業に移すことになる。

以上のプロセスを通じて注意すべき点は次のとおりである。

(1) プロセスとしては，目標の設定，調査・解析，計画の立案，計画の実施の 4 段階となるが，これらは必ずしも一方向の流れ作業ではなく，相互のフィード・バックが必要である。それは計画の立案の過程で調査・解析が必要になったり，また，計画の実現の可能

表 4.5　土地利用計画の立案プロセス

過程	関係者の参加
基本計画における都市の目標 ・人口規模・性格，環境の水準	
土地利用調査・解析 ・資料収集，現況調査 ・地区別問題点の把握 ・将来変化の動向の推定 ・計画課題の整理	関係機関，住民，専門家の意見聴取， 調査結果の公表
土地利用計画の立案 ・各種用途別土地需要面積の算定（スペース要求） ・各種用途別土地面積の地域配分（立地要求） ・コミュニティの区分と計画指標の提示 ・地区開発事業区域の提示	計画案の公表， 公聴会の開催， 反対意見の処理， 審議会の意見聴取
土地利用計画の実施 ・法定計画による土地利用規制 ・法定計画による事業	

表 4.6　土地利用計画のための進歩的計画法（F.S.チェピン）[9-10)]

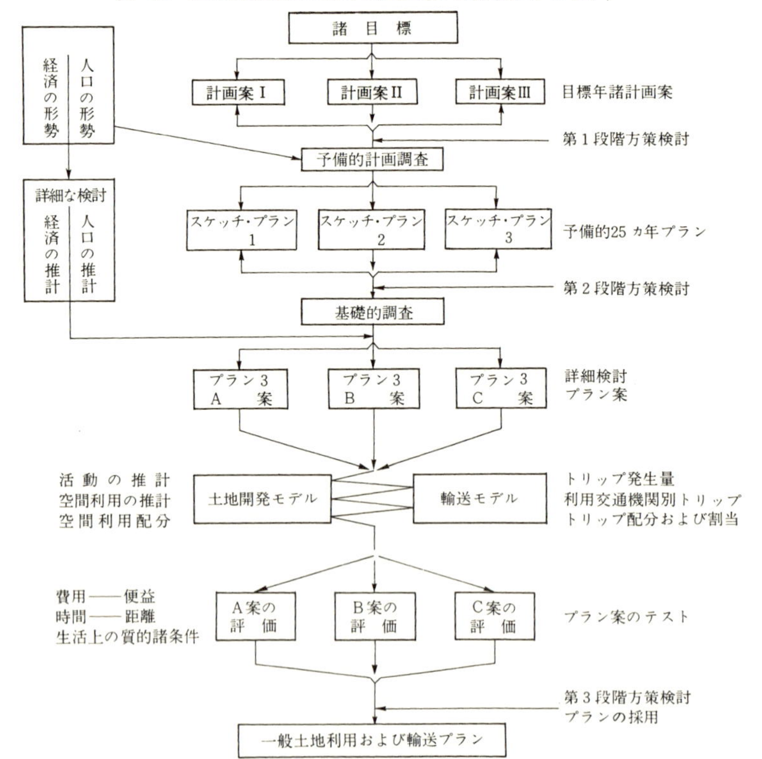

表 4.7 土地利用計画フローチャート[9-9]

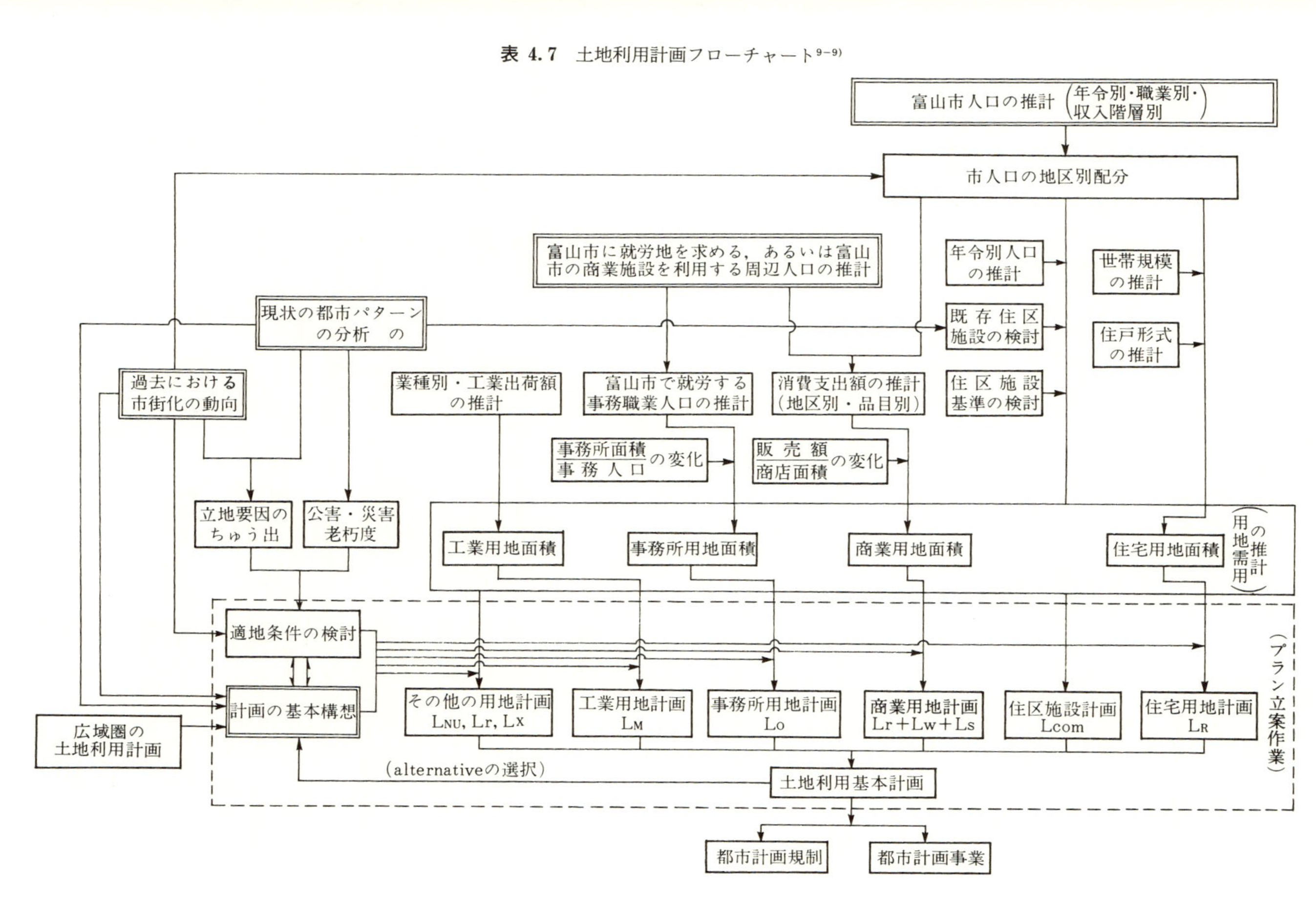

性をチェックする必要が生ずることが多いからである。

(2) 基本計画の立案で述べたように，土地利用計画においても，計画立案のプロセスにおいてA案，B案，C案というように中間的な案がいくつかつくられる。これらの選択案はさらに調査・解析などによって詳細に検討され，それぞれに対する評価を比較衡量して一案に絞られる。

(3) 土地利用計画は交通計画の立案と密接な関係があり，F.S. チェピンは「これは直接的な手順でなく，循環的な手順であるとし，土地開発モデルと輸送モデルの二つを用いて計画案の評価を行なうことが有効である」としている（**表4.6**）。

(4) **表4.7**は富山市の土地利用計画立案のプロセスを示したもので，表の右上から下へ各機能別の用地需要の算定のプロセスが示され，表の左から右へ適地条件による用地の配分のプロセスが示され，これらの合成されたものとして土地利用計画が決定されるシステムを示している。この表は主として市街地を形成すべき部分について示しているがその他の用地計画としては農地，山林，原野など非都市的用途にあてられる土地利用が含まれている。

I．土地利用計画ケース・スタディ

土地利用計画の一例として，**図4.2**（口絵参照）に神奈川県大井町の都市基本計画の土地利用計画図を示す。大井町は酒匂川の左岸に位置する農村地帯であったが，東名高速道路の開通，某生命保険会社が東京から本社の一部を転出するなど都市化の気運が濃厚となったことから1969年に基本計画の立案が行なわれた。

計画の目標

将来人口は昭和60年時点で約20,000人とする。

都市の性格は，すぐれた自然環境を背景とする田園業務都市とする。また，道路，下水道，公園緑地などの都市施設を整備し，水準の高い環境の中に，友愛に満ちたコミュニティの発展を期する。

土地利用計画

東部の丘陵地は農村地帯として存続し，将来は住宅地として開発することも考慮する。

西部の平坦地は低密度住宅地を主とし，国道沿いに沿道施設地帯をとり，中央に中心商業・業務地を設定する。また，住宅地の三つの小学校区をグリーン・モールで南北に連結する（**図4.3**）。

丘陵地と平坦地を境する台地に業務施設を設け，その周囲は緑地を保全する。

酒匂川沿岸は水田地帯を保全し，北部は工業・レクリエーションなどの施設にあてる。

交通計画

東名高速道路はインターチェンジを介して国道255号および西側の開成町を経由して，南足柄町・小田原市方面に向かう大井町都市計画道路II-1-1に結ぶ。

道路を V_1～V_5 の5段階に分け，機能分離をはかるとともに，グリーン・モール，歩行者専用路を用いて歩車分離をはかる（図 4.4）（図 4.5）。

JR 御殿場線を複線化する。

図 4.6 は中心地区の部分の地区計画の例である。

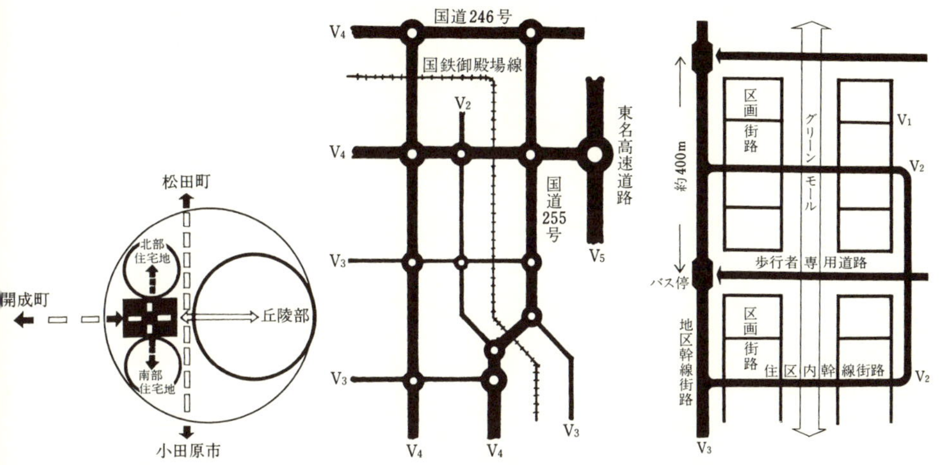

図 4.3　都市構成のスケルトン[9-12)]　図 4.4　道路の段階構成[9-12)]　図 4.5　住宅地内道路のパターン[9-12)]

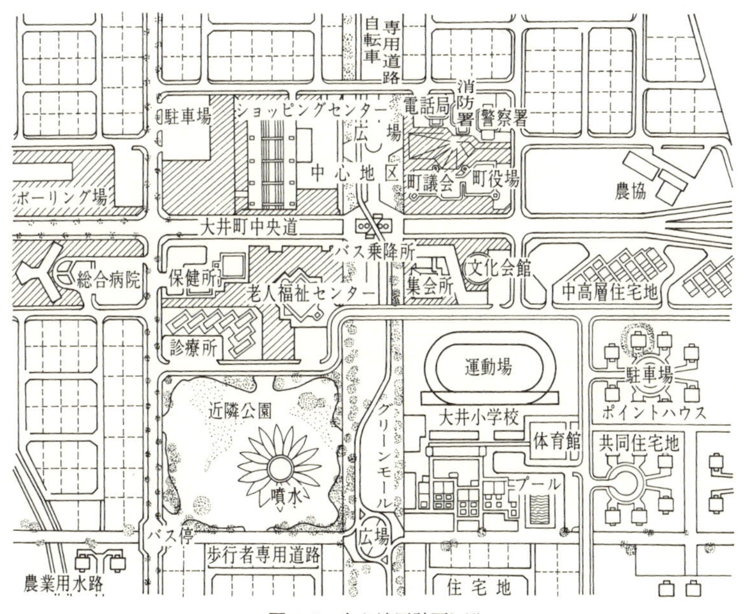

図 4.6　中心地区計画[9-12)]

4.2 都市交通計画

交通とは通常，ある地点から他の地点へ人または物が移動することである。散歩，ハイキング，ドライブなどのように交通そのものを目的とする場合もあるが，一般的には交通は通勤，通学，業務，買物，訪問などの特定の目的を果たすために人が移動することであり，また必要とする人の意志によって，物や情報を移動させることである。テレビ，ラジオ，電話のように電気的手段によって情報を伝達することは今日では通信というカテゴリーに属するが，むかしはすべて人が交通手段によってこれを伝達した。今日でも郵便物としての情報や物資の輸送は交通手段によっており，交通と通信はきわめて密接な関係にある。

現代の都市社会は生産，流通，消費のあらゆる面において，メカニカルな交通手段を利用して成り立っており，都市の発展は交通手段に支えられて進められてきている。しかし，都市の巨大化が一定以上に進行すると土地利用計画も交通計画もこれに対応しえなくなるため，路上の交通渋滞，遠距離通勤，過密輸送，沿線・沿道の交通公害の激化など社会的なマイナスはますます増大する。

都市交通計画は都市基本計画の目標に従って，計画時点におけるゾーン別の人と物の交通需要を予測し，これを各種交通手段に振り分け（これをモーダル・スプリット modal split という），さらに道路，鉄道，バス路線など交通路線に振り分け，総合都市交通体系を組み立てることを第1とし，次にこれから交通施設計画に導き，街路，交通広場，鉄道，空港，港湾などの施設として設計し，事業化・実現化をはかるものである。

A．交通需要

交通需要はこれを多くの視点からとらえることができる。

まず計画しようとする都市との関係でこれをみると，通過交通，都市間交通，都市内交通の三つに分けることができる。

通過交通は当該都市に起点も終点もなく，都市内の道路または鉄道路線を経由して通過してしまう交通である。国土スケールの遠距離交通で，地方と地方を往復するトラック便とか，新幹線で通過するような場合がこれである。

「川崎，尼崎，静岡のように東海道ベルト地帯で，大都市の中間に存在し，全国的中枢管理機能の相対的に少ない都市においては通過交通率が20〜30％と高い値を示す」といわれる[1)]。通過交通は都市にとって何のメリットもないばかりか，都市内の環境や交通処理に悪影響を与えるので，計画としてはできるだけ市街地をバイパスさせるほうが得策である。

都市間交通は，起点，終点のいずれかが当該都市に存在する交通であるから，当該都市にとっても必要な交通である。この場合には方向性に一定のパターンがあるので都市内の

1) 今野 博編：都市計画，p.109，森北出版，1972.

交通体系と都市間あるいは地方レベルの交通体系を有機的に結ぶことによって解決すべきであろう。

都市内交通は通勤，通学，業務，買物，レジャー，訪問などのほか，物資の輸送など多くの目的をもった交通である。通勤，通学のように比較的起終点のはっきりした交通もあるが，業務上の交通に至っては，都心およびその周辺部に集中するという傾向はあっても，起終点は不規則であり，ブラウン運動的な動きをする。このように目的により交通手段の選択にも一定の傾向があるので，需要特性を十分考慮して対応しなければならないので，交通計画としては最も複雑な対象を扱うことになる。

交通需要は交通施設によっても制約を受けるが，産業政策，交通規制，料金や税金による経済的なコントロールによっても制約を受ける。

B. 交通手段とその特質

交通手段は徒歩をはじめとして各種のものがあり，徒歩以外はなんらかの交通機器，交通機関を利用する。空間区分としては水上，陸上，空中に 3 区分される。水上は主として船舶により，空中は航空機による。陸上は道路を利用するものとして，自転車，自動車類，トローリーバス，路面電車，専用軌道を利用するものとして鉄道，軌道があり，モノレー

表 4.8 交通手段と交通需要との対応

	交通手段への要求	大量輸送機関	自動車	徒歩
大量輸送機関の有利な条件	輸送量（とくにピーク時）	○	×	○
	都市空間に占めるスペース	○	×	○
	速度（市街地での）	○	△	×
	事故発生率	○	△	○
	排気ガス	○	△	○
	渋滞	○	△	○
	定時性（所要時間の安定）	○	△	○
	コスト負担	○	△	○
	災害時の危険（都市防災）	○	△	○
自動車の有利な条件	即時性（いつでも発進）	×	○	○
	機動性（目的地変更）	△乗換	○	○
	戸口から戸口へ	×	○	○
	プライバシイ	×	○	×
	物の輸送（短距離，小口）	△	○	×
	レジャー	△	○	○
	status symbol	×	○	×
	スポーツ性	×	○	○
その他	速度（一般）	○	○	×
	物の輸送（長距離，大口）	○	○	×
	騒音・振動	△	△	○

○ 有利とするもの　× 不利とするもの　△ 中間

ルその他各種の新交通機関が普及段階にある。このほかケーブルカー，パイプライン，ベルトコンベアなど特殊なものがある。

交通需要はその特性に応じて交通手段を選択するが，交通手段はそれぞれ特質を備えており，交通需要に対して対応しうる面とそうでない面とがある。いまこれを，大量輸送機関，自動車，徒歩の3者について比較してみると**表4.8**のとおりである。

大量輸送機関はピーク時の輸送力は大きくまたコスト負担力ではまさっているので，通勤・通学輸送には欠くことができないが，自在性に乏しく，方向弾力性に乏しいので，物資の小口輸送や戸口から戸口へ小まわりのきく輸送には不向きである。

自動車は戸口から戸口への機動性に富み，都心部での業務交通や，消防，救急，物資の小口輸送など小まわりのきく輸送には適しているが，大量輸送力に欠け，排気ガス，渋滞，事故発生，防災性に問題があり，またコスト負担が大きいという欠点がある（**図4.7**）。

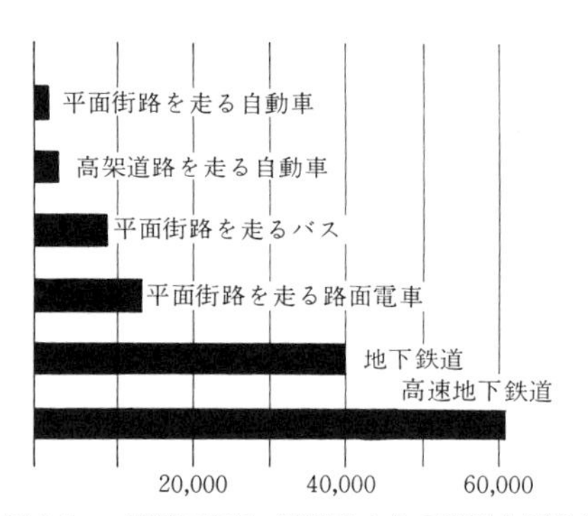

図4.7　一車線の容量（時間あたりの輸送人員）[2-9]

以上からこの両者は新しい交通手段が出現するまでは，それぞれの特徴を生かし，欠陥を補いつつ有効な利用をはかるほかはないと考えられる。大量輸送機関にも改良すべき点が少なくないが，自動車の場合は自動車自体の改良もさることながら，自動車の特質を十分発揮しうる都市環境条件を整えることが重要である。しかし，それでもなお解決がほとんど困難な問題がある。それはおよそ人口40万人をこえる大都市においては通勤を含むすべての交通を自動車によってまかなうことは不可能に近いということである。これはブキャナン報告[1)]の中に含まれる重要な結論の一つである。つまり，かりにその需要を満たすだけの道路や駐車場を整備したとすれば，都心部はおそらく交通用地率70%というような馬鹿げた土地利用を生み出すことになり，ロスアンゼルスの失敗を繰り返すことになるからである（**図4.8**）（**図4.9**）。そこで自動車の利用を一定程度に抑制し，他の交通手段に振り向けることになるが，その場合に考えられることは公共性と代替性の二つの点がとくに重要だということである。

1）　ブキャナン，八十島義之助・井上　孝訳：都市の自動車交通，鹿島出版会，1965.

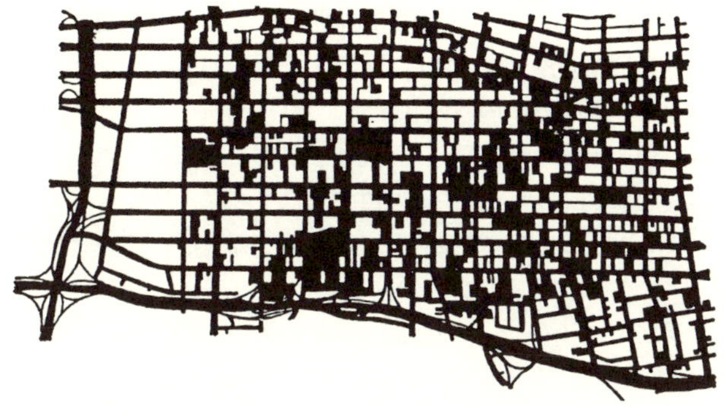

図 4.8　ロスアンゼルス中心地区における交通用地[2-9]

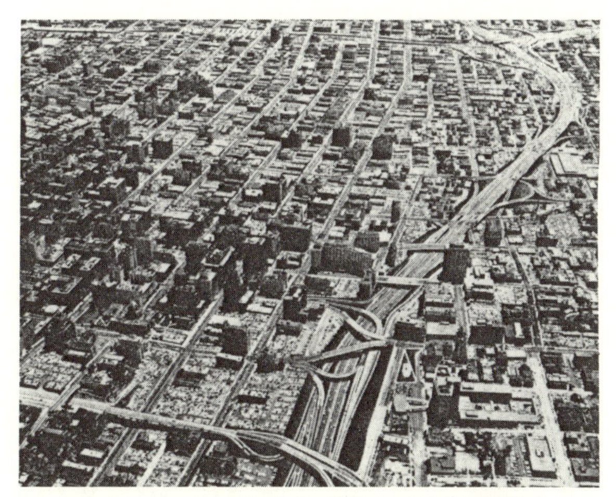

図 4.9　ロスアンゼルス中心地区における交通用地[2-9]

徒歩は速度と物の輸送の 2 点では失格であるがその他の点についてはとくに問題がない。これは当然のことではあるが，このことから現代の都市はもっと「歩く」という交通手段を尊重し，できるだけ歩いてすませるような計画を指向すべきことを語っているように思われる。近年，新しい計画では，通過交通の入らない居住環境地域（environmental area）の設定が交通計画サイドから提案されているし，歩行者専用路の設置，ペデストリアン・デッキの採用，車いすで歩ける町づくりなどが提案されるようになってきた。都市における人間性の回復という理念は，交通に関しても重要な課題である。

C．交通計画の立案プロセス

交通計画は大きく交通体系計画と交通施設計画とに分けられる。

交通体系計画を立案するにはまず現在の交通需要の実態を調査によって把握しこれを解

析して，最終的には将来（5～20年）の各対象路線ごとの交通需要を求めることになる。その場合，(1)交通の発生，(2)交通の分布，(3)交通機関別分担（モーダル・スプリット modal split），(4)交通量の路線別配分　の各段階を踏んで行なわれる。

a．発生交通（traffic generation）　交通機関別起終点交通量調査（origin-destination survey 略して O.D. 調査という）は鉄道，自動車について，また人と物について行なわれる。交通発生の時刻，発着地点，車種，乗車人員，交通目的，積載貨物の品目，重量などを面接などによって調査する。

パーソン・トリップ調査（person trip survey）は人の交通に着目して行なう一種の行動調査である。母集団から無作為に選ばれた調査対象個人に調査票を配布し，その人の属性（職業，産業，年齢，従業上の地位など）のほかに，特定の日（調査目的により，季節，天候，曜日などを考慮して選定する）の24時間中に行なった外出について次の点を調査するものである。

(1)出発の時刻，(2)出発の地点，(3)外出の目的，(4)交通手段，(5)到着の時刻，(6)到着の地点，(7)消費金額

外出の目的別は(1)勤務先，(2)通学先，(3)帰宅，(4)業務，(5)買物，(6)レジャー・レクリエーション，(7)その他に分けられる。トリップとはある一つの目的で行なう交通をいい，その目的のために目的地に達したときトリップは完了する。

これらの調査から得られた発生交通量[1]は土地利用との相関（たとえば農林，住宅，公園緑地，文教医療厚生，工業，業務，交通運輸，商業，その他），自動車保有台数との相関，人口との相関などの解析によって将来予測が行なわれる。

b．分布交通（traffic distribution）　交通の分布を解析するためにゾーン区分が行なわれる。このゾーン間の交通量を分布交通という。ゾーンは計画される都市交通施設のネットワークのスケールに合わせ，土地利用条件の一体性などを考慮してできるだけ細かい単位に分割し，これを単位として解析段階で必要に応じてグループ化される。大ゾーン，中ゾーン，小ゾーンに分けたり，行政区域ゾーンに分けたり，あるいは都心ゾーン，工業地ゾーンなど土地利用によるグループ化もできる。

分布交通によって現況の交通特性を明らかにし，土地利用など他の相関度の高い要素との相関によって将来の分布交通を予測する。この場合用いられるモデルとして，現在パターン法（present pattern method），グラヴィティ法（gravity method），オポチュニティ法（opportunity method）などがある。

c．交通機関別分担（modal split）　これは人および物に分割してそれぞれ算定し，後で合算する方式がとられる。調査で得られた交通目的別交通機関別分担の資料をもととし

1）発生交通量は交通の起点，終点の数をいう．発生交通（traffic generation）と吸引交通（traffic attraction）に分ける場合もある．

て，交通機関別分担モデルを用いるのが普通である。

d．配分交通（traffic assignment）　これは各交通路線への交通量の配分である。断面交通量は別に現況調査によって得られるので，これとよく合致する配分モデルを求める。

配分手法には施設容量を考慮に入れない需要配分法と容量制限関数を導入しながら配分していく実際配分法とがある。前者はミニマム・パス（時間，距離コストなどを最小にするルート）を用い，トリップの希望路線図が得られる。後者にはCATS法，Wyne法，BPR法などがある。

e．計画の評価

(1)　土地利用計画との整合性の検討

(2)　所要投資額，事業の難易の検討

(3)　交通施設網としての検討

などが行なわれ，代替案にフィード・バックする。計画図は 1/10,000～1/50,000 程度の縮尺の総合都市交通体系計画として完成される。

f．都市交通施設計画　上記の交通体系計画で示された各路線について，実際の土地の区域として設定するため 1/2,500 縮尺の図を用いて図上計画と現地踏査を並行させて施設計画を決定していく（**表 4.9**）。

表 4.9　都市交通施設の種類

（1）道路

				例
道路	自動車専用道路	高速道路	都市間高速道路	東名，名神高速道路など
			都市内高速道路	首都高速，阪神高速道路など
		その他の自動車専用道路		一般有料道路
	一般道路	都市間道路		一般国道，主要地方道など
		都市内道路	主要幹線道路	
			幹線道路	一般国道，県道，市町村道などにわたる
			補助幹線道路	
			区画道路	
			その他の道路	
	修景道路			
	交通広場	駅前広場		
		その他の交通広場		
	駐車場			

（2）鉄道

	例
都市間超高速鉄道	新幹線
都市間鉄道	JR東海道線
都市内鉄道	JR線
	私鉄線
	地下鉄
	軌道（路面電車），ライトレール
	都市モノレール，新交通システム

（3）その他

航空路	空港
航路	港湾
水路	

D．交通計画の諸問題

都市の交通計画の問題は，大都市と地方中小都市においてはまったく異なるといってよい。したがって，この両者について考察する。

a．大都市　大都市，とくに人口数百万以上の巨大都市では，道路の整備に限界を生じ，この大きな制約のもとに交通計画をたてなければならなくなってきたことである。もちろん，その理由は人口・機能の過度の集中にあるが，さらに具体的には次の2点が指摘されるだろう。第1は，大都市における今後の車の潜在交通需要は尨大な量にのぼると考えられ，これまでの経験から判断しても，道路を整備すればするだけ車の需要は誘発され，顕在化し，交通渋滞は永久に解消しないばかりでなく，車の増加に伴う大気汚染や騒音などの公害がますます激化するということである。第2は内部市街地は地価が高く，建物も不燃化しているし，住宅地では道路の拡幅，整備に反対が多いので，これまでの既定計画の実現だけでも数十年を要し，さらにこれ以上道路を新設することは不可能に近いということである。このような制約条件のもとで，道路に交通量を多く配分できないということになると交通計画の方針は大きく変わらざるを得ない。すなわち

(1)　既定計画の再検討　　経済性と福祉性の均衡を柱とした最低限の道路供給計画。既設鉄道の地下化を含む道路用地の確保。道路の整備と沿道環境地域の計画。緩衝地帯の設定。

(2)　鉄道の輸送力の増強と新交通機関の導入　　地下鉄の整備とJR線，郊外電鉄との相互乗入れ。既成市街地部分の鉄道の立体化。モノレールなどのほか新交通機関の導入。

(3)　既存道路の改良　　交差点改良，踏切の解消，歩行者専用路の確保，歩行者デッキの設置，再開発による駅前広場の確保，防災避難路の設置。

(4)　車に対する規制強化　　一方通行，右折禁止，トラック走行規制，バス優先レーンの設定，車種別交通規制などが問題になる。

(5)　地下物流システムの導入　　地下に物流専用のチューブ・ネットワークを構築して，大都市内部で車の50%以上を占めるトラックによる物流を地上の交通と分離することが検討されている。地下専用レーンでの駆動は電気モーターとし，コンピューター制御によるコンテナー方式やデュアルモード・トラック方式が考えられる。

表 4.10　鉄道輸送量の各国比較　1989（100万）

国　名	旅客人キロ	貨物トンキロ
アメリカ	9,396	1,482,024
イギリス	34,140	15,096
旧西ドイツ	57,372	56,988
フランス	63,288	53,268
日　本	369,648	24,768

注）資料：総務庁統計局　国際統計要覧 1992

人口50万以上のいわゆる中核都市は，近年人口の増加が著しく，交通問題が大きくクローズ・アップされてきている。ブキャナン・レポートにも実証されているように，都市の人口が50万に接近すると，いかに道路や駐車場を整備しても，すべての都市交通を自家用車でまかなうことは不可能である。したがって，地下鉄を含む鉄道の建設と改善を行なう必要がある。戦災都市では，復興計画によって中心部の道路は整備されているところも多いが，その外周部の道路が未整備であるため，郊外からの車にとってネックになっており，その改善が急がれる。

b．地方中小都市　地方中小都市は大都市とは事情を異にするから，都市の規模，性格に応じた交通計画をたてなければならない。人口50万未満の中小都市は，これまで，戦災都市以外は街路の整備が一般におくれており，中心部においても歩車道の区分のない狭い道路が多く，車，自転車，バイク，歩行者が混在しており，きわめて危険である。そして，周辺の農村地域を含めて，車の保有率は今後ますます高まると思われる。そこで次のような整備方針が考えられる。

(1)　通過交通を都市内から排除するためにバイパス道路を整備する。

(2)　幹線道路のネットワークを早期に完成する。

(3)　既成市街地の中心商業地の部分は再開発を行なって道路および駅前広場を整備し，その周辺市街地は地区修復を行なって既存の道路を生かしながら再編成する。

(4)　中心商業地を囲んで外来者の駐車ゾーンを設け，これより内部は歩行者優先ゾーンとする。ただし業務用車は時間を限って内部へ侵入しうるようにする。

(5)　人口20万以上の地方中核都市については，既存の鉄道の改善と軌道系中量新交通システムを検討し，それ以下の規模の地方都市については既存の鉄道，バスの改善を行なう[1)]。

E．道路計画

a．幹線道路網の構成　幹線道路網のパターンの基本型には，①放射環状型，②格子型，③格子・環状型，④斜線型などがある（図 **4.10**）。

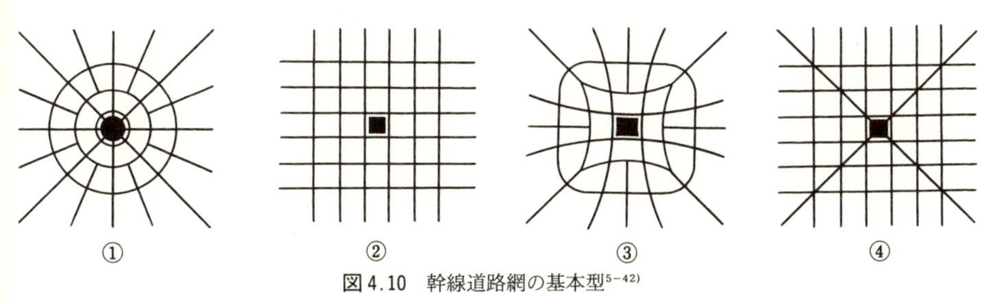

図4.10　幹線道路網の基本型[5-42)]

1)　運輸政策審議会「総合交通政策に関する答申」1981.

b．幹線道路の配置間隔　幹線道路の適正な配置間隔は，都市の土地利用，開発密度，自動車の普及状況などによって異なるが，わが国では，**表 4.11** を標準として計画されたものが多い。

表 4.11　道路網間隔の標準[5-42]

地域区分	網間隔〔m〕	人口密度〔ha〕	発生台数/〔ha〕
高密住居地帯	500～700	300～400	400
中密住居地帯	700～900	200～300	200
低密住居地帯	1000～1300	200～100	100
都心業務地帯	400～700	(1000～3000)	800
住商工混合地帯	500～1000	300～400	400

（注）（　）は昼間業務人口

c．道路の断面構成　都市の各種道路の断面構成は，将来の交通量の予測に基づいて決定することになるが，標準的な断面は「道路構造令」の定めるところによる。主要幹線道路と幹線道路は4種1級に，補助幹線道路は，4種2級に，区画道路は5種を適用することを標準とする。この他に特殊道路として，歩行者専用道，自転車専用道などがある。**図 4.11** に，各種幅員の道路の標準横断面を示す。

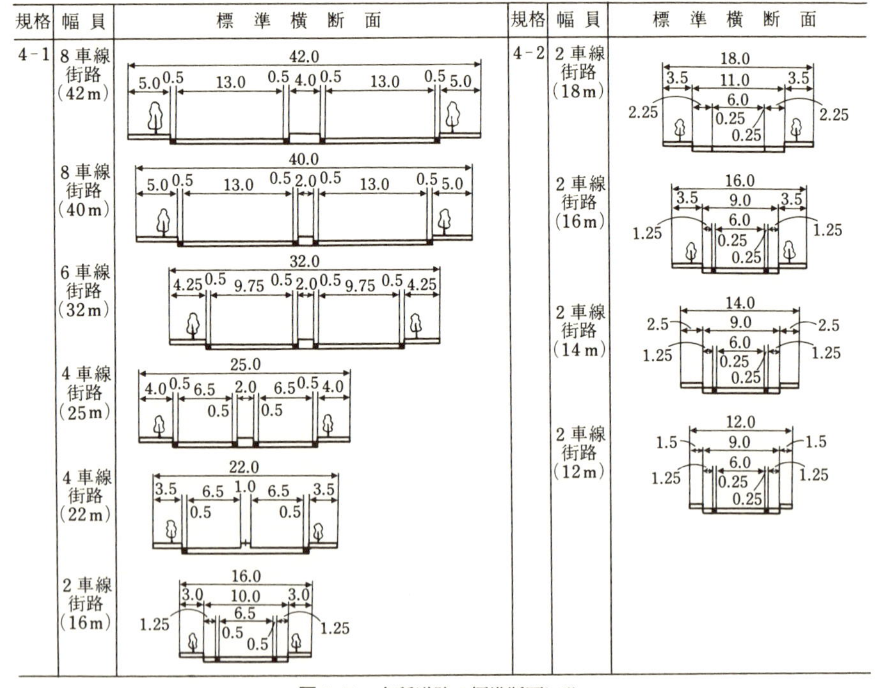

図 4.11　各種道路の標準断面[5-42]

わが国の都市の一般市街地では，道路の整備水準の低い地域が多い。**図 4. 12** は東京都杉並区について道路の幅員別パターンを図示したものである。図の左上部土地区画整理事業を行った地区以外はいかに道路の整備水準が低いかがうかがわれる。

図 4.12 幅員別道路パターン（東京都杉並区の例）[6-12)]

F．道路とその環境

道路は自動車の交通を伴うので，騒音，排気ガスなどによって居住環境を害するおそれがあり，また交通事故の発生の危険が常に存在する。自動車を利用することによる利便性を確保し，かつ，これらの障害をできるだけ少なくするためには，基本的には次のような工夫を取り入れながら計画する必要がある。

a．道路の段階的構成　道路はその機能と性格によって幹線分散路，地区分散路，局地分散路などに明確に分離し，**図 4. 13** に示すように段階的に構成することができる。これは樹木にたとえれば，幹，大枝そして小枝という組織に似ている。これによって自動車は幹線街路を障害なく走行することができ，同時に通過交通から居住者の日常生活を守ることができる。この考え方は，古くはル・コルビジェの 7 V の原則[1)]として提案されているが，その後各国において基準化され実際に適用されている。

b．居住環境地域　居住環境地域（environmental area）はブキャナン・レポートで提案された概念で，自動車交通の危険がなく，人びとが安心して居住し，徒歩で通学や買物のできる地域で，都市の部屋にあたるものと考えられている（**図 4. 14**）。

この地域の中はまったく車の交通がないわけではなく，生活環境を侵さない範囲で許容され，日常生活圏における歩行者が完全に優先される。地域の外側を囲む道路のネットワー

1）V1（都市間道路），V2（乗用車と貨物車の高速交通を大量にさばく道路で，1/4〜1/2マイル間隔で，V3につながる），V 3（都市をいくつかのセクターに分割する自動車専用道路），V 4（セクター内を走り，日常生活に必要な商業・業務施設がこれに張り付く），V 5・V 6（住戸につながる道路，V 5 はV 4 につながり，V 6 は実際に住戸のドアまでつながる），V 7（V 4 とV 6 につながり，学校・クラブ・競技場など文化施設のあるゾーンにサービスする道路）（都市問題事典p.541 より）．

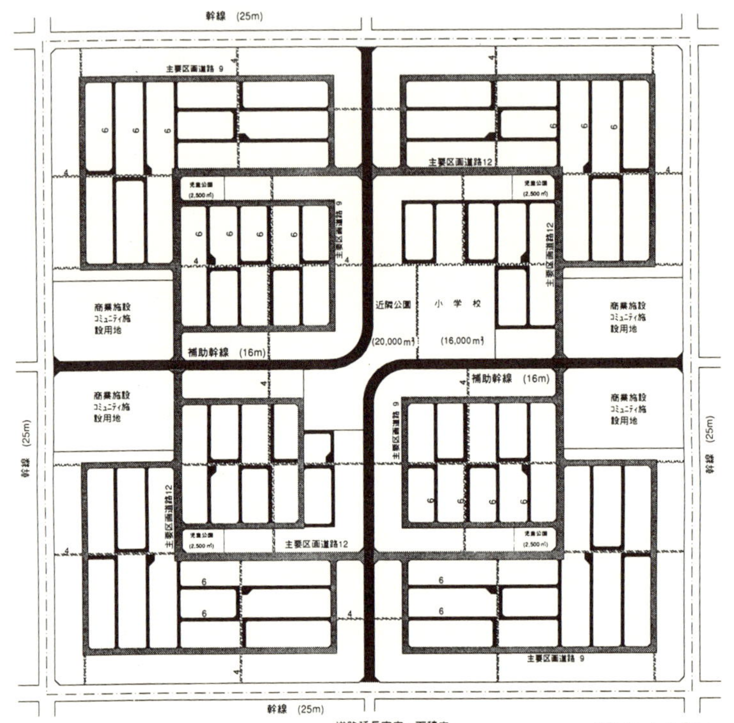

道路延長密度・面積率

（単位：km,km/km^2,%）

区分			延長	延長密度	道路面積率
幹線道路等	幹線道路	25	2.000	2.00	5.0
	補助幹線道路	16	1.950	1.95	3.1
	小計		3.950	3.95	8.1
	主要区画道路	9.12	8.100	8.10	8.0
	計		12.050	12.05	16.1
区画道路等	区画道路	6	9.227	9.23	5.5
	歩行者専用道路	4	4.304	4.30	1.7
	計		13.531	13.53	7.2
合計			25.581	25.58	23.3

図4.13　道路の段階構成（建設省区画整理課資料）

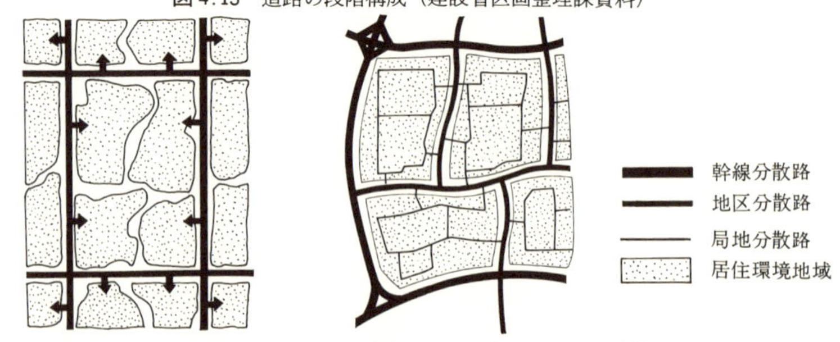

図4.14　住宅地における道路の段階構成と居住環境地域[10-1)]

クと居住環境地域によって，細胞組織に似たシステムを組み立てるべきであるとされている。

地域の規模は住居地域では小学校区と一致させることができれば，いわゆる近隣住区になるが，業務地域や商業地域のように車の交通密度の高い地域ではこれより小さくてよい。

c．自動車交通と歩行者の分離　交通事故の大きな原因の一つは車と人の交通が同一の空間で行なわれていることにある。したがって，交通事故を減らすためにはこの両者を分離することが有効であることはいうまでもない。

自動車と歩行者の交通を分離する方法は，大都市と地方中小都市，新都市と既成市街地，住宅地と商業地など適用される地域の諸条件によって異なるが，大きく分けて平面的分離と立体的分離がある。

平面的分離で最も一般的に行なわれている方法は，車道に沿って歩道を設ける方法であるが，これも歩車道の間に分離帯を設ける方法など各種の工夫がありうる。住居地域で適用される方法としては有名なラドバーン方式[1]がある。これは1928年，ニューヨーク郊外のラドバーンの設計に，ヘンリー・ライトとクラーレンス・スタインによって採用された方法で，分散道路によって囲まれたスーパー・ブロック内に，道路から袋地（cul-de-sac）または迂回路を導き，自動車での出入はもっぱらこの道路による。住宅の裏側には歩行者専用路を設けてこれによってブロック内部の緑地を経由して，小学校，幼稚園その他の生活施設に徒歩で行けるようになっている。また，既成市街地では既存の道路網を整理し再編することによって，通過交通をできるだけ排除し，同様の効果をあげることができる(図4.15)。

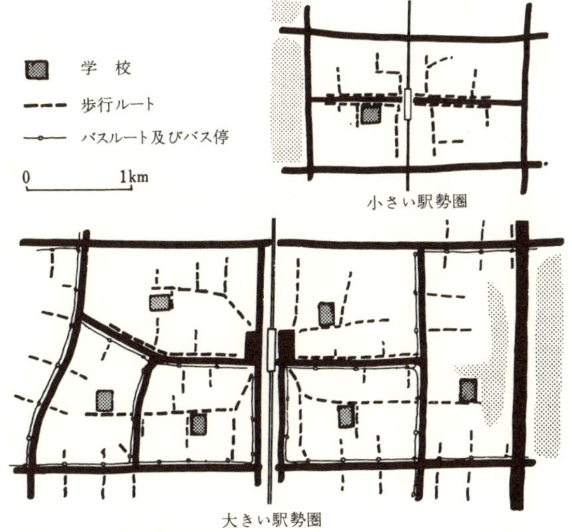

図4.15　大都市の通勤駅を中心とする住宅地の交通システム案[6-12]

1)　1章1.2節（16）参照.

立体的分離は歩行者用のデッキ（pedestrian deck）を設けるなどして車の交通と歩行者の交通を立体的に分離するもので，都心，副都心その他中心地区などで多く採用される方法である。

車と人の分離を行なう場合には車と歩行者の特性を十分に生かす工夫が必要である。たとえば傾斜地の開発などで，車は迂回して多少距離が伸びても支障がないが，小まわりは利かない。歩行の場合はできるだけ短い距離で目的地に到達しうることが必要である。ただ，一般の人は階段を利用することは可能であっても，老人，幼児，身障者にとっては好ましくないので，エスカレーターを設置するなどの工夫が必要である。

d．コミュニティ・モール　上記の歩行者専用路，公園緑地，歩行者デッキ，バス専用路など歩行者空間を連続せしめ，住宅地であれば，学校，幼稚園，公衆浴場，バス・ストップなどの生活施設を，中心地区であれば商店，広場などを結合せしめて，安全にしかも便利にこれらの施設を利用しうるように計画することができる。これをコミュニティ・モールという。

ニュータウンでこの考えを取り入れたものに，トゥールーズ・ル・ミレイユ[1)]がある。ここでは自動車道路，歩行者デッキ，緑地系統がそれぞれ独立した系を保ちながら複雑にからみ合った空間を構成している。歩行者デッキには中・高層住宅が張りついて密度の高い住宅地区を構成し，商店，事務所なども置かれている。また自動車によるサービスはまったく別の系によって行なわれ，その末端は駐車場になっている。わが国の高蔵寺ニュータウン[2)]にも同様の考えがみられる。

既成市街地においては，再開発地区にその例が多い。ロッテルダムの中心地区ラインバーンでは歩車分離を平面的に行なっているが，ストックホルムの中心地区やロンドンのバービカンでは歩行者デッキを採用している。また，ミネアポリスのニコレット・モールは都心の道路から乗用車をしめ出し，バス専用道路とし，歩道を拡幅して，街路樹やストリート・ファニチュアを設けて楽しい商店街を演出しており，道路の両側の建物をデッキで結ぶ立体的な道路（sky way）が設けられている。わが国では旭川市の買物公園がある。

e．ヴォンネルフ（woonerf）　これまで歩車分離の方向で各種の技法が開発されてきたが，車といえども人間が運転するものであるから，住宅地の末端部など車の交通量の少ないところでは，むしろ車と人とが共存することの方が，かえって好ましい結果を生むことが実験や調査で明らかになってきた（**図4.16**）。

ヴォンネルフは住宅地の末端の道路は単なる交通施設としてではなく，市民生活の場としての機能を重視するという考えにたって，オランダのデルフトで始められた歩車共存の道路方式で，オランダ政府はこのために交通法規を改正したといわれる。最近はわが国の住宅地計画にも採用されるようになった。

人と車の共存をはかるためには，原則として道路の車道と歩道の区分をなくすが，車の

---

1)，2)　8章8.3節参照.

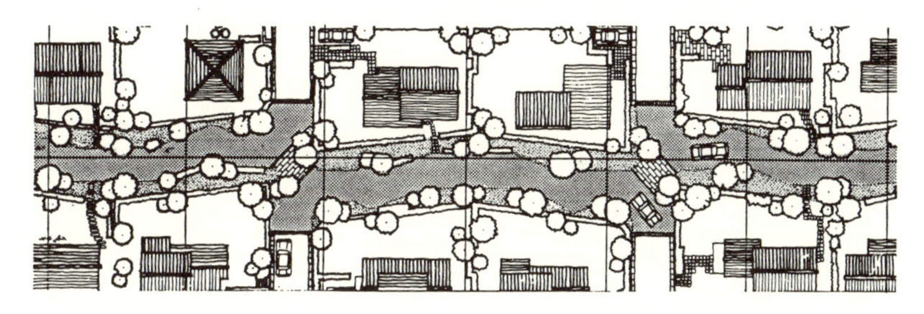

図 4.16　ヴォンネルフの考えをとり入れた計画例（港北ニュータウン）

スピードを落とさせるようにところどころ舗装面に凹凸をつけるハムプ（hump）など変化を与え，また車の走行路には曲線を用いたり，直進を避けるよう適当な間隔で屈折部を設けるなどの工夫が必要である。

4.3　公園緑地計画

A．都市と自然

「田園は神が造り，都市は人間がつくった」という古い諺がある。人間は本来，生物であるから，自然の恩恵なしに生きていくことができない。また，人間の歴史は苛酷な自然との戦いの歴史でもあった。人間の知恵が自然を克服し，人工的な構造物によって都市を構築するようになった現代においても，自然との関係は断たれたわけではない。光，温度，空気，水，土地などを科学技術を駆使することによって，人工的につくり出すことは可能であるが，それが適用されるのは都市のごく一部にすぎないし，人工的環境が多くなればなるほど人間の心はより原生的な自然を求める傾向がある。したがって，都市に自然的な環境の存在することはきわめて重要であり，鉄とガラスとコンクリートの味気ない都市環境に緑のオープン・スペースを取りもどすことは都市計画の重要な課題の一つである。

都市の周辺にはすでにほとんど原生的な自然は存在しない。多くは人の手にかかった自然的環境である。このような自然的環境を計画によってできるだけ保全していくことが，重要であると同時に，さらに自然的環境をわれわれの手でつくり出すことが，今日の都市にとって必要であるばかりでなく，後世のための遺産を生み出すことにもなるだろう。

オープン・スペース（open space）ということばを最も広義に解する場合には非建ぺい地の中から大規模な交通用地や水面などを除いたものを意味する。またオープン・スペースはその用途，土地の所有，管理の状態などにより各種のものが存在する。これらは都市の住民にとって，それぞれ効用が異なっている。しかし少なくとも非建ぺい地としての効用は保持しているので，これらを都市の空間構成として体系化することは重要である。都市計画の施設である公園緑地の体系はその中核をなすシステムとしてとくに重要である。

「都市域において独立または一団の樹林地，草地，田，畑，水辺地などの検出される土地」を緑被地といい，緑被地によって覆われる比率を緑被度[1]という。大都市地域においては，年々，市街化の進展によって緑被地は後退し，また市街地に残存する緑も大気汚染によって損傷を受け質の低下が著しい。図**4.17**は東京都内の緑被地の分布を示し，図**4.18**は地区別の緑被地を示している。

図4.17　東京都における緑被地の分布[11-17]（田畑貞寿氏による）1969

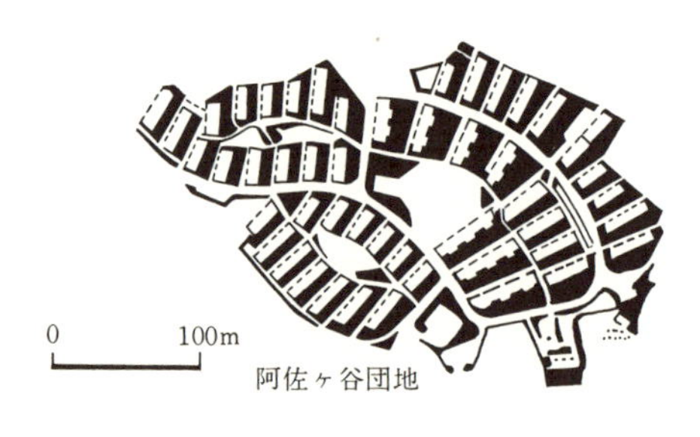

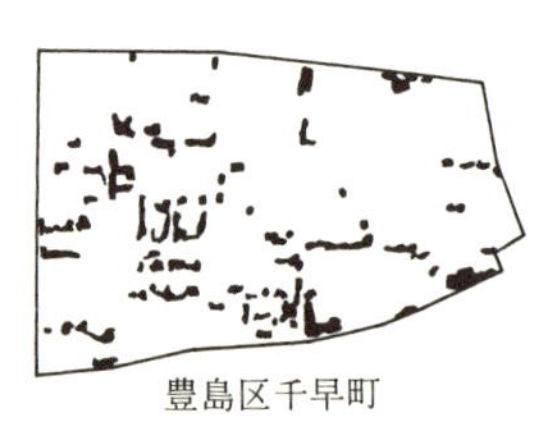

文京区小日向　　北区西ヶ丘　　世田谷区成城

図4.18　地区別の緑被地の比較
宮本克巳：住宅地における緑地環境の評価に関する研究（I）
緑地空間の密度分析（都市計画No.76,1971より）

1)　田畑貞寿：緑地（岩波講座　現代都市政策VIII）p.243-271.

B．オープン・スペース

オープン・スペースは都市の生活者にとって多くの重要な役割を果たしているが，これを整理してみると次のようになる。

(1)　市街地の拡大防止　　オープン・スペース自体の機能ではないが，市街化を阻止する手段として，グリーン・ベルトの指定などが行なわれる。

(2)　保護機能　　自然および文化財の保護，日照･通風の確保，騒音など公害を防止し，火災の延焼を妨げ，爆発事故などに対する緩衝，プライバシイの侵害防止など環境を保護する機能を有し，災害時には一時的な避難地となる。しかし，コンビナートなどの広域公害や飛火などを伴う大規模火災に対しては小規模なオープン・スペースでは効果が期待できない。

(3)　生産機能　　森林からは木材などの林産物，農地からは農産物を産する。この意味で森林や農地は生産緑地とよばれることがある。

(4)　レクリエーション機能　　公園・運動場などによって代表されるレクリエーションの場としての機能である。

(5)　修景機能　　自然公園のようにオープン・スペース自体が景観要素である場合と，庭や園地のように建築物との相互関係において一体的景観をつくり出す場合がある。

(1)，(2)は主としてオープン・スペースが存在することによって効用が得られるので存在緑地とよばれ,，これをどこにどのような形で確保するかに計画の重点がおかれる。これに

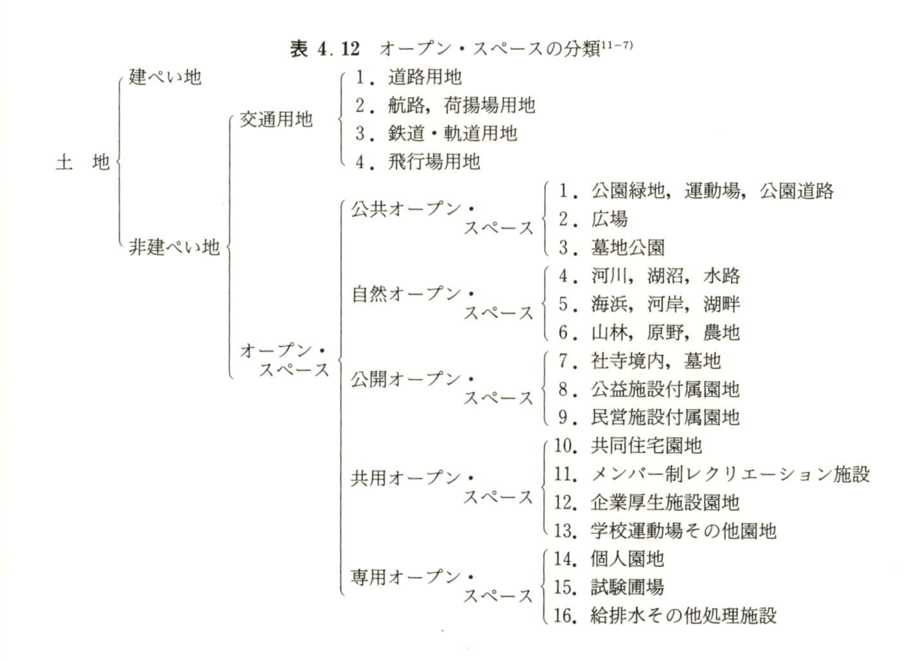

表 4.12　オープン・スペースの分類[11-7)]

- 土　地
  - 建ぺい地
  - 非建ぺい地
    - 交通用地
      - 1．道路用地
      - 2．航路，荷揚場用地
      - 3．鉄道・軌道用地
      - 4．飛行場用地
    - オープン・スペース
      - 公共オープン・スペース
        - 1．公園緑地，運動場，公園道路
        - 2．広場
        - 3．墓地公園
      - 自然オープン・スペース
        - 4．河川，湖沼，水路
        - 5．海浜，河岸，湖畔
        - 6．山林，原野，農地
      - 公開オープン・スペース
        - 7．社寺境内，墓地
        - 8．公益施設付属園地
        - 9．民営施設付属園地
      - 共用オープン・スペース
        - 10．共同住宅園地
        - 11．メンバー制レクリエーション施設
        - 12．企業厚生施設園地
        - 13．学校運動場その他園地
      - 専用オープン・スペース
        - 14．個人園地
        - 15．試験圃場
        - 16．給排水その他処理施設

対して(3)，(4)はオープン・スペースの利用によって効用が得られるので利用緑地とよばれ，それぞれの利用目的に合わせて，必要な量と配置を定めることに計画の重点がおかれる（**表4.12**）。

C．戸外レクリエーション

レクリエーションは人によって若干定義が異なるが，ここでは余暇時間における休養，保養，娯楽，気晴しなどの余暇活動を総称するものとする。したがって，スポーツ，文化など各種のものが含まれるが，いずれも目的が専門的ではなく，あくまで精神的，肉体的な人間の生理的なバランスを維持するための行動である。

レクリエーションは，年齢，性別その他個人的な諸条件によって，**表4.13**に示すような多くの行動の種類があるが，このうち都市計画で対応するのは，個人の宅地の外で行なわれ，都市というスケール内に収まる行為である。これらは屋内で行なうものと屋外で行なうものがあるが，いずれにしても，スペースと施設を伴うものである。これをレクリエーション施設という。

表4.13 レジャーおよびレクリエーション活動の種類

種別		例
一般の創作活動		小説，詩，俳句，写真，日曜大工など
女性型の創作活動		あみもの，ししゅう，洋裁，和裁など
学習活動		読書，研究，調べものなど
鑑賞		スポーツ観戦， 音楽会，映画，演劇，美術館など
ゲーム		囲碁，将棋 麻雀，トランプ，パチンコ
ギャンブル		競馬，競輪，オートレース，競艇
旅行		日帰り旅行（潮干狩，遊園地，ピクニック） 宿泊国内旅行（観光），オートキャンプ 海外旅行
スポーツ	社交型	ゴルフ，乗馬，テニス，ボーリング
	趣味型	体操，サイクリング，アイススケート
	個人競技型	柔道，ボクシング，陸上競技
	団体競技型	野球，サッカー，ラグビー
	山岳性	狩猟，キャンプ，登山，スキー
	海洋性	海水浴，モーターボート，ヨット
	空域性	グライダー，スカイダイビング，飛行機
動植物の飼育		金魚，小鳥，家畜，庭いじり，盆栽
つき合い		ホームパーティ，会食，談論
家でぶらぶらする		テレビ，ラジオ，レコード，ごろ寝
気晴しの外出		散歩，食事，ウインドショッピング
コレクション		切手，古銭など

レクリエーション施設に対する需要は余暇時間の増大に伴って，近年ますます高まりつつあり，その種類も多岐にわたり，行動圏も拡大しつつある。したがって，それらの動向を将来にわたって予測し，スペースと施設を充実することによって健全なレクリエーションの発達を促進する必要がある。

レクリエーション施設は民間で企業的に成り立つものもあるが，公共団体が自ら整備しなければならないものも少なくないし，また，非営利団体などを助成して促進をはかるのが適当なものもある。

D．公園緑地系統

都市公園はそれ自体一つのシステムを形成するが，さらに表 4.12 に示す各種の緑地と組み合わせて系統化することによって，都市計画上の効果をさらに大きくすることができる。このように都市の土地利用計画に整合し，都市全域から住区の末端まで一貫した理念のもとに設定されるオープン・スペースのシステムを公園緑地系統（park system）という。公園緑地系統は 19 世紀末にアメリカでオルムステッド（F．L．Olmstead）らの公園運動の熱心な推進者たちによって開発されたもので，ボストン，カンサス・シティなどの公園緑地系統は有名である。

公園緑地系統は公園系統を中核とし，さらにその都市に固有な自然的歴史的条件に応じて計画される緑地，産業活動や社会環境に対応するための緑地，民間の緑地的諸施設あるいは公園道路などの系統を組み込んで計画する。

公園緑地系統のパターンはこれまで，①環状公園緑地系統と②放射状または楔状公園緑地系統があり，これを組み合わせた③複合式公園緑地系統が理想的であると考えられてきた。これは主として大都市問題の解決の手法として，E．ハワードの田園都市の提案に始まり，これが衛星都市論に発展して，衛星都市と母都市の間に環状緑地帯を，衛星都市相互間に楔形緑地をとるという一定のパターンを生じ，これらとの連繋において，都市内の公園緑地系統も放射・環状の組み合わせによるパターンを考案するにいたったものと考えられる（**図 4.19**）。

このパターンは郊外鉄道の発達しているわが国の大都市では土地利用の実態や地価の分布と整合し，今日でもその意義を失ったわけではない。しかし，どのような都市にも適合するわけではないので，むしろ今日では，次のような諸条件を生かして，それぞれの都市に相応しい公園緑地系統を組み立てるのがよいと考えられる（**図 4.20**）。

(1)　地形，地盤，植生など自然的条件については詳細な調査図を作成し，河川の沿岸のはんらん原や滞水層あるいは急傾斜地など市街化に不適な土地については市街化を抑制し，主として農林業やレクリエーションにあてる（**表 4.14**）。

(2)　既存のすぐれた森林は極力これを保全する。とくにまとまった平地林は大規模な開発によって潰滅するおそれがあるので戦略的に保全する。

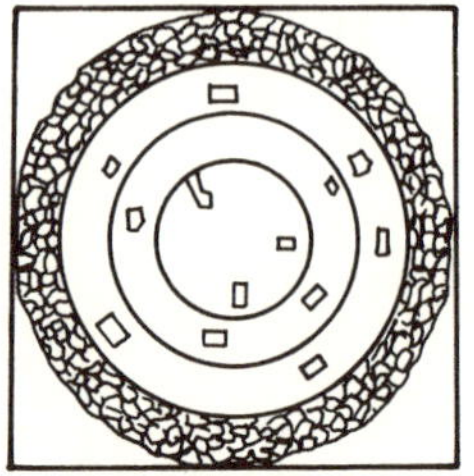

A　環状緑地系統

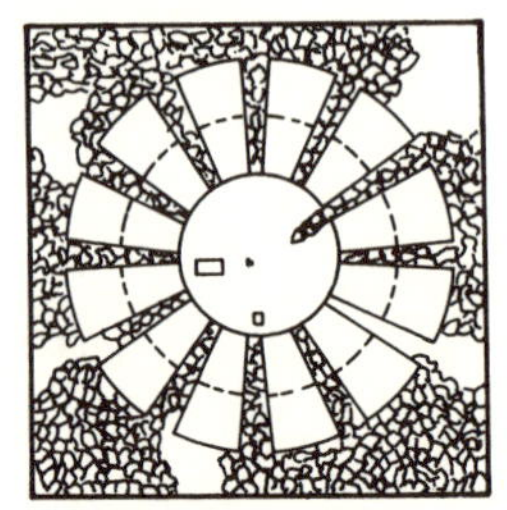

C　放射状緑地系統

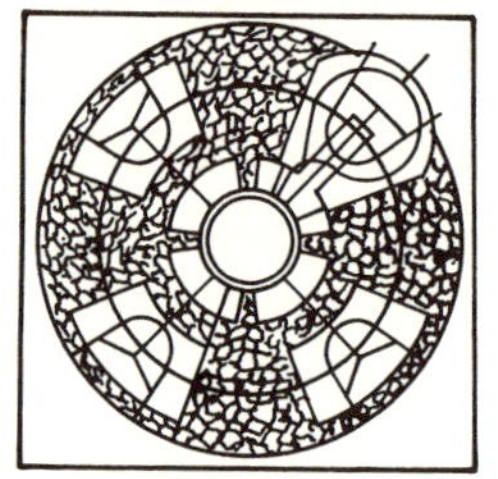

B　母都市と衛星都市

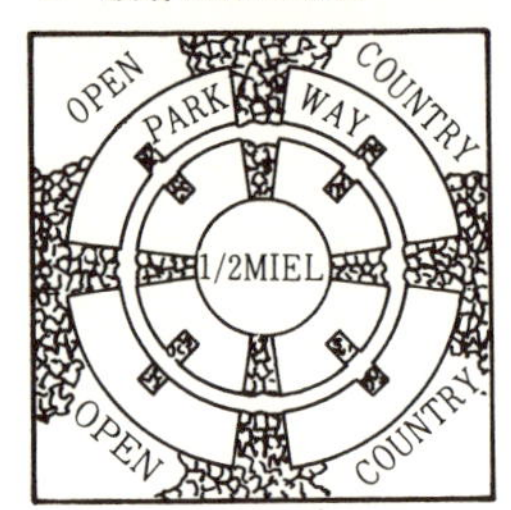

D　放射環状緑地系統

図4.19　公園緑地系統のパターン（G.L.ペプラー案）[5-11]

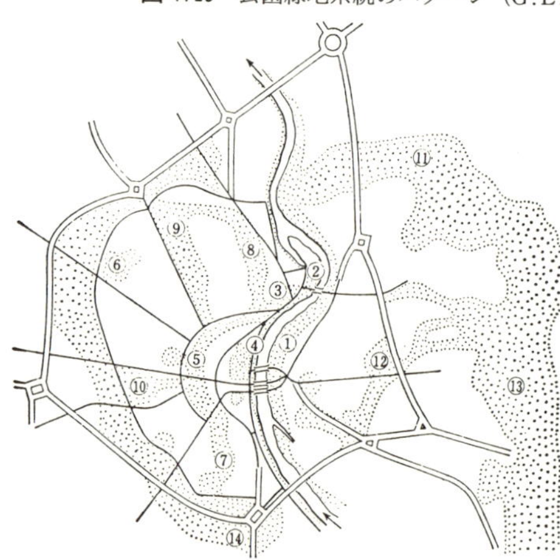

1. ライン公園
2. リーレル河周辺林
3. 植物園
4. ライン川プロメナーデ
5. 内環状緑地帯
6. 外環状緑地帯
7. 南放射状緑地
8. 北放射状緑地
9. 西北放射状緑地
10. ヴァイエルの森
11. デュンヴァルト森林帯
12. メールハイメルハイデ
13. ケーニッヒ林
14. 森林植物園

図4.20　森林と水辺地を利用したケルンの緑地系統[11-2]

表 4.14　自然からみて都市化に不適当な土地（I. L. McHarg : Design with Nature より）

1）地表水（surface water）	港湾施設，水を用いる工業	レクリエーション 農林業
2）はんらん原（flood plains）		
3）沼（marsh）		
4）再滞水層（aquifer recharge area）	水の浸透を妨げ，地下水を汚染しない利用	
5）滞水層（aquifers）		
6）急斜面（steep slopes）	1戸あたり3エーカー以上の敷地をもつ住宅	
7）森林地（forest and woodlands）	1戸あたり1エーカー以上の　〃	

(3) 歴史的文化財，遺跡などの保全。市街地の無秩序な拡大を防止（**図 4.21**）。
(4) 産業地域と市街地を分離，あるいは鉄道や幹線街路の沿道の緩衝緑地。
(5) 土地利用計画に基づく市街地内の公園系統との整合。

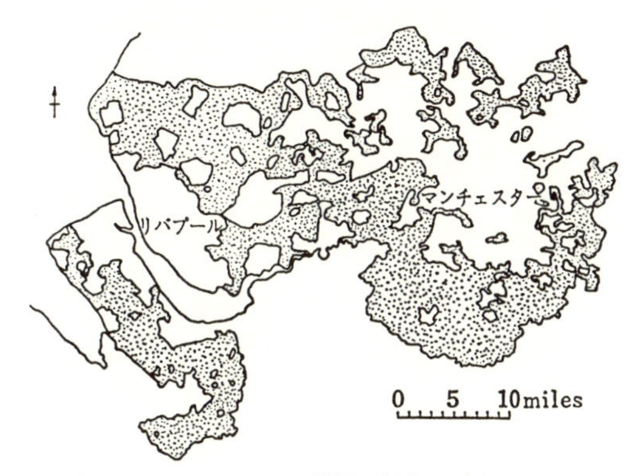

図 4.21 リヴァプール・マンチェスター地域に対するグリーン・ベルトの提案[9-2)]

E．公園計画標準

都市公園には**表 4.15** に示すように各種の機能のものがあるが，それぞれの機能に応じた適正な規模，誘致距離（service radius）が研究されており，わが国では建設省が計画基準を設定して，指導にあたっている。

表 4.15 公園の都市計画標準（建設省都市局長通達）

種　　別	利　用　目　的	標準規模 (ha)	最低規模 (ha)	誘致距離 (m)	標準対象人口(人)	水　準 (m^2/人)
住区基幹公園						4
幼児公園	主として幼児の利用	0.05		100	500	
児童公園	主として児童の利用	0.25	0.1	250	2,500	1
近隣公園	主として近隣住区内に居住する者の利用	2.0	1.0	500	10,000	2
地区公園	主として地区（数近隣住区）内に居住する者の利用	5.0	4.0	1,000	50,000	1
都市基幹公園						2.5
総合公園	都市全域の居住者の休息，観賞，散歩，遊戯，運動など総合的な利用	10.0	10.0	到達 1時間	100,000	1
運動公園	都市全域の居住者の主として運動の用に供する	15.0	10.0	〃	100,000	1.5
風致公園	主として風致を享受することを目的とする					＊ 1
特殊公園	動物園，植物園，歴史公園，その他特殊な利用					＊ 1.5
広域公園	都市全域の居住者の主として週末型レクリエーションの利用		50.0	到達 2時間	500,000	＊ 4

＊ 住区および都市を計画単位として必ずもうけなければならないものではない。

これらを大きく分けると住区基幹公園と都市基幹公園に分かれる。前者は住宅地であれば，その地区に居住する住民，とくに児童や老人にとって日常的に欠かすことのできない施設であり，都市計画としては主として地区計画において整備すべきものである。地区とは住区および公園区をさす。住区は近隣住区およびその集団であり，公園区は無秩序な市街化が進行するなど住区設定が著しく困難な地域において住区に変わる計画単位として，既存の近隣公園を中心に幹線道路などに囲まれたおよそ1 km^2 の区域をいう。

これに対して，都市基幹公園は都市を計画単位として設ける公園であるが，風致公園，特殊公園は必要に応じて設けるものとし，広域公園は利用人口おおむね50万人を標準として設けることとしている。

公園の整備標準については，わが国では都市公園法施行令第1条に，「1つの市町村の区域内の都市公園の住民1人あたりの敷地面積の標準は10 m^2 以上とし，当該市町村の市街地の都市公園の当該市街地の住民1人あたりの敷地面積の標準は5 m^2 以上とする」と定められており，これまで昭和60年を目標に都市人口1人あたり10 m^2 以上とする努力がなされてきた。そして都市計画中央審議会，公園緑地部会が1992年に発表した報告は，長期的視点に立つと1人あたり20 m^2 を目標とする必要があるとしている。

これに対して，アメリカでは市民1人あたりの都市緑地の面積標準はおおむね40 m^2，このうち都市公園は30 m^2 を占める。イギリスでは公共的緑地面積の標準は1人あたり20 m^2 程度とされたが，最近のニュータウンでは40 m^2 以上になっている所が多い。ドイツでもかつては20 m^2 程度を標準にしていたが，最近では30〜40 m^2 となっている。いずれにしてもわが国の標準とはかなり大きな差がある。

わが国の公園の整備水準は非常におくれており，全国の都市計画区域の平均で都市人口1人あたり5.4 m^2 に達した程度で，東京都23区では2.5 m^2，大阪市2.9 m^2，横浜市は2.8 m^2 にすぎない。

4.4　都市施設計画[1)]

A．都市施設の種類

都市施設計画は各種の都市施設に関する計画であって，都市基本計画の部門計画の一つである。都市施設は公益性と共用性をもつ施設であって，広義には都市計画の対象となるすべての施設を含むことになる。これを一覧表にすれば**表4.16**のとおりである。

都市施設を形態的に分類すると次の三つに分かれる。

1)　面的施設　　公園，緑地のように一定の面積的広がりをもつもの
2)　線的施設　　道路，鉄道，電信・電話，上下水道，ガス，電気など
3)　点的施設　　学校，病院，市場など

1)　8章8.1都市施設　参照．

表 4.16　都市施設の分類

中分類	小分類	例示
1．行政施設	11　国家行政施設	中央官庁，同出先官庁，裁判所
	12　地方行政施設	地方庁，同出先官庁，
	13　都市自治施設	市役所，警察署，消防署
2．文教施設	21　教育施設	大学，高等学校，中学校，小学校
	22　研究施設	研究所，試験所，測候所
	23　文化施設	図書館，美術館，博物館，公会堂
	24　宗教施設	神社，寺院，教会，葬祭場
	25　記念施設	文化財，遺跡
3．厚生施設	31　保健施設	病院，診療所，保健所
	32　レクリエーション施設	公園，緑地，広場，運動場，体育館，プール
	33　娯楽施設	劇場，映画館，興業場
4．運営施設	41　運輸施設	道路，鉄道，停車場，駐車場，空港，港湾
	42　通信施設	郵便局，電信・電話局，放送局
	43　供給施設	上水道，卸売市場，変電所，ガス供給施設
	44　処理施設	下水道，ごみ処理場，と畜場，火葬場
	45　防災施設	堤防，避難路，避難地，防火水槽
5．生活施設	51　宿泊施設	ホテル，旅館
	52　衛生施設	公衆浴場，公衆便所
	53　福祉施設	保育所，母子施設，養護施設

また，面的施設や点的施設は核としてその周辺にサービス・エリアをもっている。その広がりを誘致圏とよんでいる。そして周辺人口との関係をみると，

1)　施設が周辺人口に対してサービスを提供するもの（警察署，消防署など）
2)　施設を周辺人口が利用することを主とするもの（小・中学校，病院など）
3)　施設と周辺人口と直接関係のないもの（大学，研究所など）

などがあり，施設の分布形態には，単独型，結節型，凝集型，分散型などがある[1]（**図 4.22**，**図 4.23**）。

都市施設は土地利用，交通などの現状および将来の見透しを考慮し，地域の住民の要求にうまく対応するように適切な規模で，必要な位置に設置しうるように計画する。

公共施設はそれぞれの管理法があり，設置基準が定められているものが多い。民間の経営する施設については経営の成立条件を考慮しなければならない。

わが国の都市計画法は，その第 11 条に都市施設の種類を掲げており，このうち必要なものについて，施設の種類，名称，位置および区域，面積，構造などを都市計画として定めることになっている[2]。

また，同法で公共施設という場合には道路，公園，下水道，緑地，広場，河川，運河，

1)　日笠　端：都市施設分布論（建築学会論文梗概集，No.15,1950）
2)　6 章表 6.7 参照．

単　独　型	研究所，刑務所，神社・仏閣，火葬場
結　節　型	警察署と派出所，変電所，行政庁と出張所
凝　集　型	娯楽施設，店舗
分　散　型	小学校，診療所，公衆浴場

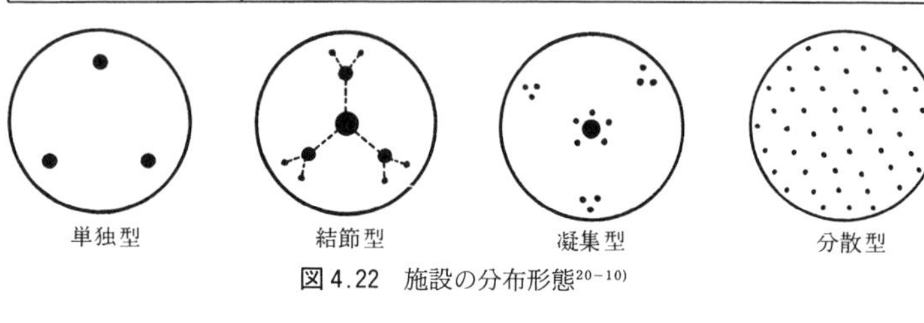

図 4.22　施設の分布形態[20-10]

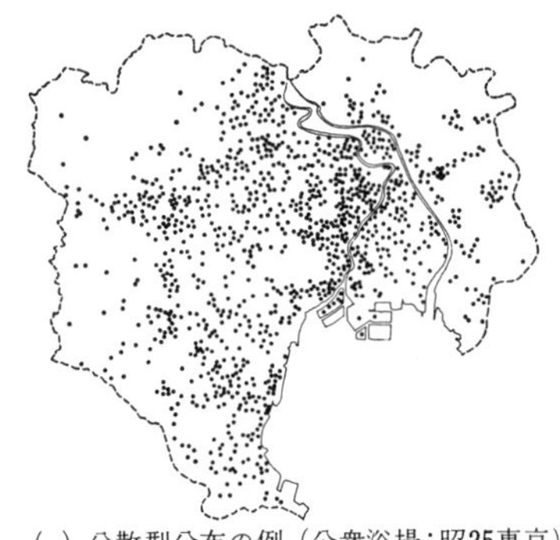

(a) 分散型分布の例（公衆浴場：昭25東京）

(b) 凝集型分布の例（劇場・映画館：昭25東京）

図 4.23　都市施設分布の例[20-10]

水路，消防用貯水施設をいう。

都市施設によっては騒音，振動，排気ガス，悪臭などを発し，周辺の市街地の生活環境を阻害するおそれのある施設がある。この場合にはとくに位置の選定に慎重でなければならないし，周囲に対する影響を軽減する措置をとらなければならない。建築基準法第51条の規定で，都市計画において敷地の位置の決定を要する施設は卸売市場，火葬場，と畜場，汚物処理場，ごみ焼却場およびゴミ処理場，産業廃棄物処理施設，廃油処理施設である。

B．供給・処理施設計画

供給施設としては，都市活動や都市生活に必要な水を供給する上水道をはじめ，電気・ガスなどのエネルギーの供給，情報や通信などのシステムを欠くことはできない。また，処理施設としては，雨水のほか，家庭や事業所から出る汚水を処理する下水道，ごみの処理施設などが特に重要である。近年，これらの施設の整備に関する工学的技術やシステムの構築技術の進歩は目ざましいものがあるが，これについてはそれぞれの専門書に譲り，ここでは上水道と下水道について概説するにとどめる。

a．上水道　上水道の計画でもっとも重要なことは，水源の確保である。とくに大都市では，水源を近郊に求めることも困難になっている。水源の種類としては，河川表流水，伏流水，湖沼水，地下水および湧き水などである。上水道施設は，取水，貯水，導水，浄水，送水および配水に分けられる。上水道の3大要素は水量，水質，水圧といわれる。

給水量は給水区域内の人口と普及率の推計によって決るが，1人1日最大給水量は都市の性格によって異なる。給水人口1万人〜50万人までは，1日100 l/人〜350 l/人が標準とされているが，生活水準の向上とともに増加することが予想される。この他，大都市や工業都市では，営業用水，工業用水の需要が大きい。ニューヨークでは，700 l/人ともいわれている。わが国の家庭用上水道の普及率は90%を越えており，先進国なみの水準にある。また，上水道事業は建設省の所管であるが，水質については厚生省の所管とされている。

b．下水道　都市における生活もしくは事業活動に関連して生ずる汚水と，雨水を処理する施設が下水道である。わが国では欧米先進国に比してその整備が非常に遅れている[1)]。地方公共団体が市街地の汚水と雨水を排除し，処理するものを「公共下水道」と称し，雨水のみを緊急に排除するものを「都市下水路」という（**表4.17**）。

表4.17　都道府県別　下水道処理人口普及率　（平成24年度末）

都道府県	普及率	順位	都道府県	普及率	順位	政令都市	普及率
北海道	89.9%	6	福井県	74.4%	15	札幌市	99.7%
			滋賀県	87.3%	7	仙台市	98.0%
青森県	56.1%	33	京都府	92.3%	4	さいたま市	90.0%
岩手県	54.4%	35	大阪府	94.3%	3	千葉市	97.2%
宮城県	78.4%	11	兵庫県	91.9%	5	東京23区	99.9%
秋田県	60.8%	29	奈良県	76.1%	14	横浜市	99.8%
山形県	73.9%	17	和歌山県	22.7%	45	川崎市	99.4%
福島県	—	—				相模原市	95.9%
			鳥取県	66.1%	23	新潟市	80.9%
茨城県	58.4%	32	島根県	43.6%	41	静岡市	81.0%
栃木県	62.1%	27	岡山県	62.9%	25	浜松市	79.4%
群馬県	50.5%	37	広島県	70.5%	20	名古屋市	99.1%
埼玉県	77.9%	13	山口県	61.7%	28	京都市	99.4%
千葉県	70.7%	19				大阪市	*100.0%
東京都	99.4%	1	徳島県	16.3%	46	堺市	97.3%
神奈川県	96.1%	2	香川県	43.1%	42	神戸市	98.7%
山梨県	62.5%	26	愛媛県	49.9%	38	岡山市	63.7%
長野県	80.9%	9	高知県	34.9%	44	広島市	93.6%
						北九州市	99.9%
新潟県	70.3%	21	福岡県	78.2%	12	福岡市	99.6%
富山県	81.5%	8	佐賀県	54.1%	36	熊本市	86.4%
石川県	80.8%	10	長崎県	59.2%	31		
			熊本県	64.2%	24		
岐阜県	72.2%	18	大分県	47.1%	40		
静岡県	60.3%	30	宮崎県	55.0%	34		
愛知県	74.0%	16	鹿児島県	40.3%	43		
三重県	48.0%	39					
			沖縄県	67.5%	22		
			全国（参考値）	76.3%		政令都市	96.7%

（注）・都道府県の下水道処理人口普及率には政令都市分を含む．
・下水道処理人口普及率は小数点以下2桁を四捨五入している．
（*は四捨五入の結果100%と表記している．）
・平成24年度末は，福島県において，東日本大震災の影響により調査不能な市町村があるため公表対象外としている．そのため全国値は福島県を除いた参考値としている．

1）8章8.1節表8.1参照．

下水道の排除方式は，汚水，雨水をそれぞれ別の管渠によって排除する「分流式」と，同一管渠を用いて行なう「合流式」とがある。それぞれ利点はあるが，最近は「分流式」によるものが多くなっている。また，下水処理水の河川放流に対しては水質基準を設けて規制を図っているが，上流において放流するのは，下流における河川表流水の利用上好ましくない。ある水系沿いに都市が連続しているような場合，都道府県が，その流域に下水道の幹線配水路と処理場を整理し，関係都市の下水道に連結するシステムが取られる。この方式を「流域下水道」という。

汚水の処理方式は，処理水の水質によって一次，二次および三次処理とよばれる。一次処理は主として沈殿法により，汚水の浮遊物を分離し，沈殿池で固形物を沈降させ，消毒を行なう。二次処理は，一次処理の汚水を，活性汚泥法，散水ろ床法などの生物処理を行なう。三次処理は，処理水の再利用と公共水域の水質保全の両面から，各種の高度な下水処理を行なうものである。最近は，工業排水の水質の変化もあり，処理方式の改善が要請されている。下水道の行政の所管も，建設省と厚生省にまたがっている。

4.5　都市環境計画

A．生活環境論[1)]

環境の定義

生活環境は，生活をとりまく有形無形のあらゆる外部的条件を意味する。それらの条件を大別すれば自然的条件と人為的条件に大別できる。自然的条件は光，熱，空気，土地，水，動植物などであり，人為的条件は道路，公園，上下水道などの物的条件，地代，物価などの経済的条件および権力，人間関係，住民組織などの社会的条件からなっている。

都市の物的生活環境を大別すると(1)住生活環境，(2)職場環境，(3)その他の環境の三つに分けることができる。その他の環境とは交通機関などによる移動空間や，盛り場，旅行先のレクリエーションの場などである。この三つのうちで，住生活環境は都市の面積の中で占める割合が最も大きく一般に70％以上を占めるばかりでなく，万人に共通している点で最も重要である。この意味で都市はまず第1に「住むところ」である。

都市環境の諸要素

生活環境に着目して，これに影響を及ぼす物的諸条件を整理してみると，**図4.24**のようになる。この図は次のことを意味している。

(1)　環境には空間的な広がりがあると同時に時間の経過につれて変化するので時間軸に着目する必要がある。空間は住宅，その周囲，近隣，都市，地方，国土……と無限に広がるスケールをもち，時間軸は過去から現在を経て未来へと無限に続き環境は変動する。

1)　日笠　端：都市と環境，日本放送出版協会，1966．

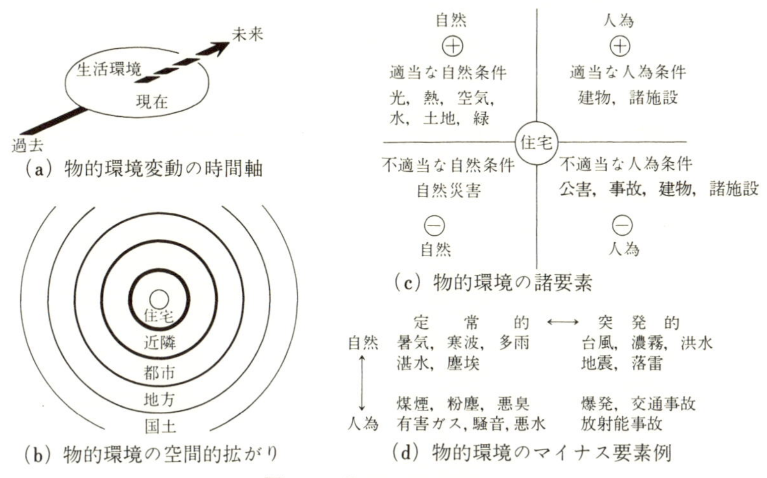

図 4.24 物的環境の構造[4-16]

(2) 環境条件は自然的条件と人為的条件に分け，さらに生活に対する影響から判断して，プラスとマイナスにいちおう分けることができる。

(3) 自然のプラスは人間が生物として生存しうる最も基本的な条件であり，自然のマイナスは不適当な自然的条件や自然災害の原因となる天然現象であって，科学技術はこれを克服するために利用しなければならない。

(4) 人為のプラスは生活環境施設などによって代表される。われわれの都市生活を健康で文化的なものにするための適当な人為的条件である。しかし人為のマイナスは公害や事故によって代表され環境の敵である。

(5) 自然的条件と人為的条件は一般に相互に絡み合う。たとえば，プラス条件では都市の公園緑地など，マイナス条件ではスモッグ，地盤沈下，延焼火災などがそれである。

(6) 自然的条件についても人為的条件についてもプラスとマイナスの境はきわめて微妙である。このため環境条件の評価が厳密になされなければならない。

(7) 最後に重要なことは図の中心においた住宅自身もまた環境要素であり，その外側に対して，プラスとマイナスの影響を与えるということである。環境はその本質として「全」と「個」の関係を解決するという命題をつねに抱えているのである[1]。

環境の計画

環境をよくするためには他に迷惑を及ぼさない限度において，できるだけプラス条件を取り入れ，マイナス条件に対してはその発生原因を取り除くか，取り除けないものに対しては防止の方策をとることになる。この場合にも他に迷惑を及ぼさない配慮が必要である。

1) 大谷幸夫：都市のとらえ方,「都市住宅」1972, 12, p.52.

いま，あるコミュニティを考え，このコミュニティをよい環境にするための方策を考えてみると**図 4.25** のように各種の方策が考えられる。

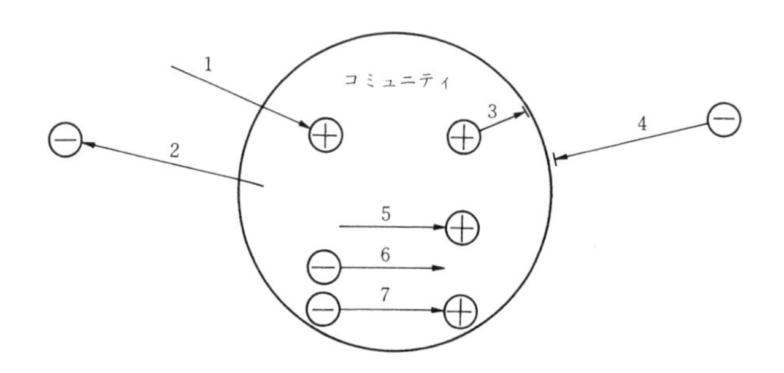

1　導入　⊕要素を積極的に取り入れること。　（例）コミュニティ施設，公園緑地
2　排除　⊖要素を他に排除すること。　（例）下水，ゴミ処理
（注）近隣に迷惑をかけない。最終的な処理を行なう。
3　保全　⊕要素を保全する。　（例）文化財，緑の保全
4　阻止　外からの⊖要素を阻止する。　（例）通過交通の排除，バイパス
5　増大　⊕要素を生かして拡大する。　（例）専用施設の公開（グランド，プール）
6　軽減　⊖要素を軽減する。　（例）交通事故対策，公害防止
7　転換　⊖要素を転じて⊕要素に変える。　（例）工場移転跡地の緑化

図 4.25　コミュニティの環境計画の考え方

環境の目標

さて，人間らしい生活を営むための環境の目標をどこにおくのか。1961 年に世界保健機構（WHO）の住居衛生委員会は第 1 回報告書を公表し「健康な居住環境の基礎」という章の中で，4 項の健康レベルをあげている。これを参考として，環境の目標を整理すると次のとおりである。

(1)　安全性（safety）…生命・財産が災害から安全に守られていること。

(2)　保健性（health）…肉体的・精神的健康が守られていること。

(3)　利便性（convenience）…生活の利便性が経済的に確保されていること。

(4)　快適性（amenity）…美しさ，レクリエーションなどが十分に確保されていること。アメニティという概念には本来，教育・福祉などの文化性を含んでいるものと解される。

また，このほかに，福祉性（welfare），道徳性（morals），安楽性（comfort），繁栄性（prosperity），経済性（economy）をあげる場合もある[1]。

環境調査

以上の目標を達成するために環境計画がたてられなければならないが，そのためにはまず環境の実体を把握するための調査が必要である。

(1)　環境調査には，国際比較，都市間比較，都市内地区別比較などがあり，多くは生活環境指数を用いて物的環境条件の数量的表示が試みられている。

1)　F.Stuart Chapin, Jr.：Urban Land Use Planning, p.41.

(2)　環境については統計データの制約があったが，近年は統計データも充実しつつあり，様々なデータが整理されつつある。こうしたデータを活用することで，急速に環境調査の充実が図られるようになってきている。

(3)　各種指数を組み合わせて，総合指数を作成する方法として採点評価法（appraisal method)[1] などがあるが，指数にウエイトを掛けて，加算または減点する方式は特別に目的が限定されていて実用的に用いる場合以外は理論的に矛盾があるので問題である。これを補うため，環境の目標に従って指数を選択し，加算や減点を行なわずにスクリーニングする方法も試みられている[2]。

(4)　物的環境に対して居住者がどのような意識をもっているかを調査する住民意識調査もしばしば試みられている。

(5)　環境調査はコミュニティ計画の一環として市町村あるいは地区住民自身の手で行なわれることが望ましく，最近は多くの都市で実施されており，コミュニティ・カルテ，地区カルテなどともいわれている。

このような調査をもとにして環境改善の計画をたて，その実現をはかることになるが，その対策は物的計画にとどまらない。たとえば，交通事故防止対策を例としてあげると，少なくとも次のように各種の工学，行政にわたり，都市計画はその一端を担うことになる。今後の都市計画にこのような環境計画の視点をとり入れることはきわめて重要であり，これを都市環境計画として後述する[3]。交通事故防止対策を例にあげれば次のとおりである。

(1)　物的対策

工　学	機械工学	車輌の改善
	人間工学	車輌および道路の改善
	交通工学	道路構造，交通安全施設
都市計画		土地利用計画，交通計画（立体交差，歩車分離，ヴォンネルフ）

(2)　非物的対策

運輸行政	運転免許
警察行政	交通取締，違反に対する処罰，功労者表彰
一般行政	交通安全指導，通学路指定
教育行政	交通安全教育（車と人）

B．都市環境計画

近年における科学技術の発達は著しく，日常生活の利便性，効率性は飛躍的に向上してきたが，その反面，大気汚染によるオゾン層の破壊，地球の温暖化，熱帯林の減少など，

1)　たとえばアメリカ公衆保健協会（American Public Health Association）の減点評価法など．
2)　日笠　端：都市と環境，日本放送出版協会，1966．
3)　3章3.3節A.b参照．

地球規模での環境変化が人類の生存をも脅かしかねない重大な問題であるという認識がたかまりつつある。また，都市のレベルでも，開発が無秩序に進行することにより，自然環境がなしくずし的に消滅し，ヒートアイランドの発生をみるとともに，災害の危険性は増大し，ゆとりとうるおいのある生活空間が減少しつつある。このほか，都市においては安全・健康・快適性に関わるさまざまな問題が発生している。

都市の環境を管理し，環境を阻害する要素を制御するとともに，都市生活にとって欠くことのできない要素を保全し，積極的に創造していくという目標をもった計画を「都市環境計画」という。都市環境計画は，ソフトな行政施策，住民の活動などによって実現が図られる面もあるが，都市計画や建築行政などハードな施策に負うところが少なくない。

都市基本計画の内容は，都市を形づくっている土地と施設に着目して，物的な計画対象によって分ける仕方もあるが，これに対して人間の生活を中心とする都市環境計画の立場から，環境の目標に従って分けることもできる。この場合には次のようなカテゴリーが考えられる。

(1) 安全：都市防災計画，事故防止計画，犯罪防止計画
(2) 保健：公害防止計画，健康管理計画，レクリエーション計画，環境衛生計画
(3) 快適：自然保護計画，歴史的風土保存計画
　　　　教育・文化・福祉計画
　　　　都市景観計画

土地・施設計画と環境計画はもともと矛盾するものではなく，視点の相違に基づくものである。したがって織物の縦糸と横糸の関係のように絡み合って都市基本計画を織り成していると考えられる。ただ，物的な計画対象に着目した計画は，とかく環境の目標に着目した計画の視点を見落としがちであるし，非物的計画との関係も重要であるので，後者の視点からの計画を必要に応じて補うことがたいせつである。

a．都市防災計画　地震，台風，洪水，豪雪，崖くずれなど自然による環境の破壊のほか，人為的条件もからんで発生する延焼火災などに対して，人命と財産を守るための計画が都市防災計画である。そのうちで都市計画は土地利用や施設の計画に関して重要な関係がある（**図4.26**）（**図4.27**）。

・災害危険区域の指定と建築規制
・住宅をはじめ各種建築物の構造規制，密度規制
・防災拠点，防災街区などの指定と事業化促進，防災街区整備地区計画
・避難路，避難地，情報センターなどの避難計画
・消防，救急活動計画
・防災のための住民活動組織
・災害復旧・復興事業

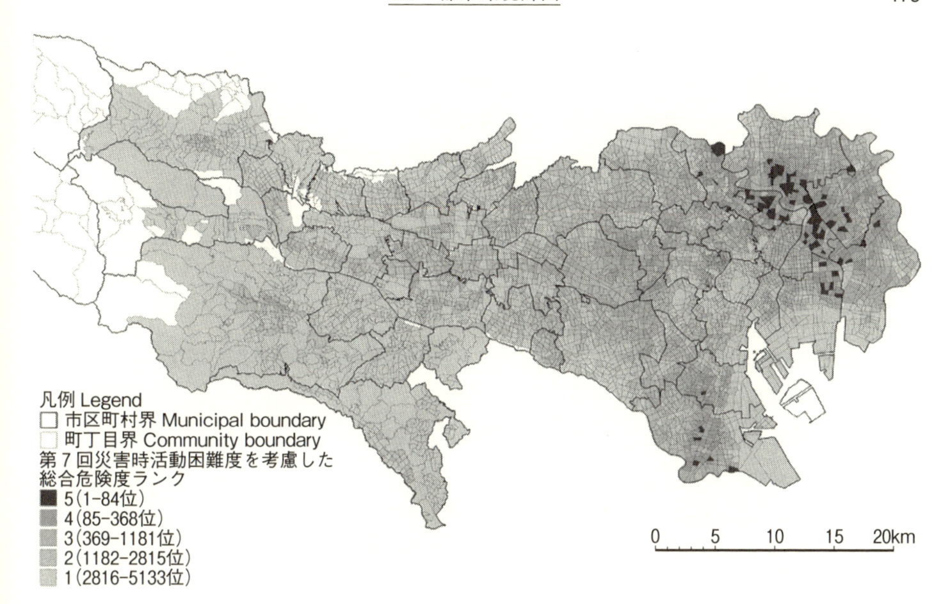

図 4.26　地震による地域危険度の分布（東京都都市整備局 2013）

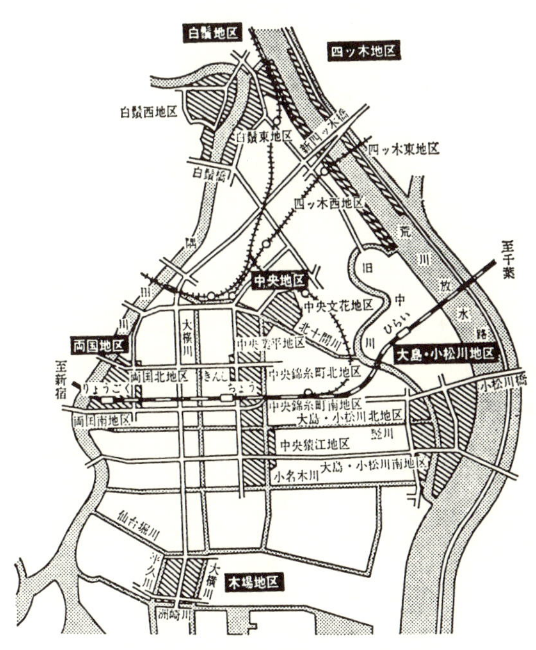

図 4.27　東京江東地区防災拠点位置図

b．事故防止計画 交通事故を筆頭として危険物の爆発など事故による死傷者はあとを断たないが，事故から人命を守る計画が事故防止計画である。

・建築物の構造，広告物などの落下防止のための規制
・危険物を扱う事業所の建築規制，建築工事現場の規制
・道路の格付けと系統計画，平面的・立体的歩車分離，平面踏切の解消
・道路の構造，歩車道区分，分離帯，自転車専用道，歩行者モール，スカイウェイ
・交通信号，交通標識，通学路の指定，カーブミラー，ガードレール，歩道橋など
・道路交通規則，運転者・歩行者の教育，交通取締

c．公害防止計画 大気汚染，水質汚濁，土壌汚染，騒音，振動，地盤沈下，悪臭などの公害によって居住環境が害されることを防止するための計画である。

・地域計画による発生源と被害を受ける地域の分離
・両地域間の緩衝地帯の設置
・発生源対策，操業停止・制限，発生源の移転，装置の改善
・公害監視機構の設置，警報，汚染度の表示
・被害者に対する対策，地区移転，補償
・環境影響評価（環境に対する事前のアセスメント）[1)]

d．健康管理計画

・医療施設計画
・保健施設計画

e．レクリエーション計画

・公園緑地，レクリエーション施設計画（リゾート開発計画）

f．環境衛生計画

・上水道計画
・下水道計画
・廃棄物の減量・分別収集・処理・リサイクリング計画

g．自然保護計画

・農地，森林地域の保全，ビオトープの保全，自然生態観察公園

---

1) 昭和57年11月22日建設省都市局長通達「都市計画を定めるに際しての環境への影響の配慮に関する当面の取扱いについて」参照．これによると対象とされる事業は次のとおりである．
① 高速自動車国道の新設または改築
② 4車線以上の自動車専用道路の新設または改築
③ 4車線10 km以上の一般国道バイパスの新設または改築
④ 300 ha以上の土地区画整理事業及び新住宅市街地開発事業
⑤ 100 ha以上の工業団地造成事業

・海洋，海岸，河川の水系，湖沼などの自然保護
・緑のマスタープラン，公園緑地の整備，樹木の保全計画

h．歴史的風土保存計画

・歴史的風土の地区保存計画（**表 4.18**）（**図 4.28**）
・街並み保全計画

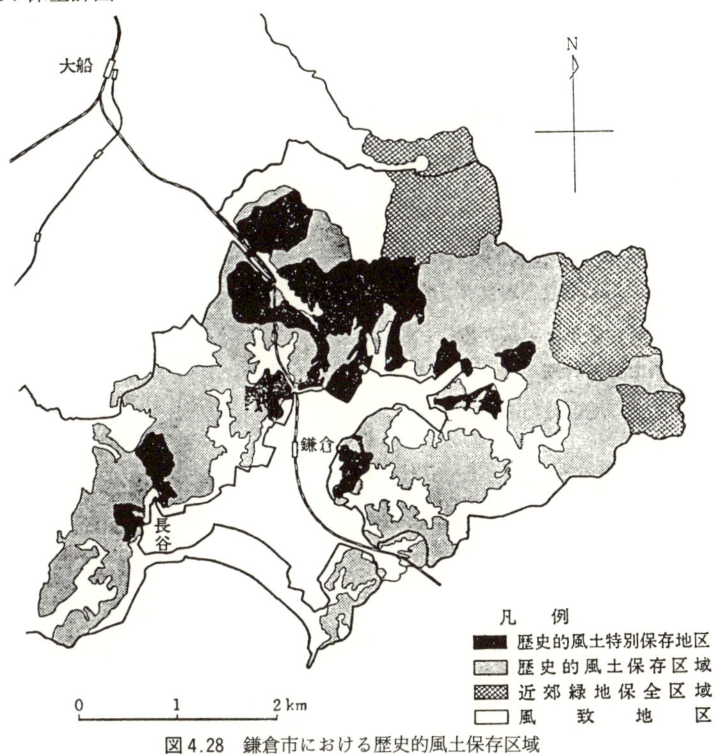

図 4.28 鎌倉市における歴史的風土保存区域

表 4．18 歴史的風土保存区域の指定状況 (1990 年現在)

都道府県名	都市名	名　称	地区数	面　積
神奈川県	鎌倉市	鎌倉市歴史的風土保存区域	5	956 ha
京都府	京都市	京都市歴史的風土保存区域	8	5,995
奈良県	奈良市	奈良市歴史的風土保存区域	3	2,776
	斑鳩町	斑鳩町歴史的風土保存区域	1	536
	天理市	天理市，橿原市および桜井市歴史的風土保存区域	1	1,060
	桜井市		2	1,226
	橿原市		1	426
全国合計			21	12,975

資料：都市計画ハンドブック 1991

i．教育・文化・福祉計画

・教育施設計画

・文化施設計画

・福祉施設計画，福祉のまちづくり（車いすで歩けるまちづくり）

・地域住民活動計画

・コミュニティ施設計画

j．都市景観計画

・景観地区，美観地区，環境保全地区，歴史的景観の保存と復原（図4. 29）

・広告物規制，建築物の規制，電線の地下化

・都市美化運動の推進，表彰制度

・建築協定，緑化協定の推進

・河川の美化，高規格堤防（スーパー堤防），親水公園

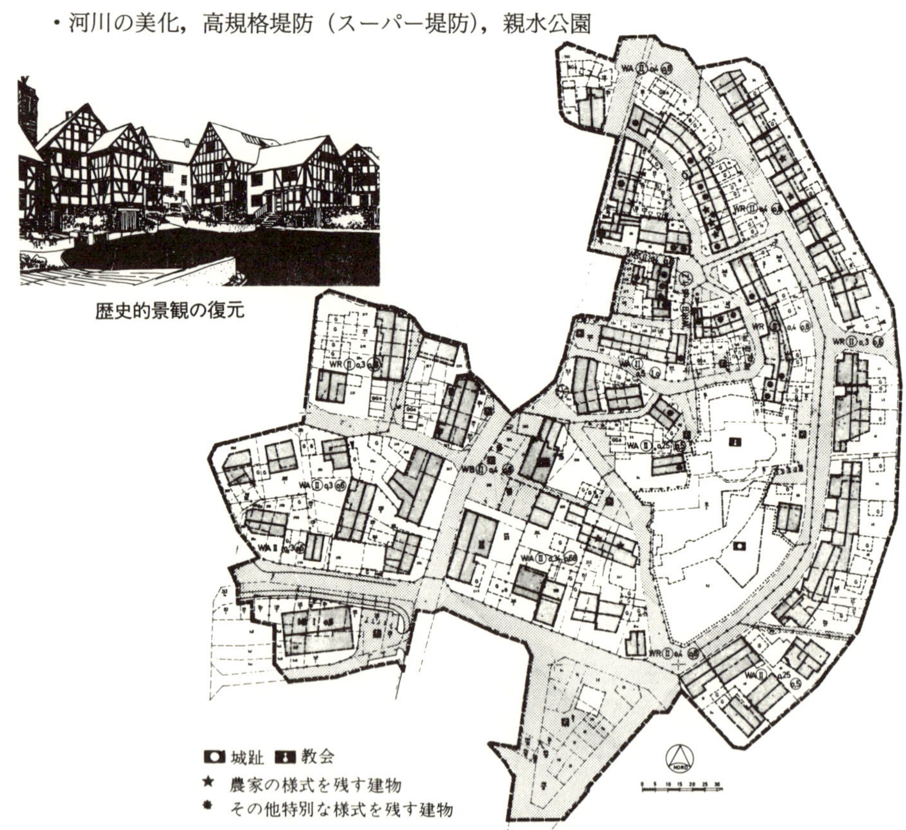

図4.29　ドイツの村落の地区詳細計画と歴史的景観の復原
（メンゲルスキルヒエンMengerskirchen）[3-15]

第5章　地区計画

5.1　地区計画の枠組

A．計画の要件

地区計画は，計画対象都市の市街地または市街地となることが予定されている地区を対象として，地区の物的環境を整えるための計画である。都市基本計画が，都市スケールの計画であるのに対して，地区計画はその部分に対する計画である。地区計画はこの意味で都市計画の重要な部分であると同時に，個々の建築や施設を都市計画に結合せしめる重要な役割を担っている。したがって，地区計画の内容は都市基本計画の方針に整合しなければならないと同時に，その枠内において，地区内の社会的な要求を十分に折り込んで計画しなければならない。同時に，地区計画は，法定都市計画の手法によって実現することを前提とする計画であるから，次のような諸条件を十分総合的に検討したうえで設定されなければならない。なお，地区計画のスケールは1/500～1/1,000程度であって，人間の視覚でとらえられる空間計画の総合であるから，各種の手法を用いて最終的にはアーバン・デザインとして決定されるべき計画である。

(1)　地区の物的諸条件

地区の都市内での位置，地区の規模，地区の物的環境（自然的条件および既存の物的諸条件）

(2)　地区の社会的諸条件

地区の機能別にそこに存在する地域社会が抱えている諸問題（人口，雇用，人間関係，住民活動，教育・社会福祉など）（local needs）

(3)　都市基本計画から要請される諸条件

(4)　地区計画実現に際して，法定都市計画上要請される諸条件

(5)　民間投資と経営上の諸条件

B．地区計画の立案プロセス

(1)　地区計画の目標（主たる機能とその量，環境水準）

(2)　地区の実態把握（調査，解析）

(3) 計画諸元の決定

(4) 地区設計（アーバン・デザイン）

スケッチプラン→計画諸元の適用→模型などによる空間設計調整→経営上の諸条件調整→設計の決定

この間に地元住民の参加のプロセスを含むものとする。

C．地区計画の種類

地区計画はその目的によって次のような種類がある。

a．新市街地の開発を目的とするもの

(1) 住宅地：これは需要が最も大きいし，一団の土地を入手することによって比較的容易に実現しうるので，公共開発，民間開発ともに例が多い。各種規模の住宅団地，分譲住宅地などがこれである。

(2) 商業地：大規模ニュータウン開発に含まれるタウンセンターなどがある。研究学園都市の中心地区計画などはその例である。アメリカでは自家用車によって利用されるショッピング・センターが広く普及している。

(3) 工業地：工業団地がその例である。わが国では昭和30年代には大都市近郊や衛生都市に開発されたが，最近は地方都市の近郊にも開発されるようになった。中小企業基盤整備機構の中核工業団地はその例である。アメリカでは産業公園（industrial park）として開発されるものが多い。イギリスで trading estate といわれるものも工業団地の一種で，ニュータウンの職場地域を構成している。

(4) その他の例としては流通業務団地，レクリエーション基地などがある。流通業務団地は既成市街地から転出する問屋，倉庫，卸売市場などを受け入れ，またトラック・ターミナルなどの機能を果たすものもある。

レクリエーション基地は，ホテル，遊園地，海水浴場，スポーツ施設，ヨットハーバーなどによって構成される。フランスの地中海海岸に開発されたラングドック・ルションなどは有名である。

b．既成市街地の再開発を目的とするもの

(1) 住宅地：既成市街地で最も広大な面積を占めるのは住宅地であり，老朽化，宅地の細分化などにより住宅地区環境の悪化している地区も少なくない。したがって，このような地区を再開発して，新しい健全な市街地に転換したいという要請は，社会的にきわめて大きいにもかかわらず，実際には計画の実現が困難なため，わが国では事業がほとんど進められていない。これは既存の権利関係が複雑であること，事業としての採算がとれないことなどによるものである。

このうち，建物が老朽化したり，とくに環境の悪い地区は不良住宅地区（slum）とよばれる。不良住宅地区を再開発して改良する事業を不良住宅地区改良事業（slum clearance）

という。イギリスやアメリカではこの種の事業が盛んで，大規模なプロジェクトが数多くある。わが国でも，戦前に同潤会が改良事業を行なった例があり，戦後も地方公共団体によって継続されているが，量的にはきわめて少ない。

(2)　商業地：商業地の再開発はわが国でも，採算がとりやすいため，比較的事例も多い。多くは鉄道駅前の商業地である。再開発の動機としては，土地の高度利用，災害の復旧，駅前広場など公共施設の整備などがあげられる。

(3)　中心地区：業務施設，商業施設などを含む都市の中心地区の再開発がある。アメリカにおいては1893年のシカゴ博を動機として都市美運動が起こり，各都市の都心部の官公庁街を整備した歴史がある[1)]。この種の例として，わが国では中央官衙地区をはじめとする一団地の官公庁施設の計画があげられる。

戦後，欧米では複合機能を備えた中心地区の再開発の例がかなりある。たとえばロッテルダム駅前のラインバーン地区（Liinbaan），ストックホルム都心部のローアー・ノルマルム地区（Lower Norrmalm），フィラデルフィアのペン・センター地区（Penn Center），ボルチモアのチャールズ・センター地区（Charles　Center），ロンドンのバービカン地区（Barbican），パリのデファンス地区（La Defense）などがこれである。この種のものとしてわが国では新宿副都心計画があげられる。

(4)　工業地：わが国でも大都市の大規模工場が外部へ転出する例は少なくない。この跡地を利用して再開発を実施し，業務地や住宅地に転換する例は多いが，しかしその地域の工業を再編成する計画は少なかった。公害対策を主目的として，ゴム工場などを集約共同化した例が，東京都や神戸市などに見られる。ニューヨーク市では，内部市街地における未熟練労働者の雇用対策を目的として，転出しようとする工場を引き止め，補助金を与えて工業地の再開発を行ない，中小工場をロフトビルに収容する工業再開発（industrial redevelopment）を奨励している。

c. 地区保全を目的とするもの

(1)　文化財保護：単体としての建築物でなく，街並み保全のように建築物の集団を地区として保全するもの，あるいは文化財を中心として，周辺の地域一体を文化財の保全を目的として再開発するものなどがある。前者の例としては，わが国の奈良県今井町や長野県妻籠などがあげられ，後者の例としてはロンドンのセント・ポール寺院地区の再開発があげられよう。

(2)　自然保護：本来の自然をそのままの形で保護するには，自然保護地域の指定など規制によるほかはないが，できるだけ自然を残しながら，一部，レクリエーションなどの目的に利用するプロジェクトも考えられる。武蔵丘陵森林公園はこの例である。

(3)　優良市街地の保全：主として環境の良好な住宅地などが対象となる。わが国の地区計画制度の適用例のうち，このタイプが最も多く，大田区の田園調布もこの例である。

1)　1章1.3節B.参照.

5.2 住宅地計画

A. 住宅地計画の意義

住宅地計画は都市を構成する最も基本的な要素である住宅を個々に建てるのではなく，集団的に建設したり，既成市街地を形成している一団の住宅地を保全，修復，再開発をするための地区計画である。したがって，地区計画の中でも最も重要なものであり，たとえ立地条件，社会的条件，経営的条件など制約条件は多くても，居住者の生活環境の安全，利便，快適性の確保を計画の基本と考えなければならないことはいうまでもない。

また，都市地域の大部分は居住地域によって占められており，その大部分は，無秩序な自然発生的な市街地である。このようなスプロールによる市街地の形成が，土地利用の混乱を招き，都市施設の整備を妨げ，都市全体の環境の質を低下させている。したがって，住宅地計画は都市計画の一環として，きわめて重要な役割を荷っているといえる。

これまで，わが国の住宅政策は，とかく住宅の量的な供給に追われ，また公的施策住宅の建設も都市計画とは遊離しがちであった。量的住宅難のほぼ解決した今日では，住宅の質の向上と住宅地の環境の整備に重点が向けられなければならない。

住宅地計画は住宅を集団的に整備し，管理するだけでなく，道路，公園，学校，集会所などコミュニティの諸施設を含む，総合的な地区計画である。この意味で，今後ますます住宅政策と都市計画を結ぶ接点として住宅地計画の果たすべき役割は大きいといわなければならない。

B. 敷地選定条件

敷地の選定にあたって考慮しなければならないおもな条件は次のとおりである。

(1) 市街地の土地利用計画

i) 都市全域の機能配分から住宅地として適地であること，ii) 職場と住宅地の関係位置，iii) 建築形式と立地条件の適合性

(2) 土地条件

i) 規模，ii) 形状，iii) 斜面の方向と傾斜度，iv) 地盤の良否，v) 出水，高潮，崖崩れのおそれの有無，vi) 地下水位の高低，vii) 地価，viii) 権利関係など土地取得条件

(3) コミュニティの形成

i) 住区としてのまとまり，ii) 小学校への安全，近距離通学，iii) 生活必需品，日用品の購入の便，iv) 診療所，幼稚園などの利用の便，v) 最寄交通機関の利用の便

(4) 環境

i) 災害危険度，ii) 騒音，振動，有害ガス，悪臭など公害の有無，iii) 自然景観

(5) 既存のサービス

i) 道路，ii) 上下水道，iii) 電気，iv) 都市ガス

C. 住宅地構成計画

a. 計画立案の指針　計画立案の前提となる諸条件，すなわち住宅の形式と戸数，その他の施設の所要量，土地の用途配分などを決めるにあたっては，敷地の立地条件，入居を予想される居住者の条件，事業の経営条件など多くの制約条件がある。しかし，都市計画の観点から一定の環境水準を確保するために，ある種の技術的尺度が必要とされる。これには多くの指標が用いられるが，その中で土地利用強度(一般には戸数密度が用いられる)と土地利用比率は最も重要な指標であると考えられる。このような考えに立って，住宅地を構成する場合の指針をまとめると図**5.1**のようになる。

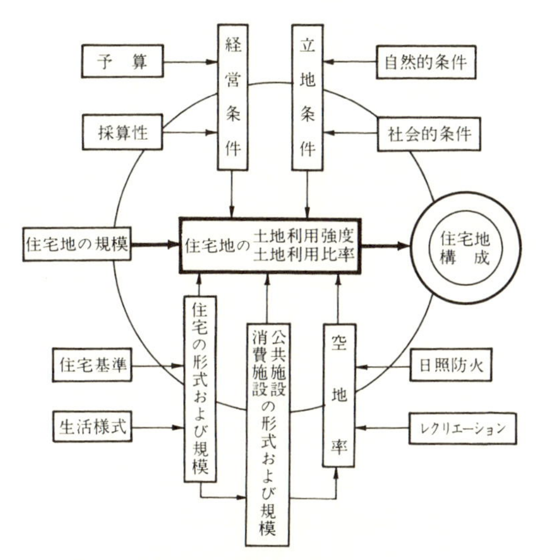

図5.1　住宅地構成指針[18-13]

b. 住宅のタイプ　都市の住宅には各種の住居形式がある。住宅と土地との関係に着目すると，1戸建，2戸建，連続建，共同建などの種類がある。外気に接する面は，1戸建は4面開放，2戸建は3面開放，連続建と共同建の場合，両端の住戸を除いて2面開放となる。2列に背中合わせに住戸を並べた連続建は棟割長屋 (back-to-back house) とよばれ，中間の各戸は3面を壁で囲まれ，採光，通風がはなはだしく不良となるので好ましくない。同じことが共同建についてもいえる (図**5.2**)。

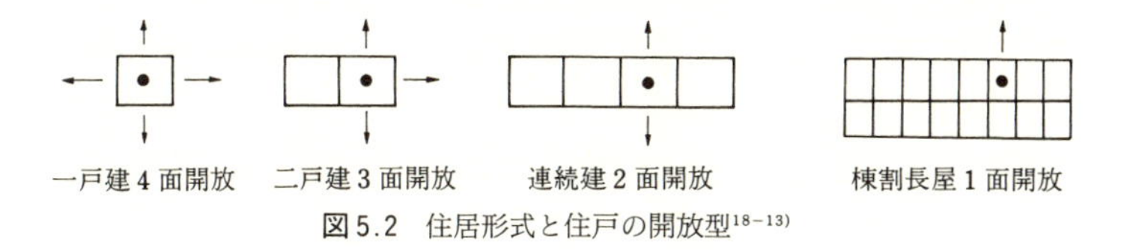

図5.2　住居形式と住戸の開放型[18-13]

次に共同住宅について通路形式によって分類すると，階段室型，片廊下型，スキップフロア型，中廊下型，集中型などがあり，重ね建の形式からみるとフラットとメゾネットがある。これらの組み合わせの例を**図 5. 3** に示す。

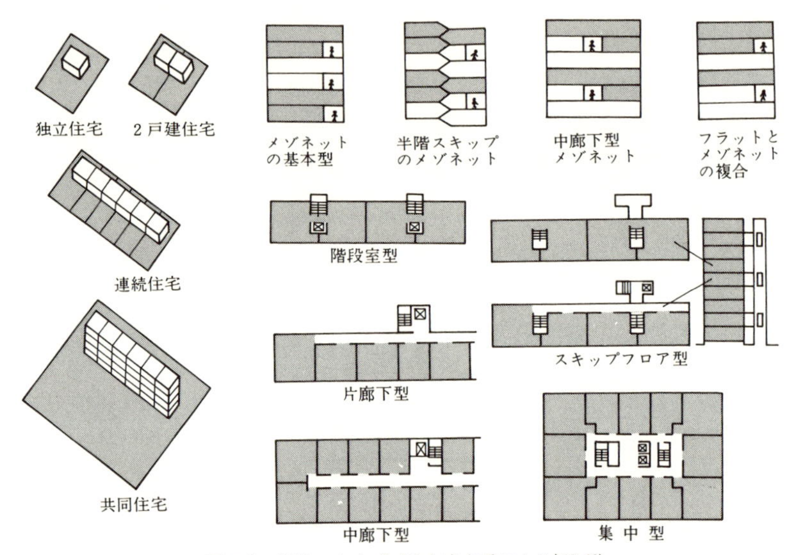

図 5.3　住宅のタイプ（鈴木成文氏による）[18−13)]

c．土地利用強度（密度）　　土地利用強度は，一定の土地が利用される場合の物量あるいは活動量の多少を表わす概念である。人口密度，戸数密度などは単位土地面積に対する人口数，戸数などをもって表わされ，普通 1 ha あたりで示される。これに対して，1人あたり，あるいは1戸あたりの土地面積で示す場合もある。この場合は密度の逆数となる。人口密度と戸数密度は，戸あたり世帯人数によって換算することができる。

土地利用強度は土地の面積のとり方によって左右される。したがって，その定義を明確に示したうえで数値を扱うことがたいせつである。たとえば密度についていえば，全市密度と地区密度では大きな差があり，地区密度でも，近隣住区，近隣分区，街区などスケールによってちがってくる。地区密度の場合，総密度（gross density），中密度（semi-gross density），純密度（net density）の区別がある（**図 5. 4**）。

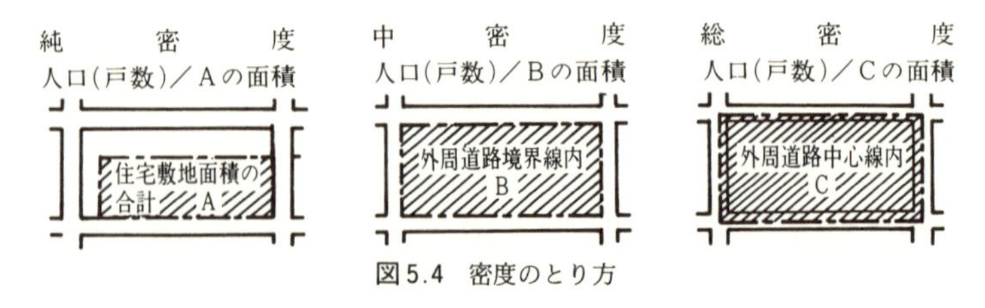

図 5.4　密度のとり方

次に建築物の床面積と土地面積を組み合わせた指標がある。これには建築面積率と建築容積率とがある。建築面積率 (ground coverage) は建ぺい率ともいわれ，建築面積の土地面積に対する割合（%）で建物の密集度を表わす。なお，建築面積の代わりに空地面積をとれば空地面積率（空地率）で，建築面積率とは次の関係にある。

建築面積率＋空地面積率＝100（%）

建築容積率（floor space index）は単に容積率，正確には建築延べ床面積率といい，建物延べ床面積の土地面積に対する割合（%）で，土地の高度集約利用の程度を表わす。建築面積率とは次の関係にある。

建築容積率＝建築面積率×平均階数

住宅地計画における土地利用強度の基準には各種のものがある。これらの基準の算定にあたっては，まず，住宅の日照，採光，防火などの条件，さらには通風，プライバシイ，景観などの条件から，住宅または住棟の隣棟間隔と配置基準を定め，次に土地利用比率を用いて，街区，近隣分区，近隣住区などの土地利用強度を求める。**表 5.1～表 5.3** はその算定例である。

表 5.1　建築形式別総建築面積率（%）(入沢恒氏による)[18-13]

建築形式			街　区	近隣分区	近隣住区
集合形式	階数	戸建	(100 戸)	(500 戸)	(2,000 戸)
独立住宅	1	1	10～17	9～16	8～15
	1	2	15～21	13～19	12～18
連続住宅	2		17～24	13～20	11～17
共同住宅	2		22～31	17～25	14～21
	3		16～24	13～20	10～16
	4		13～20	10～16	8～13
	6		10～15	7～12	5～ 9
	8		8～12	6～ 9	4～ 7
	10		6～10	5～ 8	3～ 6
	12		5～ 9	4～ 7	3～ 5

表 5.2　建築形式別総建築容積率（%）(入沢恒氏による)[18-13]

建築形式			街　区	近隣分区	近隣住区
集合形式	階数	戸建	(100 戸)	(500 戸)	(2,000 戸)
独立住宅	1	1	10～ 17	9～16	8～15
	1	2	15～ 21	13～19	12～18
連続住宅	2		34～ 48	26～40	22～34
共同住宅	2		44～ 62	34～50	28～42
	3		48～ 72	37～59	30～48
	4		52～ 78	39～63	31～51
	6		57～ 88	42～69	32～55
	8		61～ 96	44～73	33～58
	10		64～101	46～77	34～60
	12		67～107	47～80	35～62

表 5.3 建築形式別総住戸密度 (戸/ha)(入沢恒氏による)[18-13)]

建築形式			街区 (100戸)	近隣分区 (500戸)	近隣住区 (2,000戸)
集合形式	階数	戸建			
独立住宅	1	1	16～31	15～28	14～25
	1	2	26～37	24～38	22～30
連続住宅	2		60～83	50～65	43～54
共同住宅	2		76～108	64～85	54～68
	3		90～122	74～93	60～73
	4		98～130	79～98	64～76
	6		110～143	86～105	69～80
	8		119～152	92～110	72～83
	10		127～159	96～114	75～85
	12		133～167	100～118	77～87

d. 土地利用比率　土地利用比率は，住宅地を構成する土地の用途を，

i) 住宅用地

ii) 一般建築用地

iii) 交通用地

iv) 緑地用地

などに大別して，構成比（%）を算出するものである（**表 5.4**）。

表 5.4 住宅地の用地と機能

区分	機能
a. 住宅用地	各種形式の住宅
b. 一般建築用地	公共施設および商業施設：義務教育施設，診療所，集会所，幼稚園，保育所，供給処理施設，管理事務所など 日用品店舗，サービス業
c. 交通用地	交通施設：外周道路，内部道路，広場，駐車場
d. 緑地用地	公園および一般緑地：子供の遊び場，公園，運動場，樹林地，芝生地，菜園地など

このうち，用地の大部分を占めるのは住宅用地であるが，これは戸数が一定であっても，住居形式が変わり，密度が変われば面積はかなり大きく変化する。これに対して，その他の用地は戸数が一定であれば，それほど大きく変化しない。したがって，住宅用地の密度を高くしても都市あるいは地域の総面積はその割合では小さくならない。このことは市街地の高度利用を考える場合に重要な意味をもっている（**図 5.5**）。

土地利用比率は，開発する住宅地の規模によって変化する。これは開発規模が大きくなるほど，より高度の施設を必要とするため，住宅用地以外の用地の比率が高くなるためである。街区（100戸），近隣分区（500戸），近隣住区（2,000戸）に3区分して，1戸あたり所要用地面積，土地利用比率を示したのが**表 5.5** および**図 5.6** である。

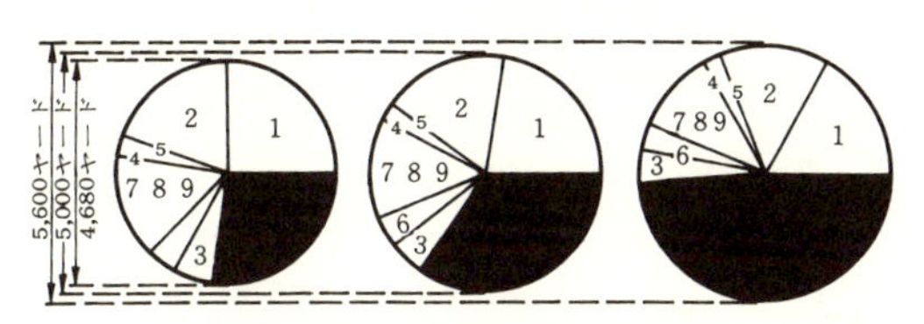

都市の直径と住宅用地密度との関係

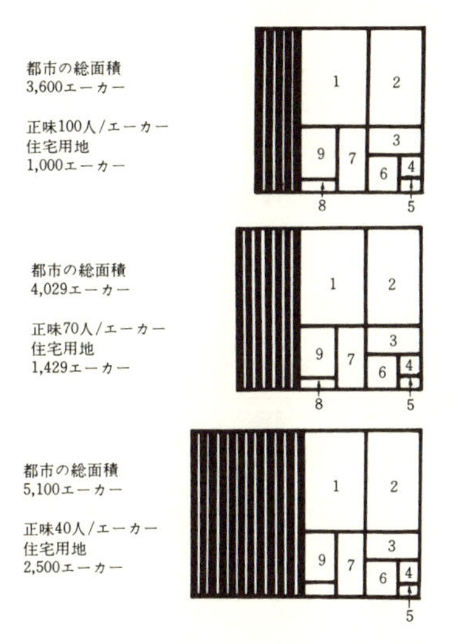

1. 工業　900（エーカー）
2. オープン・スペース　730
3. 主要道路　200
4. 公益事業　50
5. 病　院　25
6. 中心地区　160
7. 中学校
8. 高校以上の教育機関　535（7〜9）
9. 小学校

計画人口10万人の新都市フックの計画において都市総面積に及ぼす住宅用地密度の影響を検討したもの。住宅用地以外の用地を一定とし，住宅用地密度を40～100人／エーカーに変化させた場合，都市総面積はかなりちがうが，都市の直径に換算するとおどろくほど変化が少ない。

図5.5 住宅用地密度と土地利用比率[30-13]

表 5.5 建築形式別，土地利用比率（%）（入沢恒氏による）[18-13]

団地規模	建築形式		住宅用地	一般建築用地	緑地用地	交通用地
街区	独立住宅	（1～2階）	75～85	—	2～4	15～20
	連続住宅	（2　階）	70～75	—	6～8	20～22
	共同住宅	（3～4階）	68～75	—	9～13	17～20
		（6～8階）	65～70	—	11～15	19～21
		（10～12階）	60～65	—	13～17	21～23
近隣分区	独立住宅	（1～2階）	70～80	2～5	3～7	16～21
	連続住宅	（2　階）	55～60	7～10	10～13	21～23
	共同住宅	（3～4階）	50～60	7～10	11～13	21～24
		（6～8階）	45～55	9～11	13～17	24～26
		（10～12階）	40～50	10～12	15～18	26～28
近隣住区	独立住宅	（1～2階）	60～75	4～7	4～10	17～22
	連続住宅	（2　階）	45～55	11～14	13～16	23～25
	共同住宅	（3～4階）	40～50	12～15	15～19	24～27
		（6～8階）	35～45	14～16	17～21	26～28
		（10～12階）	30～40	15～17	19～22	28～30

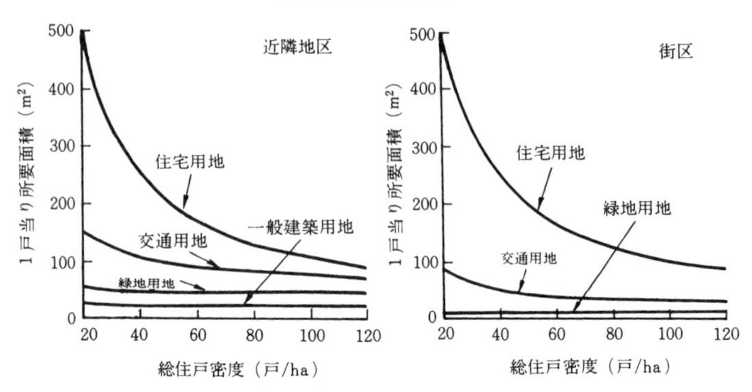

図5.6　総住戸密度別1戸当り所要用地面積（入沢恒氏による）[18-13]

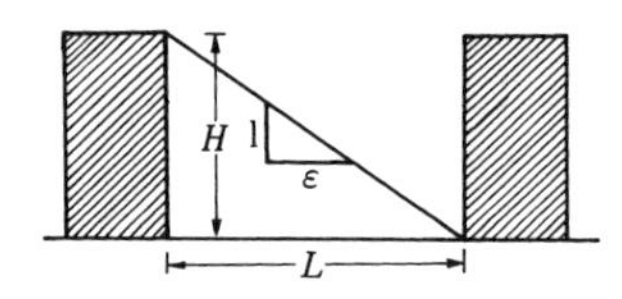

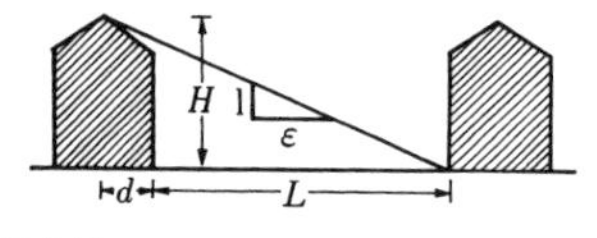

図5.7　日照条件

e．日照条件　　いま図**5.7**のように隣棟間隔をL，前面建物の有効高さをHとすれば，次の関係がある。

$L=\varepsilon H-d$　　d：前面建物最大高さの部分からその後部壁面までの距離

ε：比例定数，一般に南北隣棟係数と称する

dは太陽光線が前面建物の北勾配屋根にあたる場合は0となる。εは緯度･所要日照時間によって異なり，建物が正南に面する場合は，次の式から求めることができる。

$$\varepsilon=\frac{\cos A}{\tan h}$$

A：日照限界時刻の太陽の方位角

h：日照限界時刻の太陽の高度

なお建物の方位，地盤の勾配を考えれば，εは次の式から求められる。

建物が正南より角θ，東または西に振れる場合(1)，建物が南面し，地盤が南北方向に角γで傾斜する場合(2)

$$\varepsilon=\frac{\cos\ (\theta-A)}{\tan h}\qquad(1)\qquad\qquad \varepsilon=\frac{\cos A}{\tan h+\tan\gamma\ \cos A}\qquad(2)$$

Aおよびhは，次の式から求める。

$$\sin A=\frac{\cos\delta\ \sin t}{\cos h}$$

$$\sin h=\sin\varphi\sin\delta+\cos\varphi\cos\delta\cos t$$

φ：緯度

δ：赤緯(冬至，北半球　$-23°27'$)

t：日照限界時刻の時角

tは日照時間をTとすれば，建物が正南に面する場合には$t=15°\times T/2$となる。たとえば正午を中心とした2時間日照を考えると$t=15°$である。

表 5.6 日照条件による所要南北隣棟間隔（m）

都市名	北 緯	階				数			
		1	2	3	4	5	6	8	10
札 幌	43° 04′	11	22	24	33	41	49	65	82
青 森	40° 49′	10	19	22	29	36	43	58	72
新 潟	37° 55′	8	16	19	25	31	37	50	62
仙 台	38° 16′	8	16	19	25	32	38	51	64
東 京	35° 40′	7	14	17	23	28	34	46	57
大 阪	34° 39′	7	14	16	22	27	32	43	54
福 岡	33° 35′	7	13	16	21	26	31	42	52
鹿児島	31° 34′	6	12	14	19	24	29	39	48

注 1）平均階高 3.0m，陸屋根とする。
2）1，2 階は冬至 6 時間日照，3 階以上は冬至 4 時間日照を満足させる。
3）冬季の日照率の低い地方は適当に緩和する。

表 5.7 防火上安全な隣棟間隔（m）[18-13]

建物構造	階	数
	1 階	2 階
普通木造	≧10	≧13
防火木造	≧ 5	≧ 7

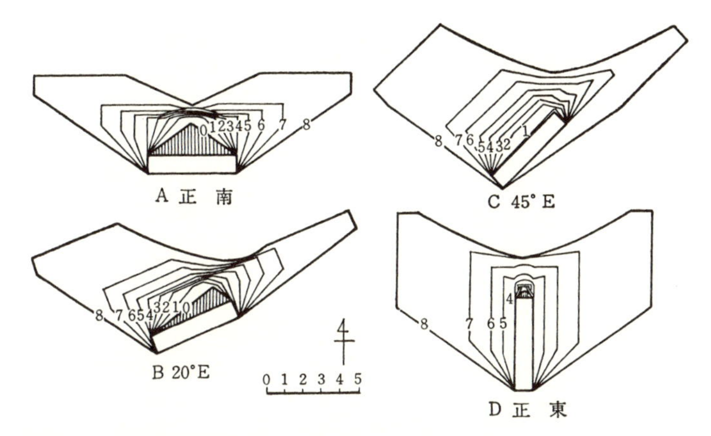

方位： A：正南 B：20°E C：45°E D：正東
東京付近において冬至の等時日影曲線を建物方位別に図示したものである。図中の数字は日照時間を示す。斜線部分は終日陰影部分で，正南の場合に最大となる。

図 5.8 冬至における等時日影曲線（東京：北緯 35°40′，高さ 1.2）[18-13]

f. 防火条件　住宅が耐火構造であればよいが，木造の場合には火災の延焼を防止するために適当な隣棟間隔をとることが必要であり，隣接する住宅の東西方向の隣棟間隔をこれによって定めることが考えられる。

火災の延焼は複雑で，建物の規模や構造ばかりでなく，気象条件や消防力など多くの要素の影響を受ける。とくに飛火は相当な距離まで達するので，防火上必要な隣棟間隔を決めることは困難である。ここでは通常火災の輻射熱，火炎の接触による延焼を考え，いちおうの値として**表 5.7** を掲げる。

D. コミュニティ・プランニング

コミュニティとアソシエーション

コミュニティ（community）はもともと社会学で用いられる概念で，学者によって，その定義はまちまちであるが，コミュニティの基礎は，地域性と共同性にあるという点ではかなり一致をみているといわれる。マッキーヴァー（MacIver）によれば「コミュニティの基本的指標は人間の社会的諸関係のすべてがその内部で見出されうるということである。これに対してアソシエーション（association）はコミュニティの基盤のうえに立って一定の目的を果たすためにその手段あるいは器官として派生される集団をいう」[1)]。したがって，人間の生活圏が拡大し，社会が複雑化するほどコミュニティの地域は拡大し，その共同性の内容も分化し，多くのアソシエーションを派生してゆくことは当然である。

コミュニティ行政

わが国では1969年に国民生活審議会がコミュニティについての見解[2)]を発表し，その中で次のように新しいコミュニティの概念規定を行なっている。

「生活の場において，市民としての自主性と責任を自覚した個人および家庭を構成主体として，地域性と各種の共通目標をもった，解放的でしかも構成員相互に信頼感のある集団をコミュニティとよぶ。この概念は近代市民社会において発生する各種機能集団のすべてが含まれるのではなく，そのうちで生活の場に立脚する集団に着目するものである」。

この提言を受けて，自治省は1971年から3年間にわたり，全国83地区をモデル・コミュニティに指定し，住民活動計画と環境整備計画の策定および実施に援助を与え，コミュニティ計画推進の端緒をひらいた。

都市計画とコミュニティ

コミュニティ・プランニング（community planning）は，広義にはコミュニティ・オーガニゼーション（community organization）のような非物的計画を含むと考えられ，また地域的にも都市や都市群を含んだ広域についても考えられないことはない。しかし，狭義には住民の居住する村や町あるいは都市の中の居住地の部分を対象とする物的な計画を意味し，この場合のコミュニティは住民がその地域での日常生活上のsocialな要求とphysicalな要求を同時に充足しようとする都市計画の計画単位でもある。

socialな要求については，中世の村落に対するノスタルジアからすべて人びとが親密な人間関係になければならないと期待するもの，あるいは現代人の生活環境や要求から，必要な限度において人間関係が形成されていればよく，むしろ異なった考えをもった多くの人びとが共存しているのが現代のコミュニティであるとするものなど意見は分かれる。このようなコミュニティの人間関係は実際にも，農村，地方中小都市，大都市の山手と下町ではかなり相違しているのが事実である。

---

1) 社会学辞典，有斐閣，p.8およびp.263より．
2) 国民生活審議会：コミュニティ——生活の場における人間性の回復，1969.

一方，これまで生活環境水準の低かったわが国の市街地では，ようやく一般住民の住宅や環境施設についての関心が高まり，一方において交通公害やマンションによる日照障害などに対して生活を守る運動が展開されるにいたり，コミュニティの physical な面での要請もにわかに高まりつつある。

コミュニティ・プランニングははじめアメリカにおいて，City Beautiful 運動の反動として，1920 年代に初期のコミュニティ・プランニングが登場した。アーサー・ペリー（Arther Perry）によって考案された「近隣住区単位」は住宅地の計画原理として有名で，各国に与えた影響は大きい。

しかし，今日では，コミュニティ・プランニングといっても必ずしも住民活動を伴ったものに限定されるわけではなく，住宅地が備えていなければならない一般的な諸条件のほかに，住民のさまざまなローカル・ニーズをとり入れる地区計画の技法として定着し，さらに各種の技法を生み出している。近隣住区制はイギリスの初期のニュータウンの計画技法として採用されており，また一般市街地を対象とする都市の整備計画においても，施設配置の計画単位として利用されている。

コミュニティ・プランニングの発想は，従来とかく物的空間の単なるデザインに終始しがちであった都市計画に，地域社会の抱えている有形無形の諸問題をめぐる住民のニーズをとり入れ，より人間性に根ざした計画への接近をうながすものであって，今後ますます重要性を加えるものと考えられる。

まちづくり

近年，コミュニティ・プランニングの一種として，住民主体による「まちづくり」といわれる活動が活発となってきている。まちづくりには多様な形態があるが，大きく分けるとテーマ型まちづくりと地域型まちづくりに分類することができる。テーマ型は地域を限定しないで福祉，環境，教育，文化・芸術，子育てなど多様な分野にわたって活動を行うものであり，地域型は特定の地域を対象としてまち興し，町並み保存，緑地保全，活性化，産業再生，またこれらの複合型などを行うものであり，いずれも行政に頼らず住民が自らの持てる能力を発揮して活動を行うものである。

まちづくりを行うために多くの壁があるといわれており，そうした壁を取り払うためにまちづくりセンターを設立して，まちづくり活動の支援を行っている自治体もある。また，まちづくり活動は住民主体で行うものであるが，まちづくり条例を制定して，まちづくり活動を行政的に位置づけ，様々な支援を行っている自治体も多くある。

佐藤滋早大教授は，まちづくりを「地域社会に存在する資源を基礎として，多様な主体が連携・協力して，身近な居住環境を漸進的に改善し，まちの活力と魅力を高め，「生活の質の向上」を実現するための一連の持続的な活動」と定義している。まちづくり活動の進展により，都市計画にも住民が関与できるようになった意義は大きく，特に歴史的環境の保全・活用や緑地の保全などでは，地域住民を巻き込んだ形で様々な活動が展開されるなど，大きな変化が起こっている。

E. 住宅地の計画単位

a. 近隣住区　1929年，ペリー(Clarence Arthur Perry)が有名な近隣住区単位(neighborhood unit)の概念を明らかにしたことは先に述べた[1]。**(図5.9)**

都市計画の分野では，ペリーの近隣住区は，ハワードの田園都市に次いで各国に大きな影響を与え，数多くの研究を生み出すとともに，住宅地の計画基準や都市の構成理論の中で有力な地位を占めていった。古くはトーマス・アダムス(T. Adams)，フェーダー(G. Feder)の有名な研究があり，最近のものではアメリカ公衆衛生協会による住宅地の計画基準[1]がある。わが国では日本建築学会が昭和16年に「庶民住宅の技術的研究」の中に近隣住区の考えを取り入れている。

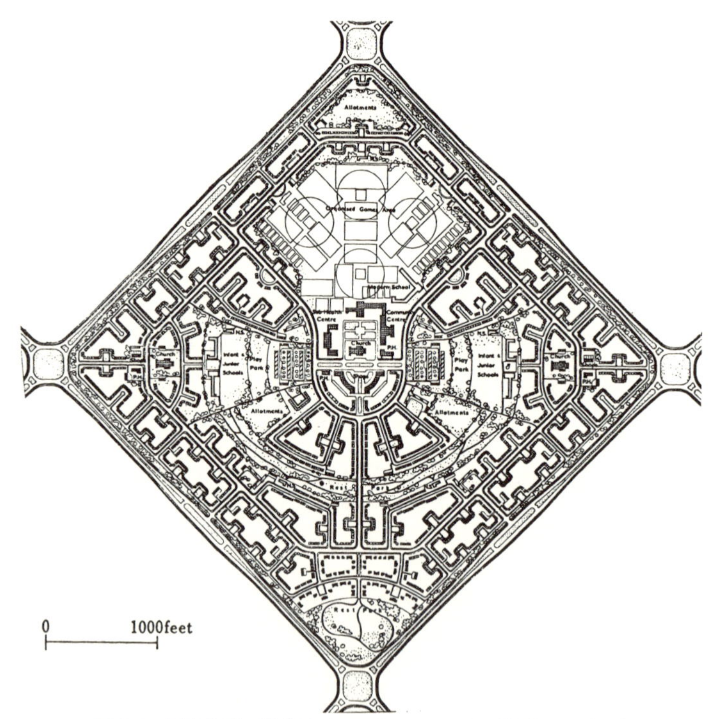

図5.9　近隣住区の模式図(マンチェスター市の計画，1945)[6-1]

---

1) American Public Health Association : Standard for Healthful Housing, III Planning the Neighborhood, 1960.

一方，イギリスでは近隣住区をニュータウン計画に採り入れて実現した。P. アーバークロンビー教授の大ロンドン計画では，近隣住区は人口5,000～10,000人が適当であるとされている。イギリス政府はこの提案を受けて，初期のニュータウンに近隣住区計画を採用したが，そのうちでも，ハーロウ[1]およびスティヴネイジは最も明確に住区制をとった例であるとされる（**図5.10**）。わが国で近隣住区制を採用したニュータウンとしては千里ニュータウンがその典型であろう（**図5.11**）。

近隣住区は，はじめ個々の住宅地の環境を改善し，利便を増進することから出発したが，しだいにこれより小さい単位からさらに大きな単位へと段階的に組み上げることによって都市を構成することが考えられるようになった。それぞれの単位は国により，開発される

地域の条件により多様化している（**図5.12**）。

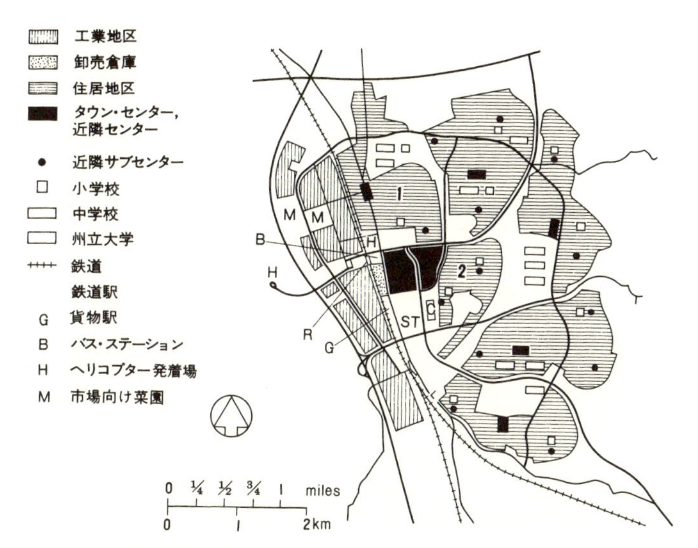

図5.10 新都市スティヴネイジの近隣住区（Clifford Holliday設計）[5-3)]

1) 8章8.3節ハーロウ参照.

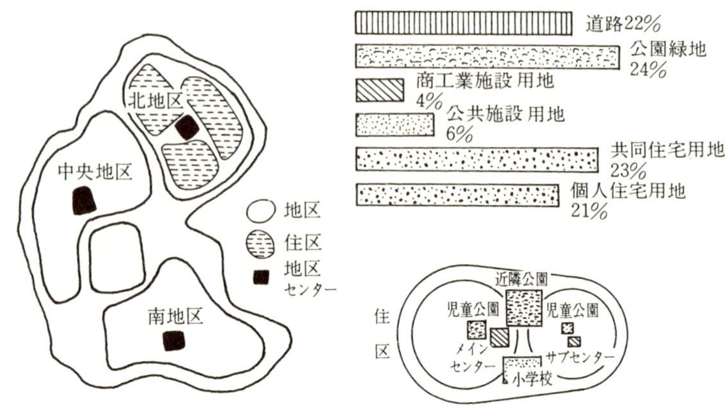

図5.11　千里ニュータウンの住区構成と土地利用比率[18-13]

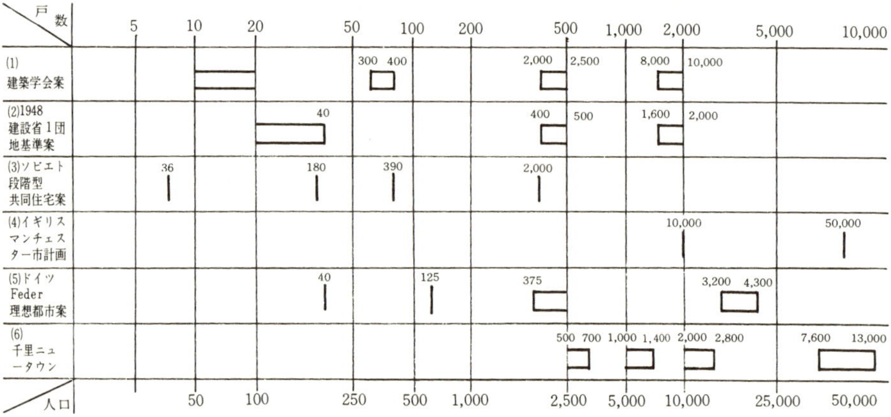

戸数	5	10	20	50	100	200	500	1,000	2,000	5,000	10,000
人口		50	100	250	500	1,000	2,500	5,000	10,000	25,000	50,000

計画	段階（図中の数値）
(1) 建築学会案	300　400 / 2,000　2,500 / 8,000　10,000
(2)1948 建設省1団地基準案	40 / 400　500 / 1,600　2,000
(3)ソビエト段階型共同住宅案	36 / 180 / 390 / 2,000
(4)イギリスマンチェスター市計画	10,000 / 50,000
(5)ドイツFeder理想都市案	40 / 125 / 375 / 3,200　4,300
(6)千里ニュータウン	500　700 / 1,000　1,400 / 2,000　2,800 / 7,600　13,000

図5.12　住宅地計画単位の段階構成[18-13]

b. クラスター(cluster)　近隣住区より小さい単位は戦前のドイツやソビエトの基準にみられる。しかし，最近はこれとは異なった意味で住宅の配置計画の技法としてクラスター開発（cluster development）に様々な工夫がなされている。クラスター開発は，敷地割によって各戸に庭をとる形式の代わりに住宅を適当に連続させ，これを巧みに配置することによって，より好ましい共同のオープン・スペースを生み出す技法である（**図5.13**）。

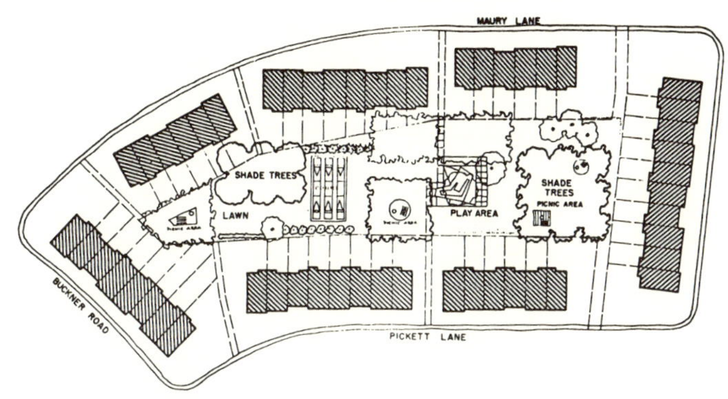

図 5.13 クラスター開発の例（ジョージタウン南ブロック）[18-14]

c. コミュニティ地区（community district） 数個の近隣住区を組み合わせた地区をいう。マンチェスター計画では人口 50,000 の規模の地区を適当としている。ここには近隣住区より高次の諸施設が設けられ地区センター（district center）が形成される。わが国の大都市の郊外では，通勤鉄道の駅を中心とする駅勢圏がこれにあたる（**図 5.14**）。

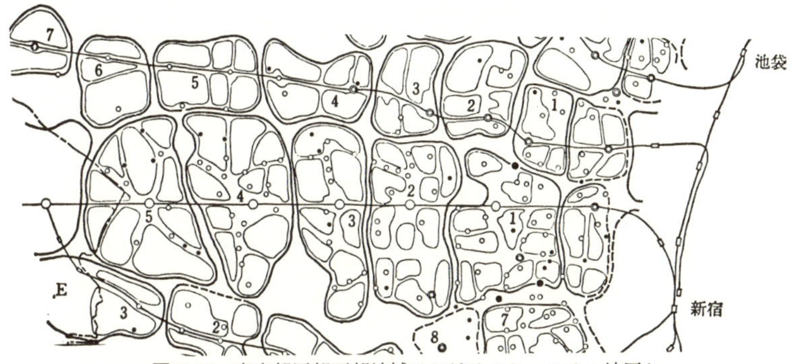

図 5.14 東京都区部西郊地域におけるコミュニティ地区と近隣住区区分の提案（部分）[18-15]

d. 既成市街地の計画単位 既成市街地の住宅地の都市更新（urban renewal）の場合にもこれらの計画単位が考慮される。アメリカの諸都市のマスタープランには，コミュニティ地区や近隣住区の地区区分を行なって，地区再開発や公共施設の改善の目標としている例が多い[1]（**図 5.15**）。

1) アメリカ諸都市のマスタープランにおけるコミュニティ地区の規模は幅が大きく，ニューヨーク市の例では，6,000～250,000 人にわたっている．デトロイト市では，50,000～150,000 人，セントルイス市では，40,000～80,000 人，ロスアンゼルス市では，3,800～124,000 人，サンフランシスコ市では 34,000～90,000 人となっている．また，近隣住区は 5,000～15,000 人ぐらいの規模のものが多い．

この基準は中層住宅を主体とする住宅都市で，都心から約 1 時間通勤圏に立地し，人口密度 150 人/ha副都心の影響圏外にあって周辺人口の流入のない場合で，駅を中心とする半径 1 粁の駅勢圏を想定している．

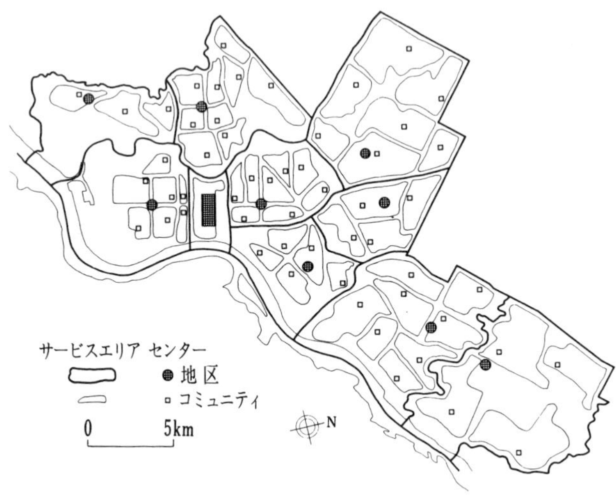

図5.15　フィラデルフィア市のマスタープラン

表 5.8　札幌市住区整備施設配置の標準[26-4)]

a. 学　校

区　　分	校地面積	通学距離	通学時間	備　　考
小 学 校	16,000m²	500m 以下	10 分以下	1 住区に 1 校
中 学 校	20,000m²	1,000m 以下	15 分以下	2 住区に 1 校

b. 公　園

種　　類	対　　象	規　　模	誘致距離	配置基準
児童公園	7～12 才	2,500m²	250m	1 住区に 4 ヵ所
近隣公園	居住者全体	20,000m²	500m	1 住区に 1 ヵ所
地区公園	〃	40,000m²	1,000m	4 住区に 1 ヵ所

c. 道　路

<table>
<tr><th colspan="2">種　　類</th><th>機　　能</th><th>標準幅員</th><th>標準配置間隔</th></tr>
<tr><td colspan="2">幹 線 道 路</td><td>住宅市街地の骨格として，住区を構成する。</td><td>20m 以上</td><td>1,000m 程度</td></tr>
<tr><td rowspan="4">住区内サービス道路</td><td rowspan="2">住区内幹線道　　路</td><td rowspan="2">住区内の中心的サービスを行なう。</td><td>16m 以上</td><td>250～500m 程度</td></tr>
<tr><td>12m 以上</td><td>100～250m 程度</td></tr>
<tr><td>区 画 道 路</td><td>宅地サービスを行なう。</td><td>8m 以上</td><td></td></tr>
<tr><td>歩行者専用路</td><td></td><td>6～12m</td><td></td></tr>
</table>

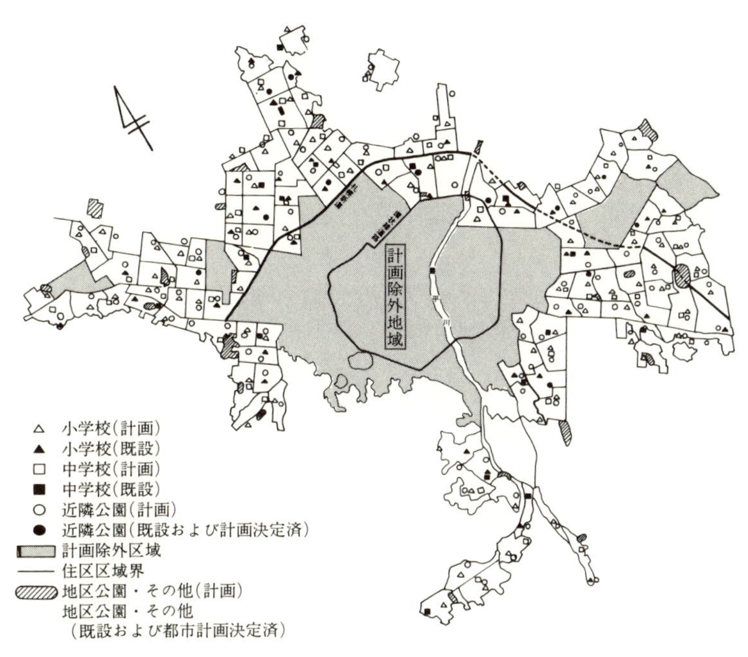

(a)住区整備基本計画図

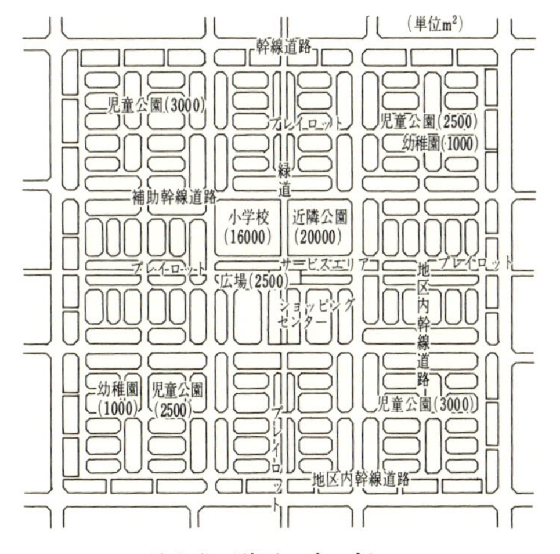

(b)住区計画モデルパターン

対象地域は市街化区域 22,010ha のうち，今後市街化が予想される新市街地約 12,700ha について計画している。

住区の形成は鉄道や幹線道路，河川などによって区画される面積約 100ha 人口 8,000～10,000 人を標準とし，116 区の住区に分割している。

図 5.16 札幌市の住区整備基本計画[26-4)]

わが国でも，高知市，神戸市，川崎市などでは，コミュニティ・カルテを作成して，地区ごとの情報を集収し，地区の抱えている問題を整理し，地区対策に備える試みがなされている。また，札幌市では，昭和48年から中心市街地を除く，周辺市街化区域に対して，小学校区を標準とする住区制を採用し，都市計画街路のほかに，住区内幹線(市道)，義務教育施設，近隣公園の用地をあらかじめ確保することとし，すでに住区の指定を終わって，各地区内の施設整備を行なっている（**図5.16**）（**表5.8**）。

F．住宅地の共同施設

都市に居住する住民の生活行為はきわめて多種複雑なものであるが，そのおもなものを整理し，共同化の形態を考えたものに吉武泰水氏の資料がある（**表5.9**）。

表5.9 共同化の考えられる施設（吉武泰水氏による）

共同化の考えられる行為	施設名称	共同化の考えられる行為	施設名称
11 食事	食堂	41 炊事	炊事場
12 入浴	浴場	42 洗濯	洗濯場，物干場
13 用便	便所，化粧室	43 裁縫	作業場
14 保健	診療所，理髪，美容所	44 収納	共同倉庫
21 娯楽	娯楽室，映画館	45 暖房	ボイラー室
22 教養	講演・講習室	46 作業(内職)	作業場
23 運動	室内運動場，野外運動場	51 配給	配給所
24 読書	読書室	52 保安	巡査派出所，消防署
25 交際	談話・社交室，共同宿泊所	53 管理	区役所出張所，管理事務所
31 保育	保育所，遊戯場	54 通信	郵便局，電話ボックス
32 教育	学校，運動場	55 交通	停留場，エレベーター

このような住民要求があっても，一方，それに応ずる共同施設が成立するか否かは，施設の経営形態によって大きく差異を生ずる。たとえば，商業施設のように一般の営業施設とする場合には，採算がとれるか否かが問題であり，公共施設として設ける場合には，行政上，他の地域とのバランスや予算の有無が問題となる。また，プレイロットや集会施設や下水道のように，住民が受益者としてどこまで負担すべきかという問題もある。

共同施設については多くの現況調査や施設基準の提案がある。わが国の例としては，昭和16年に日本建築学会が作成した基準が古く，戦後はこれを骨子として作成された建設省一団地住宅基準がある（**表5.10**）。昭和30年に日本住宅公団が発足して以来，住宅団地計画は設計技術の点でも大きな発展をとげ，人口30～40万人の都市スケールの開発では，都市としてのセンター地区を備えるにいたっている（8章参照）。

共同施設の種類と配置はその施設の経営規模や自家用車の普及などとも関係があるが，とくに住宅地の戸数や人口規模と関係がある。**図5.17**は住宅地の規模に応ずる共同施設の種類を示したもので，**表5.11**は駅を中心とする人口6万人のコミュニティ地区の成立

表 5.10 共同施設の基準（建設省一団地住宅基準 1948）(単位 m²)

一団地種別	施設名	数量	敷地面積	建築面積	備考
隣保区 20～40 戸 100～200 人	幼児，幼年公園	1	1,000		隣保区の中心に交通路その他危険物と隔離して設ける
	共同洗濯場	2～4			各戸に洗濯場のない場合に設ける。共同給水栓，共同井戸などを利用してもよい
近隣分区 400～500 戸 2,000～2,500 人	生活協同組合事務所	1	600	150	隣接して設ける
	集会所	1	800	200	
	託児所	1	1,500	300	兼用させてよい。集会所と隣接させること
	幼稚園	1	1,500	300	
	授産所	1	300	100	託児所などと結合させて設ける
	共同浴場	1	600	200	
	日用品配給所	1	1,500	1,000	とくに設けぬ場合は住宅戸数の3％程度を店舗とする
	診療所	1	300	300	
	警官派出所	1	100	100	近隣分区にいずれか一つを設ける
	消防派出所	1	100	100	近隣住区全体にうまく配置させる
	公衆電話	1			一括して配置する
	公衆便所	1			
	郵便ポスト	1			
近隣住区 1,600～2,000 戸 8,000～10,000 人	小学校	1	20,000	2,500	
	少年公園	1	16,000		小学校の運動場で兼用してよい
	図書館	1	2,500	500	数近隣住区に1ヵ所の割で設けてもよい
	病院	1	4,000	800	
	郵便局	1	900	400	

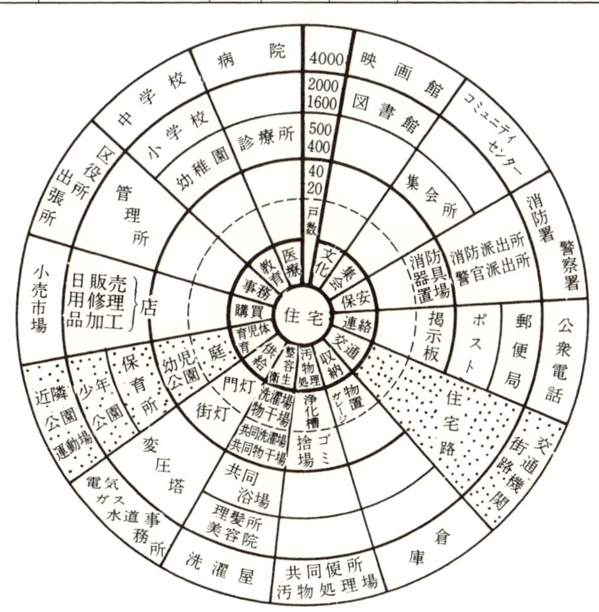

図 5.17 共同施設一覧表[18-13]

過程を通じて，必要とされる共同施設の基準を示したものである。

一般住民の生活水準の向上に伴うニーズの高度化により，共同施設の種類や運用は大きく変わりつつある。公共公益施設として整備される施設の中では，大小多機能の集会室をもつコミュニティ・センターの設置についての要望が全国的に高く，民間施設としては，スーパー・マーケットやスポーツ・センターの進出が著しい。

表 5.11 人口1～6万の住宅地の共同施設一覧[18-15)]

近隣住区数	1	2	3	4	5	6	近隣住区数5～6で副次中心として周辺人口を吸引する場合
世帯数	2,000～2,500	4,000～5,000	6,000～7,500	8,000～10,000	10,000～12,500	12,000～15,000	
人口	8,000～10,000	16,000～20,000	24,000～30,000	32,000～40,000	40,000～50,000	48,000～60,000	
中学校	—	1	2	2	3	3	
高等学校	—	—	1	2	2	3	各種学校
市区役所出張所	—	1	1	2	3	4	市区役所支所
消防派出所	—	1	1	1	2	3	警察署　消防署
郵便局	—	1	1	2	3	4	
病院	—	1	1	2	2	3	保健所
コミュニティセンター	—	—	1	1	1	1	
サービスステーション*	—	—	1	1	1	1	
鉄道駅	1	1	1	1	1	1	
駅前広場	1	1	1	1	1	1	
地区公園	—	—	—	—	1	1	
住区内店舗総数**	80～100	160～200	360～450	480～600	800～1,000	1,000～1,200	小デパート 店舗数2割増
銀行	—	1	2	2	2～3	3～4	施設数＋2
映画館	—	—	1	2	2～3	3～4	施設数＋2

* 電気，ガス，水道，下水などのサービスステーション

**地区中心に配される店舗数は，近隣住区の関係位置により異なる

近隣住区の施設

世帯数	2,000～ 2,500
人口	8,000～10,000
小学校	1
近隣公園	1
プール	1

近隣分区の施設

世帯数	1,000～1,250	診療所	1
人口	4,000～5,000	集会場	1
幼稚園	1	管理事務所	1
保育園	1	警官派出所	1
児童公園*	1	日用品店舗	40～50
共同浴場	1		

*子供の遊び場は100～200世帯に1ヵ所

この基準は中層住宅を主体とする住宅都市で，都心から約1時間通勤圏に立地し，人口密度150人/ha副都心の影響圏外にあって周辺人口の流入のない場合で，駅を中心とする半径約1粁mの駅勢圏を想定している．

G. 住宅地の設計

a. 敷地計画　住宅の敷地は道路で囲まれた街区（block）に区画し，街区をさらに画地（lot）に分割する場合と，分割しないで共同の敷地として利用する場合とがある。前者は主として戸建住宅や連続住宅の敷地で，後者は共同住宅の敷地である。

街区を画地に分割することを敷地割（subdivision）といい，画地を1例に配した街区を1列式街区，2列に配した街区を2列式街区という。中央に共同空地を有する街区を中空街区という。また，画地に分割せずに大きな街区として利用するものを街区集団または大街区（super-block）という。画地は街区内の位置によって名称があり，画地の境界線もその位置によって，表界線（道路境界線），裏界線，側界線などの別がある（**図5.18**）。

ドイツでは開放分離式建築方式（Offene Bauweise）と閉塞連続式建築方式（Geschlossene Bauweise）の区別がある。前者は側界線より一定の距離を保って建築する方式で，後者は道路に面して両側界線の間を連続して建築する方式である（**図5.19**）。

画地の規模は住宅の日照，採光，通風，防火，プライバシイなどの点から，一定以上の面積が必要である。市街地の密集化を防ぐため最小限画地規模（minimum lot size）を規制する制度がある。わが国では，1戸建住宅の場合，一画地の最小規模は少なくとも150 m²，一般的には200 m² 以上は必要であると考えられる。地価の高い大都市の内部市街地では，このような条件を満たすことが困難であるので，共同住宅によって街区を共同で利用する必要がある。

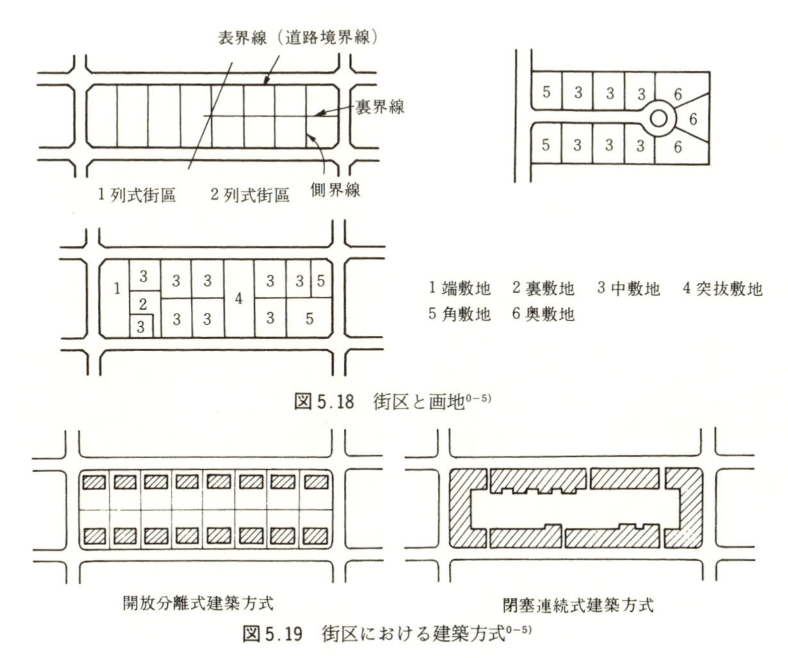

図5.18 街区と画地[0-5)]

図5.19 街区における建築方式[0-5)]

b．住宅路[1]　住宅路は住宅地内部の細街路で，各住戸へのサービスを目的とし，区画街路ともいう。したがって，通過交通を避け，住宅地の安全で静かな環境を確保するように計画しなければならない。住宅路の基本的パターンとしては次のものがある（**図 5.20**）。

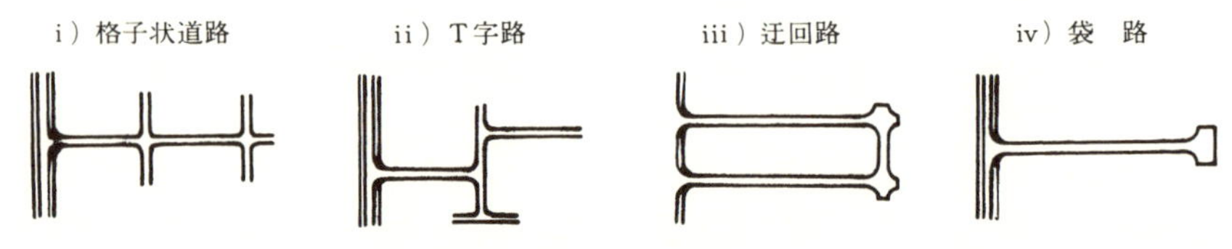

図5.20　住宅路の基本パターン[16-20]

(1)　格子状道路：グリッド状のパターンで，民間分譲地などで最も多く用いられるが，通過交通が侵入しやすく，道路の優先順位が不明確な場合には交通事故を起こしやすい。

(2)　T字路：格子状パターンの改良型で，T字の交差を取り入れたものである。通過交通の排除，車の走行速度を下げる点で有効である。

(3)　迂回路および入込路：U字路ともいわれる。両側に画地の接するものを迂回路(loop)といい，敷地割または修景上の必要から設けられる主道路から入り込んだ路を入込路（road-bay）という。これも通過交通の排除には有効である。

(4)　袋路(cul-de-sac)：行き詰りの住宅路で，通常終端部に廻車広場を設ける。通過交通を避け，静かな住環境を確保するのには最も有効であるが，防災上の問題があるので，袋路の延長は限度がある。また終端部に避難路を考慮する必要がある。

(5)　歩行者専用路：車を完全に排除した歩行者専用の道路である。上記の各種道路パターンとの組み合わせが考えられる（**図 5.21**）。

住宅地内に設けられる公園，学校，コミュニティ・センターなどの諸施設を歩行者専用路で結ぶことによって，ネットワークを形成することができる。歩行者専用路を植樹などによって緑化したものを緑道という。これらと幹線街路の交差は立体分離を行なうのが原

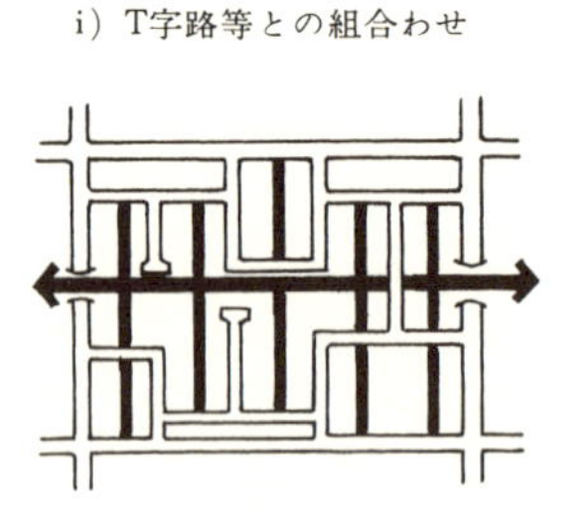

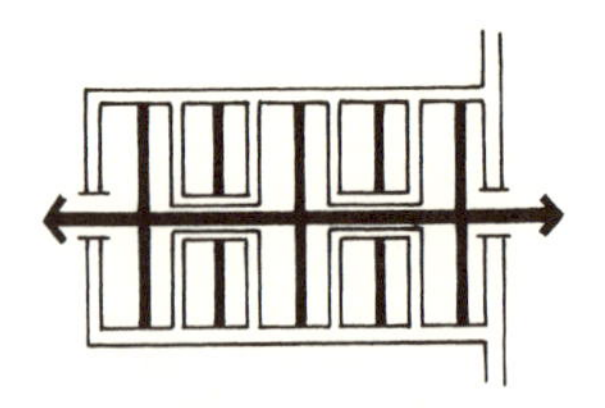

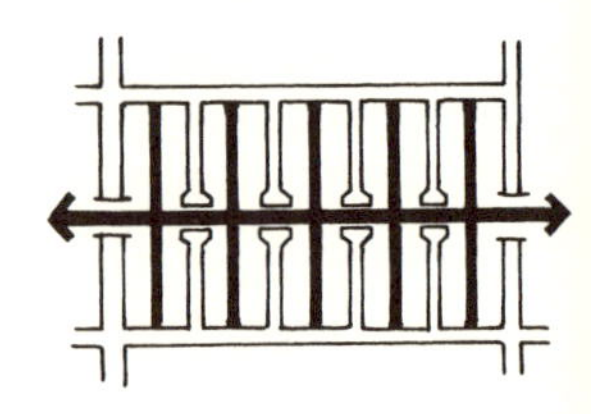

図5.21　歩行者専用路の組合わせ[16-20]

1)　4章4.2節E.参照.

則である。**図 5.22** はこれをスーパー・ブロックに適用した例であり，**図 5.23** は既成市街地に適用したものである。

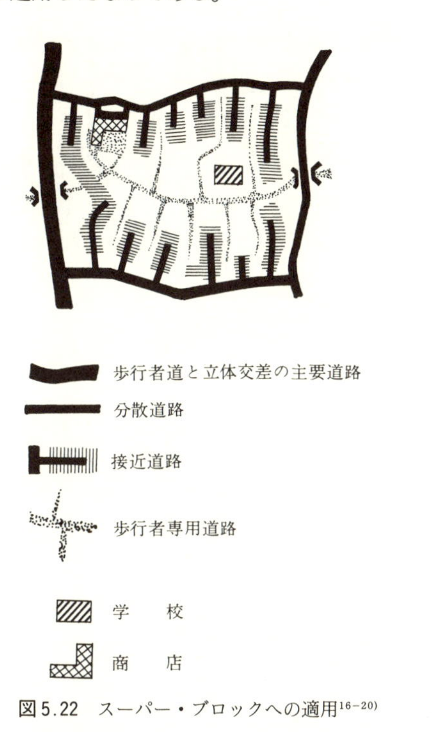

図 5.22　スーパー・ブロックへの適用[16−20]

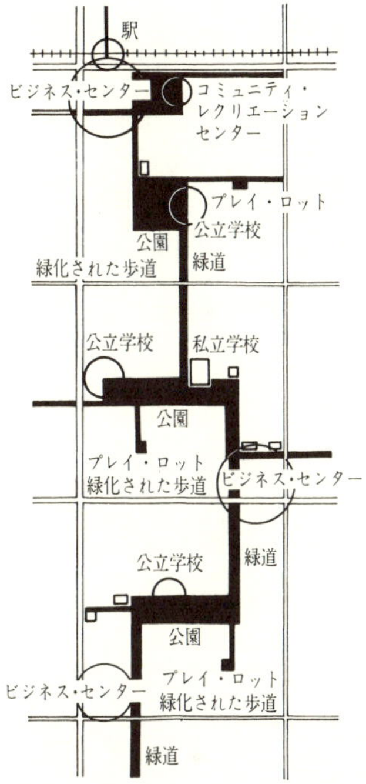

駅
ビジネス・センター
コミュニティ・レクリエーションセンター
プレイ・ロット
公立学校
公園
緑化された歩道
緑道
公立学校
私立学校
公園
プレイ・ロット
緑化された歩道
ビジネス・センター
公立学校
緑道
公園
ビジネス・センター
プレイ・ロット
緑化された歩道
緑道

図 5.23　既成市街地への適用[16−20]
（コミュニティ・モール）

c．住区構成の技法　　住区構成のパターンは，今日の都市生活に欠くことのできない次のような各種の要求を組入れて，さまざまな工夫がなされている。しかも，近隣住区やラドバーン・システムのアイデイアの基本的な原則が，その底流に生かされていることは見逃がすことができない（**図 5. 24**〜**図 5. 30**）。

i）歩行者と自動車交通の明確な分離

ii）住宅地内のサービスとしての大量輸送機関（鉄道，バス，モノレールなど）へのアプローチ

iii）住宅地内の各種共同施設（学校，集会所，商店など）のシステムとの整合

iv）住宅の集合形式とクラスターの構成

ランコーンの場合は，各戸からバスの停留所まで徒歩５分で到達できるように考えられている。また，フックの場合は，中心地区にもオープン・スペースにも徒歩で容易に到達できるシステムを取り入れている。わが国のニュータウンの多くは鉄道に依存する通勤都市であるので若干，条件が異なるがこれらの提案は十分参考にすべきであろう。

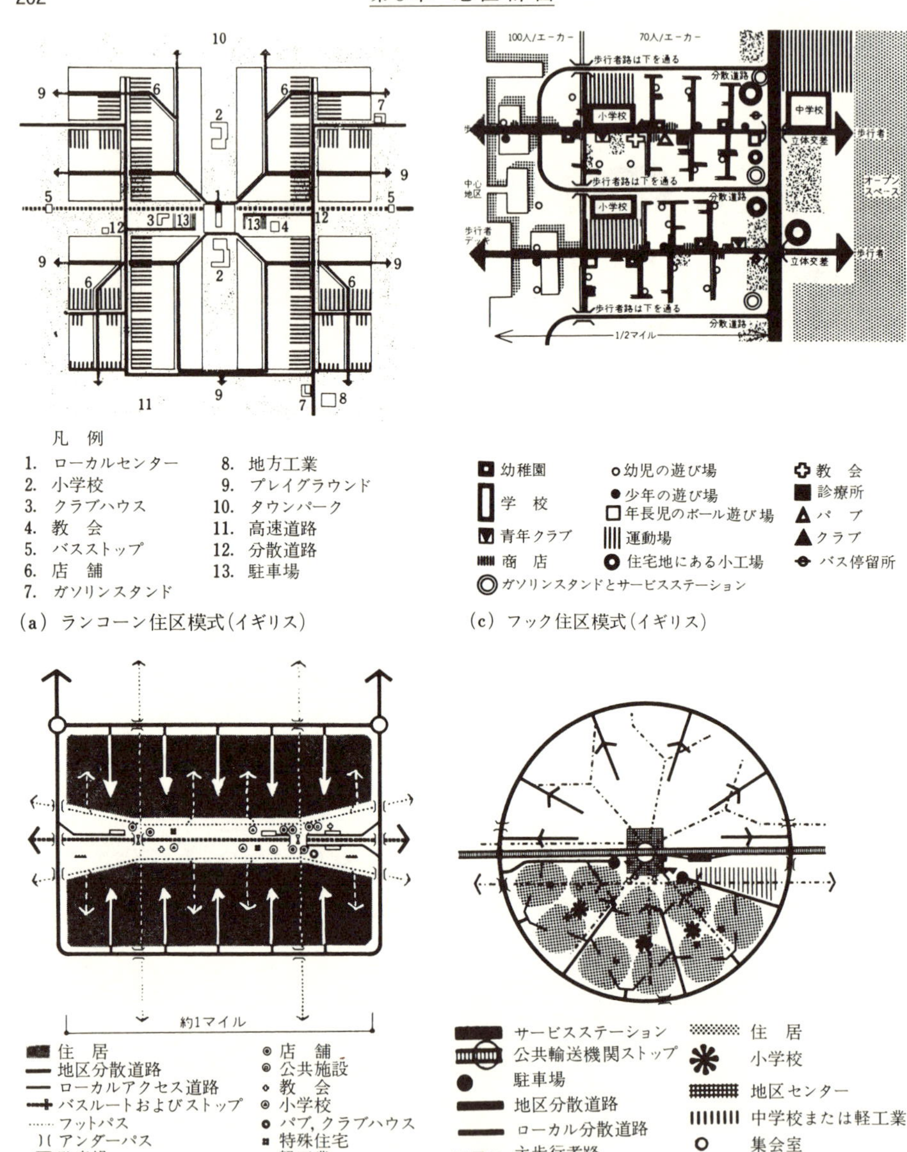

(a) ランコーン住区模式(イギリス)

(c) フック住区模式(イギリス)

(b) レディッチ住区模式(イギリス)

(d) アーヴィン住区模式(イギリス)

図5.24　住区構成の技法[16-20]

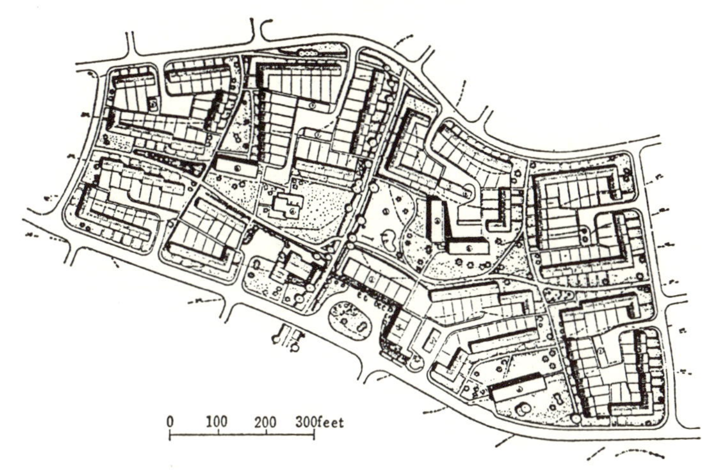

図5.25 ラドバーン・システムの応用例（グリーンヒル団地，シェフィールド）[9-2)]

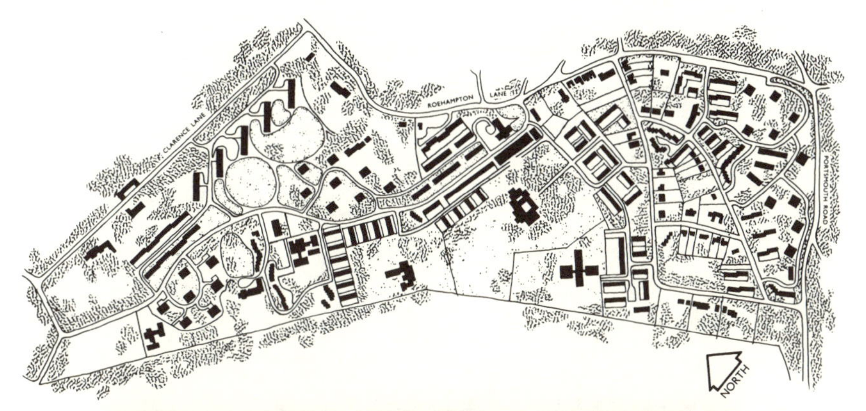

図5.26 ローハムプトン，アルトン地区（ロンドン郊外）[6-2)]

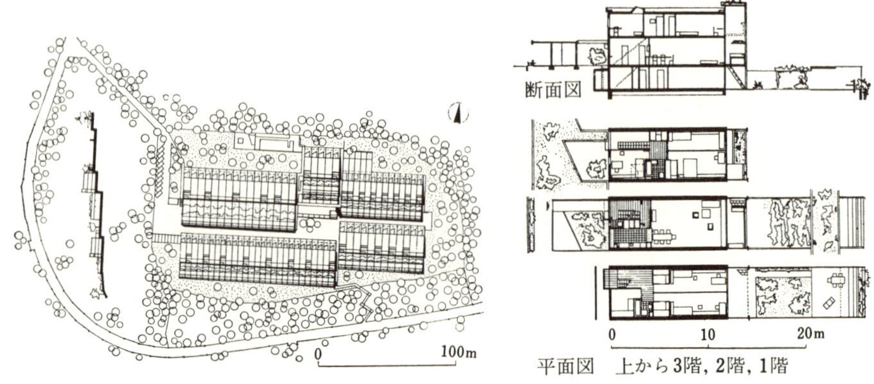

図5.27　ハレン集合住宅（スイス　ベルン郊外）（設計：アトリエ5）[18-18]

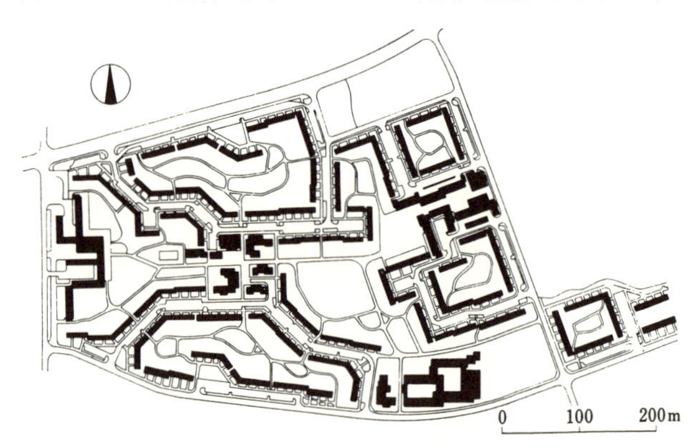

図5.28　八田荘団地（大阪府堺市　大阪府営住宅）[18-13]

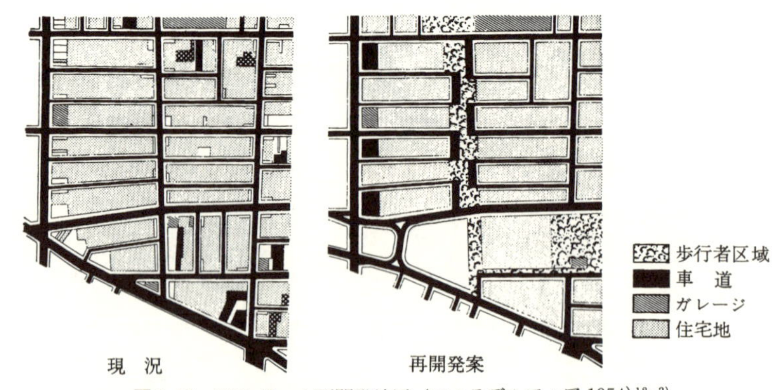

図5.29　Mill Creek再開発地区（フィラデルフィア 1954）[18-2]

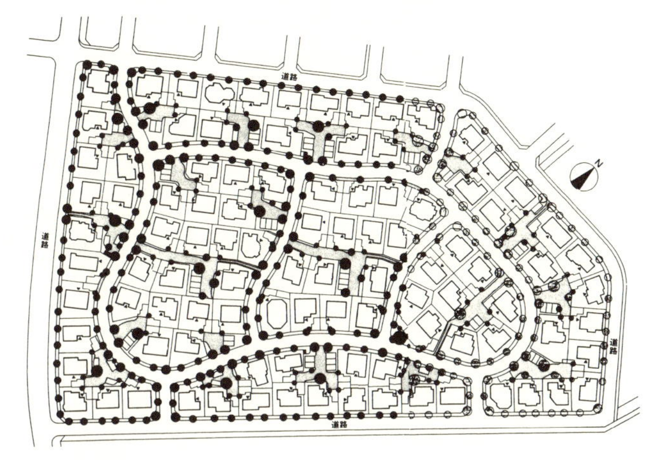

図5.30　桃山台ニュータウン・グリーンテラス城山（季刊すまいろん25号より）

5.3　中心地区計画

A．核と圏域

都市の地域構造を理論的に解析する場合に核と圏域との関係に着目することは非常に有効であると考えられる。「核」の概念についてはすでに高山英華博士のすぐれた論文[1]がある。それによると「核」とは関係人口群および関係物質群をその周辺に保有し，それらはその施設自体の利用または運営の目的をもって，そこにおいて定時的に集散流動するような性質を有する施設の総称である。一方，核に対する利用人口，従業人口，出入物資についての空間的広がりを圏域とする。核には主導的核と従属的核があり，核は集積，結合して核群を形成するが，これに単一機能的核群と複合機能的核群があるとする。この核の群論によって都心，副心，分心などの概念を説明している。

太田実は，北海道の札幌，帯広，釧路などの諸都市において，各種都市施設ごとにその利用圏を調査し，これを用いて住区の画定を行ない，また公共施設の配置計画について論及している[2]。

著者は東京都の西郊地区において実態調査を行なって，機能分化の著しい大都市郊外住宅地の場合の核と圏域の関係について研究し，核の段階構成が都心，副都心，地区中心，近隣中心，分区中心の5段階からなることを明らかにし，居住地における圏域構成はコミュニティ地区（共同住区），近隣住区，近隣分区の3段階として，それぞれに対する施設基準を提案している[3]。

1)　高山英華：核—大都市構成の一考察—（計画p.24，1947）
2)　太田　実：都市の地域構造に関する計画的研究，1950～196.
3)　日笠　端：住宅地の計画単位と施設の構成に関する研究，1959.

このように核と圏域という視点から都市の構成を理解しようという考え方は都市の基本計画レベルから地区計画レベルまでかなり広範にわたっている。

B．中心地区の段階構成

前項で述べた核および核群の都市内での位置，機能，規模，圏域などを総合的に評価することによって，都心，副心，分心などに分類することができる。また，分心はさらに地区中心，近隣中心，分区中心などに分かれる。これらを総称して中心地区と称する（**表5.12**）（**表5.13**）。

表 5.12　中心地区の段階構成

機能	都　心――	副　心――	分　心		
		（副都心）	地区中心――	近隣中心――	分区中心
	政治，行政	行政，文教，厚生	行政，文教，厚生	文教，厚生	文教
	交通・運輸	交　通	交通		
	業務，消費	業務，消費	消　費		消費
	観興	観興	（観興）		

都心は，地理的にみて都市内の比較的中心に位置する，主として行政，業務，商業，娯楽などの核群の総称である。とくに東京のような大都市の都心はきわめて多様な機能が複合して形成されているが，地方中小都市の場合は機能の集積度が小さい。

副心は，都心と衛星的位置にあって，都心と比較的類似した性質をもつ核群であるが，その定義は明確になされているわけではない。しかし，一般にその機能は何らかの意味において，都心から分離していった主導的核群であるか，または主導的交通核と広大な後背地を有する大規模な商業核を中心とする核群であると考えられている。後者については副都心という場合もある。

分心は都心，副心とは異なり，都市内のより小範囲に関係をもつ従属的核，または核群によって構成される。大都市においては，さらにこれらの分心の機能あるいは規模に着目して，地区中心，近隣中心，分区中心などに分けることができる。

地区中心は鉄道駅，バスターミナルのような交通核を備え，有力な商業核と市区役所出張所，郵便局など公共施設の複合機能核群であるが，サービス・エリアはほぼ徒歩圏におさまる（**図5.31**）。地区中心のうち，さらに有力なものは，その機能がやや高次で，規模も大きく副心化するものがあり，これを副次中心という。

近隣中心は，いわゆる近隣住区の中心であって，主として小学校，近隣公園，プールなど教育，レクリエーション施設を核とするもので，その圏域はだいたい小学校区にあたり，学童や主婦の日常生活圏にあたる。商業施設の段階構成とは外れる。

分区中心は近隣分区の中心であって，日常生活に必要な近隣店舗，幼稚園，保育所，集会所，診療所などを中心とする核群で，その圏域は幼児や高齢者の日常生活圏にあたる。

表 5.13 商業施設を中心にみた中心地区の比較[20-10]

	都心	副都心	副次中心	地区中心	分区中心
圏域	全市 全国	数個の沿線	数個の共同住区	共同住区	分区
形態					
圏域人口	1000万〜	新宿 125万 渋谷 100万 池袋 60万 (区部内)	中野 40万 15〜20万 (娯楽関係について推定した)	10000 〜 50000 〜 100000	5000 〜 10000
利用交通機関					
長距離鉄道	△	×	×	×	×
高速鉄道	⊙	⊙	△	×	×
自家用車	○	○	△	×	×
バス	○	⊙	⊙	△	×
路面電車	○	○	○	△	×
自転車	△	△	○	⊙	△
徒歩	△	△	△	⊙	⊙
商業施設					
小売商業およびサービス業	⊙都心性1次施設	都心性1次施設	×	×	×
	都心性2次施設	⊙都心性2次施設	都心性2次施設	×	×
	×	近隣性2次施設	⊙近隣性2次施設	⊙近隣性2次施設	×
	×	×	近隣性1次施設	⊙近隣性1次施設	⊙近隣性1次施設
金融機関	⊙	○	○	×	×
デパート	○	○	○	×	×
小デパート	×	○	○	△	×
慰安・娯楽性	30% 以上	30% 以上	20% 以内	10% 以下	×

(注) このほかに都心から分離した各種機能をもつ副心があり，またとくに商業機能をもたない近隣中心がある．

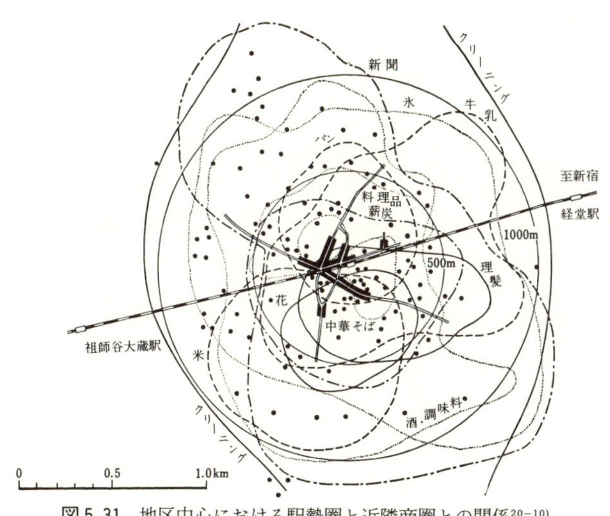

図 5.31 地区中心における駅勢圏と近隣商圏との関係[20-10]

C．交通手段と中心地区構成

モータリゼーションの発展は人びとの行動のパターンを変え，買物行動についても大きな変化をもたらす。このため，中心地区の配置についても自家用車の普及率を無視しては考えることができない。このことは車が自由に走れるだけの容量をもった道路の整備とセンターにおける十分な容量の駐車場の整備を前提とするので，既成市街地よりも郊外に開発されるニュータウンについて，とくに問題となる。

自家用車の普及率が高ければ高いほど，

i）中心地区への接近性は容易になり，徒歩によるのとは異なってその誘致半径は大きくなり，より大規模な，魅力のあるセンターのウエイトが高くなる。

ii）したがって，地区中心に対して，分区中心のようなサブセンターは成立しにくくなり，そのウエイトを減ずる。

iii）その結果として中心地区の段階構成は4段階から3段階へ，3段階から2段階へと単純化される傾向をもつ。

Wilfred Burns はこの点について，次の提案を行なっている。すなわち**図5.32**の(a)は今日，イギリスで最も普通に受け入れられている近隣住区制を基本とするショッピングの4段階方式（タウン・センター，地区中心，近隣中心，サブ・センター）である。このうち，近隣中心は選択性も限られていて中途半端であり，どの都市でも一般の関心が失われつつあるので，新しい都市のセンターの構成は，近隣中心を除いた3段階方式（タウン・センター，地区中心，コーナー・ショップ）に移行すべきであろうとしている[1]。

この結論は筆者らが東京の郊外地で行なった実態調査の結果と，まったく符号してい

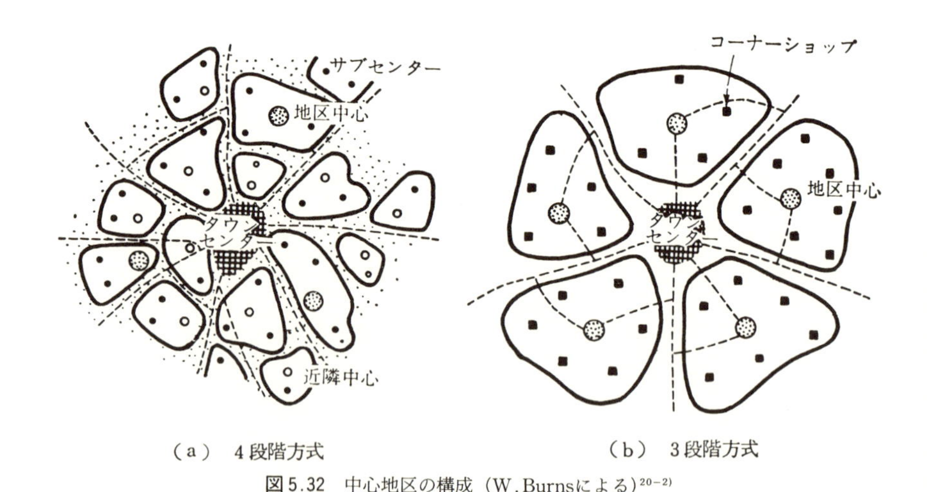

（a） 4段階方式　　（b） 3段階方式

図5.32 中心地区の構成（W.Burnsによる）[20-2)]

1） Wilfred Burns: British Shopping Centres.

る[1]。また，車による買物が普及し，サブ・センターが成立しなくなった場合に問題になるのは高齢者や自家用車を運転しない人たちあるいは身障者などにとって買物が著しく不便になることである。これらの人びとは中心地区へ行きたい場合に，車の運転ができる人に頼らなければならないからである。これに対する対策としては次のいくつかの方法が考えられる。

i）中心地区を起点として住宅地を循回するバスあるいはモノレールなどの公共輸送機関を運行する。(たとえばイギリスの新都市ランコーンの循回バス方式)

ii）中心地区に近接した徒歩圏内に高密度な住宅地を開発して多くの世帯を収容する。(たとえばイギリスの新都市カンバーノールド)

iii）消費組合など住民と自治体によってサブ・センターを維持する。

近年では，モータリゼーションの著しい発達にあわせて，郊外型の商業施設が大規模に展開されるようになってきた。この結果，従来の中心地区の構成を超えた形で商業立地が進んでおり，都市の構造そのものに大きな影響が出ている。こうした状況は CO_2 排出などによる都市環境への悪影響，都心や副都心などにおける商業機能の衰退，市街地そのものの郊外化によるコンパクトな都市形成の阻害など，様々な問題を引き起こしており，持続可能な都市の観点から対策が求められている。

D．商業施設の規模算定

都心，副心のような大規模な中心地区の規模は，個々の店舗の成立条件の予測から積み上げて算定してもあまり意味がない。したがって，もっとマクロな経済指標や統計を操作したり，類似都市との比較などの方法をとることになる。しかし，人口数万以下のニュータウンや地区中心などの場合には，より詳細な積み上げ計算を行なうことがある程度可能である。

地区中心の機能の大部分を占める小売商業は大部分地元（商圏内）に居住する世帯の直接の消費金額の中から利潤を得て成立している。地元世帯の年間消費金額は，所得階層別，品目別に，総務庁統計局の家計調査によってとらえられているから，次の式によって計算することができる。

$$\boxed{売場面積} = \boxed{世帯数} \times \boxed{年平均所得} \times \boxed{消費性向} \times \boxed{店舗消費比率} \times \boxed{地元消費比率} \div \boxed{当年間販売額平均単位面積}$$

$$As \quad N \quad ym \quad \alpha \quad \beta \quad \gamma \quad bm$$

地元消費率は近隣消費率ともいうが，ある商品あるいはサービスに対する全消費のうち，近隣地で消費される割合（%）をいう。この比率は商品やサービスの種類によって異なるが，消費地点を記入する特別な家計調査から得られる（**表 5. 14**）。

1） 日笠 端，石原舜介：地域施設 商業，丸善，1974．

表 5.14 公団団地の地元消費率（%）（日本住宅公団による）[20-10]

品目	多摩平	桜堤	光ケ丘	ひばりケ丘	所沢	平均
米	96.61	99.70				98.16
調味料	91.25	96.50	94.8	91.2	95.8	93.91
魚	96.76	98.30	96.5	94.7	98.4	96.93
肉	95.29	96.70	92.6	94.1	98.7	95.48
干物・佃煮	91.18	88.20	83.4	89.1	95.7	89.52
野菜	97.47	98.80	95.6	97.3	98.2	97.47
果物	92.30	93.00	89.7	91.2	92.2	91.68
菓子	85.24	80.50	82.1	82.6	92.9	84.67
牛乳			96.2	84.6	82.1	87.80
茶			82.1	75.3	82.9	80.10
洋品	35.11		18.2	21.1	44.3	29.68
雑貨	74.59		68.9	82.3	87.7	78.37
くつ			12.5	19.8	27.2	19.83
花			71.2	86.8	86.7	81.57
書籍			59.1	24.1	34.6	39.27
化粧品	51.74	63.0				57.37
薬	61.44	61.3				61.37
寿司	87.08	89.9				88.49
そば	92.73	95.4				94.07
クリーニング	79.22		87.1	87.5	73.5	81.83
パーマ	88.00					88.00

単位売場面積当り年間販売額は，販売効率ともいう。これは経営が成立するための標準売上高を売場床面積で除したもので，業種によって異なる。

売場面積から商店の総建築面積に換算し，容積率によって敷地面積を算出し，公共施設，道路，サービス・エリヤ，広場，駐車場などの土地面積を加えて，中心地区の総面積が算定される。

E. 中心地区の設計

a. 利用者の行動と要求　中心地区の設計は，公共施設については行政側の，商業施設については経営者側の条件によって制約を受けるのは当然であるが，利用者がどのような要求をもっているかということを十分に認識したうえで，できるだけそれらの要求に応えるように設計することがたいせつである。

利用者の要求を知るのに二つの方法がある。一つは，既成の中心地区において利用者がどのような行動をとるかを追跡調査する方法であり，もう一つはアンケート調査によって，中心地区に対する希望を直接，聞き出す方法である。

前者は一種の生活行動調査である。たとえば，商店街を訪れる客が，どのような交通手段を用いて来訪し，また主としてどのような目的で来ているか，さらに，ある目的の買物をした場合には付随的にどの商品が買われるか，商店街の中をどのようなルートで行動するか，商店街の中にある広場，子供の遊び場などの利用状況などを観察によってとらえる方法である。

後者については多くの調査があるが，利用者の小売商店街に対するおもな要求項目をまとめると下記のとおりである。これらに対しては店舗の経営上配慮すべき事項もあるが，中心地区の設計上考慮すべき点も少なくない。

(1)　家から近い
(2)　価格が安い
(3)　品がよい（新鮮，質がよい）
(4)　品物が豊富
(5)　店の数が多い
(6)　清潔である
(7)　サービスがよい（親切）
(8)　わかりやすくムードがよい
(9)　安全に買物できる
(10)　子供づれでも買物ができる
(11)　老人や身体の不自由な人でも買物ができる
(12)　天候が悪くても買物しやすい
(13)　何時でも買える（営業時間）
(14)　車で行っても買物できる（駐車場）
(15)　食事ができる

b．設計条件　設計条件として第1に必要なことは，中心地区内の土地利用である。中心地区は，施設用地，交通用地，オープン・スペースなどそれぞれの用地からなる。施設用地は前述のように公共施設や商業施設の規模算定から用地の量が決定される。

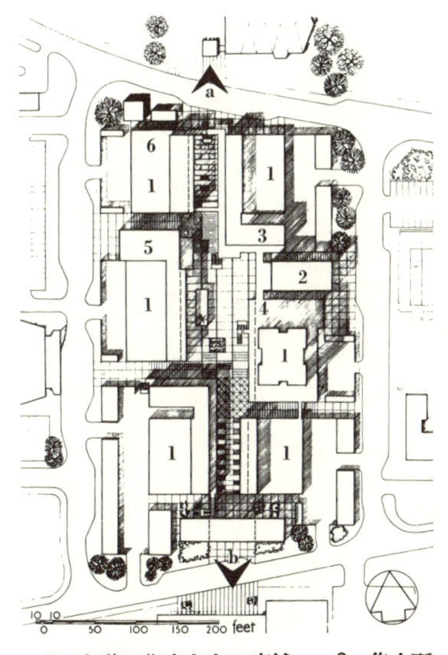

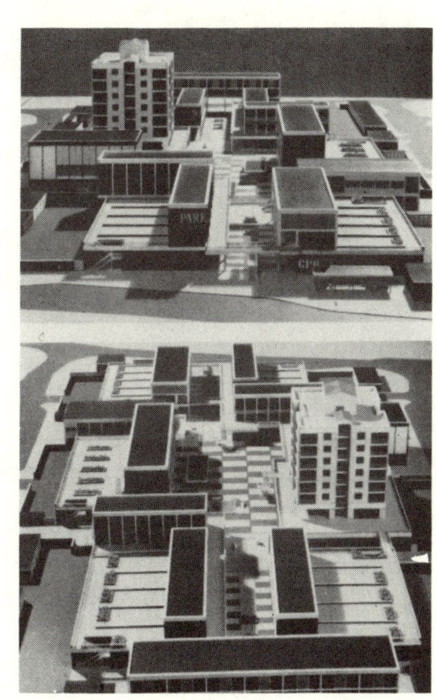

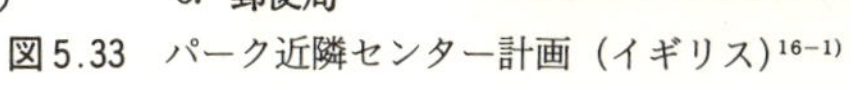

図5.33　パーク近隣センター計画（イギリス）[16-1)]

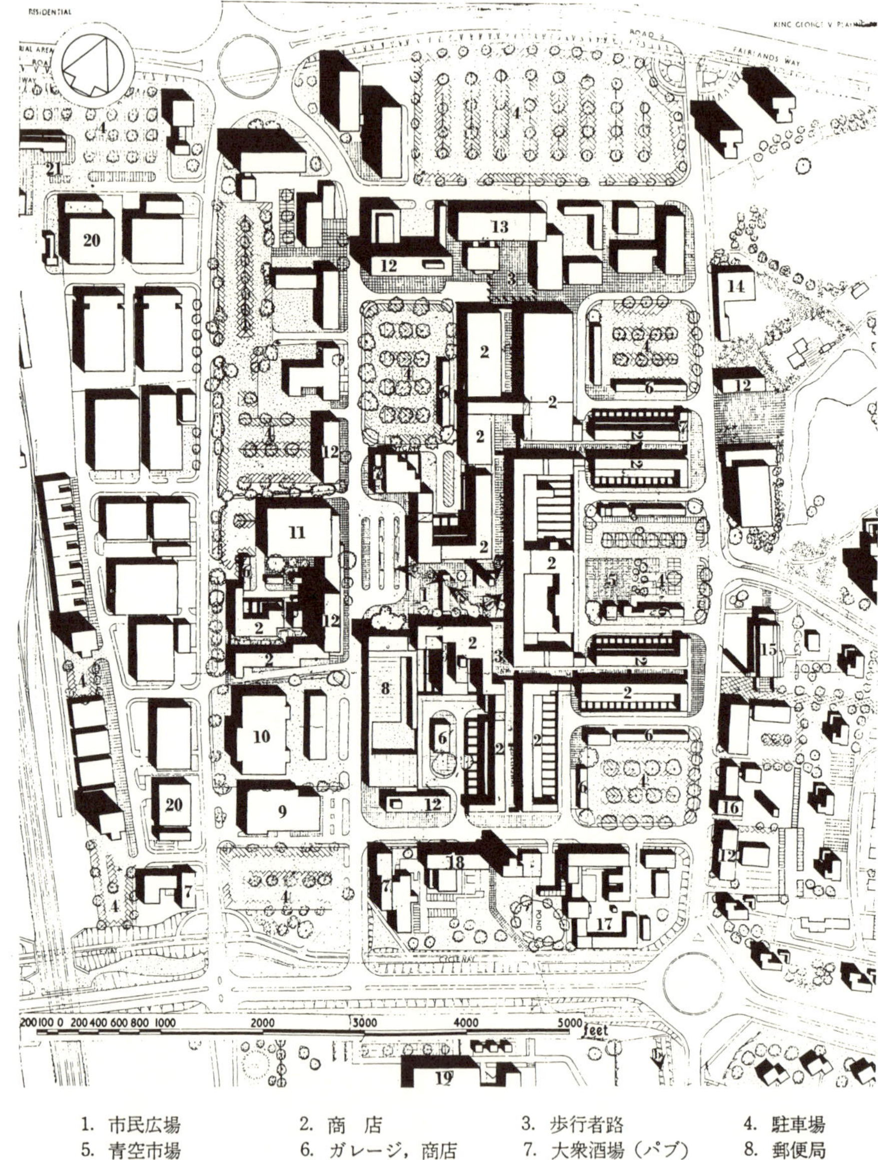

1. 市民広場　2. 商　店　3. 歩行者路　4. 駐車場
5. 青空市場　6. ガレージ，商店　7. 大衆酒場（パブ）　8. 郵便局
9. ガレージ　10. バス車庫　11. レストラン　12. 事務所
13. 庁　舎　14. 映画館　15. 教　会　16. 消防署
17. 警察署　18. 図書館，ヘルスセンター　19. 学校
20. 倉　庫　21. 鉄道駅

図5.34　イギリスの新都市スティブネイジの中心地区計画[16-1)]

ニュータウンのような大規模な中心地区では，歩行者専用路，広場を囲んで，小売商店や飲食店によるショッピング・プロムナードが中央に設けられ，これの周囲に，映画館などの娯楽施設，事務所，公共施設が配置される。さらにその外側にサービス工業や倉庫などが設けられることになる。

中心地区には，利用者のバスや自家用車が集中する一方，施設に物資を運び込む車の出入もはげしい。これらの車の動線と歩行者の動線を完全に分離する工夫が必要である。そのためには，ショッピング・プロムナードの外側で，幹線街路に沿った部分に，バス・ストップや駐車場を分散配置する方式が考えられる(**図 5.33**)（**図 5.34**)。また，歩行者専用のデッキを設けて，車の交通と立体的に分離する方式などもある。小売商店の裏側か，地下に商品の搬入や廃棄物の搬出のためのサービス路が必要である。

ショッピング・プロムナードにおいては，各種の小売業や飲食店を業種別に適当なグループに分けて店舗配列計画をたてる必要がある。これは経営上隣接することが好ましくない業種があるだけでなく，買物客にとってもわかりやすく便利であり，また中心地区としての景観やムードを好ましいものにするからである。

ショッピング・プロムナードは，路線式を基本とするが，直線状に延々と続くのは単調にすぎるため好ましくない。適当な距離をおいて，かぎ型にしたり，T 字路を入れたり，広場に連結したりする工夫が必要である。

広場は買物にきた人びとのための憩いの場である。植樹，ベンチ，フラワー・ボックス，彫刻，池水，案内板，公衆電話などのアクセサリーやストリート・ファニチュアなど，中心地区に相応しい環境を演出する配慮が必要である。また，サブセンターなどでは子供の遊び場などを設けるのもよい。

F.　中心市街地問題

1990 年代から商業施設の郊外化の進展などに伴い，地方都市における中心市街地の衰退が激しくなってきた。これに対応するために，2000 年に中心市街地活性化法が制定され，中心市街地の活力再生の取り組みが進められてきた。中心市街地活性化法は 2004 年に改正され，大臣認定された都市の中心市街地に対して集中的な投資を行うことができるようになった。2013 年 6 月現在，全国 116 市 140 計画が認定されている。

中心市街地をなぜ活性化する必要があるのかという根元的な問いもあるが，中心市街地は都市の格を表す重要な地区であり，都市の顔となる位置を占めていることから，中心市街地が空洞化している場合，多くの都市では都市そのものの活気が失われているように見られる。その結果，新しい投資が起こりにくくなり，都市の衰退へとつながることとなる。また，そもそも中心市街地は城下町や宿場町などから発展してきた地区であることが多く，都市の歴史が息づく地区であり，一時的な経済的状況のためにこの歴史を途絶させることは，現代に生きる市民として避けなければならないともいえる。

5.4 工業地区計画

A. 工業と都市

科学技術の発達と経済の高度成長に伴って，工業はますます大規模化し，業種は多様化し，排出される廃棄物の質と量も大きく変化した。このような要求に応ずるために必要とされる工場の敷地や設備は住宅や商業・業務施設のそれとは比較にならないほど大きなものとなった。工場のうちでもとくに大規模な用地や施設を必要とする重化学工業の場合は，従来の都市のスケールを明らかにこえるスケールを要求するようになったし，排出される廃棄物の量と質は都市の環境容量をはるかにこえるようになった。さらに，製鉄，石油，石油化学，電力など関連業種が結集してコンビナートを形成するにいたって，これらの工場群は都市の施設としてではなく，国土，地方レベルの産業地域として取り扱われなければならない状況になっている。

しかし，一方において依然として中小規模で，都市内あるいは都市周辺地域に立地することを必要とし，あるいは有利とする業種も多く存在するし，また，いわゆる地場産業の存在もかえって重要性を加えつつある。さらに，新しい動向としては，先端産業の企画，研究，試験などを中心とするリサーチ・パークの進出がみられるし，従来のごみ処理場に加えて家庭からの廃棄物のリサイクルのための施設も必要になってきている。そこで，工業と都市との関係は，業種，規模によって従来とは異なる観点から見直される必要がある。

大都市においては，人口集中の主たる要因の一つが工業の集積にあることから，都市に必ずしも立地する必要のない工場については，これを地方中小都市あるいは大都市の外周部の衛星都市に移すべきであり，同時に移転跡地を利用して，都市環境の改善と地区機能の回復をはかることが必要とされている。いわゆる工業分散政策がこれである。イギリスのニュータウン政策もこの効果をねらって行なわれた大規模な実験であって，たとえばロンドン周辺のニュータウンはロンドンから移転してくる工場と，ロンドン都心部の再開発計画からあふれる人口を受け入れることを原則としている。しかし，その「実態はそれほど理論どおり運営されているわけでは必ずしもない」[1]。

もう一つの問題は，大都市から移転してくる工場を受け入れる地方中小都市側の受け皿の問題である。移転工場敷地の乱開発によって，地域の自然が破壊され，公害などによって地域の環境が破壊されては何もならないからである。この対策としては，環境影響評価(環境アセスメント)[2]を行なって，事前にその影響を検討したうえで，慎重に計画を決定するとともに，好ましくない影響をできるだけ軽減するような工業団地の設計と，環境の管理を保証する制度の確立がとくに必要であると考えられる。

---

1) 下総 薫：イギリスの大規模ニュータウン，p.44，東大出版会
2) 4章4.5節B.参照.

B．工業都市のパターン

19 世紀の末期，産業革命の初期においては工場は既成の都市の中に住宅と混在する形で雑居していた。また，ルドーの理想都市では工場は象徴的にコミュニティの中心施設として配置されていたし，ゴダンのファミリステールでも小川を一つへだてて，工場と居住地は近接して置かれていた。わが国でも，初期の八幡製鉄所の構内には社宅があり，後になって構外に計画された社宅団地も徒歩で通勤できるように工場の近くに開発された。

都市の居住環境を害するおそれのある工場を居住地と分離するために，地域制を活用するようになったのは，各国で都市計画法が制定された以降で，おそらく 1920 年以後であると考えられる。このようにして，工場と市街地とを完全に分離しようという考えを明確に打ち出したのは，トニー・ガルニエの工業都市の提案である[1]。

ル・コルビジェが指導するグループ ASCORAL は 1945 年，工業時代の都市開発形態の一つとして線型工業都市の提案を行なった(図 5.35)。ここでは工業コミュニティを既存都市間の交通運輸の幹線の利便の得られる地域に配置し，既存の都市とは分離する。工業コミュニティは工業地域と居住地域を完全に分離して，主として自家用車によって通勤せしめる。一方，既存都市はそのまま生かし，行政，商業，文化の中心をここに置いている。

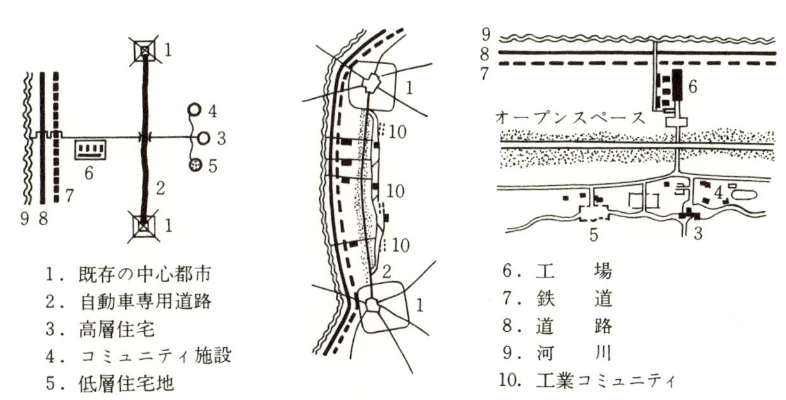

図 5.35　線型工業都市の基本型[3-2]
(人口 96 万)

このような発想はトニー・ガルニエの工業都市や N. A. ミリューティンの帯状都市の発想を基本としつつも，重化学工業化，モータリゼーションによる広域化，既存都市の最開発と保全など新しい時代の要求と可能性を織り込んで考案されたものと考えられる。工業地域と住居地域の分離と配列の考案はル・コルビジェのほかにも MARS グループ，J. L. セルト，L. ヒルベルザイマーなど多くの提案がある（図 5.36）（図 5.37）（図 5.38）。

1)　1 章 1.2 節（11）参照．

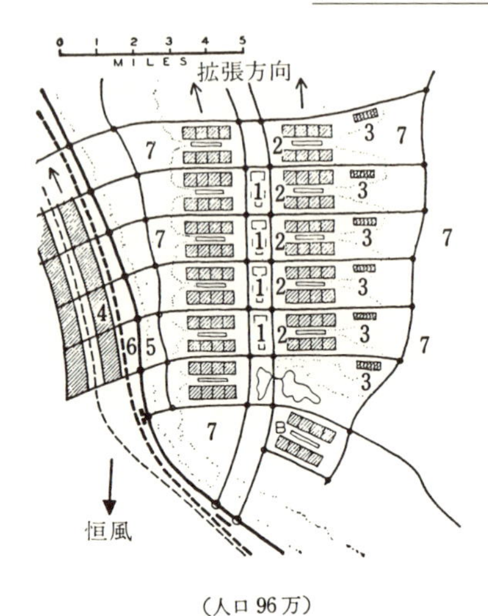

図5.36　J.L. セルトの工業都市[3-2)]

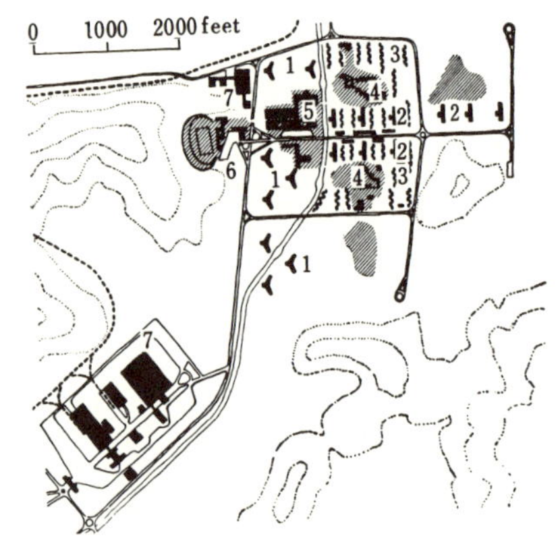

図5.37　リオデジャネイロ郊外の自動車利用の都市[3-2)]
(P.L. ウイナーと J.L. セルト設計)

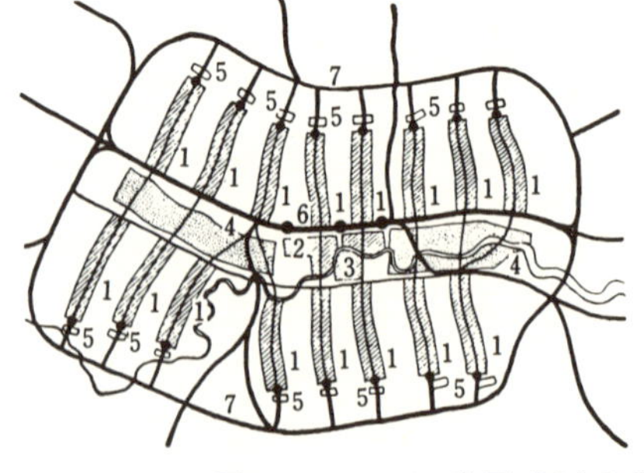

図5.38　ロンドン計画（MARSグループ）[3-2)]

C．産業公園（インダストリアル・パーク）

アメリカの大都市の郊外に立地している計画的に開発された環境のよい産業団地をインダストリアル・パーク（planned industrial parks）とよんでいる。1950年ごろから開発は全国的に盛んになったが，これを可能にしたのは，都市間高速道路の完成と，これに直結する地方の幹線道路整備である。たとえばボストンの郊外の環状バイパス128号の開設に伴ってその沿道に，数多くのインダストリアル・パークが進出したのは有名である（**図5.39**)。

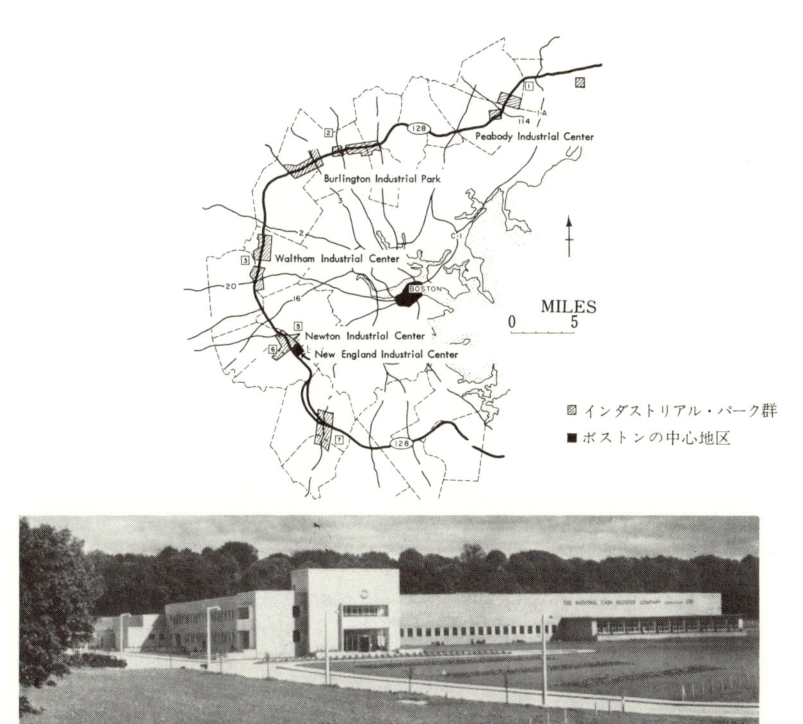

図5.39　ボストン郊外のインダストリアル・パーク[3-15)]

アメリカのインダストリアル・パークはほとんど民間の大手の企業によって開発されているが，いずれも，総合計画に基づいて敷地割を行ない，また道路，鉄道(引込線)，ユーティリティその他産業の集団が必要とする各種の施設を備え，また景観計画を含む，土地利用の協定（covenants）によって自主規制を行なっている。これは従来の無計画な工業地域が劣悪な環境を生み出した弊を改め，近傍の住居地域との調和をはかり，同時に開発者と立地する企業にとって投資の安全を保護する目的をもっている（**図5.40**)。

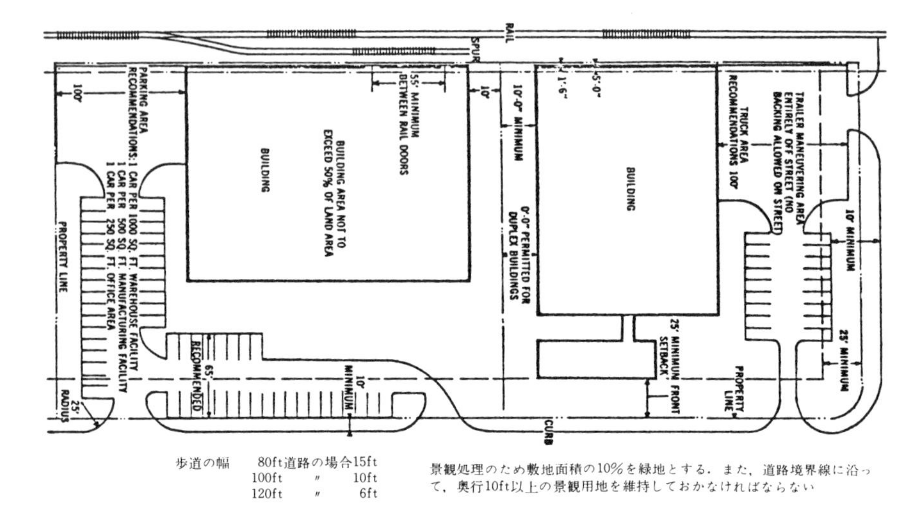

図5.40 グレート・サウスウエスト・インダストリアル・パークの協定内容（一部）

産業公園の経営は鉄道会社や民間ディベロッパーによる営利的なものと，民間の法人または地方公共団体による非営利的なものとがある。初期のものは単独に立地していたが，今日ではアメリカ各地で大規模に開発されているニュータウンの重要な部分として組み込まれているものも多い。

工場の種類は内陸型の軽工業，中規模工場が主で，倉庫業，配送業なども含まれ，企業の研究施設なども進出している。この意味で，産業公園とよばれる。大きな団地は400 ha以上のものもあるが，最も多いのは200 ha以下である。

団地ごとに定められる協定の内容は通常次のような項目が含まれている。

(1) 公害の防止：業種・規模の規制と公害防止設備，緩衝緑地の設置

(2) 建物の構造とデザイン

(3) 建ぺい率とセットバック

(4) 駐車場と荷積降スペース

(5) 倉庫

(6) 排棄物処理

(7) 景観計画：芝生，植樹，垣，柵，広告サインなど

団地によってはプラントの設計，建設，維持管理を指導する建築家や施行業者をあっ旋するサービスを行なっており，団地の共同施設として，産業排水の処理，共同倉庫，レストラン，モーテルなどを備えているものもあり，ヘリコプター，コンピューター，除雪，ごみ処理などのサービスを行なっているところもある。

D．標準型工場（standard factories）

イギリスの工業団地に建てられる工場のタイプには各種のものがある。ほとんどの場合，1，2階建の事務棟や福利厚生用の建物が前面に付いた，軽構造の一層式の建物である。これには二つのタイプがある。一つは経営者の特別な注文どおりにデザインされた工場で，特殊工場とよばれる。他の一つは団地開発公社が，工場を賃貸用にデザインして建設するもので，敷地が1万～2万平方呎ほどのもので，これを標準型工場とよんでいる。これらの中には各種の規模のものがあるが，**図5.41** はチーム・ヴァレー団地の標準型工場である。また，ナーサリー工場(nursery factories)とかセクショナル工場(sectional factories)(**図5.42**) とよばれる小企業用の小さな一層の「ミニ工場」がある。後者は1,000～5,000平方呎単位の標準デザインの建物で，経営者は隣のユニットを取り込むことによって，工場の規模を拡張することができる。

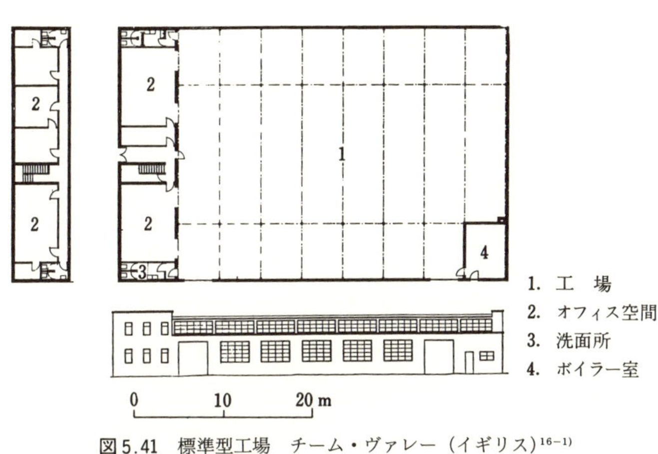

図5.41　標準型工場　チーム・ヴァレー（イギリス）[16-1)]

図5.42　セクショナル工場[16-1)]

図5.43は，クローレー•ニュータウンの工業団地で特殊工場とともに，その一部に標準型工場が組み込まれている。この場合はセクショナル工場の型を採用しているが，これらの単位工場はアクセス道路，サービス道路，駐車場などをもった小さなクラスターにまとめられている。また，団地内には樹林地を確保し，自転車専用道路を設け，団地センターやクラブなどの共同施設が設置されている。

図5.44はベイジルドン•ニュータウンのセクショナル工場で，それぞれのユニットは事務室，作業室，後庭をもっている。

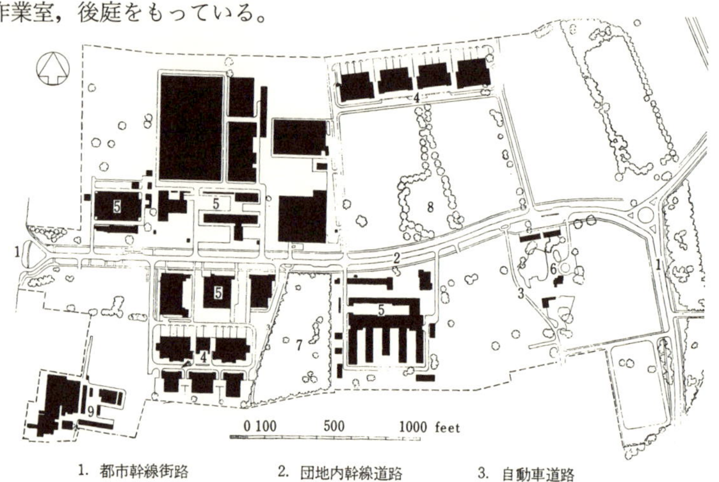

図5.43 クローレイ・ニュータウンの工業団地[16-1)]

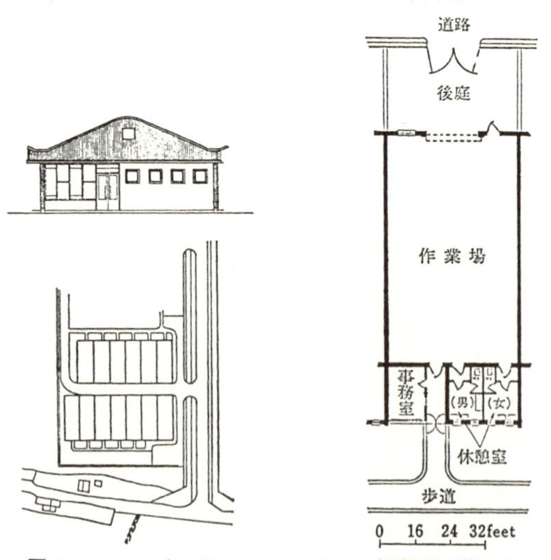

図5.44 ベイジルドン・ニュータウン標準型工場[16-1)]

E. わが国の工業団地

中核工業団地：わが国では昭和30年以降，工業化の進展が進む中で，首都圏をはじめとする大都市圏において，都市開発区域を設定し，衛星都市に工業団地開発を進めた[1)]。昭和40年後半には農村地域や工業の集積度の低い地域への工場の移転および再配置を促進する施策[2)]がとられ，地域振興整備公団による中核工業団地の整備が進められた（**図5.45**）。昭和50年後半からは地方都市における産業立地を促進するために，テクノポリス構想が進められ，全国26地域で産業を中心とした複合開発が進められた。さらに平成に入ってから，大都市圏から地方都市への産業，業務系機能の移転を図ることを目的として地方拠点法が定められ，オフィス・アルカディアといわれる産業開発が進められた。これらは，いずれも国土の均衡ある発展を目指して進められたが，バブル経済の崩壊以降，特に工業の海外展開が進んだこともあり，全国で産業の空洞化が進み，工業団地に工場がなかなか立地しない時代となってきている。

リサーチ・パーク：先端技術産業の開発創造力を強化発展させるために，総合的な研究開発拠点の計画が各地で進められている。これらは，従来の工業団地と異なり，広域交通

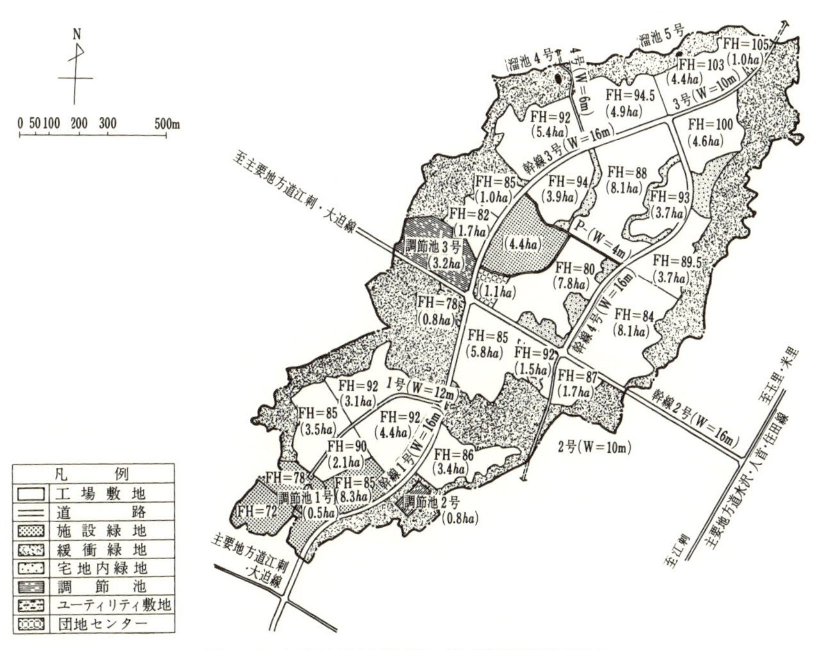

図5.45 江刺中核工業団地（地域振興整備公団）

1) 首都圏の近郊整備地帯および都市開発区域の整備に関する法律（昭33）
首都圏の既成市街地における工業などの制限に関する法律（昭34）

2) 農村地域工業導入促進法（昭46），工業再配置促進法（昭47）

の利便と自然環境の優れた地域が選ばれ，企業の研究所や新市場を開拓する創造的企業の集積，大学または公的研究所の立地，これらを支援する諸施設や環境のすぐれた住宅地などを構成要素とするもので，全国各地において開発が進められている。

第6章　都市計画制度

6.1　都市計画法とその関係法

計画法とそのおもな内容

資本主義経済のもとにおいて，都市が発展し，市街地が形成あるいは再編されていく過程において，さまざまな土地利用の改変や施設の立地要求があるが，これをまったく放任する場合には，自由な競争の結果として，個々の開発者がまったく予期しない，きわめて矛盾に満ちた環境をつくり出してしまうことは，これまでよく知られていることである。

このような矛盾を克服して，健全な都市活動の営まれる環境を計画的につくり出すことが都市計画の目的である。これまで述べてきたように，都市の目標設定，調査・解析，計画立案という一連のプロセスを経て，計画が作成されたとしても，この計画を具体的に実現する方策がなければ，せっかくの計画も画餅に帰してしまうことになる。

都市計画の実現をはかるため，いずれの国においても，都市計画法およびそれに関連する諸法規を設けている。このように法律，制度に基づいて実現をはかる都市計画を法定都市計画という。都市計画法は国によって，その体系はかなり異なり，全国適用の統一法をもつもの，州の権限とするもの，市町村の条例によって行なうものなどに分かれる。

都市計画法のおもな内容は次のとおりである。

(1)　法定都市計画の目的・理念

(2)　都市計画の定義および内容

(3)　都市計画の決定手続
　（決定主体，住民参加など）

(4)　都市計画による権利制限

(5)　都市計画事業
　（事業主体，事業費負担区分など）

(6)　土地収用その他に関する事項

規制手段と開発手段

多くの国の都市計画法はその内容として，まず計画の種類と定義，計画の決定手続を定めた上で，計画の実現手段についての記述がある。計画の実現手段としては大きく分けて規制的手段と開発的手段の二つがある。

規制的手段は民間の開発に対して一定の条件のもとに規制を加え，その開発が計画に合致するように誘導をはかる手段である。これは広域を対象として法的拘束力を与えることができ，また事業費を要しないというメリットはあるが，その効果には一定の限界がある。

一方，開発的手段は公共サイドが事業費を投入して，計画を直接実現する手段であるから効果は大きいが，予算面からの制約がある。したがって，都市の基幹的公共施設や特定の市街地開発事業に限定される。

要するに，計画の実現手段は何れか一方ではなく，規制と開発をバランスよく運用することにあると考えられる。

6.2 各国の都市計画制度の特徴

ここでは，土地問題がまったく異なるロシアをはじめとする共産圏諸国は別として，土地の私有の認められている欧米自由諸国の都市計画制度を概観してみることにする。

都市計画の内容はいずれの国においても，都市施設の整備と土地利用の規制の二つが大きな柱となっている。このうち，都市施設の整備は，施設計画を決定し，当該用地を取得し，事業費を投入して，都市の骨格となる諸施設を建設する点においてはほとんど変わりがない。これに対してその肉付けともいうべき土地利用をいかに計画し，実現するかの点については国によって大きな相違がある。したがって，各国の都市計画制度の特徴は，土地利用計画とその実現方法に最も具体的に現われるといってもよい。

この点からみると，大きく分けて，民間主導型のアメリカ型と公共主導型のヨーロッパ型の二つに大別しうるが，ヨーロッパ型には都市計画の母国ともみられるイギリス型と土地利用の規制の最も厳格なドイツ・北欧型があり，また，その中間型ともいうべきフランス，イタリー，オランダなどの制度がある。

A. アメリカ

⑴ 国内を統一する都市計画法がない。州の授権法によって各都市がそれぞれの条例に基づいて都市計画を施行している。

⑵ 広大な国土，行政の地方分権機構を背景として，民間企業が地域開発や都市開発を行なう自由が大幅に認められている。ハワイ州を除いては一般に都市における市街化を直接規制する制度はない。したがって，一定の制限のもとにスプロールは容認されている。

⑶ 公共サイドは民間企業の活動を予見し，市街化に先がけて先行的に都市の基幹施設の整備を行ない，これによって市街化を誘導する。これについては公図制（official mapping）により，道路，公園などの基幹施設の用地を確保し，用地内の建築行為を禁止することができる。

⑷ 都市の基本計画（ジェネラル・プラン）が策定されるが，これは勧告的なプランであって，法的拘束力はない。

⑸ 市街地開発事業は原則として民間企業が行なう。ニュータウンや団地開発のほとん

どが民間企業の手で行なわれる。公的な事業による住宅供給は量的にきわめて少ない。

(6) 民間の開発に対する規制の手段としては，地域制（zoning）と敷地割規制（subdivision control）が行なわれる。最近は計画単位開発（planned unit development＝P. U. D.）に対する規制が行なわれるようになった。

(7) 自家用車の普及率が高く，これまでは道路，駐車場など施設を十分に供給してモータリゼーションを促進する方向で開発が進められてきた。最近はその反省の上に立って大量輸送機関の導入が叫ばれているが，十分に軌道に乗っているとはいえない。

(8) 都市の内部市街地の再開発は市が事業主体となり，連邦の財政援助を仰いで施行している。市は土地を取得し，基盤整備を行なった上で，民間企業に分譲する。

(9) アメリカの都市計画制度とその運用に関しては，人種問題を含むアメリカ社会の特殊な事情を抜きにしては考えることはできない。

B．イギリス[1)]

(1) 国内を統一する都市・農村計画法（Town and Country Planning Act）が基本法となっている。主管省は環境省（Department of the Environment）[2)] である。

(2) 計画の主体は，地方計画庁（local planning authority）とよばれる地方公共団体で，国会によってその義務と権限が与えられている（具体的には県および特定の市）。

(3) 法定計画は開発計画（development plan）とよばれる図面および説明書などから成っている計画書である。計画は直接，土地の開発や取得を規制するものではなく，将来の土地利用を導く政策を表現するものである。土地の用途の配分，たとえば住宅地，工業地，商業地，業務地などの配分；道路，公共建築物，公園，空地，その他の公共施設；保全すべき現行用途，総合的再開発を行なう地区，都市域を囲む緑地帯などが示される。

(4) 1947 年都市・農村計画法は県レベルの計画（county map）と都市レベルの計画（town map）およびそれぞれの年次計画（programme map）を作成することを規定していたが，1968 年法によって，新方式の開発計画が導入された。ストラクチュア・プラン（structure plan）とローカル・プラン（local plan）がこれである。

(5) ストラクチュア・プランは県によって作成され，環境省長官の承認を必要とする。内容は地域全体の将来の土地利用ならびに施設，環境の改善などについての政策と提案を記述した文書で，必要に応じて図面を付すことができる。10 年以内に着工が期待される総合開発，再開発，改良事業を行なう地区は開発事業区域（action area）として示す。

---

1) イギリスでは国内の他の地域スコットランド，ウェールズなどでは都市計画制度に若干相違があるので，ここではイングランドについて述べる．

2) 環境省長官（Secretary of State for the Environment）はイングランドにおける人びとが住み，働く物的環境に影響を与えるすべての機能に関して責任をもっている．この長官のもとに運輸大臣，計画および地方行政大臣，住宅および建設大臣の 3 人の大臣と，スポーツおよび公害に関して責任をもつ国務大臣がいる．

(6) ローカル・プランは普通，地方計画庁によって作成される地区的な計画で，環境省長官の承認を必要としない。内容はストラクチュア・プランの示す方針に合致することを要求され，説明書と図面で示される。これには，地区計画（district plan），開発事業計画（action area plan），特定課題計画（subject plan）などの種類がある（**表6.1**）。

(7) すべての開発行為（地上および地下にわたる建設，造成，採掘など土地利用や既存建築物の実質的変更はすべて含まれる）は事前に地方計画当局による計画許可（planning permission）を得なければ，行なうことができない。これは地域制（zoning）とは異なり，開発行為が開発計画に合致するか否かの行政的な判断によって，許可，不許可，条件付許可の決定が行なわれる。この際の判断は総合的で，裁量の幅の広いものとされている。

(8) 開発計画の決定にあたっては住民参加が要求され，反対意見のある場合には公聴会（public inquiry）が開催され，十分論議が尽くされる。公聴会には環境省から監査官（inspector）が派遣されて立合うことになっている。

(9) 1985年，地方政府法（Local Government Act 1985）によって，グレーター・ロンドンをはじめとする大都市地域の県レベルの政府（County Council）が廃止された。1990年都市・農村計画法が公布され，大都市地域ではストラクチュア・プランとローカル・プランによる二層制の計画制度が改められ，環境省の策定する計画指針（planning policy guidance）に即して，各市および特別区は，一層制開発計画（unitary development plan）を策定することを義務づけられた。この計画は，環境の改善，交通の処理を含む開発および土地利用に関する一般的施策を記述した文書と，地域の開発および土地利用についての提案を詳細に記述した文書，図面，ダイアグラムなどからなっている。

表6.1 イギリスにおける開発計画の体系（大都市圏を除く）[22-3)]

開発計画（development plan）	
ストラクチュア・プラン（structure plan）	県　ストラクチュア・プラン（county structure plan） 都市　ストラクチュア・プラン（urban structure plan）
国土・地方計画との関係 目標、政策、計画の大綱 ローカル・プランのフレーム 開発事業区域（action area）の指定 開発規制の方針 関連する決定への根拠 環境省長官と住民に対する計画内容の公開	
ローカル・プラン（local plan）	地区計画（district plan） 開発事業計画（action area plan） 特定課題計画（subject plan）
ストラクチュア・プランの細部の戦略的計画 開発規制の細かい条件の指示 関連する決定への根拠 住民に対する計画内容の公開	

C. ドイツ

(1) 全国適用の建設法典（Baugesetzbuch 1986）が基本法であって，これは計画法であると同時に建築法でもある。この法律は，これまでの基本法であった連邦建設法（Bundesbaugesetz）と，新開発ならびに再開発の場合にのみ適用されていた都市建設促進法（Städtebauförderungsgesetz）を統合・整理したものである。旧西ドイツの地域計画法の体系および旧連邦建設法の枠組は，**表6.2**，**表6.3**のとおりである。

(2) 計画の基本的事項ならびに法的手続は連邦の権限に属するが，計画の内容とその執行は市町村（Gemeinde）の権限とされている。

(3) 市町村の基本構想として都市発展計画（Städtebauliche Entwicklungsplan）が新しい制度として1976年から採用された。

(4) 都市計画に相当するものは建設管理計画（Bauleitplan）といわれる。これは，土地利用計画（Flächennutzungsplan）と地区詳細計画（Bebauungsplan）の二つから成る。

(5) 土地利用計画は市町村全域を対象区域として，予見しうる需要を基礎とした土地利用ならびに都市施設の計画で，地区詳細計画の準備的計画の性格をもつものである。スケールは原則として1/5,000～1/10,000の図面で示される。土地利用計画は市町村および公的な計画主体をこの計画に適合するように拘束するものであるが，市民に対する関係で直接的に法的拘束力をもつものではない。この点で地域制（zoning）とは異なる（**表4.4**）。

(6) 地区詳細計画は街区あるいは数街区程度の地区を対象とする一種の地区総合設計であって，土地利用計画に従って策定され，決定後は市町村の条例として発効し，法的拘束力を有する。その内容については7章7.4節A.に詳しく述べる。

(7) 地区詳細計画の適用区域内においては，申請にかかわる設計がこれらの指定に違反せず，かつ開発が保証されている場合に許可される。地区詳細計画適用区域外（Außenbereich）においては原則として開発は許可されない。但し，連担建築地区においては一定の条件の下に例外的に許可される。これによって，ほぼ完全にスプロールは抑止される。このような許可は建築許可（Baugenehmigung）の手続に含めて行なわれている。

(8) 地区詳細計画を積極的に実現するためには，土地整理（Bodenordnung），収用（Enteigung），地区施設整備（Erschließung），命令（Gebote）などの手段がある。土地整理には土地区画整理（Umlegung）と境界整理（Grenzregelung）の2種がある。土地区画整理の原理はわが国のそれとほぼ同様であるが，地区詳細計画が同時に決定され，これを実現するための手段として用いられている点がわが国と異なる。

(9) 地区詳細計画の実現に際して，地区施設の整備に要する経費に充当するため土地の所有者に地区施設負担金（Erschließungsbeitrag）を課することができる。総経費の約70%はこれによってまかなわれているといわれる。

(10) このほか，計画の作成にあたっての住民参加，関係権利者の不利益を回避するための社会計画（Sozialplan）の制度がある。

表 6.2 旧西ドイツの地域計画法の体系（Prof. Hans Förster による）[22-13]

<table>
<tr><td rowspan="2">法領域</td><td colspan="2" rowspan="2">国土計画および地方計画法
（地域計画）</td><td colspan="3">建築法（広義）</td></tr>
<tr><td>都市建設法
（狭義の建設法）</td><td>建築秩序法</td><td>建築形態法
（デザイン）</td></tr>
<tr><td>基本原則</td><td colspan="2">広域的な構造秩序</td><td>土地利用の秩序</td><td>安全・秩序・
危険予防</td><td>不良建築物の防止
（記念建築物保全）</td></tr>
<tr><td>上位の法律分野</td><td colspan="2">特別の方法</td><td>土地法</td><td>秩序法</td><td>個別の方法
（記念物保全法）</td></tr>
<tr><td>立法権限</td><td>大綱的法律を定める連邦権限
基本法75条4項</td><td>連邦の枠内の州の完全権限</td><td>連邦の競合的完全権限
基本法74条18項</td><td colspan="2">州の完全権限</td></tr>
<tr><td rowspan="2">基準となる法律</td><td>連邦の国土計画法</td><td>州の地方計画法</td><td>連邦建設法
都市建設促進法</td><td colspan="2" rowspan="2">州建築秩序法
（記念物保全法）</td></tr>
<tr><td colspan="3">計画法</td></tr>
</table>

表 6.3 旧連邦建設法（Bundesbaugesetz）の枠組[22-13]

建設管理計画（Bauleitplanung）
　基本原則（Grundsätze）§1
　手続（Verfahren）§§2-4，6，10-13
　土地利用計画（Flächennutzungsplan）§§5，7
　地区詳細計画（Bebauungsplan）§§8，9，9a
　社会的措置（soziale Maßnahmen）のための基本原則§13a Abs. 1
建設管理計画の保障と実施、および都市の秩序ある発展計画
（ordneten städtebaulicher Entwicklung）
　　社会計画（Sozialplan）§13a Abs. 2-4
　　区画形質の変更の禁止 §§14-18
　　土地取引の認可義務 §§19-23
　　市町村の先買権 §§24-28a
　　保存建築物 §§39h，39i
　　補償規定 §§39j-44c
設計の許容条件 §§29-39
建設管理計画の執行（Vollzug der Bauleitplanung）
　　命令（Gebote）：建築命令，植樹命令，利用命令，除却命令，近代化命令，保存命令
　　借地，借家権の取消等 §§39g，39i
　　土地整理：区画整理 §§45-79，境界整理 §§80-84
　　収用 §§85-122
　　厳格性の調整 §§122a，122b
　　地区施設整備：一般規定 §§123-126，地区施設負担金 §§127-135
土地価格の鑑定 §§136-144
農業構造改善措置との関係における都市計画措置 §§144a-144e
土地裁判所への法定手続 §§157-171a

D．フランス[1)]

(1)　最初の都市計画制度は，1919年の法律に基づいて制定され，人口1万人以上の市町村のほか，首都を含むセーヌ県の全市町村，人口5,000人以上でかつ人口増加の著しい市街地，歴史的・景観上の価値を有する特別の市街地などに計画の策定が義務づけられた。これにより，すべての建設行為は，市町村長の公布する建設許可（permis de construire）を必要とすることになった。

(2)　1943年の都市計画法により，ゾーニングの手法を導入，用途による制限，建築禁止地区，工場制限地区，自然景勝や歴史遺産の保護地区などが指定された。また，画地分譲行為（lotissement）をはじめ各種の開発行為も事業認可が必要となった。さらに，市町村の区域を越える計画については，都市計画集合体（groupement d'urbanisme）の制度が設けられた。

(3)　1958年の一連の制度改革によって，都市基本計画（Plan d'Urbanisme Directeur）と都市詳細計画（Plan d'Urbanisme de Détail）の制度が新たに制定された。

(4)　その後，数次の改正があり，1973年に「都市計画法典（Code de l' Urbanisme)」が成立し，フランス都市計画の基本的枠組が完成した。その最大の特色は，従来の一元的な都市計画制度を廃止して，SDAU-POSによる二層制の制度を確立したことである。

都市整備基本計画（Schéma Directeur d'Aménagement et d'Urbanisme＝SDAU）は，人口1万人以上の地域を対象として作成される長期的な基本方針を示す計画で，公共団体の行為と決定に対してのみ規範的効力をもつ。一般に1/25,000〜1/50,000の図面と報告書からなる。計画の内容は，土地利用形態，開発および再開発・修復区域，保全区域，主な景観保全地区，主要公共施設，交通路線体系などである。

土地占用計画（Plan d'Occupation des Sols＝POS）は市町村の全域もしくは一部または数市町村について策定される短期的な計画で，私有権を直接に制限する効力をもつ。POSはSDの計画内容を規範として策定される。一般に1/2,000〜10,000の図面と文書からなる。計画の内容は，土地利用形態，容積率（COS）のほか，建物の配置・高さ・外観，駐車場，空地，道路，上下水道など詳細にわたる。土地利用は，大きく市街地域(U)と自然地域（N）に分けられ，さらに細分類される。容積率は，土地占有係数（Coefficient d' Occupation du Sol＝COS）とよばれ，土地利用と関連して定められる（**表6．4**，**表6．5**)。

(5)　都市開発の事業制度としては，1958年に優先市街化区域（Zone d' Urbanisation en Priorité＝ZUP）の制度が導入された。ZUPとは一定の区域を定め，その中での集中的な建設を実現するために，公共団体が区域内の土地を取得して公共施設の整備を行ない，これを建設用地として建設主体に売却する制度である。公共団体の先買権，土地収用権の付与のほか，100戸以上の住宅建設はこの区域内で行なう義務がある。ZUPは，1975年の法改正により，協議整備区域（ZAC）に吸収，廃止された。

1)　日笠端著：先進諸国における都市計画手法の考察，Ⅳフランス（鈴木隆氏執筆），共立出版参照.

表 6.4 POS の標準的地域区分[24-27]

大分類	基本分類	区 域 特 性
都市区域 zone urbaine	U	既存または実現途上にある公共施設の能力が，直ちに建築物の受入れを可能としている区域
自然区域 zone naturelle	NA	POS の変更，協議整備区域（ZAC）の設定または画地分譲の実現により将来市街化される区域
	NB	部分的に公共施設が存するが，拡充の予定がなく，すでに建物が存在している通常の自然区域
	NC	優良農地または地表もしくは地下の資源など保全されるべき自然資源の存する区域
	ND	災害もしくは公害の存在または景観もしくは生態系上の価値を理由として保全されるべき区域

表 6.5 POS の細区分の例（パリ市）[24-27]

区域区分	区域特性	区域区分	区域特性
UA	業務	UM-UMa UMb UMc UMd	パリ市周辺 商工優先 工業優先 住宅抑制
UC-UCa UCb UCc	歴史的中心 モンマルトル カーユの丘		
UF	金融	UN	国鉄用地
UH	住宅優先	UR-URa	住宅専用
UI	工業	URb	住宅専用
UL	緑地保存	UO	再開発事業

鈴木 一：パリの都市計画の展開，不動産研究 26～27 巻.

(6) 協議整備区域（Zone d' Aménagement Concerté＝ZAC）の基本的な仕組みは ZUP と同じである。しかし，①適用範囲が拡大され，あらゆる用途の新開発・再開発に適用しうる。②事業主体を公共団体から私的団体に委託することができる。③公共団体と事業主体との事前協議により，公共施設整備の分担範囲を決めることができる。④収用権は ZUP の場合より縮小される。などの点で大きく異なる。

E. 日 本

(1) 都市計画法（昭和 43 年法律 100 号）が全国適用の基本法である。このほかに**表 6.6** に示すように建築基準法をはじめ多くの都市計画関連法があり，それらによって運用されている。

(2) 都市計画区域は行政区域にかかわらず，一体の都市として総合的に整備・開発・保全する必要がある区域を都道府県知事が指定する。

表 6.6 都市計画関係法一覧

a）基本法
　都市計画法
b）土地利用の規制法
　建築基準法
　駐車場法
　自動車の保管場所の確保等に関する法律
　港湾法
　古都における歴史的風土の保存に関する法律
　明日香村における歴史的風土の保存および生活環境の整備等に関する特別措置法
　都市緑地保全法
　生産緑地法
　市民農園整備促進法
　文化財保護法
　特定空港周辺航空機騒音対策特別措置法
　宅地造成等規制法
　屋外広告物法
　幹線道路の沿道の整備に関する法律
　集落地域整備法
　工場等の制限に関する法律（首都圏，近畿圏）
　首都圏近郊緑地保全法
　近畿圏の保全地域の整備に関する法律
c）都市計画に関する事業法
　土地区画整理法
　新住宅市街地開発法
　近郊整備地帯（区域）および都市開発区域の整備に関する法律（首都圏，近畿圏）
　都市再開発法
　新都市基盤整備法
　大都市地域における住宅および住宅地の供給の促進に関する特別措置法
　住宅地区改良法
　大都市地域における優良宅地開発の促進に関する緊急措置法
　総合保養地域整備法（リゾート法）
　流通業務市街地の整備に関する法律
　地方拠点都市地域の整備および産業業務施設の再配置の促進に関する法律
　大都市地域における宅地開発および鉄道整備の一体的推進に関する特別措置法
　密集市街地等における防災街区の整備の促進に関する法律
　中心市街地活性化法
d）都市施設の管理法
　道路法
　都市公園法
　下水道法
　河川法
e）その他
　このほか国土利用，住宅，防災，公害防止，開発主体などに関して多くの関連法がある。

(3) 都市計画の内容は次の八つとされている。i）市街化区域および市街化調整区域[1] ii）地域地区　iii）都市施設　iv）市街地開発事業　v）促進区域　vi）遊休土地転換利用促進地区　vii）予定区域　viii）地区計画等

これは計画だけでなく，その実現手段をも含めてあげているものであって，都市計画および同事業を含むものとされている。計画とその実現手段を区別している諸外国の制度とはこの点が違っている。以上の都市計画の内容を一覧表にすると**表 6.7** のとおりである。

(4) 都市基本計画については別段の定めがないが，市街化区域，市街化調整区域については，整備・開発・保全の方針がこれに当るものと考えられている。

(5) 都市計画の決定主体は，その内容により都道府県知事と市町村に区分されている。

(6) 都市計画の決定には，公聴会の開催，都市計画の案の縦覧，意見書の提出などの住民の意見を反映する手続が含まれている。

1) 昭和 42 年 3 月の宅地審議会第 6 次答申「都市地域における土地利用の合理化を図るための対策に関する答申」においては土地利用のカテゴリーとして（1）既成市街地（2）市街化地域（3）市街化整備地域（4）保存地域の四つが提案されている．

表 6.7 法定都市計画の内容（都市計画法）

0 0 都市計画区域（5条）

0 都市計画に関する基礎調査（6条）

1．土地利用

(1) 市街化区域 市街化調整区域 整備・開発・保全の方針（7条） 開発許可（29条～）

(2) 地域地区（8条，9条，10条）

用途地域（第1種低層住居専用地域，第2種低層住居専用地域，第1種中高層住居専用地域，第2種中高層住居専用地域，第1種住居地域，第2種住居地域，準住居地域，近隣商業地域，商業地域，準工業地域，工業地域，工業専用地域）

特別用途地区（市町村が独自に定める[1]），高層住居誘導地区，高度地区，高度利用地区，特定街区，防火地域，準防火地域，美観地区（以上建築基準法），風致地区（都計法），駐車場整備地区（駐車場法），臨港地区（港湾法），歴史的風土特別保存地区（古都保存法），第1種および第2種歴史的風土保存地区（明日香法），緑地保全地区（都市緑地保全法），流通業務地区（流通業務地法），生産緑地地区（生産緑地法），伝統的建造物群保存地区（文化財保護法），航空機騒音障害防止地区，同特別地区（航空機騒音対策法）

2．都市施設（11条）

(1) 道路，都市高速鉄道，駐車場，自動車ターミナルその他の交通施設

(2) 公園，緑地，広場，墓園その他の公共空地

(3) 水道，電気供給施設，ガス供給施設，下水道，汚物処理場，ごみ焼却場，その他の供給施設または処理施設

(4) 河川，運河その他の水路

(5) 学校，図書館，研究施設その他の教育文化施設

(6) 病院，保育所その他の医療施設または社会福祉施設

(7) 市場，と畜場または火葬場

(8) 一団地の住宅施設（一団地における50戸以上の集団住宅およびこれらに付帯する通路その他の施設）

(9) 一団地の官公庁施設

(10) 流通業務団地

(11) その他政令で定める施設（公共電気通信施設，防風，防火，防水，防雪，防砂，防潮施設）

3．市街地開発事業（12条）

(1) 土地区画整理事業（土地区画整理法）
(2) 新住宅市街地開発事業（新住法）
(3) 工業団地造成事業（首都圏，近畿圏の関連法）
(4) 市街地再開発事業（都市再開発法）
(5) 新都市基盤整備事業（新都市基盤法）
(6) 住宅街区整備事業（大都市法）

4．促進区域（10条の2）

(1) 市街地再開発（都市再開発法） (2) 土地区画整理（大都市法） (3) 住宅街区整備（大都市法） (4) 拠点業務市街地整備土地区画整理（拠点都市法）

5．遊休土地転換利用促進地区（10条の3，58条の4～11）

6．予定区域（12条の2）

3―(2)，3―(3)，3―(5)，2―(8)（20 ha 以上），2―(9)，2―(10)

7．地区計画等（12条の4）

(1) 地区計画（12条の5）
(2) 住宅地高度利用地区計画（12条の6）
(3) 再開発地区計画（都市再開発法）
(4) 防災街区整備地区計画（防災街区整備促進法）
(5) 沿道地区計画（幹線道路沿道整備法）
(6) 集落地区計画（集落地域整備法）

8．市町村の都市計画に関する基本方針（市町村マスタープラン）（18条の2）

1）1998年都市計画法改正

(7)　市町村は，地方自治法に基づく市町村の建設に関する基本構想および都市計画法に基づく整備・開発・保全の方針に即して，「市町村の都市計画に関する基本的な方針」を定める。市町村の定める都市計画はこの基本方針に即したものでなければならない。

(8)　民間の開発に対する規制の手段としては，開発許可[1]，地域地区[2]，地区計画[3] などの諸制度があるが，市街化区域内のバラ建ちスプロールは容認されている。

(9)　道路，公園，下水道などの都市施設は欧米の水準からみるとまだおくれているが，都市高速鉄道はとくに大都市において発達している。

(10)　市街地開発事業のうち土地区画整理事業は戦前から盛んで，わが国の市街地のおおよそ三分の一はこの事業によって造成されている。また，団地開発や再開発の事業は地方公共団体，公団，公社および民間によって活発に行なわれてきた。

(11)　都市計画事業については一部を除いて土地収用ができ，また生活再建の措置を講ずるものとされている。受益者負担金の制度はあるが，下水道以外は活用されていない。

6.3　都市計画の主体と執行態勢

計画決定の主体：都市計画は都市の土地利用や施設の規模・配置に関する計画であって，計画の実現にあたっては，住民の土地，家屋などに直接，各種の制限が加えられ，都市施設などによって，住民の生活環境は著しく影響を受ける。したがって，都市計画を立案し施行する主体は，住民から遠い県や国は適当ではなく，住民に最も近い位置にあって，その生活の実態に精通している市町村が最も適しているといえる。

わが国では現行都市計画法が成立する以前は，主務大臣が都市計画を決定し，内閣の認可を得ることとなっていたが，現行法では，都市計画のうち広域的な事項に関しては都道府県知事，その他の都市計画は市町村が定めることになっている。しかし，欧米諸国では，都市計画はもっぱら市町村の固有の権限に属し，憲法の保障する自治行政権の発動として，自己の責任において必要に応じて都市計画を決定しうるようになっている。

わが国では市町村がその計画を実現するだけの十分な財源を得ていない。街路，公園，土地区画整理，下水道などの都市計画事業は，ほとんど国庫補助事業である。しかし，欧米諸国では都市再開発など特殊な大規模事業は別として，経常的に行なわれる一般市街地の整備のための事業費は市町村の自主財源によってまかなわれているのが普通である。

都市計画はその上位計画である国土計画や地方計画への整合性を要求される。また，道路，河川，鉄道，港湾，空港などの施設に関する国の計画，および公害防止計画に適合したものでなければならない。市町村が定める都市計画は市町村議会の議決を経て定められた市町村の建設に関する基本構想[4] に即し，同時に，都道府県知事が定めた都市計画に適合しなければならない。なお，1992 年の都市計画法改正により，市町村は，「市町村の都市計

1)　7 章 7.2 節参照．2)　7 章 7.5 節B. 参照．3)　7 章 7.4 節B. 参照．4)　2 章 2.2 節B参照．

画に関する基本的な方針」を定めることになった。

住民参加：都市計画の決定手続に住民参加を欠くことが出来ないことは，民主主義の社会体制のもとでは，もはや自明のことである。国によって異なるが都市全体の計画では，住民参加というよりは市民参加に近く，地区の詳細な計画では，住民の直接参加が綿密に行なわれるようになってきている。

計画への住民参加は，計画策定にかなりの時間と労力がかかるというデメリットもあるが，一般住民の意見を取り入れることにより，計画内容の客観性，公益性を高めることができ，市政に対する関心を深めるよい機会でもあり，また，計画の実施段階での協力が得られやすいなどのメリットがはるかに上回ると考えられる。

計画策定段階での住民の意見聴取は，一般によく行われているが，問題は計画決定に当たっての反対意見の取扱である。官側の計画が決まってからの参加では，とかく形式的参加になりやすい。ドイツ建設法典第3条住民参加の項には「住民は事前にできるだけ早い時期に，計画の一般的目的，地域の再開発または開発に関する異なった解決策および計画の異なった効果に関する公的な報告を受けることができる」[1]としている。

また，反対意見の中には，住民側が計画の内容について十分理解していない場合もあり，逆に行政側の柔軟な対応によって譲歩しうる場合もかなりある。したがって，提案側と反対側が計画の内容について十分，討議を行なうことが是非必要である。

わが国では都市計画の決定に住民の意見を反映させるため，公聴会の開催，都市計画の案の縦覧，意見書の提出およびその処理などの規定が都市計画法に設けられており，都市計画の決定にあたっては第三者的機関である都市計画地方審議会の議を経ることとされているが，住民の直接参加は制度化されていない。しかし，最近その必要性が痛感され，行政サイドでも，住民サイドでもその方法について模索している段階にあるといえる。

6.4 財産権の社会的拘束と補償

都市計画の実現手段には，規制的手段と開発的手段がある。

前者は開発の主体は主として「民間」であって，これに対して「公共」は一定の枠組と条件を付して，制限を加えると同時に，条件を満たすものに対しては，各種の恩典を与えて奨励することによって，開発をできるだけ都市計画に整合せしめようとする手段である。後者は都市施設または市街地開発事業のように，「公共」が主体となって，土地を取得し，事業費を投入して計画の一部を事業として積極的に実現するものである。

都市計画は，計画の実現のために私権の制限を伴うものである。このような都市計画を実現するための公権力による制限を一般に都市計画制限といい，それには次の三つの場合がある。このうち(1)と(2)は公用制限といわれる。

1) 大村謙二郎訳：ドイツの建設法典（一部）1992.

(1) 都市計画に定められた土地利用計画を実現するために行なう，開発行為，建築行為などに対する制限

これには開発行為の行なわれる地域を特定して，公共施設の整備との整合をはかるための制限，地域地区制などのように開発の行なわれる地域内の環境の水準を一定の基準以上に確保するための制限，地区内の公共施設や建築物の相隣関係にわたって詳細な規制を行なうものなどがある。通常，これらの制限による損失に対しては補償を要しないとされている[1)]。

(2) 都市計画に定められた都市施設または地区開発事業などの円滑な実施を保障するため，これらの区域内で行なわれる建築行為などの制限

計画決定している都市計画施設や事業区域内で，土地の取引，区画形質の変更，建築行為などが行なわれるとすれば，将来の事業の遂行にとって大きな障害になるおそれがあるので，これらの計画が実施に移されるまでの間，計画を保障するために，事業遂行に支障をきたす行為を制限するものである。わが国では建築行為についての許可制がある（都市計画法 53 条）。これについても通常，補償を要しないとされているが，建築禁止のように強い制限を加える場合には土地の買取りなどの反対給付が必要とされる（同法 56 条）。

(3) 都市計画事業の実施段階において，これらの事業の施行に必要な措置としての土地，建築物などに関する財産権の制限

これには，土地の収用（都市計画法 69 条），換地処分（土地区画整理法），権利変換（都市再開発法），土地の先買い（都市計画法 67 条）[2)] などがある。これらは制限による損失に対しては正当な補償を前提としている。わが国では，都市計画施設および特定の市街地開発事業に直接必要な土地は収用することができるが，それ以外の余分の土地を収用することは認められていない。しかし，事業を遂行し，その効果を十分に発揮するためには，これに隣接する若干の土地を合わせて買収する制度をもつ国もある。これを超過収用（excess condemnation）[3)] という（図 **6.1**）。

またわが国では，収用手続の保留に対する救済措置としては買取請求権（同法 68 条）を認め，収用によって生活の基礎を失うこととなる者に対しては，生活再建措置（同法 74 条）を講ずるなどの制度がある。このほか土地の有効利用の促進および投機的取引の抑制のために税制上の措置，都市計画事業によって著しく利益を受ける者に対して事業費の一部を負担せしめる受益者負担金の制度などがある。

直接権力によらない手段としては，行政指導による勧告，奨励などがあり，住民による自主的な手段としては，協定[4)]，契約，申合せなどがある。

わが国における財産権の社会的拘束は必ずしも弱いとはいえない。すなわち公共施設の

1) 地域地区のうち歴史的風土特別保存地区および近郊緑地特別保全地区については損失補償の規定がおかれている.
2) 計画の告示の段階でも先買い制度がある（都市計画法 57 条).
3) さらに広範囲に付近地を取得する場合に，地帯収用（zone condemnation）ということがある.
4) 建築協定（建築基準 69 条），緑化協定（都市緑地保全法 14 条).

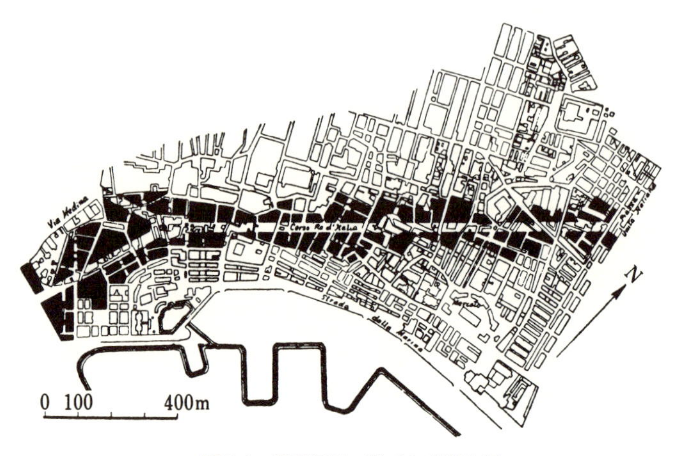

図6.1 超過収用の例（ナポリ）[5-11]

建設を目的とする事業の実施にあたって，土地を強制取得するために土地収用の制度があり，これらの制度を背景に鉄道，港湾，高速道路など国土，地方計画レベルの施設や都市の基幹施設の用地の取得が行なわれてきた。しかし，その反面，憲法25条にいう国民生活の向上をはかるために土地の合理的利用を実現し，生活環境施設の整備を進めるという面では，財産権の拘束はきわめて消極的である。そのため，都市計画区域内では，広大な市街化区域内の建築の自由は依然として放任に近い状態にあり，建築行為に対する規制は，この無秩序な市街化の動向を追認するにとどまっている。したがって，いわゆるスプロールといわれる散落状市街地が広範に形成され，日常生活に必要な公共施設の整備とは必ずしも整合せず，また既成市街地の宅地の細分化，中高層化による過密化が無秩序に進行しつつある。

6.5 土地政策

都市計画の最も基本的な問題は土地問題にあるといわれる。地価の安定，公共用地の取得，私権の公的制限が計画の実現を担保する基本的条件だからである。

わが国では明治初期に封建的土地所有から，近代的土地所有に移行して以来，個人の土地私有権は独占，排他的なものとしての考えが強く，これまで土地の利用計画あるいは地価の安定に有効な抜本的な土地政策はとられないできた。最近にいたって，地価公示，土地保有税の強化，農地の宅地なみ課税，公有地の拡大，開発許可制度，土地取引の規制など各種の施策が登場してきたが，都市計画に及ぼす実効性に欠け，良好な生活環境を備えた市街地をつくり出すという効果については，隔靴掻痒の感を免れない。

このような状況に対処するため，1989年12月第116国会で，わが国ではじめて「土地基本法」が成立した。この法律は，土地についての基本理念として，①公共の福祉優先，②適正な利用および計画に従った利用，③投機的取引の抑制，④開発利益に応じた適切な負担を掲げ，国，地方公共団体，事業者および国民の責務を明らかにし，土地政策の基本となる事項を定めたもので，いわば宣言法というべきものである。今後，この法律の趣旨を体して，土地利用計画をはじめ，土地取引の規制，土地税制など各種施策の整合を図り，具体的かつ有効な土地政策を確立することが期待される。

その後，1990年の都市計画法改正により，遊休土地転換利用促進地区の指定による低・未利用地に対する届け出・勧告制度が導入された。これは，わが国の都市の市街化区域内には，かなりの農地が残存しており，必ずしも営農を続ける意思のない地主もいることから住宅，宅地の供給促進の面からも問題とされ，これらの農地に対する保有税の宅地並み課税の施策がとられたが，成果をあげるにいたらなかった。しかし，1991年の生産緑地法の改正により，市町村が地主の意向を聴いて一定の都市計画上の条件を満たす農地については生産緑地に組み入れ，宅地化する農地と税制上も区分することになった。しかし，その結果，生産緑地としての農地の配置が土地利用計画と関係なく地主の意向だけで定まることになってしまった。

土地公有論：土地私有制に伴って生ずる社会の不平等，不正を改革するために，これを廃止しようという思想は古くから存在する。ロシア，中国のように共産革命によって土地の国有化を実現した国は別として，資本主義諸国においても土地の私有に伴うさまざまな社会的不公平を除くために，土地の所有権，利用権に制限を加え，さらに進んでは土地の公有化を進める政策をとっている国が少なくない。古くは19世紀から20世紀の初頭にかけて，ドイツでは都市政策上の理由から，市町村が，土地を取得することが盛んに行なわれた。これは都市における将来の土地需要を見越し，市町村が計画的に市街地の拡張を行ない，市民や労働者の住宅を供給し，同時に土地投機を抑える目的で行なわれたものである。1900年の統計によれば，フランクフルト・アム・マイン市は全市の53%，ライプチッヒ，ハノーバー，シュトットガルトなどの諸都市は三分の一以上の土地を保有していた。

今日では，アメリカや日本は必要とされる公共用地以外はとくに土地公有政策をとっているとはいえない。イギリスはアスワット委員会の勧告に基づき1947年以来，開発利益を社会に還元することを目的とする土地政策に取り組み，これまでに試行錯誤を繰り返してきたが[1]，最近はとくに漸進的に土地の公有化をはかる方向に進みつつある[2]。

一方，旧西ドイツは現在，土地公有については国内に反対意見が強く，土地の私有から生まれる利点を高く評価し，土地の私有を建前とし，土地利用計画，地区詳細計画の実現を保証するに足る強力な計画法によって，その実をあげることに努力が集中されている。

1) J.B.Cullingworth:Town and Country Planning in England and Wales（久保田誠三監訳：英国の都市農村計画p.156），都市計画協会
2) Community Land Act,1976

このため，たとえば新開発では，市がいったん全部の土地を買収するが，事業終了後は，地区内の土地をできるだけ広い範囲の住民に譲渡することとしている。また再開発の場合も，できるだけ従前の土地所有権を存続させる方針をとっている。

今日，土地公有政策を積極的に進めている国は，スウェーデンをはじめとする北欧諸国である。スウェーデンの都市計画制度は，旧西ドイツのそれとよく似ているが，国が市町村の土地公有政策を奨励し，開発に先がけて行政区域内，さらには区域外にわたって土地を取得している。このため，土地の投機的取引は少なく，また都市計画の実現も容易であるといえる。また，いったん市町村が買収した土地は，事業終了後も保有し続けるのが原則で，これに対しても国が財政的援助を行なっている。

図 6.2 はフィンランドの首都，ヘルシンキの公･民有地の分布図である。これをみると，いかに広大な土地が公共団体によって保有されているかがわかる。

わが国の場合は，公共団体によって保有されている土地がきわめて少ないうえに，民有地の土地所有単位が零細で，権利関係がきわめて複雑であり，スペキュレーションによる地価の高騰が激しいので，都市計画において必要とされる公共施設用地の取得や市街地開発事業における土地の権利調整がきわめて困難であるといえる（**図 6.3**）。

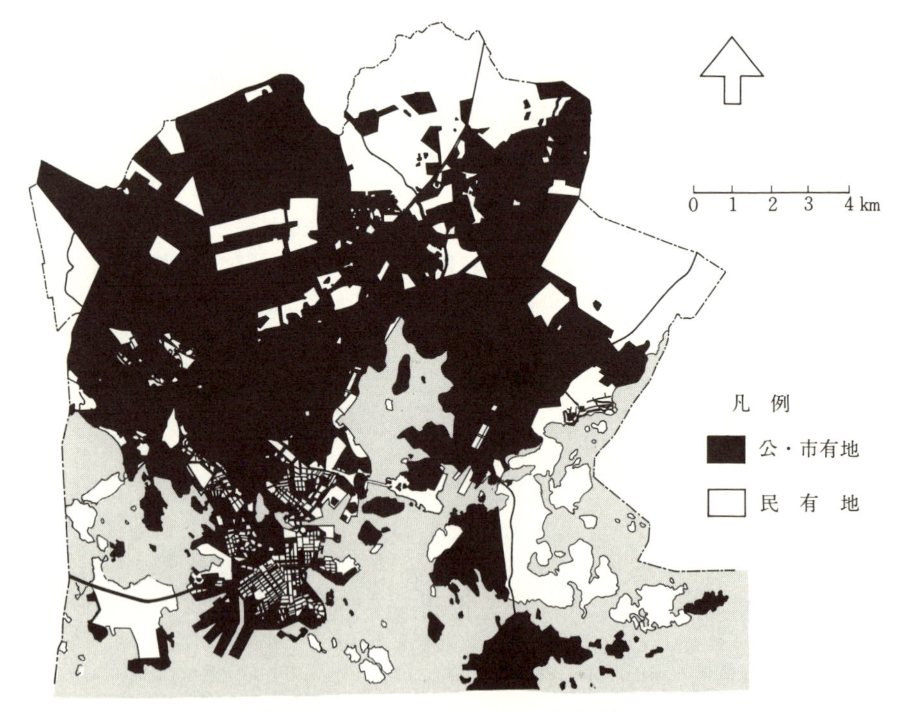

図6.2　ヘルシンキにおける公・民有地分布

図 6.3 農地の分散所有の状況，三郷市（森村道美氏による）

6.6　都市計画の財源

都市施設の整備，市街地開発事業の実施には多額の費用を要する。都市計画事業の費用負担者は原則的には施行者であって，市街化区域における市街地形成の根幹となるような幹線街路，下水道幹線などは当然，国および地方公共団体がその負担において整備すべきものである。しかし，地区レベルの支線的な道路や排水施設などはどこまで民間開発業者や地主が負担すべきか，その負担区分が明確にされていないと，社会的にも著しい不公平を生ずることになる。ドイツでは，道路その他の公共施設について，公共団体と地元の地権者との負担区分が基準化されているといわれるが，わが国では土地区画整理，団地開発，バラ建ちなど開発の形態や規模によって必ずしも一定でない。

都市計画事業の財源としては次のようなものがある。

(1)　国庫補助：国は地方公共団体に対して，予算の範囲内において重要な都市計画または都市計画事業に要する費用の一部を補助することができる（都市計画法83条）。また，市街地開発事業についても，国の補助が認められている。

(2)　受益者負担金：国，都道府県または市町村は都市計画事業によって著しく利益を受ける者があるときは，その利益を受ける限度において，事業費の一部を負担させることができる（同法75条）。戦前には，道路，河川，公園，下水道などにわたって受益者負担金の制度が活用されていたが，現在はほとんど下水道事業に限定されている。

(3)　土地基金：都道府県または指定都市は，一定の条件のもとに土地の買取りを行なうため，土地基金を設けることができる。国はこのために必要な資金の融通またはあっせんその他の援助を行なうものとされている（同法84条）。

(4)　都市計画税：都市計画税は都市計画事業または土地区画整理事業に要する費用にあてるために設けられた目的税である。課税対象は市街化区域および特別な事情のある場合には市街化調整区域の一部に所在する土地および家屋で，固定資産評価額を標準として，税率は100分の0.2を超えない範囲で市町村の条例で定められる（地方税法702条）。

(5)　宅地開発税：市町村は宅地開発に伴う道路などの公共施設の整備にあてるための目的税として，宅地開発税を課することができる(地方税法703条)。宅地開発税の使途となるべき公共施設は，幅員12メートル未満の道路など，最小限の環境施設を対象とし，納税義務者は市街化区域内の条例で定める区域内の宅地開発者で，宅地の面積を課税標準とし，その税率は条例で定める。納税義務者が公共施設用地を無償で提供する場合などには宅地開発税は免除される。

(6)　地方債：地方公共団体が議会の議決を経て，地方債を起こすことができる（地方自治法230条）。都市計画事業の場合は準公営企業債として取り扱われ，大きな財源となっている。なお，起債は自治大臣の許可を要する。

第7章　土地利用規制

7.1　概　　説

二層制計画方式

都市の土地利用を計画的にコントロールし，都市全体としても，またその部分についても健全な市街地を生み出すためには少なくとも二段階の計画が必要である[1]。すなわち，都市全域を対象とする都市基本計画と部分を対象とする地区計画の二つである。計画法の制度上もこれを明確に定めている国の例を**表7.1**に示す。

アメリカおよび日本でも都市基本計画や地区計画は必要に応じて策定されるが，法制度上，二層制計画方式が明確に定められているわけではない。

表 7.1　各国の二層制計画方式

国	都市基本計画	地区計画
イギリス	structure plan	local plan
ドイツ	Flächennutzungsplan	Bebauungsplan
フランス	SDAU[2]	POS[3]
スウェーデン	generalplan	stadsplan，byggnadsplan

基盤と上物

市街地の物的環境は大きく分けて基盤と上物から成り立っているとみることができる。基盤とは道路，鉄道，河川，公園など土地に付帯する公共施設であり，上物とは土地に建てられる建築物や工作物である。優れた市街地を計画的に生み出すためには基盤と上物を一体的に整備するための計画が必要である。地区計画制度はまさにこれを基本とする制度である。しかし，アメリカでは基盤は敷地割規制により，上物は地域制によって別々にコントロールするシステムをとっており，日本でも開発許可制度と地域地区制というように別々に対応している。ただ，この欠点を補うために，アメリカでは計画単位開発（PUD）に対する規制制度，日本では地区計画制度，その他が設けられている。

1）大都市の場合は地域が広域にわたるので，大都市圏計画，区市町村計画，地区計画の三層制の計画が必要である．

2）Schéma Directeur d'Aménagement et d'Urbanisme＝SDAU

3）Plan d'Occupation des Sols＝POS

7.2　市街化の規制

わが国の都市計画法では，無秩序な市街化を防止し，土地利用と都市施設の整合をはかり計画的な市街地形成を促進するため，都市計画区域を市街化区域と市街化調整区域に区分し，いわゆる線引きを行なう制度が設けられている。

市街化区域はすでに市街地を形成している区域およびおおむね10年以内に優先的かつ計画的に市街化をはかるべき区域であって，整備・開発・保全の方針に従って，少なくとも用途地域を定め，道路，下水道，公園などの都市施設の整備を行なう。また住居系地域については，義務教育施設をも定めるものとしている。

市街化調整区域は，市街化を抑制すべき区域で，整備・開発・保全の方針はたてられるが，原則として用途地域は定めず，市街地開発事業に関する都市計画も定めないこととしている。都市施設に関する都市計画も，市街化をはかることを目的とするものは積極的に定めないこととしている。

市街化区域，市街化調整区域の土地利用は開発許可制度と後に述べる地域地区制度によって実現をはかることとされている。開発許可制度は市街化区域または市街化調整区域内で開発行為をしようとする者が，都道府県知事の許可を受けなければならない制度であり，知事は法に定める開発許可基準に従って，許可または不許可の決定を行なう。

この制度は，昭和43年に現行都市計画法が制定された際に，新たに設けられた制度で，今日まで，とくに市街化調整区域の乱開発を抑制してきた点について一定の評価はなしうるが，次の点は市街化のコントロール，都市施設の整備との整合の点で問題がある。

(1)　市街化区域，市街化調整区域の二区分だけでは不十分である。既成市街地，保存区域（あるいは農林業区域）などの区域区分が必要である。

(2)　市街化区域内において行なう開発行為で一定規模未満のものを開発許可の対象から除外したことによって，住宅などのバラ建ちはほとんど容認されることになり，それを前提として市街化区域が広大な地域にわたって指定されたため，おおむね10年間で熟成市街地になることが期待できない。

(3)　市街化区域内の都市施設の整備といっても，都市の幹線街路などの基幹的施設を定めるだけで，原則として地区レベルの道路，駐車場などは都市計画の施設としては定めないので，市街化と施設の整合とはいえ，きわめてマクロ的な整合しか考えられていない。したがって，地区計画やコミュニティの施設計画とは馴染まない点がある。

(4)　開発行為とは「主として建築物の建築の用に供する目的で行なう土地の区画形質の変更」をいうのであって，イギリスやドイツの都市計画法にいう開発行為[1)]のように，上物の建築物そのものの規制は行なわれず，あくまで土地の区画形質の変更の範囲にとどまっ

1)　イギリスの都市計画制度の基本をなす計画許可（planning permission）あるいはドイツの地区詳細計画（Bebauungsplan）による開発許可は，宅地の条件のみならず，上物の建築物の規制に及ぶ点でわが国の制度と異なる．

ている。すなわち，敷地内の土地利用，建物の用途，宅地造成，給排水，公共・公益施設などについては審査を受けるが，建築物そのもののあり方については，建築基準法の建築確認制度に委ねられている[1]。

わが国のこの制度に類似したものとしては，アメリカのハワイ州で採用している土地利用規制がある。この場合には，農業地域（agricultural area），都市地域（urban area），非都市地域（rural area），保存地域（conservation area）の四つのカテゴリーが採用されている（Act 205）。

図 7.1 はコペンハーゲンの土地利用計画図を示す。既成市街地および計画市街化区域については地区詳細計画に基づいて開発が許されるが，それ以外の地域では原則として市街地開発は認めず，厳格な保全対策がはかられている。この計画はその放射状の形状からフィンガー・プランとも呼ばれる。

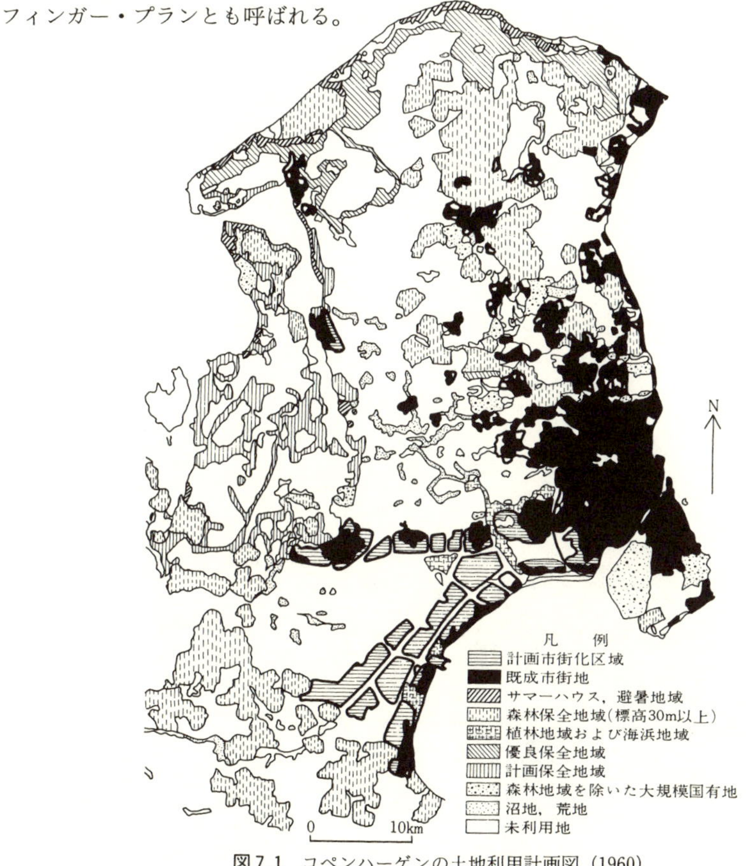

図 7.1 コペンハーゲンの土地利用計画図（1960）

1) ただし，都道府県知事が市街化調整区域における開発行為について開発許可を与える場合，建ぺい率，建築物の高さ，壁面の位置，その他建築物の敷地，構造および設備に関する制限を定めることができるようになっている（都計法 41 条）。

7.3　開発計画と計画許可

イギリスにおいては，土地利用の規制は開発計画（development plan）と計画許可（planning permission）によって行なわれる。開発とはすべての建設，工作，採鉱などのほか土地利用や既存建築物の実質的な変更を含むもので，土地の上下，上空に及ぶ。すべての開発は原則として，地方計画庁から事前に計画許可を受けなければならない。計画許可を決定するに際し，計画庁はその地域に関する開発計画と照合して計画と一致しているかどうかによって，許可，条件付許可，不許可のいずれかの決定を行なう。

この方式は地域制（zoning）とは異なるもので，申請のあった開発と計画との整合を包括的に判断して決定されるので裁量の幅の大きいものである。たとえば**図7.2**はロンドンの中心部における最高容積率を示しているが，この数値は直接，計画許可にかかわらしめるのではなく，決定を行なうにあたっての一つの基準であると考えられている。

この制度は，わが国の開発許可制度に似ているが，次の点で大きな相違がある。

(1)　イギリスの場合は，開発の規模にかかわらず規制の対象とするが，わが国の場合は，政令で定める規模未満（300～1000 m²）の開発には適用されない。

(2)　イギリスの場合は，規制が基盤と上物に及ぶが，わが国の場合は土地の区画形質の変更に限られる。したがって，区画形質の変更を伴わない開発は対象とならない。

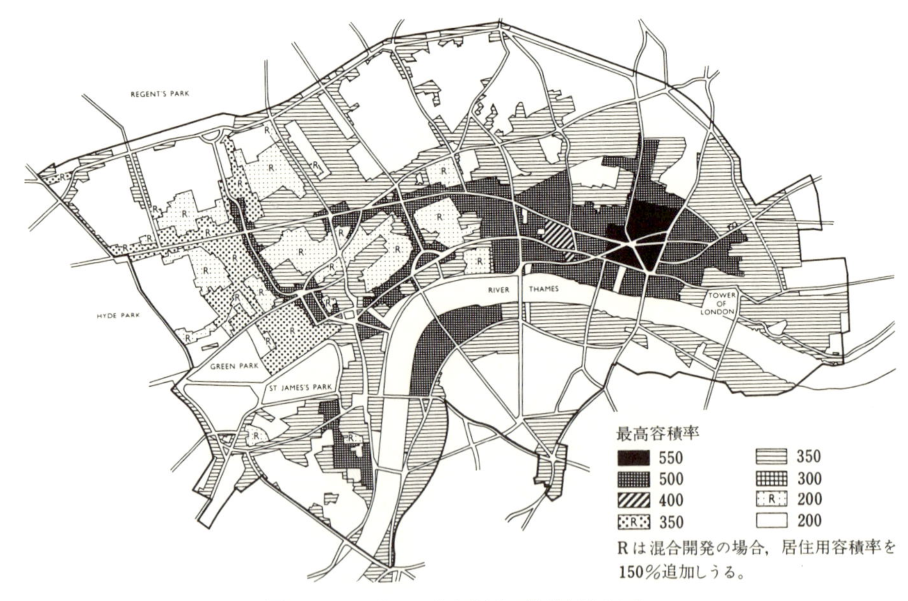

図7.2　ロンドンの中心地区の最高容積率[6-2)]

7.4 地区計画制度

A. ドイツの地区詳細計画

地区詳細計画は土地利用計画を実現するための，一種の地区設計制度であって，地域地区制に代わる最も合理的な制度といえる。その代表的な例は，ドイツの地区詳細計画（Bebauungsplan）と，北欧諸国における詳細計画（detaljplan）である。スウェーデンでは都市地域に適用されるものをタウン・プラン（stadsplan），非都市地域やレクリエーショ

表 7.2 ドイツにおける都市計画のための図面表示記号（一部）[22-5)]

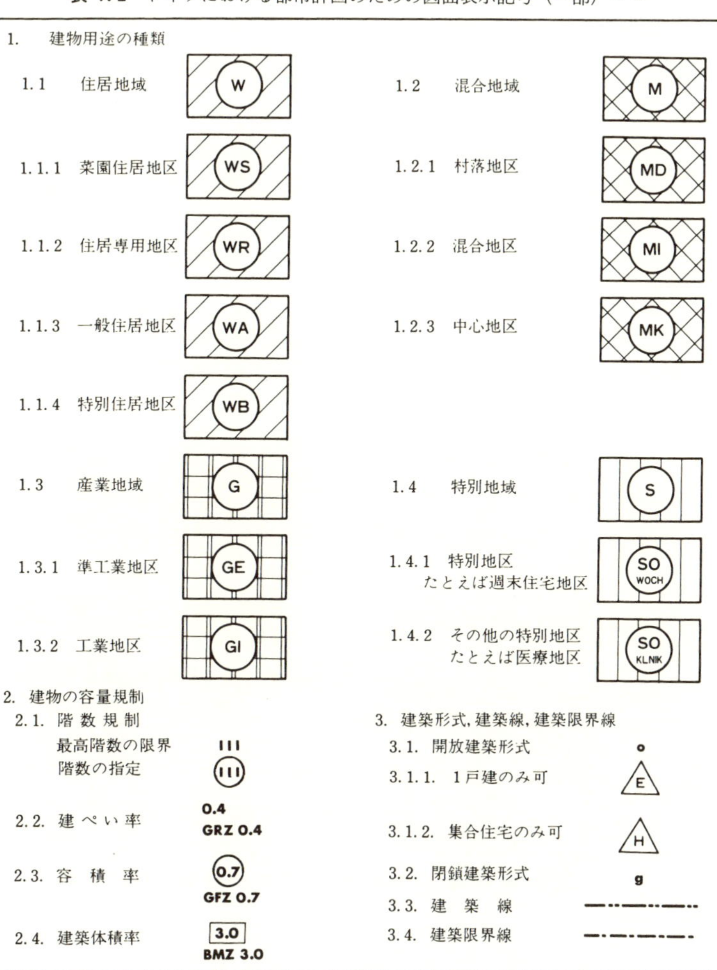

ン地域に適用されるものをビルディング・プラン（byggnadsplan）とよんでいる。

ドイツの地区詳細計画の要件は次のとおりである。

(1)　地区詳細計画は都市の土地利用計画が示す方針に従い，これを実現するための地区ごとの計画であって，地区の規模はとくに規定されないが，普通は1/500から1/1,000のスケールの図面，注釈などによって示される。

(2)　地区詳細計画は民有地を含む一般市街地を対象として，原則として全市の市街化すべき区域に指定される都市計画の制度である。(いずれの国においてもニュータウン，団地，再開発地区などの市街地開発事業においては一種の詳細計画がつくられるが，これは一般市街地を対象とするものではないので，地区詳細計画制度とは区別される。)

(3)　地区詳細計画は，街路，公園など公共施設の配置を定めるのみならず，建築地域については建築線や建築限界線を用いて建物の建てられる位置を定め，併わせて用途，階数，建築形式，建ぺい率，容積率などを具体的に定める制度である。これらをドイツの地区詳細計画について見ると**表7.2**および**図7.3**のとおりである。

(4)　地区詳細計画を作成するにあたっては，都市の土地利用計画の示す方針に従い，地区調査の結果に基づいて，スケッチ・プランからスタートし，模型などによる検討を加え，地区設計図を作成し，所定の手続により概要計画を決定した後，同じ手続を繰り返して法定の図面表示により地区詳細計画を完成させる。

(5)　地区詳細計画は土地利用計画が意図する新市街地の開発，既成市街地の再開発（地区修復を含む）のみならず，開発の規制，現在の環境の保全などすべての計画目的を実現

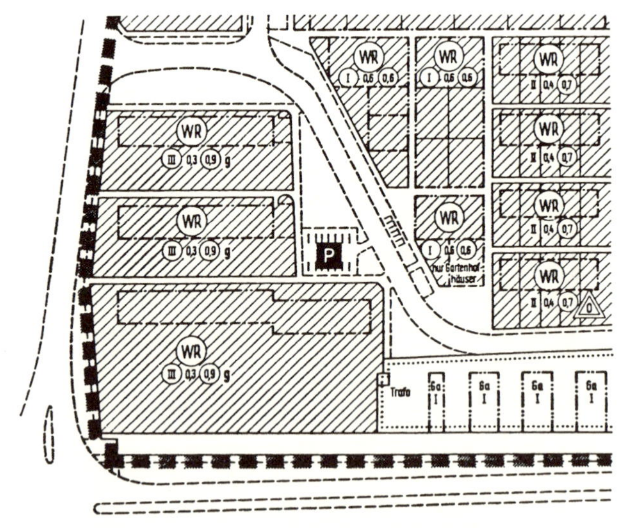

図7.3　ドイツにおける地区詳細計画の例（住宅地）[22-13)]

するために活用しうる。

(6)　地区詳細計画は，住民参加を含む，民主的な手続によって決定され，市町村議会の議決を経た後，上級官庁の承認を受けることによって地方条例として発効する。

(7)　地区詳細計画そのものは実現をはかる制度ではないが，その規制効果は，開発申請に対する開発許可制度によって担保される。すなわち，原則として地区詳細計画のない地区の開発は許可が与えられない。ただし，例外規定はある[1]。

(8)　地区詳細計画の実現をはかるためには次の手段が必要である。

i）土地の収用，ii）法定先買権，iii）土地整理，iv）地区施設負担金の徴収，v）計画命令（たとえば建築命令，植樹命令，除却命令，保存命令，近代化命令など），vi）計画策定期間内の開発行為の規制，vii）土地取引の認可，viii）社会計画，ix）補償

B．わが国の地区計画制度[2]

わが国の地区計画制度は，旧西ドイツの地区詳細計画の制度をモデルとしており，1980年に都市計画法および建築基準法を改正して創設された。その内容は次のとおりである。

(1)　地区計画は市町村が定める都市計画である。したがって，その決定は都市計画の決定手続によるが，その案にかかわる区域内の土地の所有者など利害関係者の意見を聴取しなければならない。また，市町村は地区計画の決定に際し，政令で定める地区施設その他について都道府県知事との協議が必要である。この場合，町村にあっては都道府県知事の同意を得なければならない（都計法19条）。

(2)　地区計画を定める対象区域は次の各号による。

用途地域が定められている土地の区域

用途地域が定められていない土地の区域については，

i）市街地開発事業等の事業が行われる又は行われた土地の区域

ii）今後市街化する区域で不良な街区の環境が形成されるおそれのある土地の区域

iii）現に良好な街区の環境が形成されている土地の区域

(3)　市町村は必要があれば地区計画等について，その種類，名称，位置及び区域等を定め，地区計画の目標，地区の整備・開発・保全の方針を定めることができる（方針地区計画）。

(4)　地区計画区域の全部またはその一部について地区整備計画を定めることができる。

(5)　地区整備計画には次の事項のうち必要なものを定める。

i）地区施設[3]の配置及び規模

ii）建築物等の用途の制限，建築物の容積率の最高限度又は最低限度，建築物の建ぺい率

1）　既成市街地における小規模な個別建て替えや集落の一定区域における住宅の建築などは地区詳細計画を要しない．

2）　関連する制度については，表6.7の7．地区計画等および7章7.4節C．を参照．

3）　都市計画施設以外の施設で主として街区内の居住者等の利用に供される道路または公園，緑地，広場その他の公共空地．

の最高限度，建築物の敷地面積又は建築面積の最低限度，壁面の位置の制限，壁面後退区域における工作物の設置の制限，建築物等の高さの最高限度又は最低限度，建築物等の形態，意匠の制限，建築物の緑化率の最低限度，垣・柵の構造の制限（ただし，市街化調整区域においては，建築物の容積率の最低限度，建築物の建築面積の最低限度および建築物等の高さの最低限度を除く）

iii）樹林地，草地等で良好な居住環境の確保に必要なものの保全を図るための制限

(6) 誘導容積に係る地区計画の基準[1]：地区整備計画において，適正な配置・規模の公共施設がない土地の区域について必要であると認められるときは，容積率の最高限度を区域の特性に応じたものと，区域内の公共施設の整備状況に応じたものとに区分し，前者の数値を後者の数値を超えるものとして定めるものとする（都計法第12条6）。

(7) 容積の適正配分に係る地区計画の基準[1]：地区整備計画において，適正な配置・規模の公共施設を備えた土地の区域において建築物の容積の適正配分がとくに必要であると認められるときは，区域を区分して容積率の最高限度を定めるものとする。この場合，用途地域において定められた容積率の区域内の総枠を超えてはならない（都計法第12条の7）。

(8) 用途別容積に係る地区計画の基準[2]：地区整備計画において，特に必要であると認められるときは，容積率の最高限度をその全部または一部を住宅の用途に供する建築物に係るものと，それ以外の建築物に係るものとに区分し，前者の数値を後者の数値以上のものとして定めるものとする（都計法第12条の9）。

(9) 街並み誘導に係る地区計画の基準[3]：地区整備計画において，区域の特性に応じた高さ，配列，形態等を備えた建築物を整備することが合理的な土地利用の促進を図るためとくに必要であると認められるときは，壁面の位置の制限および建築物の高さの最高限度を定めるものとする（都計法第12条の5第7項）。道路幅員による容積，斜線制限緩和

(10) 地区整備計画が定められている区域内において開発行為，建築行為等を行おうとする者は着手する30日以前に市町村長に届出なければならない。市町村長はその行為が地区計画に適合しないと認めるときは，設計の変更，その他必要な措置を執ることを勧告することができる。市町村長は必要があると認めるときは土地に関する権利の処分に関する斡旋等の措置を講ずるように努めなければならない（都計法第58条の2）。

(11) 地区整備計画が定められている場合には，これを都市計画法による開発許可の基準に係わらしめることができる（都計法第33条第1項）。

(12) 地区整備計画区域内における建築物の制限に関する事項のうち必要なものを市町村の条例に基づく制限とすることができる（建基法第68条の2）。また，地区施設として道路が定められている場合には，これに則して道路の位置指定を行う（同第68条の6）。また一定の条件のもとにこれらの道路を予定道路として指定することができる（同第68条の7）。

(13) 地区施設の整備主体およびその費用の負担区分については別段の定めがない。

1） 1990年の法改正による．2） 1989年の法改正による．3） 1995年の法改正による．

表 7.3　地区計画関連制度一覧

	主な根拠条文	創設年	適用の目的	主な制限事項	主な規制緩和事項	類似の他制度
地区計画	都市計画法 12 条の 5 他 建築基準法 68 条の 2 他	1980	地域それぞれの特性にふさわしい良好な環境の形成	地区施設，用途・容積率・建ぺい率・敷地面積・壁面の位置・高さ・形態・意匠・緑化率等	人工地盤の地区施設にかかる建ぺい率	
再開発等促進区	都市計画法 12 条の 5・3 項他 建築基準法 68 条の 3 他	1988	大規模跡地等の一体的高度利用	高度利用の前提として整備すべき公共施設，他	容積率，斜線制限等	都市再生特別地区
開発整備促進区	都市計画法 12 条の 5・4 項他 建築基準法 68 条の 3・8 項他	2006	大規模商業建築物の適切な配置	大規模商業建築物において誘導すべき用途，他	用途の制限等	
誘導容積	都市計画法 12 条の 6 他 建築基準法 68 条の 4 他	1992	基盤未整備市街地の街路整備促進	公共施設の整備の前後に応じた容積率，他	公共施設整備前の容積率	
容積の適正配分	都市計画法 12 条の 7 他 建築基準法 68 条の 5 他	1992	地区内の容積率の移転	移転元および移転先の区域における容積率，他	移転先の容積率	特例容積率適用区域
高度利用	都市計画法 12 条の 8 他 建築基準法 68 条の 5 の 3 他	2000	公開空地を確保する再開発	市街地環境の向上に必要な壁面の位置の制限，他	容積率	高度利用地区
用途別容積	都市計画法 12 条の 9 他 建築基準法 68 条の 5 の 4 他	1990	都市居住の推進	住居とそれ以外の用途を区分した容積率	住居に供する床の容積率	高層住居誘導地区
街並み誘導	都市計画法 12 条の 10 他 建築基準法 68 条の 5 の 5 他	1995	斜線制限等によらない街並み形成	建築物の高さおよび壁面後退，他	斜線制限，道路幅員による容積率	特定街区
立体道路	都市計画法 12 条の 11 他 建築基準法 44 条他	1989	道路整備と高度利用の一体的推進	道路の上下における建築等の限界，他	道路内建築制限	
市街化調整区域内	都市計画法 34 条 10 号他	1999	市街地調整区域内の良好な住環境	住宅市街地として開発・保全すべき区域，他	市街化調整区域内の開発規制	都市計画法 34 条 11 号・12 号の条例
沿道地区計画	幹線道路沿道整備法 9 条他	1980	道路交通騒音による障害の防止	緩衝空地，間口率，防音上又は遮音上必要な構造の制限，他	地区計画に準ずる	
集落地区計画	集落地域整備法 5 条他 都市計画法 34 条 10 号他	1987	農村集落の土地利用整序	集落地区施設，高さ，敷地規模，他	市街地調整区域内の開発規制	市街化調整区域内地区計画
防災街区整備地区計画	密集市街地整備法 32 条他 建築基準法 68 条の 5 の 2 他	1997	密集市街地の防災性の向上	防災公共施設およびその沿道建築物にかかる防火上必要な構造の制限，間口率，高さの最低限度，他	地区計画に準ずる	防火地域・準防火地域
歴史的風致維持向上地区計画	地域歴史的風致法 31 条他 建築基準法 68 条の 3・9 項他	2008	歴史的風致の維持・向上	地区計画に準ずる	伝統的工芸品や食品等を扱う用途の規制	伝統的建造物群保存地区

C．地区計画関連制度

地区計画制度は，1980年創設以来，30数年を経過した。この制度は高度経済成長期の終焉とともに，都市住民の環境に対する意識の変革と市町村の新しいまちづくりへの意欲を背景に登場してきたもので，1995年3月末までに46都道府県，457市町村が採用し，地区数は1633地区に達し，その普及は急速に伸びてきている。

1987年以降のたび重なる都市計画法，建築基準法の改正によって，集落地区計画，再開発地区計画，住宅地高度利用地区計画，防災街区整備地区計画など新しい地区計画関連の制度が登場し，そのメニューが著しく拡大された。また，地区計画自体も，1989年の法改正により立体道路への適用，1990年の改正により用途別容積制の導入，1992年には市街化調整区域への適用，誘導容積制，配分容積制，協定・要請制度などが組み込まれ，1995年には街並み誘導型地区計画が導入された。さらに，地下都市計画などへの適用も期待されている。これらを一覧表にまとめると，**表7.3**のとおりである。このような新しい展開によって最初の地区計画制度は，次のような方向に拡充・拡大されつつあることがわかる。

①適用地域を市街化区域から都市計画区域に拡大，②地域特性により規制内容を規制強化型から条件付緩和型も含めて多様化，③市街地開発事業との連携強化，④上空・地下に及ぶ立体的適用の拡大，⑤住宅政策，宅地政策，防災対策との連携強化．

7.5　地域地区制

地域地区制は市街化区域内の土地をその利用目的によって地域または地区に区分し，法律または条例に基づいて一般市街地では各地域・地区の種別ごとに建築物の用途，高さ，形態，構造などについて，また保存，保全を要する地区については建築物その他の新築，増改築，土地の形質の変更，樹木の伐採などを制限する制度である。

地域地区制（zoning）は都市計画の手法として古くから欧米諸国で採用されている。もともとは主として，衛生，保安の見地から，建築物の用途，高さ，道路との関係位置などを警察権によって取締ることに端を発している。アメリカにおいては社会的な要求と合致するため，地域地区制が広く採用され，都市計画の重要な手段となっている。また，わが国でも今日まで都市計画法の重要な柱の一つとして活用されてきた。しかし，地域地区制はあくまで，原則として個別の敷地を単位とする建築物の用途・形態を一定の基準にもとづいて規制するものであり，その運用は画一的で硬直的になりやすい。従来からこの点を調整するために，但し書き許可あるいは適用除外（variance），特別許可（special permit）および地域制条例変更（zoning amendment）などの措置がなされてきた。

しかし，経済・社会の変化に対応するためには，さらに地域地区制に「柔軟性と創造性の導入」を図ることが要求されるようになってきている。とくに1950年代から60年代にかけて，アメリカ諸都市で，従来のゾーニングの性格を変えざるをえない動きとして，クラスター開発（cluster development）や計画単位開発（planned unit development : PUD）に対して新しい制度を発足させたことが大きな役割をはたしている。これは一種の地区計画に対する許可制度であって，衛生・保安の見地からのマイナスの排除ではなく，望ましい地区環境というプラスの創造をめざすものである。これらについては，特別許可制度として後述する[1]。

このように，地域地区制は積極的に優良な市街地を造成する見地からは限界があるので，ヨーロッパの諸都市では，戦後に都市計画法を改正して地区詳細計画制度を導入している都市が多い。

A. アメリカ諸都市の地域制条例

諸外国の地域地区制には，わが国で採用されていない各種の規定がみられる。アメリカにおける地域制はわが国のような統一法によらず，州の授権法に基づく市の条例によって施行されているので，市によってそれぞれ規定が異なっている。ニューヨーク市の地域制は歴史も古く，アメリカの地域制の典型例といえる。

アメリカの地域制はわが国より，用途地域の種類が多く，ニューヨーク市の場合，住居地域（R 1〜R 10），商業地域（C 1〜C 8），工業地域（M 1〜M 3），計 21 種の地域があり，街区程度の小さい地区を単位にきめ細かく指定されている。また，制限の内容も，たとえば住居地域についてみると，建物用途のほか，最高容積率，最小限空地率，最小限敷地面積，単位面積あたり住戸数または居室数，前庭・後庭・側庭の奥行，建物高さおよびセットバック，内庭の最小限規模などを詳細に制限している（**表 7.4**）（**図 7.4**）。

表 7.4 ニューヨーク地域制による用途規制（アミ目は許容される施設用途）

地区		施設用途グループ																	
		住宅		コミュニティ施設		小売および商業施設							レクリエーション施設				サービス施設	工業施設	
		1	2	3	4	5	6	7	8	9	10	11	12	13	14	15	16	17	18
1戸建独立住宅	R1 R2	■		■	■														
一般住宅	R3-R10	■	■	■	■														
地区小売業	C1	■	■	■	■	■	■												
地区サービス	C2	■	■	■	■	■	■	■	■	■					■				
水辺レクリエーション	C3	■	■	■	■										■				
一般商業	C4	■	■	■	■	■	■		■	■	■		■						
都心商業専用	C5	■	■	■	■	■	■			■	■	■							
都心商業	C6	■	■	■	■	■	■	■	■	■	■	■	■						
商業・娯楽	C7												■	■	■	■			
一般サービス	C8				■	■	■	■	■	■	■	■	■	■	■		■		
軽工業	M1				■	■	■	■	■	■	■	■	■	■	■		■	■	
普通工業	M2						■	■	■	■	■	■	■	■	■		■	■	
重工業	M3						■	■	■	■	■	■	■	■	■		■	■	■

1) 7章7.5節C. 参照.

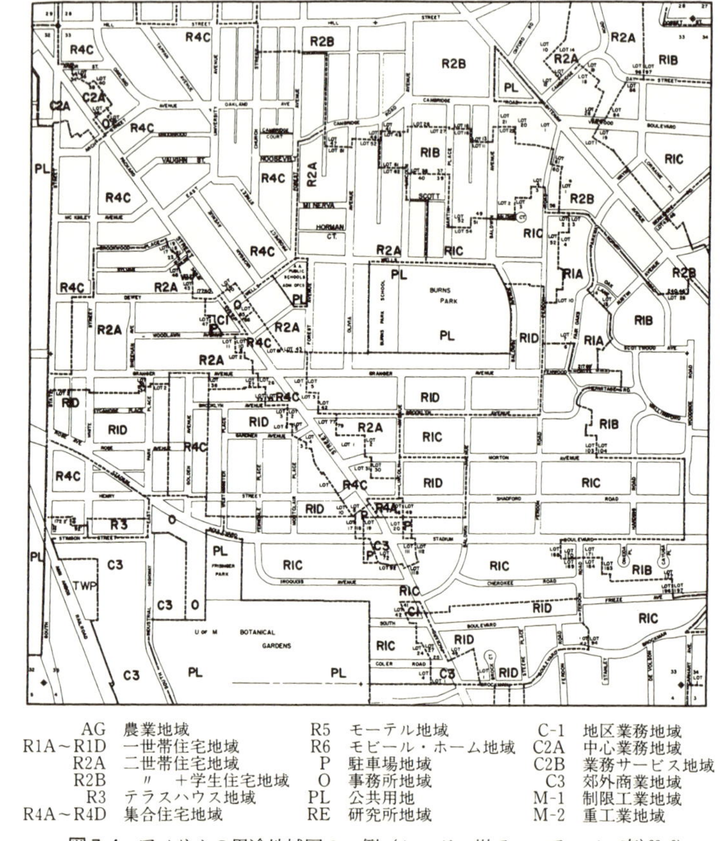

図7.4　アメリカの用途地域図の一例（ミシガン州アン・アーバー市）[22-2)]

B．わが国の地域地区制

わが国では都市計画法第8条に地域，地区，または街区の種類があげられており（**表6.7**），都市計画にはそのうち必要なものを定めることになっている。地域地区内における建築物その他の工作物に関する制限は都市計画法に定めるもののほか，建築基準法その他別の法律で定めることになっている。

用途地域は最も基本的な地域で，第1種低層住居専用地域，第2種低層住居専用地域，第1種中高層住居専用地域，第2種中高層住居専用地域，第1種住居地域，第2種住居地域，準住居地域，近隣商業地域，商業地域，準工業地域，工業地域，工業専用地域の12種類があり，いずれかの地域に指定されると，建築物の用途が規制され，容積率，建ぺい率，斜線制限，高さの限度，敷地境界線からの壁面後退など形態規制が同時に適用される。ただし，容積率，建ぺい率，敷地境界線からの壁面後退には選択の幅がある。また，特定の地域内においては日影による建築物の高さの制限ができる(**表 7.5**, **表 7.6**, **図 7.5 口絵**)。

このほか，中高層階住居専用地区，商業専用地区，特別工業地区，文教地区，小売店舗地区，事務所地区，厚生地区，娯楽・レクリエーション地区，観光地区，特別業務地区，研究開発地区など地方条例で定める特別用途地区がある。

斜線制限は**図 7.6** に例示するように，前面道路，隣地境界線との関係で，建築物の各部分の高さを定める制限である。また，住居専用地域には北側斜線の制限がある。

なお，1987 年の法改正により，道路境界線から後退した建築物に対する斜線制限の緩和措置等が創設されている。

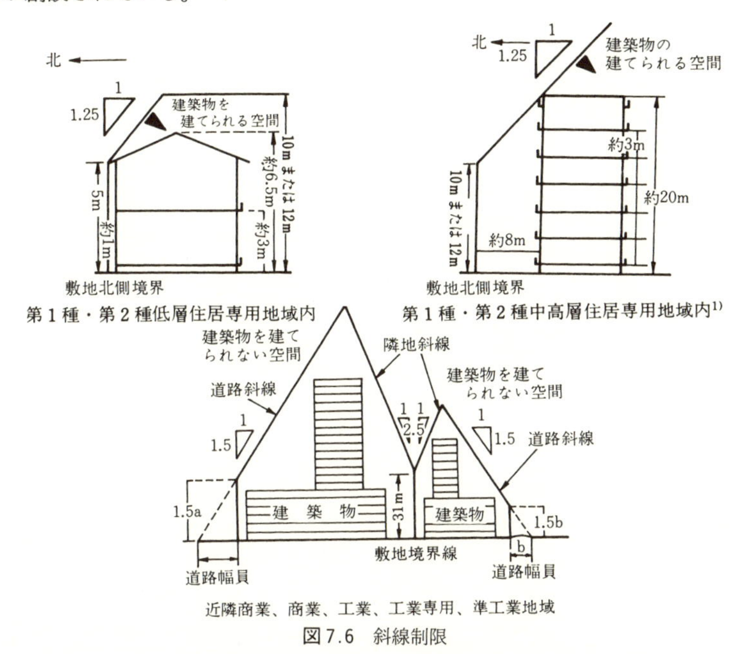

図 7.6　斜線制限

さらに，1992 年の法改正により，第 1 種・第 2 種低層住居専用地域内について，都市計画により 200m² 以内の範囲で，敷地面積の最低限度を定めることができるようになった。

わが国における地域地区制には次のような問題点がある。

(1)　地域地区制そのものが，都市計画法，建築基準法その他による全国適用の制度であり，全国一率の基準によっているため，大都市の場合の影響を受けやすく，とくに地方都市においては必要以上に規制が一般に緩くなる傾向がある。

(2)　用途地域を基本地域とし，容積率，建ぺい率，斜線制限，高さ制限，敷地境界線からの壁面後退などがセット方式によって定められるため硬直性が強く，地方ごとに創意工夫をはかる余地が小さい。この点については地区計画等で補完する必要がある。

1)　日影規制が行なわれている地域内については適用されない．

表 7.5　用途地域と形態制限（建築基準法）

<table>
<tr><th colspan="3">用途地域</th><th>第1種低層住居専用地域</th><th>第2種低層住居専用地域</th><th>第1種中高層住居専用地域</th><th>第2種中高層住居専用地域</th><th>第1種住居地域</th><th>第2種住居地域</th><th>準住居地域</th><th>近隣商業地域</th><th>商業地域</th><th>準工業地域</th><th>工業地域</th><th>工業専用地域</th><th>都市計画区域内で用途地域の指定のない区域</th></tr>
<tr><td colspan="3">容積率（%）
1）</td><td colspan="2">50,60,80,100,150,200</td><td colspan="2">100,150,200,300</td><td colspan="4">200,300,400</td><td>200,300,
400,500,
600,700,
800,900,
1000,1300</td><td colspan="3">200,300,400</td><td>400
(100,
200,
300)</td></tr>
<tr><td colspan="3">建ぺい率（%）</td><td colspan="4">30,40,50,60</td><td colspan="3">60</td><td colspan="2">80</td><td colspan="2">60</td><td>30,40,
50,60</td><td>70
(50,60)</td></tr>
<tr><td colspan="3">外壁の後退距離(m)</td><td colspan="2">1,　1.5</td><td colspan="11"></td></tr>
<tr><td colspan="3">絶対高さ制限(m)</td><td colspan="2">10,　12</td><td colspan="11"></td></tr>
<tr><td rowspan="6">斜線制限</td><td rowspan="2">道路斜線</td><td>適用距離(m)</td><td colspan="7">20,25,30</td><td colspan="2">20,25,30,35</td><td colspan="3">20,25,30</td><td>20,25,30</td></tr>
<tr><td>勾配</td><td colspan="7">1.25</td><td colspan="5">1.5</td><td>1.5</td></tr>
<tr><td rowspan="2">隣地斜線</td><td>立上がり(m)</td><td colspan="2" rowspan="2"></td><td colspan="5">20</td><td colspan="5">31</td><td>31</td></tr>
<tr><td>勾配</td><td colspan="5">1.25</td><td colspan="5">2.5</td><td>2.5</td></tr>
<tr><td rowspan="2">北側斜線</td><td>立上がり(m)</td><td colspan="2">5</td><td colspan="2">10</td><td colspan="9" rowspan="2"></td></tr>
<tr><td>勾配</td><td colspan="4">1.25</td></tr>
<tr><td rowspan="3">日影規制</td><td colspan="2">対象建築物</td><td colspan="2">軒高7m以上
又は3階以上</td><td colspan="6">10m以上</td><td rowspan="3"></td><td>10m
以上</td><td colspan="2" rowspan="3"></td><td>10m
以上</td></tr>
<tr><td colspan="2">測定面（m）</td><td colspan="2">1.5</td><td colspan="6">4</td><td>4</td><td>4</td></tr>
<tr><td colspan="2">規制値(5mラインの時間)</td><td colspan="4">3,4,5</td><td colspan="4">4,5</td><td>4,5</td><td>4,5</td></tr>
<tr><td colspan="3">敷地規模規制の下限値</td><td colspan="2">200 m² 以下の数値</td><td colspan="11"></td></tr>
</table>

1）　前面道路の幅員が12m未満の敷地に許される容積率（%）は住居系地域では道路幅員（m）×40，その他の地域では道路幅員（m）×60以下でなければならない。（建基法52条）

2）　用途地域の指定のない区域における（　）内は特定行政庁が都市計画地方審議会の議を経て指定した区域内に適用される数値

(3)　戦前においては警察権による建築の許可制をとっていたが，戦後は地方公共団体に建築主事を置き，建築申請の受理および確認を行なう制度に改められたため，違反建築に対する取締りが戦前よりも困難になっている。

(4)　戦後，大都市への人口集中の激化，地価高騰の動向におされて，地域地区の規制のうちとくに土地利用強度に関する制限は緩和の方向へ著しく後退した。

(5)　一方，地域の種類を加え用途の専用化を進めてきたことや，地域地区の指定にあたって住民参加方式を採用するにいたった点は評価される。住民参加方式は昭和 45 年の建築基準法改正に伴う地域地区の指定替えの際はじめて採用された。これによって住民の意志がうまく反映された面もあるが，逆に計画の意図がこれによって後退した面もあり，今後なお地域地区の決定方式に工夫を加える必要がある[1)]。

(6)　市街地の土地の有効な高度利用の推進を図る必要があるが，現実には都市計画で定めた指定容積率を充足していない市街地が大部分である。**図 7.7** は，東京都区部について概算容積率と指定容積率を比較したグラフである。区によって差異があるが，区部平均では容積率の充足率は，40% 強に過ぎない。これは，主として補助幹線道路や地区内道路が未整備なためであって，誘導容積制の活用とともに市街地整備事業の活用が望まれる。

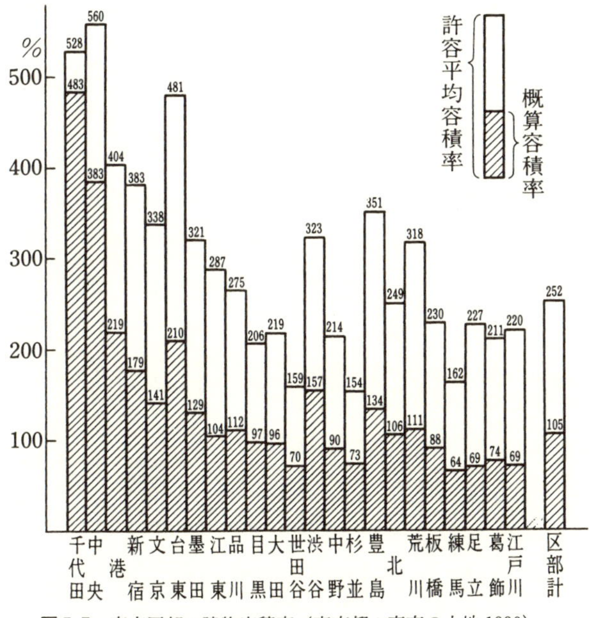

図 7.7　東京区部の建物容積率（東京都：東京の土地 1990）

1)　地域地区指定にあたっての住民参加の結果は，既成市街地の良好な住宅地では住民自らの居住環境を保全したいという要求をいれて，第 1 種住居専用地域など，より強い規制の地域指定を行なった例もあるが，一方において，大都市周辺の市街化の進んでいない地域においては，地主的，土地経営者的発想が強く反映し，一般に緩い地域指定が行なわれたため，せっかくの住民参加が裏目に出たケースも少なくない．

表 7.6 用途地域の用途制限（建築基準法）

例示	第一種低層住居専用地域	第二種低層住居専用地域	第一種中高層住居専用地域	第二種中高層住居専用地域	第一種住居地域	第二種住居地域	準住居地域	近隣商業地域	商業地域	準工業地域	工業地域	工業専用地域
住宅、共同住宅、寄宿舎、下宿												
兼用住宅のうち店舗、事務所等の部分が一定規模以下のもの												
幼稚園、小学校、中学校、高等学校												
図書館等												
神社、寺院、教会等												
老人ホーム、身体障害者福祉ホーム等												
保育所等、公衆浴場、診療所												
老人福祉センター、児童厚生施設等	1)	1)										
巡査派出所、公衆電話所等												
大学、高等専門学校、専修学校等												
病院												
床面積の合計が 150 m² 以内の一定の店舗、飲食店等												4)
〃 500 m² 以内 〃												4)
上記以外の物品販売業を営む店舗、飲食店				2)	3)							
上記以外の事務所等				2)	3)							
ボーリング場、スケート場、水泳場等					3)							
ホテル、旅館					3)							
自動車教習所、床面積の合計が 15 m² を超える畜舎					3)							
マージャン屋、ぱちんこ屋、射的場、勝馬投票券発売所等												
カラオケボックス等												

(続)

2階以下かつ床面積の合計が 300 m² 以下の自動車車庫												
営業用倉庫、3階以上又は床面積の合計が 300 m² を超える自動車車庫（一定規模以下の附属車庫等を除く）												
客席の部分の床面積の合計が 200 m² 未満の劇場、映画館、演芸場、観覧場												
〃　200 m² 以上　〃												
キャバレー、料理店、ナイトクラブ、ダンスホール等												
個室付浴場業に係る公衆浴場等												
作業場の床面積の合計が 50 m² 以下の工場で危険性や環境を悪化させるおそれが非常に少ないもの												
作業場の床面積の合計が 150 m² 以下の自動車修理工場												
作業場の床面積の合計が 150 m² 以下の工場で危険性や環境を悪化させるおそれが少ないもの												
日刊新聞の印刷所、作業場の床面積の合計が 300 m² 以下の自動車修理工場												
作業場の床面積の合計が 150 m² を超える工場又は危険性や環境を悪化させるおそれがやや多いもの												
危険性が大きいか又は著しく環境を悪化させるおそれがある工場												
火薬類、石油類、ガス等の危険物の貯蔵、処理の量が非常に少ない施設				2）	3）							
〃　少ない施設												
〃　やや多い施設												
〃　多い施設												

□ 建てられる用途　■ 建てられない用途

1）については、一定規模以下のものに限り建築可能。
2）については、当該用途に供する部分が2階以下かつ 1,500 m² 以下の場合に限り建築可能。
3）については、当該用途に供する部分が 3,000 m² 以下の場合に限り建築可能。
4）については、物品販売店舗、飲食店が建築禁止。

C. 特別許可制度

インセンティヴ・ゾーニング

伝統的ゾーニングでは確保されないアメニティ，たとえばプラザ，アーケードなどによる公開空地や歩行者空間その他地域冷暖房施設や防災施設など非収益的施設の整備とひきかえに，通常のゾーニングによる制限を緩和し，容積率の割増（プレミアム）や形態規制の緩和，許容用途の拡大などを認める手法をインセンティヴ・ゾーニング（incentive zoning）という。この手法はアメリカの諸都市で採用されている。

図7.8 はシカゴの地域制による例で，一階部分にアーケードをとる場合，上階をセットバックさせる場合，公開広場をとる場合などに，それぞれの条件に応じて，プレミアム床面積を基本床面積に加えることができる。わが国でこれに当るものとして特定街区制度（都市計画法8条1項4号），総合的設計による一団地の建築物の認定制度（建築基準法86条1項），総合設計制度（同法59条の2）などがある。

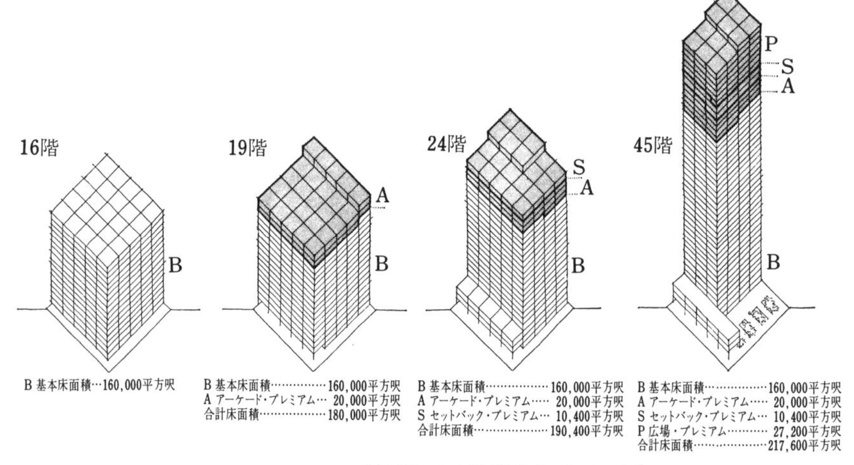

図7.8 シカゴの地域制による容積率プレミアム[2-9]

インセンティヴ・ゾーニングは道路，公園，広場などの整備のおくれているわが国の市街地の基盤施設を確保し，複数の敷地の一体的利用を促進するとともに斜線制限などによる不整形の建築形態を避けることができるなどメリットが大きいので，今後ますます活用されるものと思われる。

開発権移転

開発権移転（TDR : Transfer of Development Right）はニューヨークその他アメリカの都市の一部で採用されている制度で，歴史的建造物や農地，自然環境の保全を目的として開発を制限する見返えりとして，指定容積と実際に利用している容積との差を未使用の開発権とみなし，これを他の敷地に移転することを認める制度である（**図7.9**）。

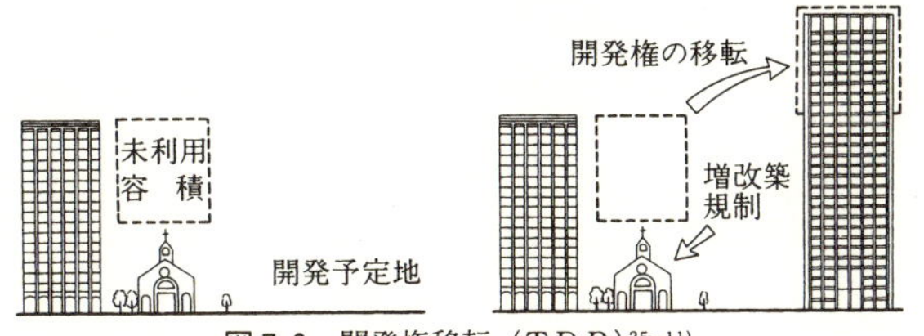

図7.9　開発権移転（TDR）[25-11]

複合用途開発

複合用途開発（mixed-use development : MXD）は1970年代にアメリカで定義づけられた開発概念である。相互に補完しあう3種以上の十分採算のとれる用途を含み，規模，密度などを規定して土地の高度利用を図り，連続する歩行者動線を含む構成要素が物的・機能的に統合された首尾一貫した計画をいう。

建築物の用途も住宅，オフィス，ホテル，レストラン，劇場，集会施設など多岐にわたる。また，複数の異なる機能・空間・主体が，道路，鉄道など公的な都市施設や準公的な公開的施設と一体になった開発事例が増えつつあるのも世界的な傾向である。これらはゾーニングの特別許可の他に，それぞれの都市施設の管理法の特例としても対応しなければならない。わが国では，1989年に道路法および建築基準法等の一部改正により，道路と建築物等との一体的整備を行なうためのいわゆる「立体道路制度」が創設された。

7.6　その他の規制手段

A．敷地割規制（subdivision control）

敷地割（subdivision）とは，与えられた土地を道路によって，街区および画地に分割するプロセスをいう。

敷地割規制はアメリカの諸都市で広く採用されている制度で，土地を開発しようとする者はあらかじめ計画を素案の段階で，都市計画当局に提出し，宅地造成，道路，公園，上下水道などを計画基準に適合するように修正を受けこれを繰返したうえで，最終的に許可を受ける制度である。アメリカでは新市街地の開発はほとんど民間の開発業者によって行なわれるので，これを規制する手段である地域制とならんで，敷地割規制はきわめて重要な役割を果たしている（**図7.10**）。

B．計画単位開発規制（planned unit development regulations）

計画単位開発（P. U. D.）の規制は第2次世界大戦前後に普及した田園集合住宅地開発に対応するためにアメリカではじめられた。地域制は画地ごとに建ぺい率，容積率，前庭，後庭，側庭などを規制する。しかし，田園集合住宅地開発では，必ずしも敷地を街区や画地に分割しないし，建物もクラスターを構成するなど自由な配置をとるので，地域制や敷

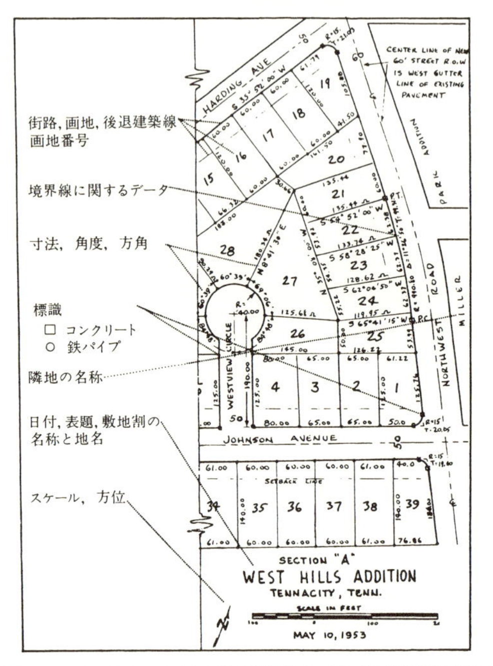

図7.10 アメリカにおける敷地割規制の例（最終調整図）[22-2]

地割規制では対応できない。したがって，これらを地域制では特例として扱うと同時に，一団地開発のプラン全体を，土地利用強度（L. U. I.）や施設の種類と配置など一定の基準によって審査し許可することになる。これが P. U. D. の規制である。

最近は民間における開発もニュータウンのような大規模なものに発展しているが，これらに対する計画規制は，住宅地のみならず，商業地や工業地を含めた計画の総体に対して行なう必要があり，これらの開発の成立の可能性や周辺地域に与える影響なども含めて審査されるようになってきている。

C. 優先市街化地域 (zone à urbaniser en priorité ; ZUP)

1958 年，フランスで採用された制度で，主として短期的な目標に従って，住宅建設計画の必要上，他の地域よりも優先的に公共施設を伴う優良な市街地を形成すべき地域を指定するものである。地域指定を受けた市町村内の 100 戸以上の住宅団地は，すべてこの地域内に建設されなければならず，市町村は新しい道路，緑地，下水道の整備を行なわなければならない。事業受託機関に収用権が認められ，先買権も設定できる。この制度は 1967 年土地基本法により廃止され，現在は，1962 年制定の長期整備地域（ZAD）および 1967 年制定の整備確定地域（ZAC）によって，新市街地の開発が進められている。

第8章　都市施設と地区開発事業

8.1　都市施設整備事業

都市施設とは都市における公共的施設をいう。都市施設はこの意味において，住宅，工場，事務所など民間で私的に所有され，利用される施設と区別される。都市施設の種類はきわめて多岐にわたる。

A．都市施設の種類

まず，施設の利用の態様による公共性に着目すると，

(1)　都市公共施設（urban public facilities）

都市スケールの施設で，利用する者の範囲が大きく，利用者が特定されない施設である。たとえば，鉄道，幹線街路，都市公園，緑地，港湾，空港，市役所，市民病院，大学，卸売市場，ごみ焼却場などである。

(2)　地区公共施設（district public facilities）

地区レベルの施設で，利用者の範囲がだいたい地区内に限定される施設である。たとえば，小・中学校，近隣公園，コミュニティ・センター，幼稚園，住区幹線街路などである。

(3)　準公共施設（semi-public facilities）

さらに利用者の範囲が小地区内に限定される施設である。たとえば，住棟間の空地，アプローチ，広場，子供の遊び場，集会所，小緑地，区画街路などである。

このような分類は都市環境整備のシステムと整合しており，施設の費用負担区分にも関係がある。

わが国は，戦後になって都市施設の整備に努力を続けているが，経済大国といわれる今日においても，道路，下水道，公園などの根幹的都市施設に関しては，欧米先進諸国に比してその整備が著しく遅れている（**表8.1**）。

B．都市計画法における都市施設

わが国の都市計画法は第11条に都市施設の種類を列挙している（**表6.7**）。このうち「必要なものについて都市計画で定めるものとする」としており，これらの施設すべてが都市

表 8.1　都市施設整備国際比較

a.　道路

国　名	道路延長 (万 km)	舗装道路 (万 km)	舗装率 (%)	人口 (万人)	国土面積 (万 km²)	舗装延長/人口 (m/人)	舗装延長/国土面積 (km/km²)
アメリカ	624.2	561.8	90	24,377	937.3	23.0	0.6
イギリス	35.2	35.2	100	5,689	24.4	6.2	1.44
西ドイツ	49.2	48.8	99	6,117	24.9	8.0	1.96
フランス	80.5	74.2	92	5,563	54.7	13.3	1.38
日　本	109.9	71.8	65.3	12,209	37.8	5.9	1.90

資料：都市計画ハンドブック

b.　下水道

国　名	処理人口普及率 (%)	国　名	処理人口普及率 (%)	国　名	処理人口普及率 (%)
アメリカ(1986)	73	フランス(1983)	64	スウェーデン(1982)	86
イギリス(1982)	95	カナダ(1980)	74	フィンランド(1981)	69
ドイツ(1983)	91	スイス(1981)	85	日本(1990)	42

資料：建設省都市局

c.　主要都市の公園

都市名	人口 (万人)	公園面積 (ha)	人口1人当たり公園面積 (m²)	公園面積対市域面積 (%)	調査年
ニューヨーク	778	15,000	19.2	—	1976
シカゴ	306	7,308	23.9	12.4	1984
ロサンゼルス	276	5,945	21.5	5.0	1984
パリ	232	2,821	12.2	18.2	1984
レニングラード	483	4,744	9.8	—	1984
ベルリン	210	5,483	26.1	11.4	1976
ボン	29	1,082	37.4	7.7	1984
アムステルダム	81	2,377	29.4	14.0	1973
ロンドン	717	21,828	30.4	13.8	1976
東京　(23区)	820	2,026	2.5	3.4	1987

資料：建設省都市局

計画として決定されるという趣旨ではない。

都市施設は市街化調整区域にも設置されるが，その整備の重点は市街化区域におかれており，法13条には「市街化区域については少くとも道路，公園及び下水道を定めるものとし，第1種低層住居専用地域，第2種低層住居専用地域，第1種中高層住居専用地域，第2種中高層住居専用地域，第1種住居地域，第2種住居地域および準住居地域については，義務教育施設をも定めるものとする」とされている。

都市計画として決定された施設の区域内において建築物の建築をしようとするものは都道府県知事の許可を受けなければならない。知事は許可基準に従って建築を条件付で許可するか，または買取請求に応ずることを条件に，建築禁止の措置をとることもできる。

都市施設の事業をいつ開始するかは問われない。事業は原則的には市町村が都道府県知事の認可を受けて施行する。しかし，都道府県，国，その他の機関が施行する場合もある。事業決定した都市施設の区域については建築などの制限が行なわれ，土地の先買い，買取請求，収用などの手段によって，事業主体が用地を取得し，事業を施行し完成することになる。

C．都市施設整備の問題点

(1)　都市計画による都市施設の整備が一部の施設に限られているために，都市の環境を施設の面から総合的に整えていくことができない。これまで，実際に都市計画として定められる施設は道路，公園，下水道など建設省所管の施設が主で，教育文化施設，医療施設，社会福祉施設などは都市計画として定められる例はきわめてまれである。

(2)　都市施設の設置に関して地域社会のスケールとの関係が不明確である。都市施設はサービスを提供する地域社会のスケール，少なくとも全市および地区スケールは区別して対応すべきものである。都市計画法にいう施設にはこのような区分がない。たとえば，都市計画で定める街路は都市幹線街路，補助幹線街路までが普通で，区画街路までは定めない。住居系用途の地域について義務教育施設を定める規定はあるが，実際に行なわれている例がきわめて少ない。一方，公園緑地は都市公園のみならず，近隣公園や児童公園なども都市計画として決定している例が多い。このように都市施設の計画について，全市および地区のスケールを踏えた総合的，体系的な考え方が欠除している。

(3)　都市計画法第11条の都市施設の中には，一団地の住宅施設，一団地の官公庁施設，流通業務団地の三つが含まれている。これらは主として土地収用の関係からここに位置づけられているのであるが，実体は地区計画そのものであって，道路や下水道と同列の施設ではない。これも，計画の体系の中に，地区計画というものを明確に位置づけていないことから生ずる概念の混乱であると考えられる。

(4)　施設の開発費を公共と民間でどう負担するかの問題がある。都市計画法第75条に受益者負担金の制度はあるが，実際には下水道を除いてはほとんど適用されていない。しかし，建築基準法による接道義務を果たすための私道負担，団地における生活関連施設の負担，土地区画整理における減歩負担，宅地開発指導要綱における公園や義務教育施設用地などに相当する土地または費用の負担などがあり，これらについての基準が明確でない。わが国の場合，市街地の環境水準を設定したうえで，開発負担金を義務づけ，そのうえで負担にたえない者に対して救済をはかるという考え方をとるのではなく，負担しえない者に対しては環境水準を下げてもこれを容認する考え方をとっている。この点で環境基準と負担の公平の点から考え直す必要がある。

(5)　都市施設によっては，高速道路，高速鉄道などのように沿道，沿線の居住環境を害する問題がある。これは施設計画と土地利用計画の調整の問題であり，主として騒音，振動，排ガスなどが周辺地域にどの程度の影響を与えるかを事前に十分検討することが第一に必要であり，このような環境影響評価（environmental assessment）に基づいて施設計画を再検討し，これらの影響を軽減し，プライバシイやアメニティを確保するようにしなければならない。このための技術的な手段としては，施設の規模や機能の縮小，構造の改善などのほか，沿道整備計画を導入して緩衝地帯（buffer zone）の設定など土地利用規制上の措置をとることが考えられる。

8.2　土地区画整理

土地区画整理は市街地として必要な公共施設を整備し，宅地としての利用を増進するために，一定の地区内の土地を「換地」という手続によって土地の区画形質の変更および公共施設の新設・変更を行なう事業をいう。

土地区画整理の起源はドイツのアディケス法に遡るといわれている。わが国では1919年の都市計画法に明文化され，震災・戦災の復興計画の経験により独自の発達をとげた[1]。農地を対象とする耕地整理とは目的を異にするが，その原理はほとんど同一のものである（図8.1）。

A．土地区画整理の種類

土地区画整理には次のような種類がある（土地区画整理法3条）。

(1)　一人施行および共同施行

(2)　組合施行：宅地について所有権または借地権を有する者が組合を設立して行なう。

(3)　公共団体施行：都道府県，市町村が行なう。

(4)　行政庁施行：国の利害に重大な関係があるもので，災害の発生その他特別の事情により，急施を要する事業を，建設大臣が都道府県知事または市町村長に施行させる。場合によっては建設大臣が自ら施行することもある。

(5)　公団施行：住宅の建設または宅地の造成とあわせて新市街地の造成をはかるため，公団が行なう。

(1)(2)は任意区画整理，(3)(4)(5)は強制的土地区画整理といわれる。

B．土地区画整理事業の手順

土地区画整理事業を施行するためには次の手順が必要である。

(1)　施行区域：事業を施行する区域を定める。

(2)　事業計画：この中で土地区画整理設計を定める。

1)　1章1.3節C，D．参照．

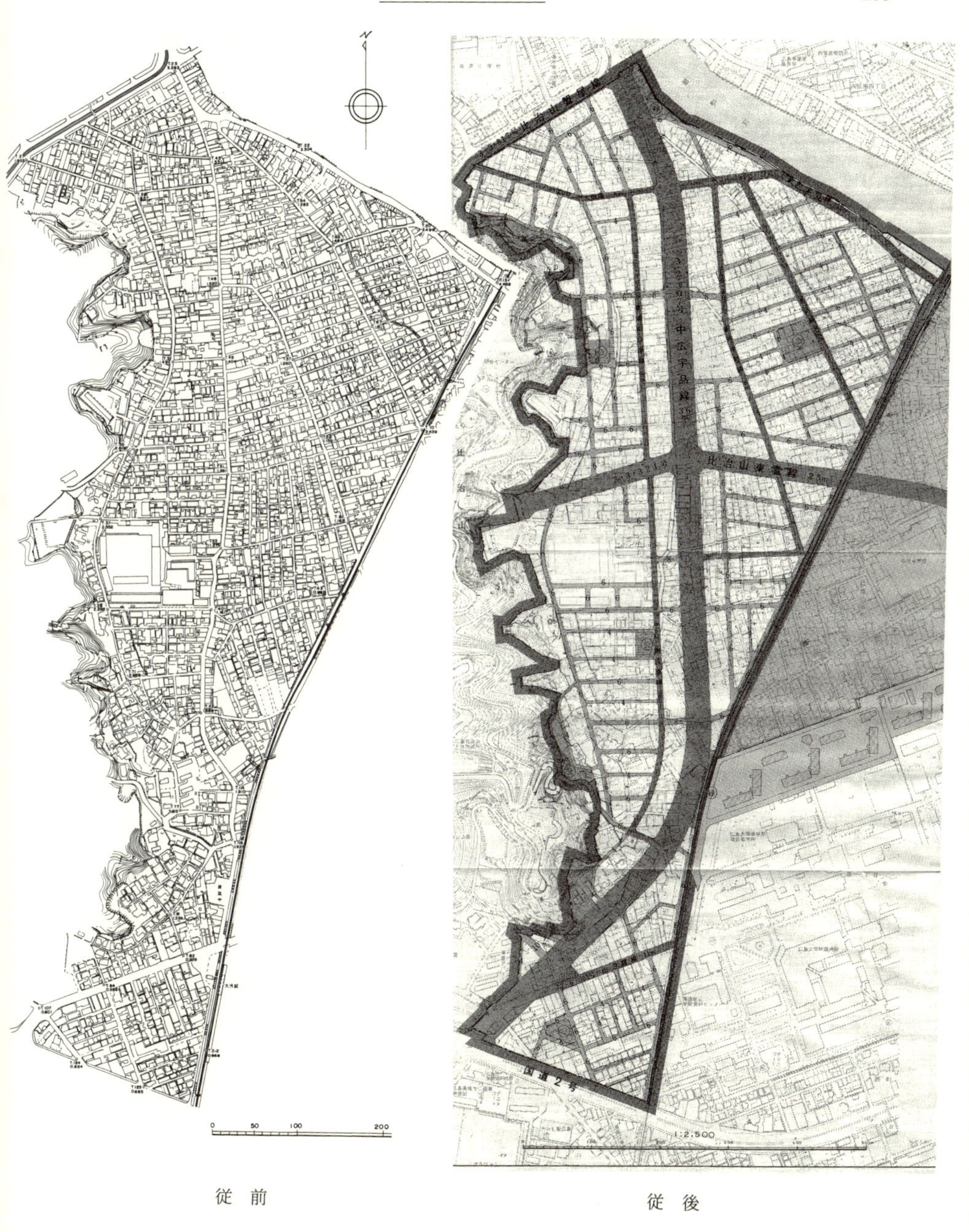

図8.1　広島市段原再開発事業（土地区画整理）図

街路網はそれぞれの路線の機能に従って，幹線街路，補助幹線街路，区画街路に分けて設計する。街区（block）は街路によって囲まれた区画で，街区内における建築敷地の一単位を画地（lot）という。このほか地区に必要とされる広場，水路，公園その他の公共施設の用地を確保する。**表8.2**は画地の設計標準の一例を示す。

(3)　換地計画：換地とは換地計画において従前の宅地に代わるべきものとして定めた土地であって，換地処分により従前の宅地とみなされ，従前の宅地にあった権利関係は換地にそのまま移行する。換地は従前の宅地とその位置，面積，土質，水利用状況，環境などが照応するように定めなければならない（同法89条）。この点について不均衡がある場合は，金銭で清算して公平化をはかる。これを清算金という（同法94条）。

土地区画整理事業においては事業計画に基づいて，新たに必要となる道路，広場，公園などの公共用地は従前の土地がそれぞれ負担するのが原則である。また任意区画整理の場合は，事業実施の費用も土地所有者が負担するのが原則であるので，保留地を確保し，これを処分することによって負担することになる。したがって，通常，換地の面積は，従前の宅地の面積より小となる。これを減歩という。そして前者のための減歩を公共減歩，後者のための減歩を保留地減歩という。減歩面積の従前の宅地面積に対する比率を減歩率という。

(4)　土地の評価：従前の宅地および換地についての土地の評価を行なう。評価方法としては達観式，採点式，路線価式などの方法がある。

(5)　換地の決定：換地を定める場合の基準として何を主体として考えるかによって，面積式，評価式，折衷式の3種の方法があり，そのいずれかによる。

(6)　換地清算

(7)　換地処分：換地処分は関係権利者に換地計画において定められた関係事項を通知することによって行なわれる。換地処分の公告により，土地に関する権利関係の変更とその変更に伴う清算金に関する権利義務関係の設定が発生する（同法103～104条）。

C．土地区画整理事業の実績

土地区画整理事業の施行状況は**表8.3**のとおりで，事業認可面積において，線引都市計画区域面積の6.6%，市街化区域面積の24.4%を占めている。

D．土地区画整理の問題点

土地区画整理事業は，全面買収方式のように巨額の財源を用いずに，地区が必要とする公共施設の用地を生み出し，街区と画地を整えることができる。しかも，土地に関する所有権その他の権利を中断することなく，これを存続しうるなど多くの利点があり，財源の乏しいわが国の都市計画において，道路，公園，下水道など施設の整った市街地を整備するため，これまで土地区画整理事業が果たしてきた役割はそれなりに大きかったといわな

表 8.2 土地区画整理による住宅用画地・街区の標準（建設省都市局監修：土地区画整理計画標準案 1987）

画地規模	建築形式	建築の制限	標準画地				画地の最小間口		標準街区	
			北入	南入	東入	西入	北入・南入	東入・西入	北入・南入(東西軸)	東入・西入(南北軸)
250 m^2	1～2階 戸建住宅	●おおむね自由な建築が可能。	6 m 25～20 m 10～12.5 m	10～12.5 m 25～20 m 6 m	17～15 m 6 m 15～17 m	6 m 17～15 m 15～17 m	10 m	15 m	40～50 m 120～180 m	120～180 m 30～34 m
200 m^2		●フロンテージセーブの必要がある。 ●相隣関係、隣家の日照、採光、通風に留意する。	6 m 20 m 10 m	10 m 20 m 6 m	13 m 6 m 15 m	6 m 13 m 15 m	10 m	13 m	40 m 120～180 m	120～180 m 30 m
150 m^2	2階 戸建住宅	●フロンテージセーブの必要がある。 ●壁面線位置の指定や壁面の共有等の必要がある。	6 m 18～15 m 8～10 m	8～10 m 18～15 m 6 m			8 m		30～36 m 120～180 m	
100 m^2	テラスハウス タウンハウス	道路・建物・プレイロット等と一体として個々に設計する。								
	中高層 共同住宅									

表 8.3　土地区画整理事業の施行状況（平成3年3月31日現在）

施行状況／適用法および施行者		事業認可状況							
		昭和29年度以前		昭和30～平成2年度		平成2年度		合計	
		地区数	面積(ha)	地区数	面積(ha)	地区数	面積(ha)	地区数	面積(ha)
旧都市計画法		1,183	49,101.0	—	—	—	—	1,183	49,101
土地区画整理法	個人・共同施行	3	27.0	1,076	19,105.3	29	296.7	1,102	19,429.0
	組合施行	18	1,146.0	4,098	93,274.9	140	2,870.4	4,256	97,291.3
	公共団体施行	54	3,089.0	2,127	110,549.1	38	958.8	2,219	114,596.9
	行政庁施行	224	29,161.0	96	4,720	0	0	320	33,881.0
	住・都公団施行	—	—	132	18,290.4	4	274.2	136	18,564.6
	地域振興整備公団施行	—	—	1	331.9	1	242.0	2	573.9
	地方住宅供給公社施行	—	—	4	222.3	0	0.0	4	222.3
	小計	299	33,423.0	7,534	246,494.0	212	4,642.0	8,045	284,559.0
合計		1,482	82,524.0	7,534	246,494.0	212	4,642.0	9,228	333,660.0

施行状況／適用法および施行者		換地処分状況						施行中地区	
		平成2年度まで		平成2年度		合計		（平成2年度末現在）	
		地区数	面積(ha)	地区数	面積(ha)	地区数	面積(ha)	地区数	面積(ha)
旧都市計画法		1,183	49,101	—	—	1,183	49,101	—	—
土地区画整理法	個人・共同施行	1,016	17,531.0	19	331.3	1,035	17,862.3	73	1,566.7
	組合施行	3,249	67,842.9	107	2,082.9	3,356	69,925.8	900	27,365.5
	公共団体施行	1,464	77,225.2	53	2,487.1	1,517	79,712.3	702	34,884.6
	行政庁施行	302	30,902,8	5	532.0	307	31,434.8	13	2,446.2
	住・都公団施行	79	10,078.2	2	463.4	81	10,541.6	55	8,023.0
	地域振興整備公団施行	—	—	0	0.0	—	—	2	573.9
	地方住宅供給公社施行	1	119	1	56.2	2	175.2	2	47.1
	小計	6,111	203,699.1	187	5,952.9	6,298	209,652.0	1,747	74,907.0
合計		7,294	252,800.1	187	5,952.9	7,481	258,753.0	1,747	74,907.0

（資料：建設省都市局）

ければならない[1)]。しかし，50年以上経過した今日の都市に要求されているさまざまな条件を満たすためには次のような問題点がある。

(1)　土地区画整理は土地の形質や利用の変更を直接の目的とする事業であって，上物の建築物を含めた一体的な地区環境を実現するものではないので，その効果には限界がある。また，土地区画整理が完了しても，直ちに建築物が建つとはかぎらない。施行後長期にわたって空地が残存することがありうる。

(2)　土地区画整理は土地の整理を目的とし，従前の権利を公平に配分し換地処分を円滑

1)　わが国の既成市街地の面積のおよそ3分の1は土地区画整理事業によって整備されてきたといわれている．

に行なうことに主眼をおいて設計が定められるため，画一的，硬直的な設計になりやすい。

(3) 土地区画整理によって，せっかく，過小宅地の整理を行なっても事業施行後に宅地が再分割されることを防止できない。最小限画地の規制が必要である。

(4) 権利者全員が合意する場合は別として，公共施設用地の負担すなわち公共減歩について，他の一般市街地の場合と共通した明確な基準がないことが問題である。公共減歩は受益者負担なのか，私道分の寄付(dedication)や開発負担金に相当するものなのか，あるいは開発利益の社会還元なのかが不明確である。

(5) 宅地が細分化され，権利関係の複雑な既成市街地においては，土地区画整理はしだいに施行が困難になっている。立体換地の制度もあるが，上物をも一体的に扱わなければならない事業は都市再開発法による事業として分離，独立し，土地区画整理は主として郊外の新開発地域において活用されているのが実態である。

以上のようにいくつかの問題点を抱えているが，土地区画整理は原理的にすぐれた点があるので，今後はこれらの問題点を解決する方向に改善しつつ，これを活用していく必要があると考えられる。

8.3 新開発とニュータウン

A. 新開発の種類と目的

新開発は未利用地あるいは非都市的土地利用に当てられていた一定の土地を対象とし，何らかの開発主体がこれを都市的土地利用に転換する事業をいう。新開発はニュータウンのような大規模で多目的なものから，各種の団地開発，さらに小規模な宅地開発まで各種のものがあり，それぞれ市街地形成に果たす役割が異なっているばかりでなく，都市計画の制度あるいは計画技術上も異なった問題点をもっている。

新開発を規模別にみると，人口30～50万人というような大規模なニュータウンから，300～400戸の小住宅団地，個別の宅造および建売などさまざまである（**表8.4**）。

(1) 独立都市：既存の都市とは一定の距離を隔して，都市の生産活動，消費生活に必要

表 8.4 新開発のタイプ別分類を例示

開発度＼タイプ	大規模複合機能型	中規模単一機能型	小規模単一機能型
A 土地および施設・建築物の一体的計画的建設	(例)イギリスのニュータウン	(例)千里ニュータウン 住・都公団団地	(例)建売住宅地（スプロール）
B A、Cの中間のもの	アメリカのニュータウン 筑波研学都市，関西学研都市	多摩ニュータウン 電鉄会社の宅地分譲地	——
C 公共施設の整備のみで上物の建設は別途に行なう	鹿島コンビナート	土地区画整理	宅地分譲地（スプロール）

な各種の機能を備え，日常生活のうえでは自給性の高い独立都市を開発するもので，ニュータウンはその代表的なものである。

(2)　団地：ニュータウンのように複合的な機能を備えてはいないが，単一あるいは複数の機能をもった一定規模以上の一団地をなす開発をいう。これには住宅団地，工業団地，流通団地，官公庁業務団地などのほか，レクリエーション団地，大学のキャンパス，軍用基地のような特別の目的をもつものもある。わが国では住宅団地については新住宅市街地開発法があり，土地の収用権と先売権が発動しうる（**表 8.5**）。

(3)　その他の新規の宅地開発：普通，民間の中小業者，個人などによって行なわれる小規模な開発である。

また，既存の都市形態との関係でみると，独立都市型，都市拡張型（expanding town），スプロール型，充塡開発型（infilling）などがある。

さらに，市街地を造成する事業の方式からみると，全面買収方式，一部買収方式に分か

表 8.5　新住宅市街地開発事業の施行状況（1991 年 3 月末都市計画決定済のもの）

地区名	都市名	施行者	面積(ha)	人口(千人)	事業年度 昭和・平成	地区名	都市名	施行者	面積(ha)	人口(千人)	事業年度 昭和・平成
大　麻	江別市	道	215	27	39～44	光明池	和泉市	公団	128	15	45～58
もみじ台	札幌市	市	242	32	43～54	和泉丘陵	和泉市	公団	370	27	59～10
北広島	広島町	道	441	31	45～51	阪南丘陵	阪南市	府	171	9	63～ 9
花　畔	石狩町	公社	232	24	48～54	北　摂	三田市	*	1101	88	46～11
白鳥台	室蘭市	市	182	24	40～46	明石舞子	神戸・明石	県	161	23	39～44
南帯広	帯広市	市	103	10	41～49	有　野	神戸市	市	80	15	41～47
神楽岡	旭川市	市	94	10	45～53	名　谷	神戸市	市	276	36	44～55
愛　国	釧路市	市	141	12	50～58	新丸山	神戸市	市	110	12	45～50
旭　岡	函館市	公社	109	10	50～59	西　神	神戸市	市	642	61	46～ 4
鶴ケ谷	仙台市	市	178	22	40～47	横　尾	神戸市	市	142	12	46～ 4
茂　庭	仙台市	市	130	14	53～ 1	名　塩	西宮市	公団	243	12	53～ 8
玉　川	いわき市	県	58	10	40～46	西神第2	神戸市	市	342	24	55～ 6
筑波研学	つくば市	公団	260	41	43～ 5	神戸研学	神戸市	市	275	20	55～ 4
千葉北部	船橋市他	*	1933	176	44～ 8	橿　原	橿原市	公社	110	16	41～61
成　田	成田市	県	483	60	43～61	山　陽	山陽町	県	105	11	44～56
南多摩	多摩市他	**	2357	242	41～ 7	高　陽	広島市	公社	268	25	47～61
太閤山	小杉町	県	226	16	41～ 2	鈴ケ峰	広島市	市	54	8	42～57
桃花台	小牧市	県	313	40	47～ 7	廿日市	廿日市市	県	137	13	49～58
洛　西	京都市	市	261	41	44～56	西諫早	諫早市	公社	144	15	44～52
千里丘陵	吹田・豊中	府	494	85	39～44	明　野	大分市	公社	181	24	40～61
泉北丘陵	堺市	府	1511	180	40～57	一ケ岡	延岡市	市	94	10	41～52
金剛東	堺市	公社	138	38	39～45	生目台	宮崎市	公社	170	13	56～ 4
鶴山台	和泉市	公団	78	16	43～50	45地区合計			15483	1650	

（注）＊：県・公団，＊＊：都・公社・公団　（資料：建設省都市局）

れ，公共施設の整備と土地造成のみにとどまるものと，上物の建築物や施設も計画的に整備する方式とがある。

事業主体は公共団体，公益団体，民間団体，個人などに分かれるが，都市計画事業として行なうものは公共団体主導型で，原則として団地以上の規模の開発である。

B．ニュータウンと拡張都市

戦後，わが国でもニュータウンということばは広く用いられるようになった。ニュータウンの定義は人によって異なるが，まず第1に自然発生的な都市でなく，新しく計画的につくられる都市であること。第2に都市というからには規模においても機能においても独立した都市に匹敵する条件を備えていることになる。

最初ニュータウンということばが用いられたのはイギリスで，1946年の新都市法（New Towns Act）に基づいて建設される都市だけがニュータウンとよばれた。そしてもう一つの地域政策の手法である拡張都市（expanding town）とを区別する用語でもあった。しかし，ニュータウン政策が高く評価されるにつれて，各国の都市の周辺において行なう大規模な住宅地開発をもニュータウンとよぶようになり，また，イギリスのニュータウン計画自体も30年に及ぶ経験から大きく転回を迫られ，開発の手法も変わってきたため，頭初のような厳密な意味は失われてきている。したがって，今日では次のような各種のものを含めてかなり広い意味でニュータウンということばが用いられている。

⑴　国や州の新しい首都：古くはワシントン（Washington），キャンベラ（Cambella），最近においてはブラジリア（Brazilia），チャンディガール（Chandigarh）があげられる。これらは国の記念事業として，あるいは首長や為政者の功績を記念するために行なわれた場合が多い[1)]。

⑵　大都市周辺の衛星都市：大都市周辺の衛星的位置に立地し，人口，機能の大都市への過度の集中を緩和し，同時に大都市の利点を享受しようという発想に立っている。イギリスのニュータウンのうち，ロンドンやグラスゴーなどの周辺のニュータウンがこれにあたる。わが国では筑波の研究学園都市や関西文化学術研究都市がこれにあたる。

⑶　地方の産業振興のための新しい都市：地方の産業の衰退しつつある地域の振興をはかるため，産業を誘致し同時にこれを中核とする都市開発を行なうもの。イギリスのニュータウンの中にもピーター・リーのようにこの目的のために開発されているものがある。

⑷　大規模な計画開発新市街地：住宅政策の一環として住宅の量の確保と質の向上をはかるとともに，計画的に新市街地を造成することによって都市の秩序ある発展を助長する目的をもっている。ストックホルムの郊外住宅地，わが国の千里丘陵，高蔵寺，泉北，多摩など大都市郊外の大規模住宅地開発がこれにあたる。各国にきわめて例が多い。

⑸　ニュータウン・インタウン（new town in-town）：これは大都市の内部において

1)　1章1.2節（12），（22）（25）参照.

ニュータウンの原則を適用して開発される大規模開発をさす。大都市の内部は地価が高く，土地所有が細分されているなど難点はあるが，既存のインフラストラクチュアを活用することができ，既存の職場へも通勤が容易であるなどの利点も多く，既成市街地の衰退地域に活力を与えるなどの効果がある。ニューヨークのルーズベルト・アイランドやロンドンのテームズミードなどはその例である。

これまで新都市として開発されてきたものを都市の機能面からみると独立都市と従属都市に分けられる。独立都市は自ら主体的な生産機能を有し，これらに従業する人びとの住宅や生活環境施設をもった都市であり，従属都市はその生産機能の大部分を大都市や隣接都市に依存しているものである。これまで，わが国で地方公共団体や住宅公団などによって開発されたニュータウンは規模は外国のそれに比して大きいものがあるが，いずれも後者に属し，ベッドタウンなどとよばれている。しかし，タピオラ(Tapiola)やテームズミード（Thamesmead）のように居住者の一部は母都市に通勤するが，一部は自都市内の職場に通うという中間的なものもある。これをセミ・ニュータウンとよぶこともある。

ニュータウンに対して拡張都市（expanding town）がある。ニュータウンが，いわば処女地に新しく開発されるのに対して，これは既存の中小都市に，大都市から分散する人口を移住せしめ，そのための職場と居住地の整備を，当該都市と大都市との協議によって行なう方式である。イギリスでは1953年都市拡張法（Town Development Act）によってこの政策を進めてきた。

C. イギリスのニュータウン

イギリスの戦後のニュータウン政策には，歴史的な経緯がある。エベネザー・ハワードの田園都市論とその影響による衛星都市論，1940年工業分散と衛星都市の育成を提案したバーロー報告書(Barlow Report)，1944年アーバークロムビー教授(Prof. Arbercrombie)による大ロンドン計画（Greater London Plan）などがそれである。大ロンドン計画は市街地の無秩序な膨張を防ぐために，周辺に緑地帯（greenbelt）を巡らし，内部市街地から100万人以上の人口を産業とともに緑地帯および外周部に移住せしめ，うち40万人を8つのニュータウンに収容することを提案している。

1946年，労働党政府は，ロンドンやグラスゴーのような大都市の周辺に新しい都市を建設して，再開発からあふれる人口(overspill)[1]を収容し，一方，産業が衰微し人口が減少しつつある地域に対しても，新たに産業を定着せしめて，新しい都市を開発する必要を認め，「新都市法」（New Towns Act）を制定した。

担当大臣は新都市の地域の指定を行ない，それぞれの地域ごとに新都市開発公社を設立する。この公社は土地の取得，処分，住宅その他の施設と維持管理について広範な権限を与えられることになった。1975年現在，ロンドン周辺に8都市，イングランドのその他の

1)　イギリスでは計画人口をこえる人口をoverspillという．

地域に13都市，スコットランドに5都市，北アイルランドに4都市，ウェールズに2都市，合計32都市が指定されている。

ニュータウンは当初，計画人口2～6万人が適当であるとされた。都市の構成は中心地区，工業地区，住居地区，緑地から成っている。中心地区は交通至便な地が選ばれ，各種の公共施設と商業施設が設けられ，工業地区は大都市から分散してくる工場を受け入れ，多くの人びとに安定した職を与えるため，大中小規模の各種の業種を用意している。住居地区は初期のニュータウンでは近隣住区制を採用し，小学校，幼稚園，教会などのコミュニティ施設が完備しており，居住環境に関するかぎり，「ゆりかごから墓場まで」の理想を具体的に実現しているとみてよい。

ニュータウンの建設が進むにつれて，初期のニュータウンは低密度すぎて，景観も単調で都市らしさに欠けるという批判もあり，1950年代の中ごろには，立体的な都市構造をもつニュータウンも試みられた[1)]。その後も指定が行なわれるたびに，各ニュータウンにおいて研究が重ねられ，居住者の生活環境からみた場合，イギリスのニュータウンはきわめて高い水準の都市環境を実現した偉大な事業として高い評価が与えられている。

イギリスのニュータウンは発足の当時から，職場をもつ自足的な町であること，職業，年齢，収入などあらゆる階層のバランスのとれた町であること，しかも母都市の再開発に伴う過剰人口を収容するといった困難な条件の解決に努力しながら，時間を十分にかけて着実に開発を進めてきた。そして初期のニュータウンは完成に近づくに従って，雇傭も周辺の町村との間に通勤関係を生ずるなど，地域の中に根をおろしていった。

ところが1963～4年にかけての政府の二つの報告書[2)]によって，ニュータウン政策も大きく方向転換を迫られることになる。これはロンドンの過密問題は予想外の自然増とホワイトカラーの社会増のため，これまでの施策では解決されないばかりか，むしろ悪化の方向をたどっていることが明らかになったためである。

そこで，ニュータウンの計画人口は10万人以上に引き上げられ，ロンドンを中心とする首都圏については特別な整備計画がたてられ，100 km圏内に既存の都市を中核に，人口数十万人のニューシティを開発することによって，ロンドンの魅力に対抗して，産業と人口のバランスをはかることが考えられている[3)]。そうなると，ニュータウンといっても，小規模で孤立したニュータウンではなく，既存の都市や地域を包含しながら大規模な産業を中核としてダイナミックな発展をとげるニュータウンが期待されるに至った。

しかし，今日，イギリス経済の落ち込みは激しく，新たにインナー・シティ問題が登場してきているなかで，ニュータウン政策はさらに大きな転換期を迎えることになった。す

---

1) HookとCumbernauldの2都市．HookはL.C.C.によって1961年発表されたが実現にいたらなかったが，Cumbernauldはスコットランドのニュータウンとして実現した．

2) 「ロンドンに関する白書」1963および「東南部イングランド調査報告」1964．

3) 3章3.5節B.参照．

なわち，現政府は一転して当面，新たなニュータウンの指定は行なわず，これまでの開発公社を解散せしめ，今後は専ら既成市街地の特定地域の再開発事業に重点を移すことになった。このように変転極まりない地域開発に伴う諸問題をイギリスの計画行政はどのように処理してゆくのか，世界の注目するところとなっている。

D. アメリカのニュータウン

アメリカでは，これまで職場を備えたイギリスのニュータウンのような開発はまったくなかったといってよい。まして，公共主導型の都市開発はタブーであり，住宅建設もほとんど民間企業の手で行なわれる。連邦政府が1930年代に開発した三つのグリーン・ベルト・タウンはむしろ不況期の例外に属する。

アメリカの都市では住宅地は都心を逃がれて郊外へ進出する傾向がとくに著しい。これは自家用車の普及，高速道路の整備に伴って，都心部の交通混雑，高率の税金，不快な生活環境から逃れて，広い庭付の余裕のある一戸建住宅に住むことが可能になったからである。このような中産階級の住宅需要に応ずる民間ディベロッパーの活動は目ざましく，大小さまざまな住宅地が無計画に供給され，いわゆるサバービア（suburbia）と称する郊外地域が形成されたのである。このころ，レビット社のように，一民間会社が人口7万人を収容するような大団地をいくつもつくりあげた例もある[1)]。郊外への進出は住宅地だけではなかった。工場，流通施設，企業の研究所，倉庫などからなる産業公園(industrial park)，広域圏にサービスする大規模なショッピング・センター，銀行や事務所，さらに遊園地，ゴルフ場，大学のキャンパスなど，多くの機能が高速道路，鉄道，空港などを媒体としながら，広大な地域にわたって，ゆるい結集を開始し，複合開発地域ともいうべき地域を形成しつつある。これがアメリカにおけるニュータウン成立の基盤である。

最近にいたって，これまで住宅産業には直接関係のなかった全米の一流ビックビジネスや大地主が金融資本とタイアップして，これまでのディベロッパーをサブシステムとして傘下におさめ，本格的なニュータウンづくりに取り組み，住宅産業を都市産業に組み替えていく動きをみせはじめている。したがって，アメリカにおけるニュータウンはあくまで民間主導型であり，開発プロモーターとしての企業は都市の郊外に広大な用地を取得して，柔軟な基本構想に従って，部分部分をディベロッパーに割り当てながらきわめて流動的に開発を進めている。これに対して自治体はPUDによって規制・誘導をはかっている。

連邦政府のニュータウン政策は住宅・都市開発省（HUD）によって進められているが，現在のところきわめて消極的である。国としてやれることは開発者に対する債務保証，開発初期における融資，地元地方公共団体への補助金の交付などで，1970年法による間接的援助にかぎられている。したがって，民間の大手企業が地域における開発需要をどのように結集しうるか，民間と公共のタイアップを今後どう進めるかが大きな課題とされる。

1)　1章1.3節B. 参照.

E. 新開発ケース・スタディ

各国における戦後の主要な新開発事例を示す（**表8.6**，**表8.7**）。

表 8.6 各国における主要な新開発事例

国名	名称	中心都市	開発年次	計画人口（千人）	計画面積（ha）	開発主体
イギリス	Harlow	ロンドン	1947	78	2,450	開発公社
	Cumbernauld	グラスゴー	1955	100	1,680	開発公社
	Redditch	バーミンガム	1964	90	2,880	開発公社
	Runcorn	リヴァプール	1964	100	2,900	開発公社
	Irvine	グラスゴー	1965	120	4,960	開発公社
	Milton Keynes	ロンドン	1967	250	8,863	開発公社
	Thamesmead	ロンドン	1966	60	525	G. L. C.
フランス	Toulouse	トゥールーズ	1961	100	800	市
	Cergy-Pontoise	パリ	1966	350	9,000	開発公社
	Evry	パリ	1959	130	2,500	開発公社
ドイツ	Nordweststadt	フランクフルト	1959	25	165	市
	Neuperlach	ミュンヘン	1962	75	1,000	開発公社
スウェーデン	Vällingby	ストックホルム	1950	60	1,022	市
	Farsta	ストックホルム	1953	35	—	市
	Skärholmen	ストックホルム	1961	—	—	市
フィンランド	Tapiola	ヘルシンキ	1952	17	243	公益法人
カナダ	Don Mills	トロント	1953	25	823	民間会社
アメリカ	Park Forest	シカゴ	1951	15	960	民間会社
	Reston	ワシントン	1962	75	2,800	民間会社
	Columbia	ワシントン	1963	110	6,000	民間会社

表 8.7 わが国における主要な新開発事例

名称	中心都市	年次	計画人口（千人）	計画面積（ha）	開発主体
千里ニュータウン	大阪	1961	150	1,150	大阪府
高蔵寺ニュータウン	名古屋	1961	81	702	住都公団
泉北ニュータウン	大阪	1964	180	1,511	大阪府
筑波研究学園都市	東京	1965	114	2,700	国土庁・公団
千葉ニュータウン	東京・千葉	1966	340	2,913	千葉県
多摩ニュータウン	東京	1967	373	3,016	住都公団・都
港北ニュータウン	東京・横浜	1968	300	2,530	住都公団・市
長岡ニュータウン	長岡	1975	10	440	地域公団
いわきニュータウン	いわき	1975	25	530	地域公団
吉備高原都市	岡山	1980	6	430	地域公団
八王子ニュータウン	東京	1988	28	393	住都公団

ハーロウ（Harlow）

ロンドンの周辺に開発された初期のニュータウンの代表的な例である。設計はFrederick Gibberdで1947年に計画が発表された。田園都市の理想を受け継ぎ，低密度開発を原則とし，近隣住区制を採用している。ダイアグラムに見るように，駅を中心とする半円を都市域とし，駅の南に中心地区，鉄道に沿って2つの工業地区を設け，住宅地は4つのグループに分けて，その中に近隣住区を配置している。都市内の幹線道路は，住宅地のグループの間の緑地の中を通し，補助幹線道路が各住区グループの中心地区を結んでいる。計画人口は当初6万人であったが，後に約8万人に変更された。しかし，1975年の人口はこれを越え，83,500人に達している。

下図は北東部住区グループの基本計画図で，3つの近隣住区から成る。住区は互いに補助幹線道路と緑地によって分離され，道路の交点には住区センターがある。各住区はそれぞれ中心に小学校をもち，さらに4～6店舗，ホール，パブから成るサブ・センターをもっている。住区内はさらに150戸～400戸の住居群に区分され，子供の遊び場と集会所がある。このように，ハーロウのコミュニティは四段階の構成をとっているのである。

マーク・ホール北住区は，このうち北東部を構成する住区で，地形を生かし，既存の樹木を残して巧みな景観設計がなされている（写真参照）。

位置：ロンドンの北 約30マイル　　計画人口：77,700人
計画年次：1947年　　開発主体：ハーロウ新都市開発公社
敷地面積：2,450 ha

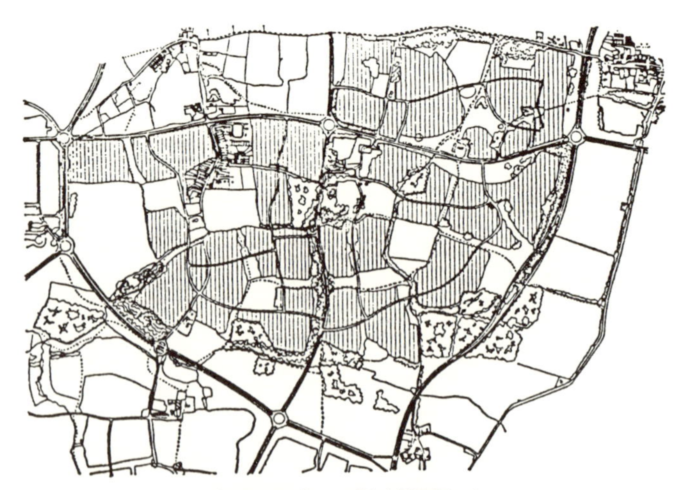

北東部住区グループ基本計画図[5-3)]

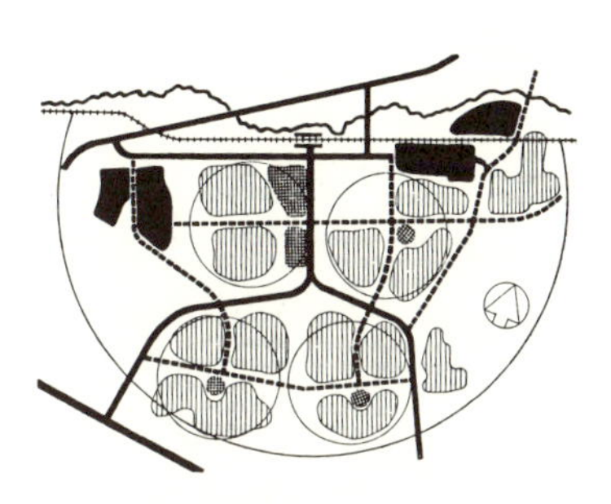

都市構成ダイヤグラム[5-3)]

住宅の一部（下図）[5-3)]

景観（下図）[5-3)]

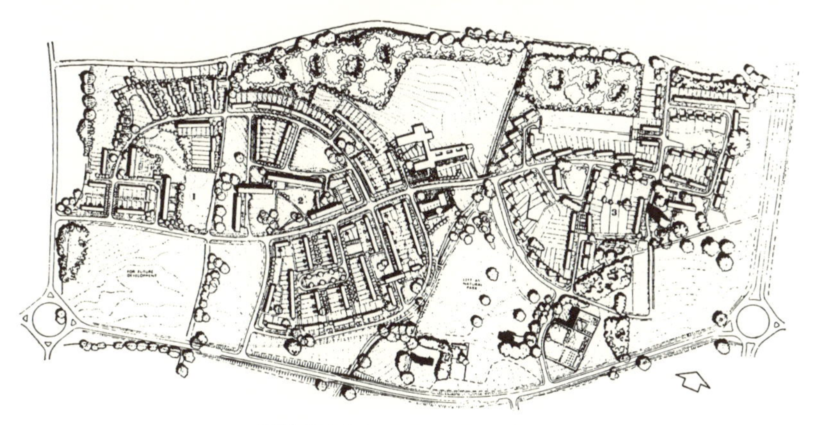

近隣住区（**Mark Hall North**）[5-3)]

カムバーノールド（Cumbernauld）

グラスゴーの人口を分散するために，その郊外に開発されたニュータウンの一つである。初期のニュータウンが田園都市の思潮を受け継ぎ，低密度に開発されたため，都市らしさに欠けるという反省から，この計画では，近隣住区制をとらず，細長い丘の上に各種の機能を集中した大規模な中心地区を設け，ワン・センター・システムをとり，このセンターを囲むように丘の中腹に，それぞれ特色のある高密度住区クラスターを配置して，都市らしい環境を演出しようとしている。この考え方はフック・ニュータウンと軌を一にするものといえる。交通の処理は，歩車を立体的に分離し，中心地区には5,000台の立体駐車場が計画されている。

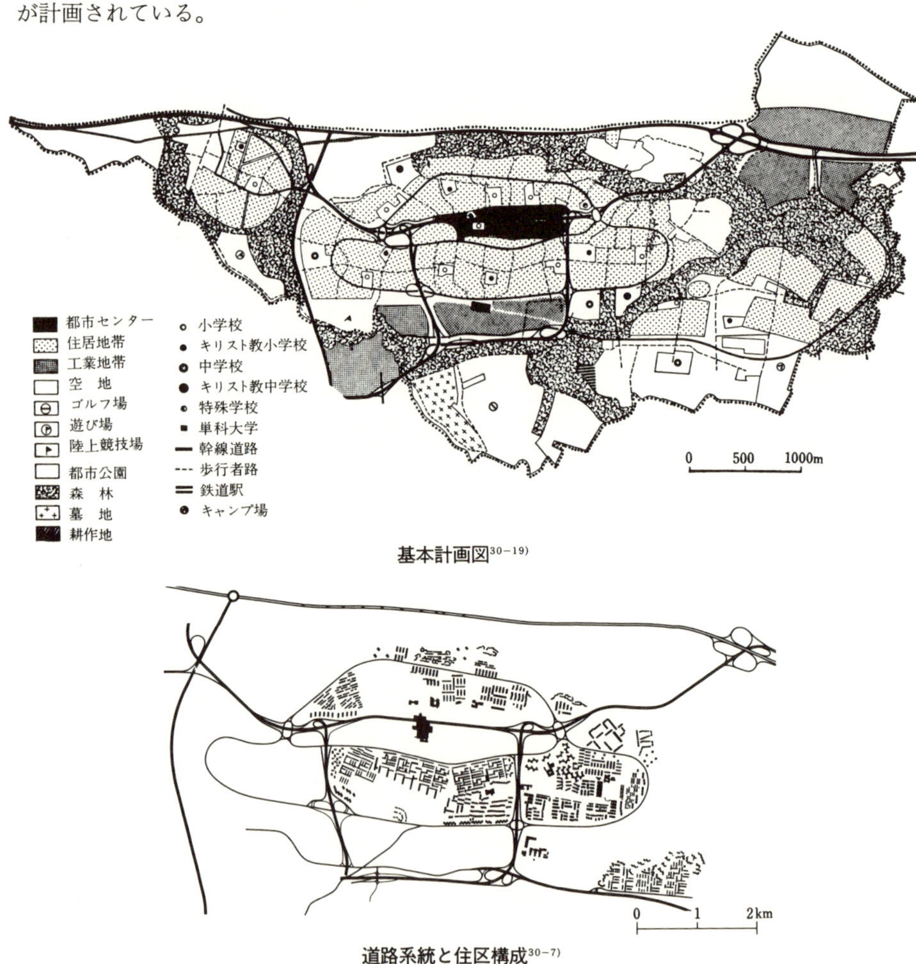

基本計画図[30-19)]

道路系統と住区構成[30-7)]

位置：グラスゴーの北東 22.4 km　　計画人口：100,000 人

計画年次：1955 年　　敷地面積：1,680 ha

計画主体：カムバーノールド開発公社　　人口密度：60 人/ha（高密住区 250 人/ha）

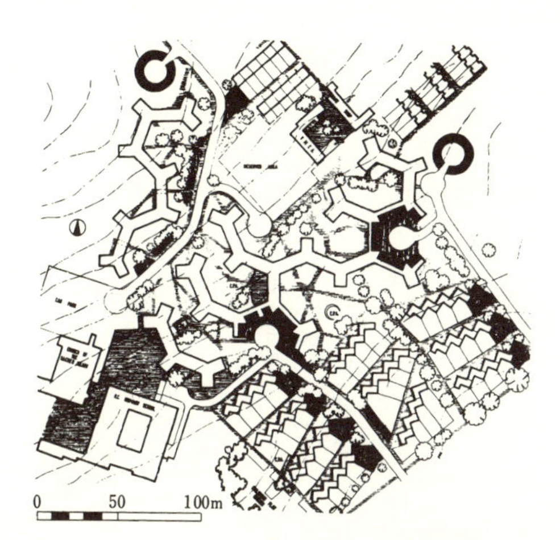

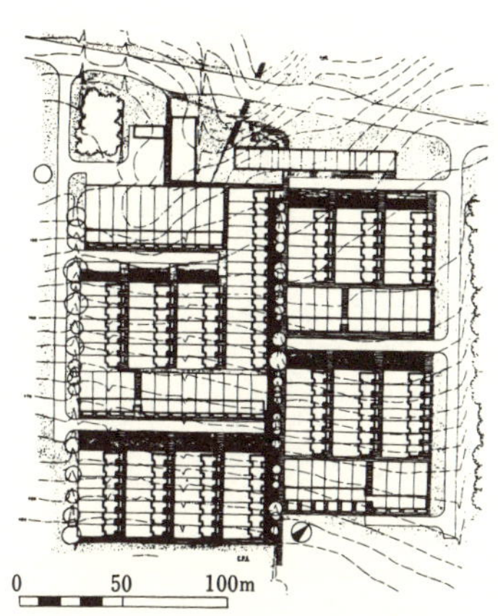

キルドラム第 5 住区[30-19)]

シーファー第 1 住区[30-19)]

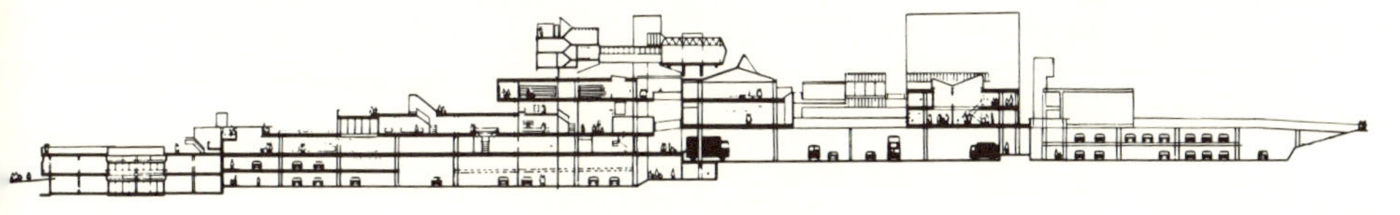

タウンセンター断面図

テームズミード（Thamesmead）

テームズミードはロンドンの都心から東へ13 km，テームズ河の右岸に計画された人口6万人のニュータウン・イン・タウンである。ここはもと国防省が所有していた土地を大ロンドン庁（G. L. C.）が引継いで，都心への通勤と地元に設けられる職場の雇傭を両立させる独自の高密度住宅地として計画されている。

敷地は平坦で，単調なデザインでは不調和であるので，連続する高層住宅の帯を背骨のようにテームズに沿って走らせ，都市内幹線街路もこれに沿わせてダイナミックな都市形態をイメージしている。中心地区はこれとヨット・ハーバーの接合部に設けられる。背後の住宅地にはいくつかの人造湖が設けられ，水路によって結ばれる。現在南部の住区は一部完成しているが，その後の開発は進んでいない。

位置：ロンドンの中心部から東へ 13 km
計画年次：1966 年
計画主体：G.L.C
計画人口：60,000 人
敷地面積：525 ha
人口密度：114 人/ha
（高密住区 350 人/ha）

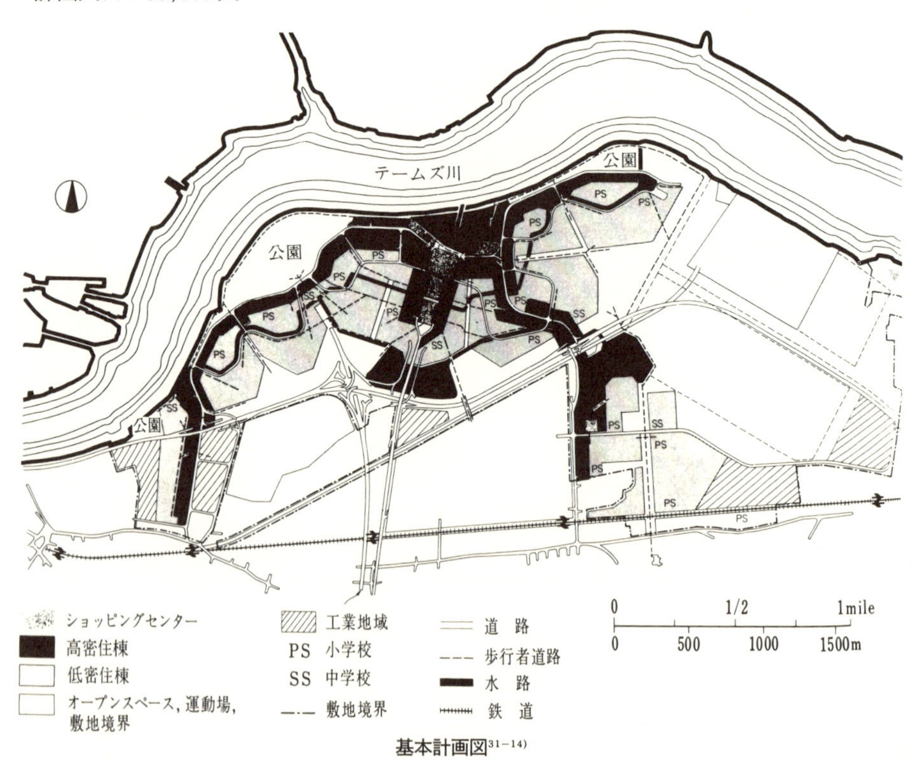

基本計画図[31-14)]

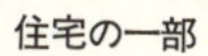
住宅の一部

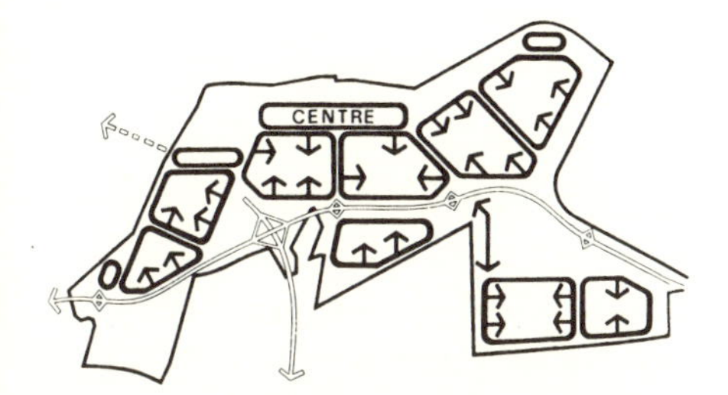

都市構成パターン

全　景

完成した南部住区

レストン（Reston）

ワシントンの西北方29km，ダレス空港の近くに立地するこのニュータウンは民間企業によって開発されるアメリカ型ニュータウンの先駆をなすものである。広大な敷地はハイウェイに沿った軽工業地帯によって二分され，北と南に合計7つの住区が配置されている。敷地内の美しい森林を保全し，人造湖，ゴルフ場など緑と水を十分に取込んだ設計になっている。地域内に職場をつくるためインダストリアル・パークが導入されている。住宅は各種の階層に向くようにデザインも価格も多様化されている。

最初に完成したレイク・アン・ヴィレッジは湖に面して中心地区を設け，水辺に住宅を配したデザインがとくに優れている（写真）。

位置：ワシントンの東北 29 km	計画人口：75,000 人
計画年次：1962 年	敷地面積：2,800 ha
計画主体：サイモンエンタープライズ	人口密度：26 人/ha

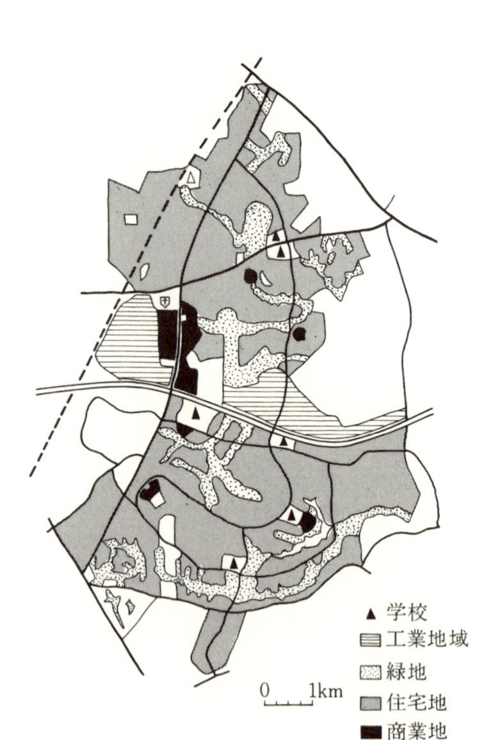

基本計画図[30-7)]

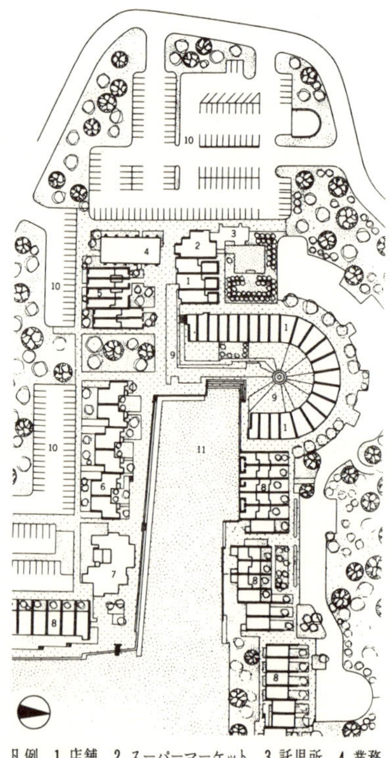

凡例　1. 店舗　2. スーパーマーケット　3. 託児所　4. 業務施設＋店舗　5. 業務施設（情報関係）　6. 業務施設＋住居　7. 高層住宅　8. 住宅　9. 広場　10. 駐車場　11. 人工湖

レイク・アン・ヴィレッジ・センター[16-16)]

レイク・アン・ヴィレッジ・センター[3-4)]

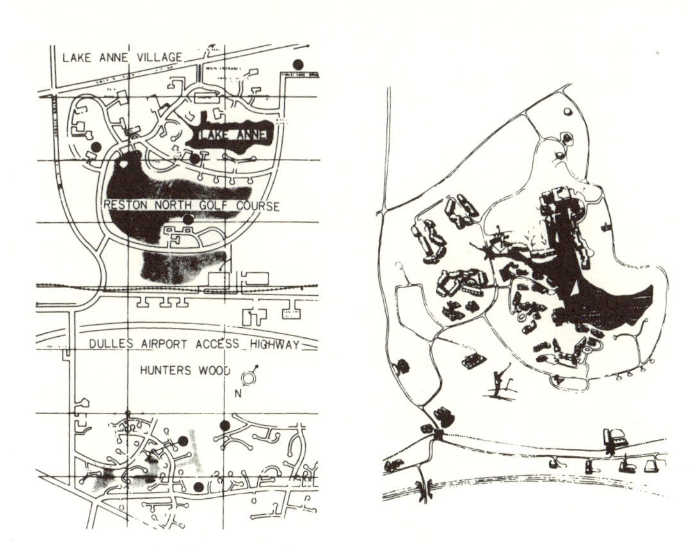

レイク・アン・ヴィレッジ付近地区計画図[30-19)]

トゥールーズ・ル・ミレイユ（Toulouse le Mirail）

フランスのトゥールーズ市の南西5 kmにあり，機能的には通勤都市であり地域の中心地区を形成する。キャンデリスなどが設計したこのニュータウンは近隣住区論の対案として，モビリティ，アクティビティなど都市の成長・発展をテーマとするチーム・テンの主張を具体的に実現した最初の例である。

歩行者と車の分離は独得のシステムによって立体的に分離されている。すなわち，三叉交差，Y字型の都市内幹線道路にこれと別系統の歩行者専用ルートが立体的に重ねられている。歩行者デッキに沿って各種生活施設，公園緑地，住居群が一体的に配置され，都市の骨格が形成され，近隣住区方式はとっていない。

官公庁施設群は地区の中央部に位置しているが，商業・社会・文化施設などは6つの学校群の各住区中心に配置されている。

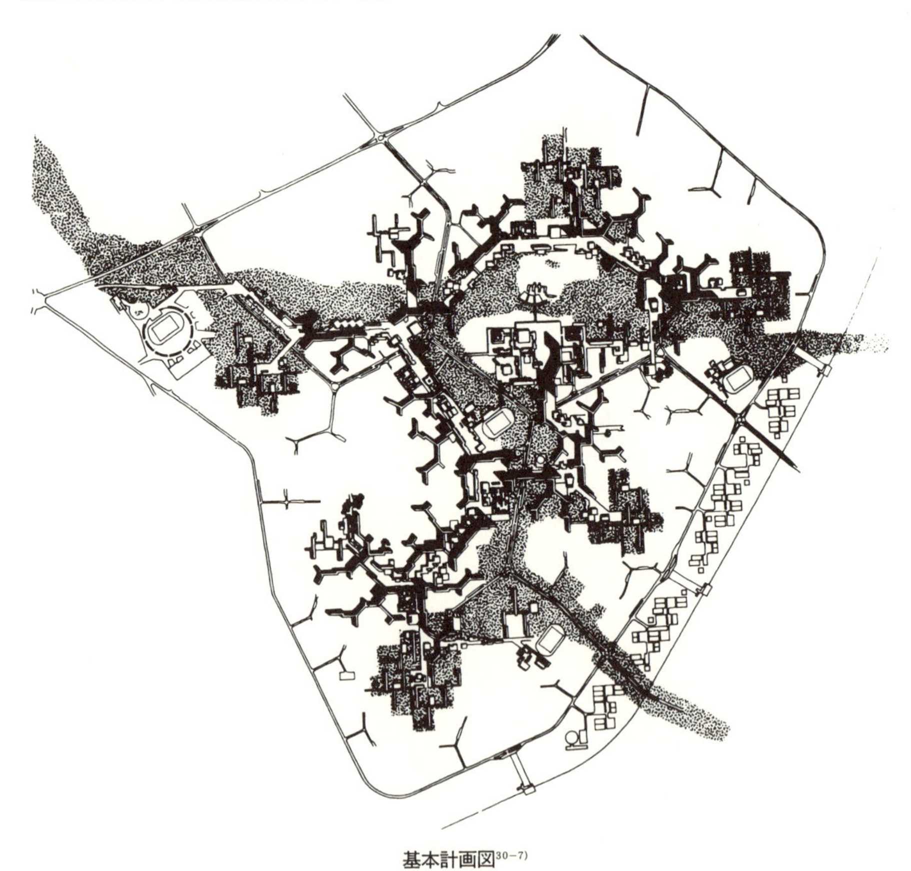

基本計画図[30-7)]

位置：トゥールーズ市南西　5 km
計画年次：1961 年
計画主体：トゥールーズ市
計画人口：100,000 人
敷地面積：800 ha
人口密度：125 人/ha

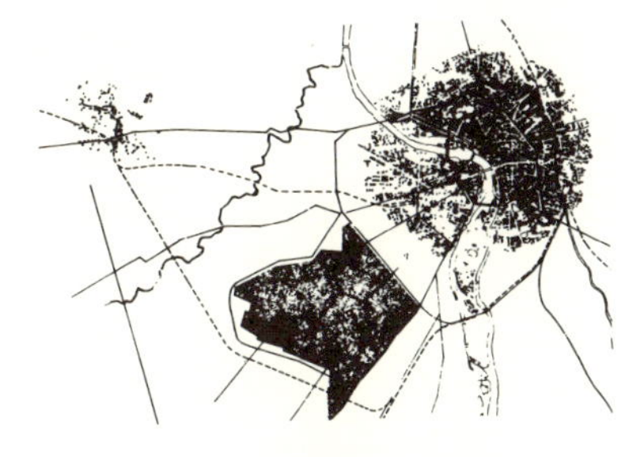
位置図

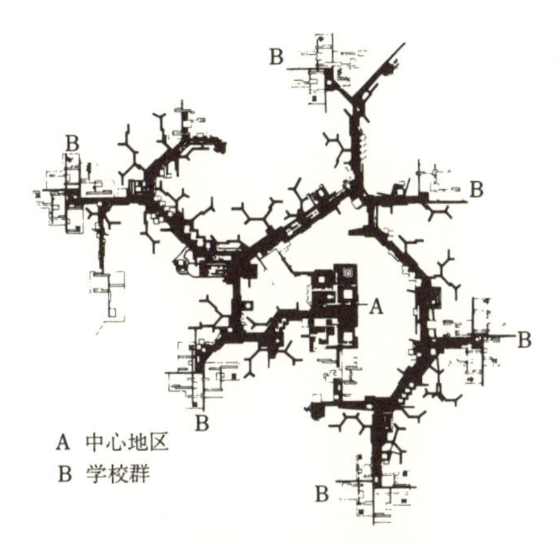

歩行者ルートと都市施設

密度構成

住宅地の景観

タピオラ（Tapiola）

タピオラはヘルシンキから西へ10 kmの郊外，エスポー郡にあり，バスで20分で到達できる。この敷地は南は海に面し，ほぼ平坦な岩盤で，白樺を主とする美しい森林で掩われている。開発はこの美しい自然を損わないように，できるだけ樹木を残し，必要な部分だけを造成している。したがって，人口密度はきわめて低い。

中心地区を囲むように，東部，西部，北部の順に開発され，最後にタウン・センターが完成した。それぞれの住区にはサブ・センターと学校と暖房所がある。タピオラは通勤住宅都市であったが，北部の開発の際に軽工業を導入し，今日では，セミ・ニュータウン的性格をもっている。センターにある池は建設に要する骨材を採取したあとを利用したものである。

位置：ヘルシンキの西 10 km
計画年次：1952年
計画主体：６つの社会事業団体の出資する住宅公社

計画人口：17,000人
敷地面積：243 ha
人口密度：65人/ha

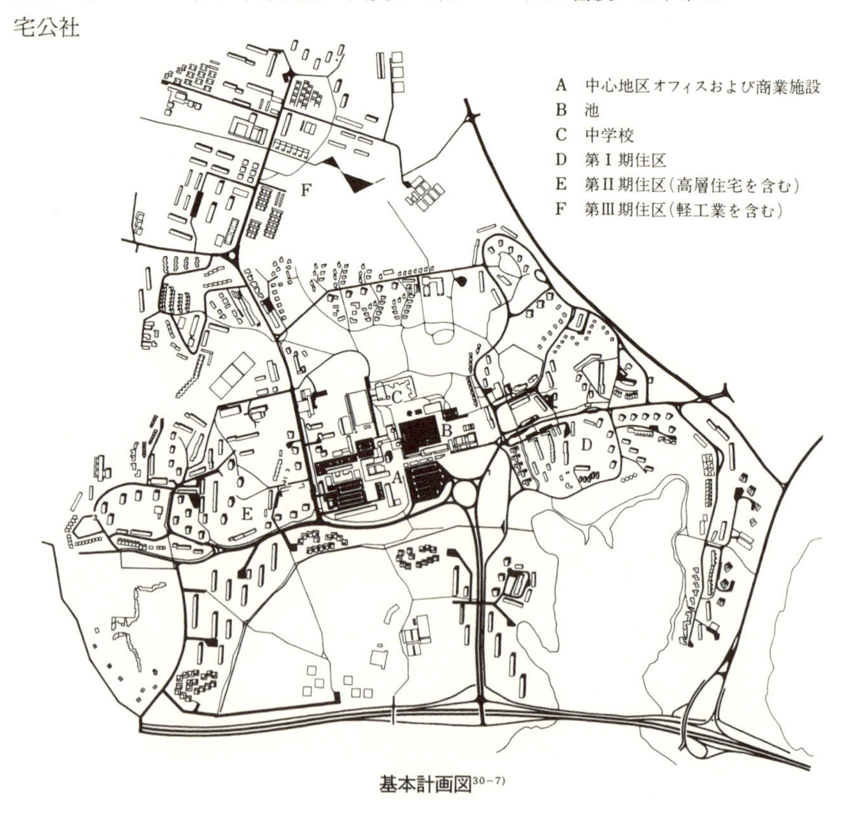

基本計画図[30−7)]

住宅形式別戸数

高層住宅	698戸	24.0%
中層塔状住宅	757	26.8
中層フラット	1,021	36.3
低層連続住宅	228	8.1
1戸建・2戸建住宅	108	3.8
計		99.0

土地利用構成比率

1戸建，連続住宅	12　%
アパート	12
商業	2
工業	3.5
公共建築	5.5
道路，通路，駐車場	9
オープン・スペース	56
計	100.0

低層連続住宅の例

タウン・センター地区を望む東からの景観[30-8)]

千里ニュータウン

大阪府企業局は年間25万人に及ぶ人口の急増とこれによる都市周辺のスプロールに対応するため，大阪市の北方15 km，吹田市と豊中市にまたがる千里丘陵にわが国最初の大規模ニュータウンを開発した。人口15万人の規模にもかかわらず，都市内に職場をもたない通勤住宅都市となっている。1968年に完成した。

都市構成は中央地区，北地区，南地区の3つに地区区分し，それぞれの地区は3～5の住区を包含している。地区の中心に地区センター，住区の中心には小学校が置かれている。住区は2分区からなり，分区には近隣センターがある。

地区外との交通は幹線道路として御堂筋線（幅員50m）で大阪都心と結ばれ，中央環状線（幅員50m）は大阪国際空港および周辺都市を連絡している。通勤は主として地下鉄および京阪神急行千里山線による。

位置：大阪市の北方 15 km
計画年次：1961年（1968年完成）
計画主体：大阪府企業局
計画人口：150,000人
敷地面積：1,150 ha
人口密度：130人/ha

土地利用比率

道　路	249 ha	22%
公園緑地	274	24
住宅用地	505	44
公共施設用地	76	6
商業施設用地	46	4
計	1,150	100

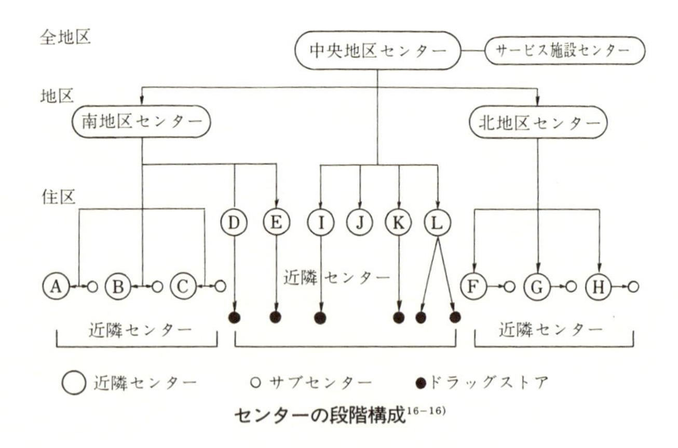

センターの段階構成[16-16)]

A：津雲台　B：高野台　C：佐竹台　D：桃山台　E：竹見台　F：青山台　G：藤代台　H：古江台　I：新千里北町　J：新千里東町　K：新千里西町　L：新千里南町

千里ニュータウン実施配置図[16-16)]

高蔵寺ニュータウン

高蔵寺ニュータウンは，日本住宅公団によって開発されたはじめての大規模ニュータウンである。マスター・プラン段階までは公団内部のプランナーと都市計画，設計研究者の協力によって，長期的見透しのもとに，海外における経験も生かしながら，わが国のニュータウン計画のマイル・ストーンを築こうという意欲的な設計活動が行なわれた。しかし，実施段階に入ってからは公団の事情によって，マスター・プランは大幅に修正され，当初の意図は実現されなかった。

マスター・プランは，高層住宅と歩行者デッキによる都市軸の形成，人と車の交通の立体的な分離，将来へ向けてのワン・センター・システムへの移行などが意図されていた。これらの発想には，カムバーノールドやトゥールーズの計画の影響がみられる。

住区構成は地形を生かして，大きなオープン・スペースを取込む3つの大住区を設定し，中心地区からそれぞれの住区に対して，フォーク状に都市軸が延び，幹線道路のシステムとは平面的にあるいは立体的に分離するように計画されている。ここでは，千里ニュータウンのような近隣住区の単位には把われず，フレキシブルな住区構成をとっている。

高蔵寺ニュータウンは名古屋に対する通勤住宅都市的性格が強いが，鉄道を引込むことができなかったので，バス輸送を必要としている。

位置：名古屋の中心から北東約 20 km
計画年次：1981年（実施は1964年から）
計画主体：日本住宅公団
計画人口：67,000人
敷地面積：850 ha

総人口密度： 100人/ha
高密度地区 600人/ha
中密度地区 250
低密度地区 100
平　均　　175

土地利用比率

幹線道路	55 ha	6.5%
オープン・スペース	179	21.2
住宅用地	495	58.0
学校用地	63	7.4
中心地区	15	1.8
誘致施設その他	43	5.1
計	850	100.0

オープン・スペース

幼児公園(300〜600 m²)	200カ所	12 ha
児童公園(0.3〜0.5 ha)	40	15
近隣公園(2 ha)	6	12
自然公園	4	54
緑地		84
その他		2
計		179

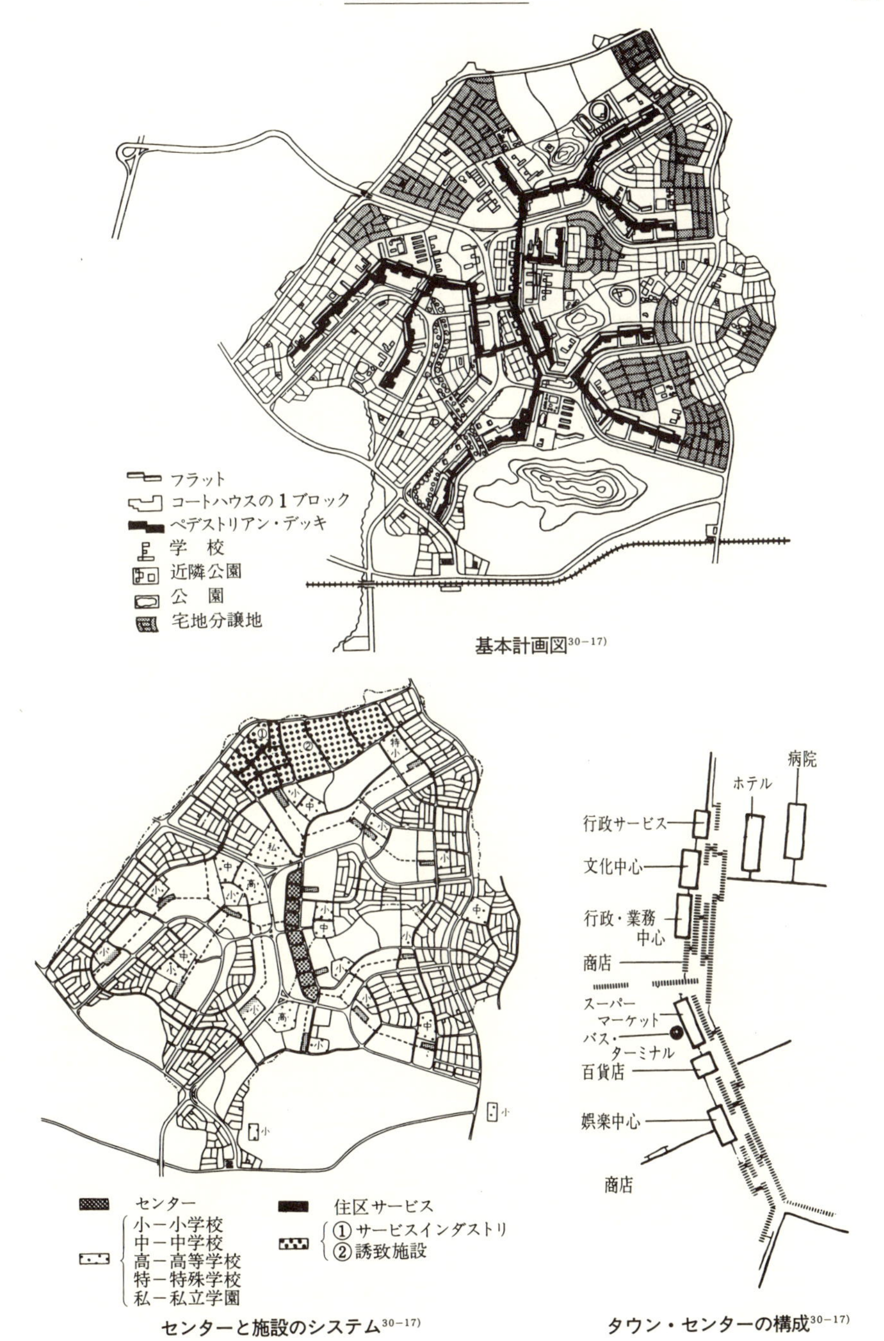

基本計画図[30-17)]

センターと施設のシステム[30-17)]

タウン・センターの構成[30-17)]

ベルコリーヌ南大沢（第15住区）

住宅・都市整備公団による多摩ニュータウンの西部地区開発の一部で，京王帝都電鉄の南大沢駅の北に位置し，東京都立大学の敷地と隣接している。総敷地面積約66 ha，計画住宅戸数約1,500戸，1989年から1991年（一部未定）の入居を目指して開発された。地区はそれぞれに広場をもつ数個のクラスターから成り，ループナードとよばれる歩行者専用路によって結ばれている。住宅は主として中層のタウンハウス型式であるが，高層住宅棟は地区の北側に景観に配慮してバランスよく配置されている。この開発の特徴は，各クラスターの設計を担当した建築家の独自のデザインを尊重しながら，内井昭蔵氏をマスターアーキテクトとしてマスタープラン段階から調整を図り，全体に調和のある景観を作りだすことに成功している点である。

	土地利用区分	面積(ha)	面積(%)
宅地	住宅用地	18.74	28.3
	教育施設用地	5.89	8.9
	利便施設用地	2.27	3.4
	その他用地	3.16	4.8
	小計	30.06	45.4
公共用地	道路用地	10.16	15.3
	公園・緑地	26.00	39.3
	小計	36.16	54.6
計		66.22	100.0

公共・公益施設
- 小学校　1，中学校　1，
- 幼稚園　1，保育園　1，
- 近隣センター
  - 警官派出所　1，郵便局　1，
  - 店舗：スーパーマーケット，飲食店その他の店舗
- 近隣公園　1，児童公園　3，
- 緑地　3

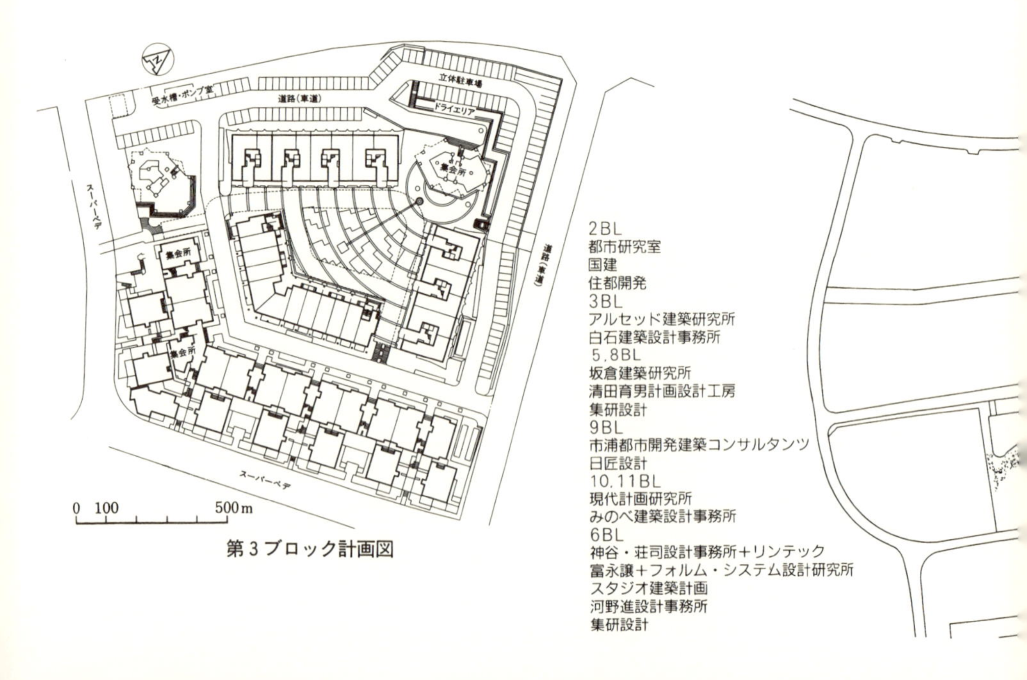

第3ブロック計画図

9BL
5,8BL
3BL
私立多摩
なかよし
幼稚園
10BL
私立
誠美保育園
児童公園
児童公園
宮上中学村
2BL
6BL
内裏谷戸公園

全体計画図

8.4 都市更新と再開発

A. 都市更新

新開発が未利用地を対象とするのに対して，再開発は既成市街地を対象とする街づくりの事業である。戦前には再開発は地区的な単位で，不良住宅地区の改良事業として行なわれるにすぎなかったが，戦後，その都市計画に果たす意義は拡大され，既成市街地全体，ひいては都市全体の蘇生をはかるために，各種の手法が開発されるようになった。このようにして，都市全体の体質改善をはかることを都市更新（urban renewal）[1]といっている。

技術革新と工業の発達は経済の高度成長をもたらし，われわれの都市生活の様式を大きく変革しつつある。これに対して過去の都市計画はその時々の要求にこたえつつその場しのぎの対応を続けてきた。この結果の集積としての都市の物的諸施設は，時代の推移とともに形骸化し，新しい時代の要求に応じられなくなってきた。すなわち，都市活動の変動が激しいにもかかわらず，都市の物的施設はそもそも固定性が強いために，これを改造することなしには都市活動の円滑な推進が困難になるわけである。

生産施設の大型化，自動車の効率的利用，人間環境の保全といった新しい時代の要求は，古い都市の形骸を取り去り，これまでとまったくちがった新しい構造をもつ市街地の出現を待望するにいたる。それはもはや，単に道路を広げたり，建築物の建替えを行なう程度

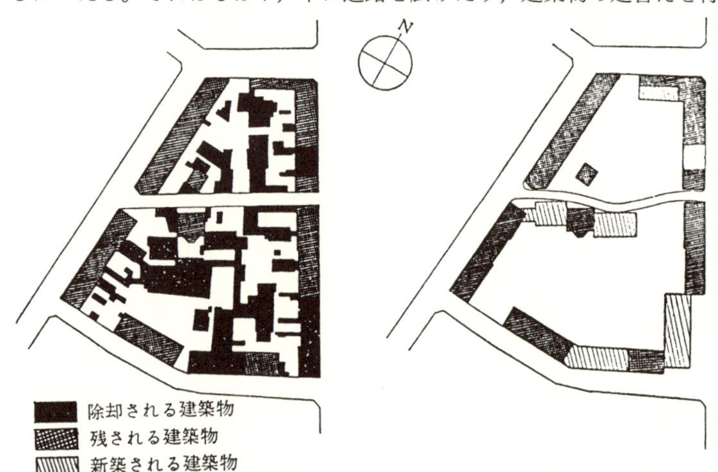

ヨーロッパとくにドイツや北欧において行なわれている小規模な街区単位の再開発の例である．主として内部市街地の密集地区に適用される．街区内を埋めている建築物や老巧化した建築物を除去し，道路に面する健全な建築は残して改良を加え，新しく中空街区を生み出す手法で，「くりぬき手法」(hollowing out) とよばれている．

図 8.2 住宅地区改良の例（デンマーク）[18-8)]

---

1) 1958年オランダのハーグで開かれた都市再開発に関する第1回セミナーでは都市更新の範疇を，①地区再開発，②地区修復，③地区保全とし広い概念規定を行なっている．

の姑息な改良ではなく，都市全体の体質改善でなければならないことになる。

都市更新という観点からの要求には大きく分けて二つの要求がある。一つは都市が発展をとげる過程において，経済活動をますます盛んにするために産業地域を拡大し，効率的な土地利用と交通の利便性を確保するという要求である。これは高層の事務所建築や商業施設の建設などの民間投資および，道路や鉄道の輸送力の強化など都市の基幹的公共施設に対する投資となって現われる。しかし，これらの投資をはばむような条件が存在する場合には，それを除去するとともに権利関係の調整を行なうために再開発が必要になる。

もう一つは都市のはなやかな発展の陰に，おきざりにされ，過密の度を強め，また老朽化していく住宅や生活環境の改善の要求である。不良住宅地の改良(**図 8. 2**)，工場移転跡地の緑地化，災害危険地区の解消，公害防止のための再開発，歴史的建造物の保全のための再開発などがこれにあたる。

前者は経済的観点からの要求であり，また企業採算にのりやすい再開発であるが，後者は社会福祉的観点からの要求であって，個人や企業の採算にのりにくい再開発である。前者はどちらかといえばアメリカにおいて発展し，後者はイギリスをはじめ欧州で盛んな再開発の型である。同じく再開発といっても，この両者の目的とするところにはかなりの相違がある。この点を混同して，十分な補償やきめ細かい生活上の配慮なしに，後者の名において前者を強行することは好ましくない。

B．再開発の目的

都市の再開発は単一目的ではなく，複数の目的を兼ねている場合が多い。

⑴　都心の拡大，中心地区の再建

（例）　アメリカ諸都市における都心再開発(**図 8. 3**)，ストックホルム都心再開発，わが国の駅前再開発（中心地区の形成と駅前広場，街路など公共施設の整備）

⑵　大規模な公共事業の推進をはかるもの

（例）　ストックホルム都心再開発(地下鉄，高速道路，広場)，ロンドンのエレファント・アンド・カッスル再開発（街路），新宿駅西口再開発（交通広場）

⑶　住宅供給，住生活環境改善

（例）　スラム・クリアランス，住宅地区改良事業，工場跡地の面開発

⑷　災害危険地区対策，公害防止対策

（例）　江東デルタ防災拠点，四日市塩浜地区再開発

⑸　災害復旧事業

（例）　ロッテルダム・ラインバーン地区，静岡，沼津などの防災建築街区

⑹　歴史的建造物の保全

（例）　ロンドンのセントポール寺院地区（**図 8. 4**）

図8.3　ペン・センター（フィラデルフィア）

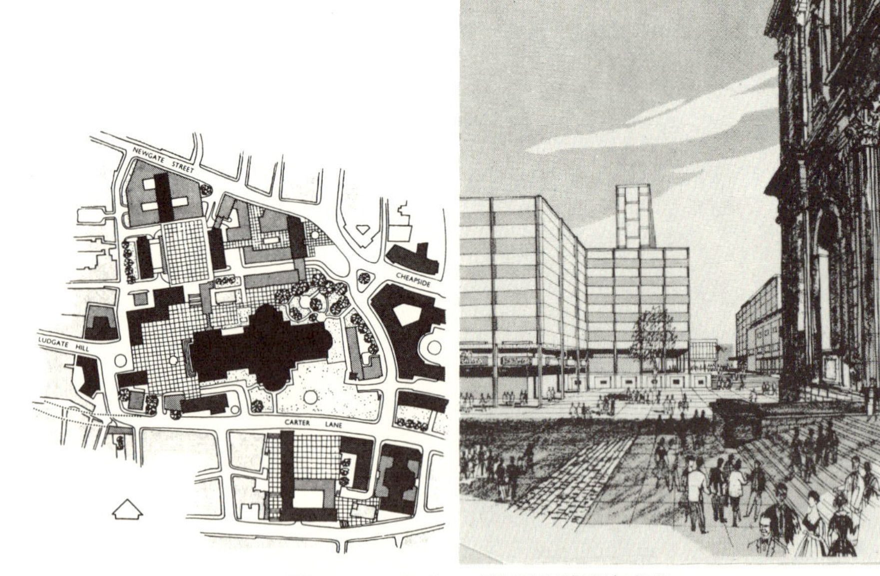

図8.4　セントポール寺院周辺再開発地区[6-2)]

C．再開発の手法

再開発事業は環境を構成している各要素をどこまで改変するかによって各種の手法が考えられる。

⑴ 地区再開発 (redevelopment)：土地の全面買収，建物の撤去，地区住民の移転，地下埋設物の整理，地区の再造成，新しい建物の建設，占有者の選定という一連の事業が行なわれ，従前の土地利用ならびにインフラストラクチュアが徹底的に改変される。諸外国では地区の全面買収を行なったうえで事業が行なわれる。わが国の都市再開発法では土地の全面買収を行なわず，権利変換方式によるものと，全面買収方式によるものとがある。

⑵ 地区修復(rehabilitation)：地区内の健全な建物は残して修理を加え，不良な建物は除却し，新しい住宅やコミュニティ・センターなどの建物を建設し，公園，駐車場などのオープン・スペースを確保する手法である。原則として土地利用は改変しないが，インフラストラクチュアは一部改変される。欧米の諸都市で道路などのインフラストラクチュアおよび住宅など建築物のストックが十分再利用しうる場合に用いられる手法である。

⑶ 地区保全(conservation)：地区内の建物は原則として保全し，住宅や都市施設に修理や改良を加えて近代化をはかる。インフラ・ストラクチュアの改変も最小限にとどめられる。

以上の手法を適用するにはあらかじめ都市の基本計画の段階において，既成市街地の各地区の実態を十分に明らかにし，地区対策を軸とした類型化を行ない，緊急を要する地区から事業化を進め実現をはかることになる。

D．わが国における既成市街地の改良事業

これまで，既成市街地を対象として次のような改良事業が行なわれてきた。

⑴ 土地区画整理事業

わが国では従来，木造の市街地が多かったため，震災，戦災を受けた市街地は焦土と化し，その復興にあたっては大規模な土地区画整理事業が行なわれた。また，平時においても，木造家屋の曳家移転が容易であったので，かなり家屋が存在しても事業を行なうことが可能であった。しかし，戦後は土地の細分化が進み，また不燃建築も増加したため，既成市街地での事業はしだいに困難になりつつある。

また，土地区画整理は元来，土地の区画，形質，利用の変更が本命であるので，郊外の新市街地開発には適しているが，既成市街地においては再開発事業がこれに代わるようになった。

⑵ 防災建築街区造成事業

都市の不燃化はわが国の都市計画にとって明治以来の念願である。この事業は関東大震災後の復興を期に不燃建築の助成にはじまり，建築防火帯から不燃化街区の造成へと進められ，点から線，線から面へと拡大されてきた。もともとは都市の防災性能を高めること

を主たる目的とした事業であったが，今日ではその目的を都市更新対策に拡大し，市街地再開発事業に統合された。

(3)　公共施設の整備に関連する市街地改造事業

市街地改造事業ともよばれ，街路，駅前広場など公共施設の整備を主たる目的とし，その用地を生み出すために，周辺地域を超過収用し，公共施設と同時に耐火建造物を建築し，希望する権利者を収容する制度で，主として商業地に用いられたが，これも市街地再開発事業に統合された。

(4)　市街地再開発事業

都市再開発法による事業で，組合または地方公共団体が施行する。また，住宅・都市整備公団は住宅の建設とあわせてこれに関連のある再開発事業を行なうことができ，地域振興整備公団も施行主体となりうる（**表 8.8**）。この事業の場合，土地，建物に関する権利は第1種市街地再開発事業の場合は，権利変換方式によって移転される。権利変換とは，市街地再開発事業において，地区内の権利者の土地･建物に関する従前の権利を，計画に従って施設建築敷地および施設建築物の床の権利に変換することをいう（**図 8.5**）。これは駅前地区など商業地区の例が多い。また，第2種市街地再開発事業の場合は，施行者が公的機関に限られるが，土地の収用ができる。

表 8.8　市街地再開発事業の施行状況　（資料：建設省 1996 年 12 月 31 日現在）

施行者	所管	種別	進捗段階								合計	
			事業完了		権利変換計画決定		事業計画決定		都市計画決定			
			地区数	面積 (ha)	地区数	面積 (ha)	地区数	面積 (ha)	地区数	面積 (ha)	地区数	面積 (ha)
地方公共団体	都市局	一種	83	170.80	12	20.70	3	2.90	23	43.50	121	237.90
	都市局	二種	4	91.50	2	82.60	9	53.30	4	17.70	19	245.10
	小　計		87	262.30	14	103.30	12	56.20	27	61.20	140	483.00
組　合	都市局	一種	43	52.10	16	28.10	14	19.70	18	24.00	91	123.90
	住宅局	一種	141	123.19	28	35.57	26	24.41	35	40.16	230	223.33
	小　計		184	175.29	44	63.67	40	44.11	53	64.16	321	347.23
住・都公団	都市局	一種	7	16.10	2	8.70	2	5.70	1	1.40	12	31.90
	都市局	二種	0	0.00	0	0.00	2	5.10	2	4.60	4	9.70
	住宅局	一種	10	10.41	2	5.72	2	2.82	2	1.67	16	20.62
	小　計		17	26.51	4	14.42	6	13.62	5	7.67	32	62.22
住宅供給公社	都市局	一種	2	0.90	1	1.50	0	0.00	0	0.00	3	2.40
	住宅局	一種	3	4.81	0	0.00	1	1.53	1	0.40	5	6.74
	小　計		5	5.71	1	1.50	1	1.53	1	0.40	8	9.14
個　人	住宅局	一種	84	35.57	14	9.61	5	2.17	4	1.44	107	48.79
計	都市局		139	331.40	33	141.60	30	86.70	48	91.20	250	650.90
	住宅局		238	173.98	44	50.90	34	30.93	42	43.67	358	299.48
	総　計		377	505.38	77	192.50	64	117.63	90	134.87	608	950.38

注）都市局所管事業については，補助事業として採択された地区を対象としており，1の採択地区で2の施行者のある場合については，2地区としている。また，工区等ごとに進捗段階が分かれる地区については，それぞれの段階ごとに面積を計上し，全ての工区・街区等に共通した進捗段階において地区数を計上している。

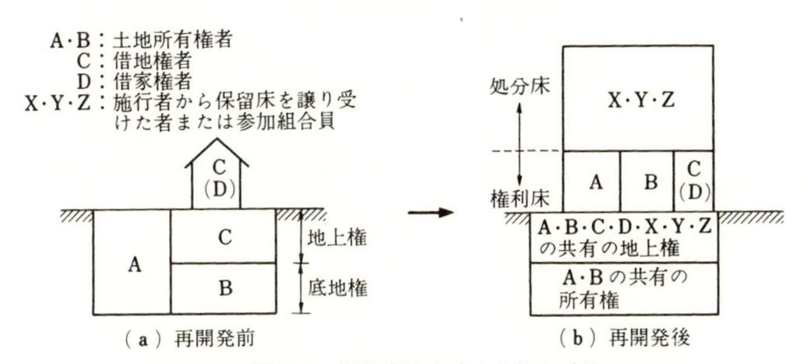

図8.5　権利変換方式の仕組(一例)

(5)　住宅地区改良事業

住宅地区改良法による事業で，不良住宅の密集する地区に対して，住宅の建替え，生活環境施設の整備を目的に行なわれる。スラム・クリアランスの一種である。わが国では戦前から行なわれているが，この事業の適用は住宅および環境の特に劣悪な特定の地区に限定されている。

(6)　市街地住宅建設事業および面開発事業

住宅・都市整備公団による市街地住宅の供給を主たる目的とする事業で，前者は施設建築物の上階に住宅を建設し，後者は工場移転跡地などに中高層住宅を供給する団地開発事業である。このほか，木造公営住宅の立建え事業も住宅供給を目的とする再開発である。

(7)　市街地再整備事業

以上の改良事業はそれぞれわが国の既成市街地の環境改善に大きな成果をあげてきたが，それぞれの根拠法や開発主体に制約があって，それらの条件に合わない地区には適用できなかったが，最近はこれらの制度を嚙み合わせ，各主体が協力して合併施行が行なわれるようになり，制度の運用面が改善された。

しかし，わが国の市街地に多くみられる木造建築の密集する地区は，上記の改良事業からは取り残されてきた。これらの地区は，地区施設としての道路やオープン・スペースを欠いており，大震火災時には大規模な延焼火災を誘発し，多数の死傷者を出す公算が大きく，その意味では最も更新が必要とされる地区であるにもかかわらず，住宅地区改良事業にも，再開発事業にもとりあげにくいということから，今日まで放置されてきたのである。

最近，市町村と住民の話し合いによって，整備・開発・保全などさまざまなかたちの街づくり運動が全国的に推進される中で，木造密集市街地の総合的な改善事業が登場してきた。ここでは上記の法制度に裏付けられた手法だけでなく，現在のストックを生かしながら，国の各種の補助制度，市町村の単独事業，住民の自助努力などを組み合わせながら，できることから地区の改善を進めていく現実的，漸進的な方式であり，今後の発展が期待される。これらの事例としては神戸市板宿地区，真野地区，豊中市庄内南地区，大阪市毛馬大東地区，東京都京島地区などがある。

一方，建設活動の盛んな既成市街地においては，個別的にみれば個人あるいは民間企業によって，不燃建築物による建替え，増築，改築，模様替えなどがつねに行なわれており，その投資も莫大な額に上っている。ただ，これを放置しておけばそのエネルギーが個別に分散し，敷地ごとの競合を激化させるばかりで，その集積はやがて動きのとれないコンクリートのスラムを形成することは必至である。この民間のエネルギーを地区ごとに結集し，個々の投資のタイミングとその利害を調整することができれば再開発は有効な成果を生み出し，地区間の連帯は都市の更新を約束することになるであろう。

E．土地集合とリプレース

都市再開発は新開発と異なり，既成市街地の再編であるから，土地の権利関係がきわめて細分化されており，かつ複雑である点がとくに問題である。したがって，事業を成立させるためにはこの権利関係の調整を避けるわけにはいかない。

土地集合

このように細分化されている土地の権利を集合し，まとまって土地が利用できるようにすることを土地集合（land assemblage）という。土地集合を行なう方法としては，公的権力によって再開発区域内の土地をいったん買収する方法，権利者間の共有にする方法，持分に応じて換地する方法などがある。

市街地における細分化された画地は結合して，道路によって囲まれた街区を形成しているのが普通である(**図 8. 6a**)。土地集合によってブロック内の敷地の枠が取り払われれば，街区内を一体として土地利用を計画することができる(**同図 b**)。さらに数街区にわたって土地集合が可能であれば，街区の枠も取り払われることになり，大街区について，団地計画として有効な土地利用を実現することができる(**同図 c**)。このような大ブロックをスーパー・ブロック（super block）といい，土地区画の再整理を行なうことをリプロッティング（replotting）という。

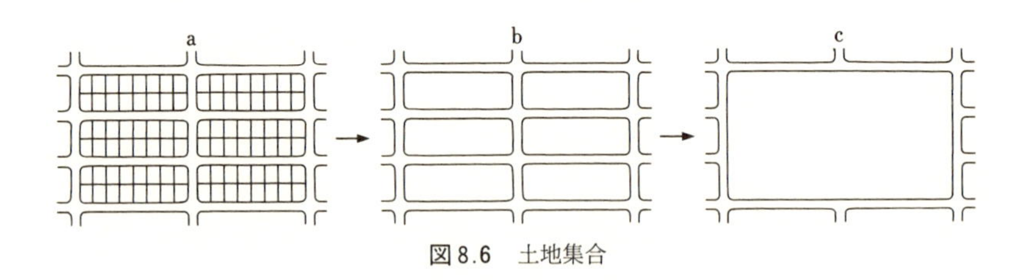

図 8.6　土地集合

リプレース

リプレース（replace）ということばは本来，「取り替える」，「交替する」という意味である。一方「ころがし」ということばも用いられているがこの場合には土地に着目して，A 地区の事業の結果として，B 地区の土地を生み出し，逐次，土地が何回かにわたって転用されることを意味している。いずれにしてもその内容は既成市街地における再開発事業を従来のように単発事業とせず，いくつかの事業を連動させ，人の移転と土地の回転を伴って，事業の効果を拡大していく方法を意味している（**図 8.7**）。

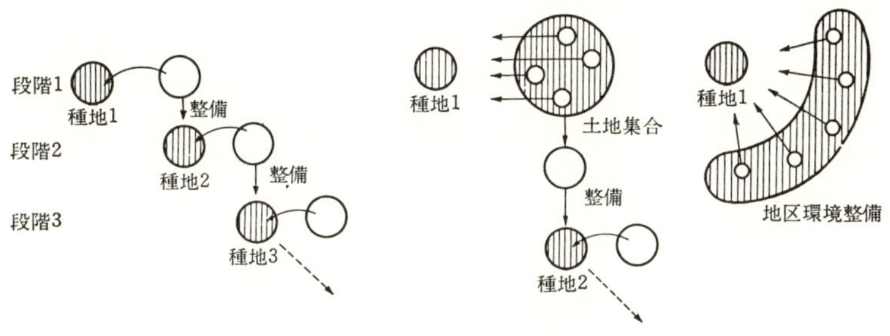

図 8.7　リプレース

リプレースを行なうには最初に何らかの形で土地が提供されることからはじまる。このような土地を種地(たねち)とよぶことにする。種地 1 は原則として更地である。したがって種地 1 はニュータウン，新開発地，埋立地などがこれにあたる。たとえばニュータウン開発において工場用地を確保することによって，既成市街地の大型工場の移転が可能であれば，その施設の跡地は種地 2 を生み出すことになる。

新開発と再開発との連繋的運用は，これまでわが国ではあまり行なわれていないが，すでにイギリスのニュータウンでは進出する工場や入居者の選衡を行なって母都市からの移出を奨励しており，リプレースの最も基本的な形である。新開発へのリプレースが成功すれば種地 2 を利用して再開発事業を行ない，第 2 段のリプレースが行なわれる。

F．再開発ケース・スタディ

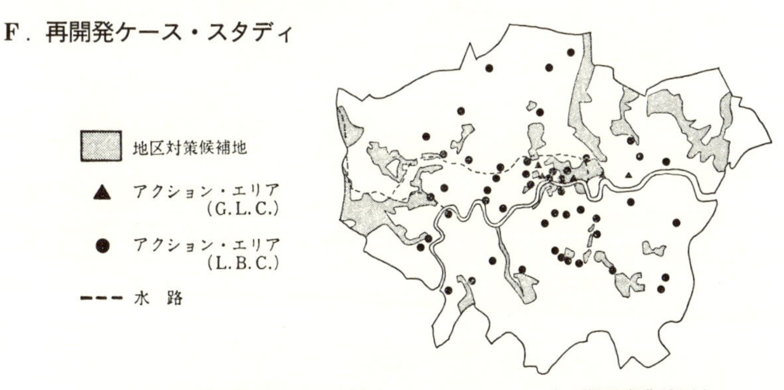

将来，改良の機会が期待される地域（area of opportunity）と開発事業地区（action area）を示す。後者のうち 5 ヶ所はG.L.C.が担当する事業で，この中には，ロンドン・ドックス・エリア，コヴェント・ガーデンなどが含まれる。その他はロンドン特別区（L.B.C.）が担当する比較的小規模な事業である。

図 8.8　ロンドンの市街地改良事業（旧大ロンドン開発計画による）[6-6)]

ブロードゲイト（Broadgate）

ロンドンの特別区シティの北端に位置し，敷地は約12 ha。前ブロード・ストリート駅，リヴァプール・ストリート駅および鉄道路線の上空を利用して，業務センターとしてのオフィス供給にターゲットを絞った再開発である。一部の線路を廃止して宅地化，線路上空の開発権を敷地内で活用，線路上空の空中権を取得して，大スパンのオフィスを建築（スパン 78 m），リヴァプール・ストリート駅の保存の4つの利用形態を組み合わせている。シティでの容積率の上限は500% である。

設計概要：

・規模　敷地面積 11.5 ha，延床面積 35万 m²

・事業者　Rosehaugh Stanhope Development

・設計者　Arup Associates（4棟），Skidmore, Owings & Merrill（10棟）

・建物　14棟の業務・商業ビル，各棟7～11階

・工期　1985年着工，1991年竣工

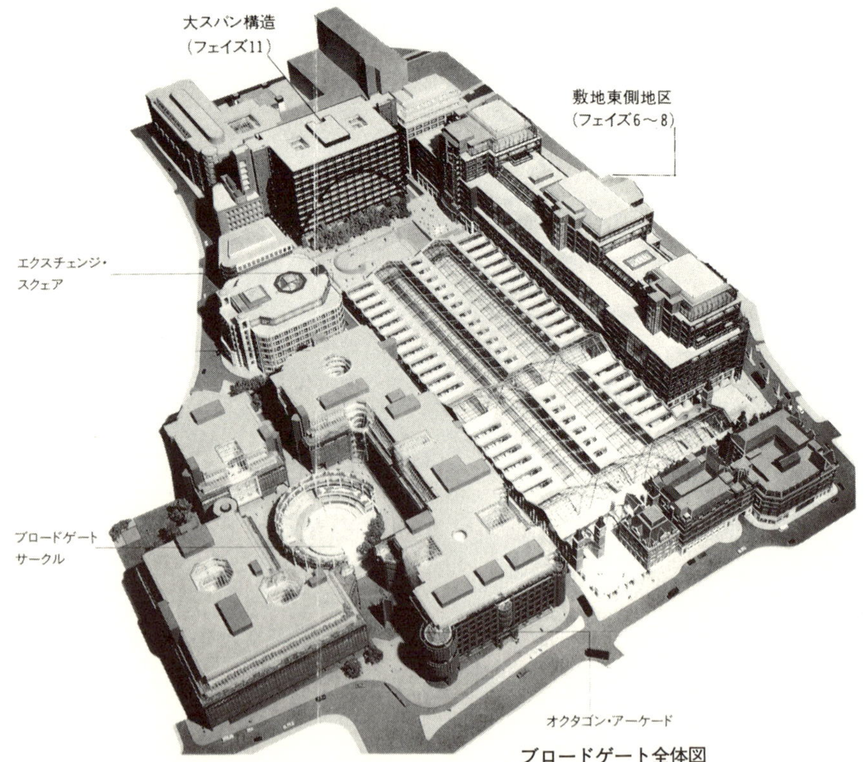

ブロードゲート全体図
（日本建築センター：UCB研究会資料より）

コヴェント・ガーデン（Covent Garden）

コヴェント・ガーデンはロンドンの中心地区の一角をなす地区で，古くから市場や劇場があって賑わった所であるが，近年，交通が渋滞し，建物も古くなり再開発の候補地となっていた。市場が郊外に移転することが決ったのを期に，インフラストラクチュアの改変を伴う大規模な再開発計画が検討されてきたが，最近，大幅に計画方針を変更し，現道をできるだけ生かし，歩行者モールとオープン・スペースを組み込み，建物もなるべく最利用する修復計画として事業が進められた。なお中心にある中央市場は改築して，地下を含めた3階とし，ここに多くの商店，カフェテラス，スタジオなどを収容して，アトリウム方式の新しいセンターに改装された。また，昔の生花市場もロンドン交通博物館に生れかわる。古い住宅は地区毎に逐次修復を行なう予定になっている。

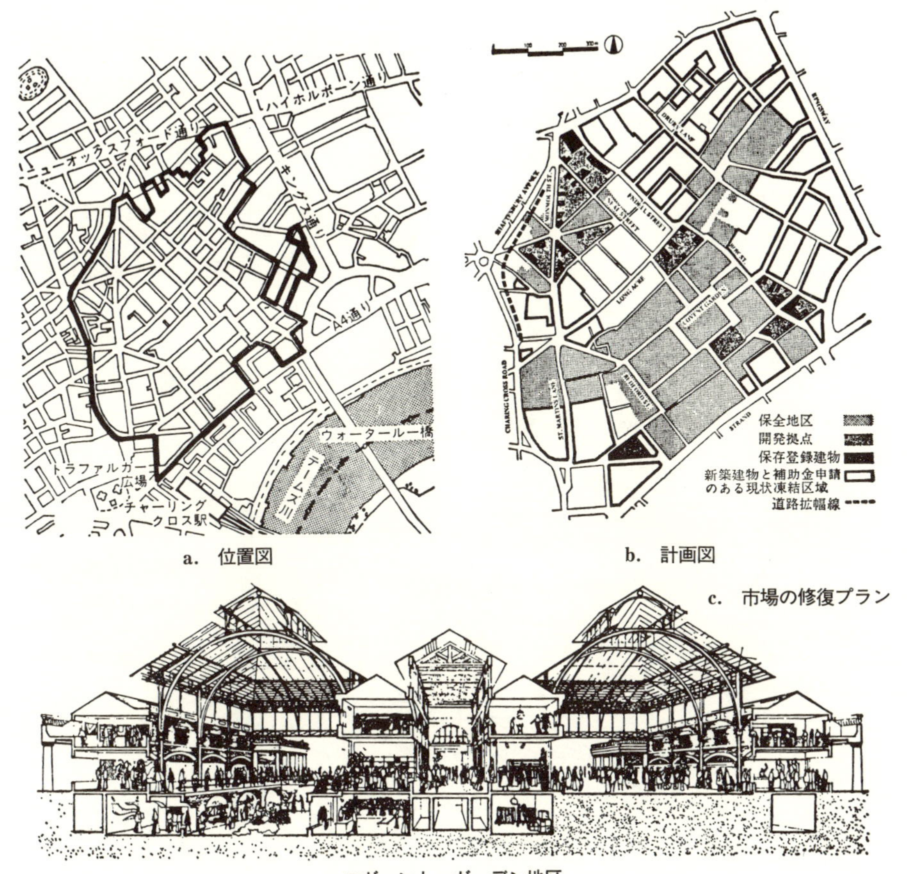

a.　位置図

b.　計画図

c.　市場の修復プラン

コヴェント・ガーデン地区

バービカン（Barbican）

バービカンはロンドンの中心市街地にあり，中心商業地区として発展してきたが，第2次大戦により大きな被害を受け荒廃地となっていた。ここの再開発計画は1954年に最初の計画案が出され，1959年案が最終案となって事業が進められた。

その中心テーマは第1に，都心地区の人口減少をくいとめるため，各種の住宅を確保すること（住宅戸数2,113戸，6,500人）。第2に，都心の業務施設のためのスペース（南の8.8ha）。第3に，アート・センター，学校など文化施設を取り込むこと（中央の人工湖の周辺地区）に置かれている。また，ロンドンの古い城壁の一部や教会などの保存も含めて，市民のための都心のオアシスとなっている。地区の総面積は約26haで，G.L.C.，区，ロンドン市の3者による共同開発である。

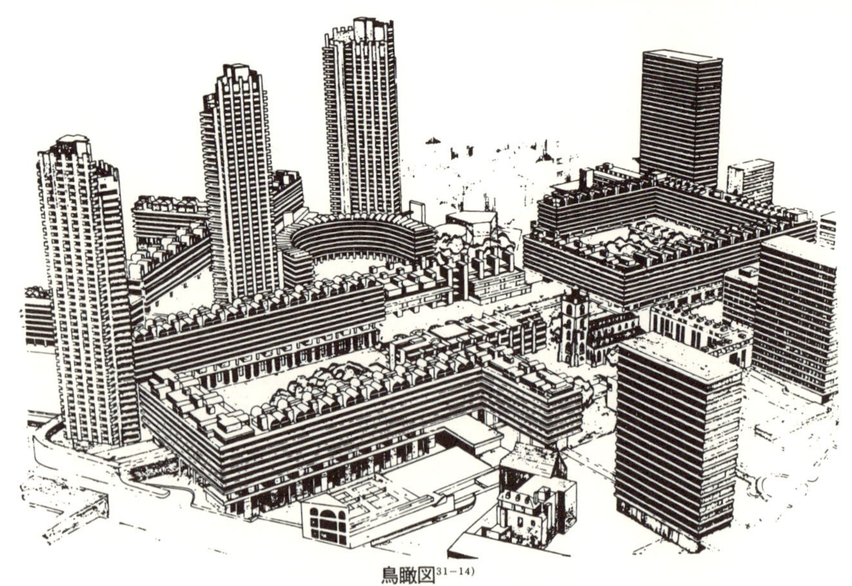

鳥瞰図[31-14)]

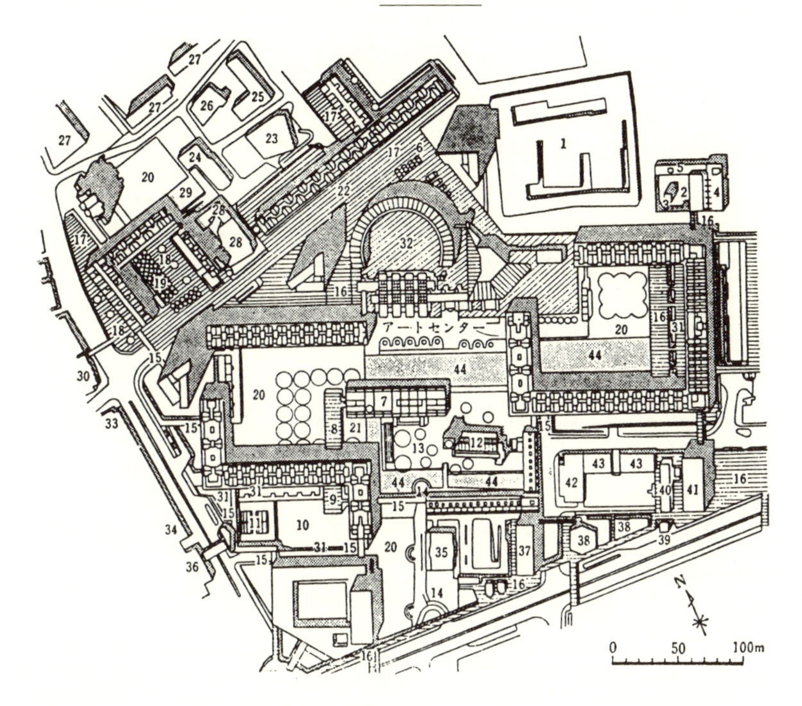

凡例

1．ビール醸造所
2．中庭
3．搭
4．最上階貸室
5．事務所
6．電力局支所
7．市立ロンドン女学校
8．市立ロンドン女学校予科校
9．市立ロンドン女学校体育館
10．市立ロンドン女学校芝生運動場
11．市立ロンドン女学校テニスコート
12．セント・ギルズ教会
13．セント・ギルズ広場
14．城壁
15．歩道橋
16．歩道デッキ（レベル 68.0）
17．歩道デッキ（レベル 77.0）
18．商業施設への会談
19．トゥリー・タブ
20．公園
21．市立ロンドン女学校芝生庭
22．連絡路
23．身体障害者施設
24．職業訓練学校
25．交番
26．礼拝堂
27．不動産会社
28．住宅・事務所
29．広場
30．地下鉄駅
31．車寄せ
32．コンサートホール
33．倉庫
34．事務所
35．衛生局
36．駐車場
37．住宅・事務所
38．店舗
39．セント・アルファーゲ教会（旧跡）
40．店舗
41．住宅・事務所
42．住宅・事務所
43．事務棟
44．水面

基本計画図[5-24)]

チャールズ・センター（Charles Center）

ボルチモアの都心部の経済的地盤沈下を救済するために行なわれた再開発で，1960年から着工し，1969年に完成した。この地区に隣接して東には市の行政センター，金融センター，西には小売商業センターがあるので，チャールズ・センターは主として業務機能を担当し，これらのセンター全体でボルチモアの都心が構成されるように考えられている。計画案は地元の計画委員会が作成し，連邦の補助を受けた。

敷地は約12haで南北を長く，東西に二本の在来道路があるが，地区の一体化をはかり歩車分離を行なうために南北に歩行者デッキで結び，これをセンター全体の軸線としている。

おもな機能としては，北に高層アパートによる住宅群（300〜400戸）とショッピング・センター，その南の広場を囲む，オフィスとホテル，南部の広場を囲む，商店，事務所，劇場，連邦政府の事務所ビルなどである。また，西側に隣接して，シビック・センターがある。駐車場はすべて地下に設けられている。

総工費1億3千万ドルのうち，公共的投資は3千万ドルで，残りは私的投資によってまかなわれた。

事務所床面積	186,000m^2	専用駐車場	1,500台
商業施設床面積	40,000m^2	ホテル	500〜800室
公共駐車場	2,500台	劇場	1,500席

地区計画模型[31-14)]

南部の広場と劇場[31-14)]

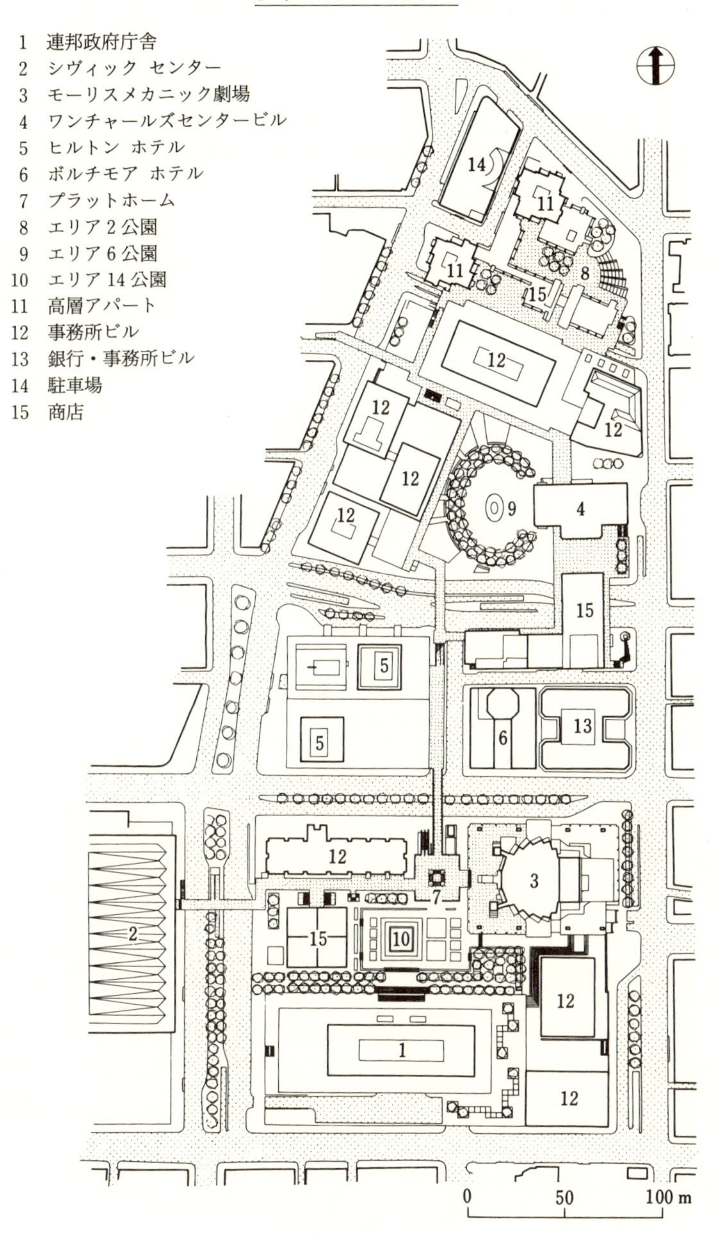
1 連邦政府庁舎
2 シヴィック センター
3 モーリスメカニック劇場
4 ワンチャールズセンタービル
5 ヒルトン ホテル
6 ボルチモア ホテル
7 プラットホーム
8 エリア 2 公園
9 エリア 6 公園
10 エリア 14 公園
11 高層アパート
12 事務所ビル
13 銀行・事務所ビル
14 駐車場
15 商店
0
50
100 m

基本計画図[16-16)]

インナー・ハーバー・プレイス（Inner Harbor Place）

アメリカの東海岸のボルチモアは，古くから陸海交通の要地として，港湾・商工業都市として栄えてきた。戦後は，他の諸都市と同様に，都心部の活力の低下と都市環境の荒廃に悩んできた。文化・教育都市を目標に掲げる市当局は，このような現状から脱却するため，1960年代から積極的に都市再開発に取組んできたが，その第一弾がチャールス・センターの再開発であり，第二弾がこのインナー・ハーバー・プレイスといえるであろう。

この地区は，チャールス・センターの南東，湾沿いの40haの用地に実施されたプロジェクトで，再開発計画の中核をなすものである。ここでの主要なテーマは，ボルチモアの海からの玄関口にふさわしい魅力ある環境を創造することにある。

1980年に完成オープンしたこのセンターは，ショッピング・センターの開発では定評のあるラウス社が担当した。ほぼ同形の二つのパビリオンを広場を挟んで，直角に配置している。北側のパビリオンには趣味・嗜好品を扱う34の専門店とレストラン，西側のパビリオンは新鮮な魚介類を主とする生鮮食品店22店，ファミリー・レストラン，ファースト・フッド33店などが入っている。

広場は市民の憩いの場で，突堤には昔の軍艦（帆船）が横付けされており，東側にはランドマークとしての高層事務所棟（屋上展望台）と水族館などがある。

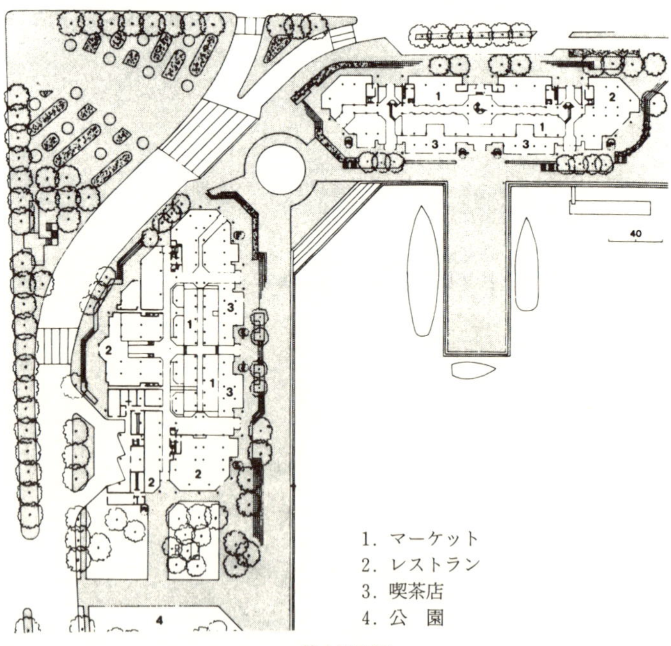

基本計画図

中心地区広場と北側パビリオン

鳥　瞰

ロアー・ノルマルム（Lower Norrmalm）

ストックホルムの都心部の再開発である。ここは従来から，事務所や商店が集中していたが，第1に建物は老朽化しており，近代的な事務所スペースの要求があったこと，第2に高速道路を地下に通す計画があったこと，第3に地下鉄を利用して，郊外のベリングビイ，ファルスタ，シャルホルメンなどから通勤する人びとを捌く広場が必要であったことなど多くの問題を一挙に解決することを目的として行なわれた。1946年の地区詳細計画は，マルケリウスとヘルデンによって立案され，その後1962年，1967年の2回にわたって

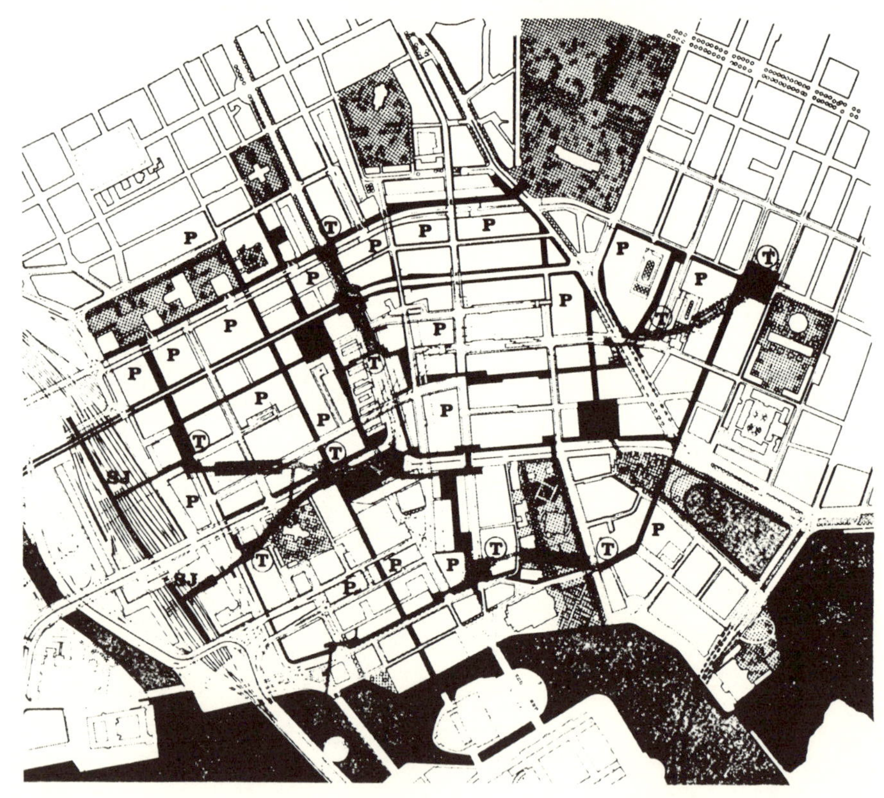

歩行システム
- 歩　道
- 地下道
- 公　園
- **P**　駐車場
- **T**　地下鉄駅
- **SJ**　鉄道駅

基本計画図[31-14)]

改訂されている。

第1段階（1955〜1962）はまず，ヒョートレー（Hötorget）地区が選定され，1962年までに事業が完成した。このため，1953年に特別法が制定され，地区詳細計画の決定以前に地区内の土地を収用する権限が市に与えられた。18階建のオフィス・ビル5棟を平行に配置し，1〜2階を商業にあて，歩行者デッキでつないでいる。地下は駐車場とコンコースに利用されている。

第2段階（1962〜1975）はセルゲル広場周辺地区の再開発で，地下コンコースの採光を兼ねたロータリー，地盤面を下げた広場，南側の文化センターが完成している。

その後，さらにロアー・ノルマルム地区の再開発は継続して進められ，オールド・タウンと都心の間の工事を完成する予定といわれる。

ショッピング・プロムナードと歩行者用デッキ

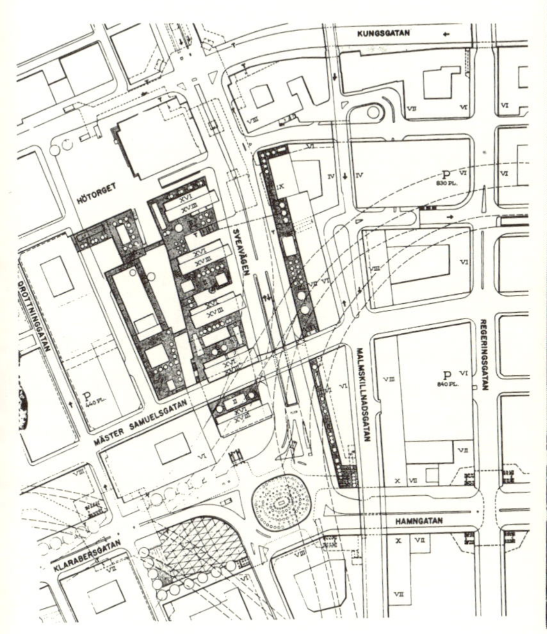

ヒョートレー地区[31−14)]

デファンス（La Defense）

デファンス地区はパリの西方，シャンゼリゼ通りの軸線上にある。ここはかつては中小工場群や老朽化した住宅群が混在した地区であった。

1930年代から，この地区を含めてパリ市の混乱を解消することが何度も企てられたが，いずれも実現しなかった。しかし，1956年に整備地区に指定され，パリ市内に散在する中枢業務施設を移すことによってパリの都市機能を回復することを目標として再開発を進めることになり，デファンス地区整備公社（E. P. A. D.）が発足した。

地区はAゾーン（115 ha）とBゾーン（700 ha）に分かれる。Aゾーンは延床面積140万 m^2 の高層事務所建築を中心に，人工床，歩行者デッキによる空間の立体利用がはかられ，地下鉄（R. E. R.），自動車道，駐車場など交通施設が整備されている。1989年，西端の広場には，フランス革命200年記念事業の一つとしてアルシェ（Arche）が建設された。Bゾーンは，主として高層住宅と緑地によって整備されている。

デファンス地区の基幹施設の初期の整備に要する資金は約25億フランで，資金の84％は債券により，残り16％は国と地方自治体の出資によってまかなわれた。

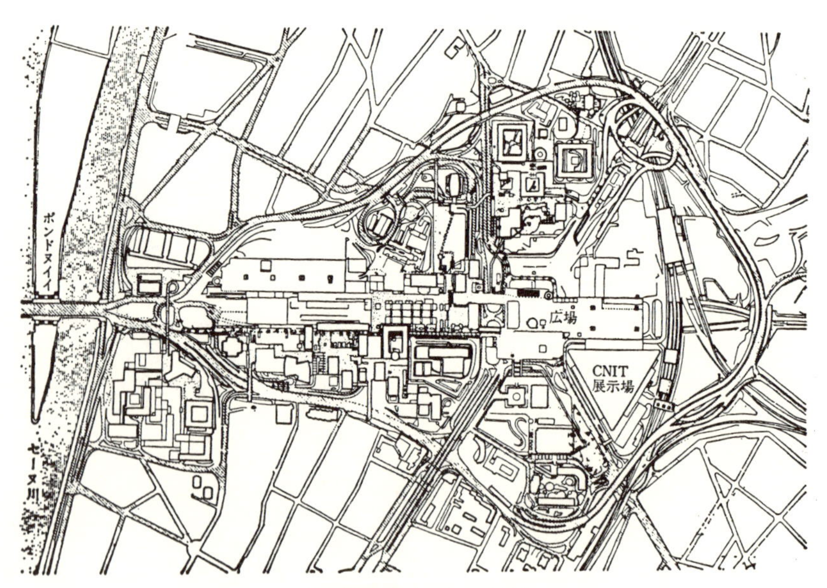

基本計画図（Aゾーン）[0-14]

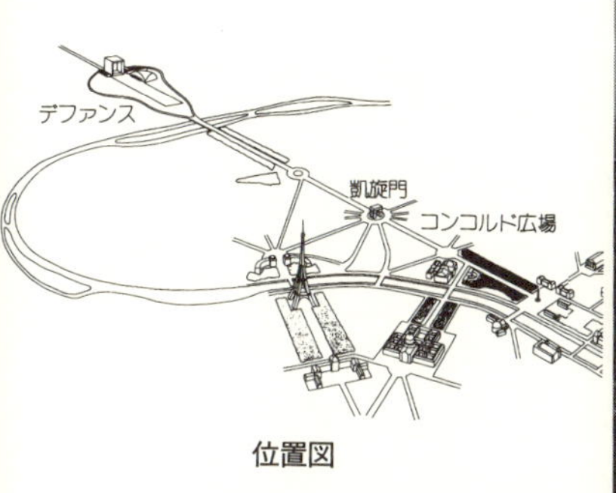

位置図

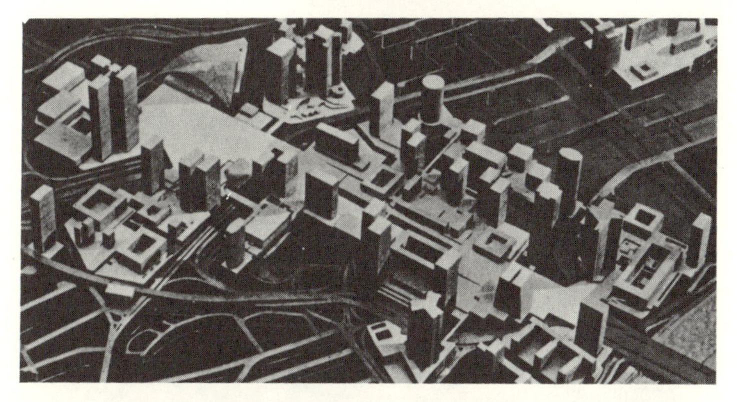

バッテリー・パーク・シティ（Battery Park City）

ニューヨーク，マンハッタンの南端部に位置し，ハドソン河に面するウォーターフロント再開発の代表例とされる。ここは19世紀以来，ドック・倉庫地帯であったが，港湾機能の遊休化に伴い，ウォール街に近接していながら荒廃地と化していた。1966年にニューヨーク州知事が計画の提案を行い，1968年にバッテリー・パーク・シティ公社（Battery Park City Authority＝BPCA）が設立されて，1969年に最初のマスター・プランが策定された。以来，10年以上にわたる曲折を経て，1979年，州の開発公社が参加し，新しいマスター・プランを発表，南北に長い37 haの埋立地に事業化が進められた。

マスター・プランは，敷地の42％を住宅地として14,000戸の住宅を建設，9％を業務センターとして54万 m² のオフィス床を確保，30％を公園，広場，遊歩道，ヨットハーバーなどのオープンスペースに当てることとしている。また，地区内の道路は周辺市街地の道路パターンと馴染むものとし，スーパーブロック方式は避けている。住宅地の景観もマンハッタンの良好な住宅地のデザインをベースに，デザインガイドラインによるコントロールを行なっている。1986年に州知事と市長の間で，BPCAの収益の一部をもとに中・低取得者用住宅建設の補助を行なうという合意がなされ，実施されている。

事業は，第一期は住宅開発であるゲートウエイプラザ，および業務・商業ゾーンであるワールドファイナンシャルセンター，第二期はレクタープレイス住宅地区という順序で完成してきており，第三期以降のバッテリープレイス住宅地区および北部住宅ゾーンもすでに基盤整備が行なわれている。

・区域面積　37 ha
・居住人口　30,000人
　　　　　　14,000戸
・就業人口　31,000人
　　　　　　オフィス床面積
　　　　　　54万 m²
・総事業費　40億ドル

正面

遠景

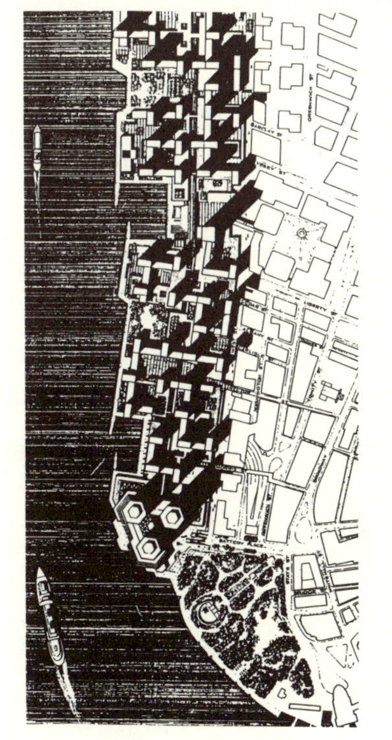

1969年のマスタープラン

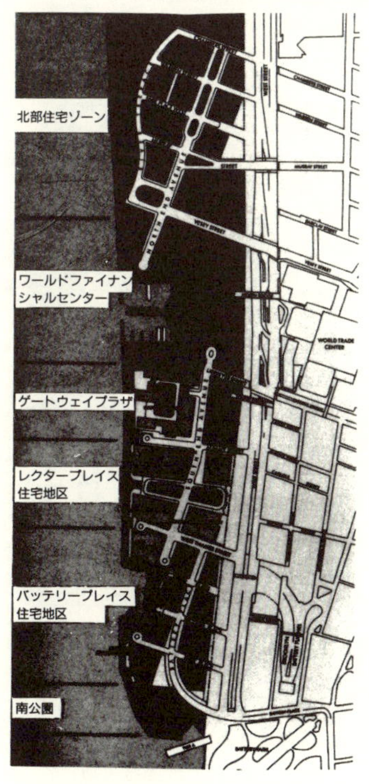

現計画（1979年のマスタープラン）
（出典：現地パンフレット）

基町再開発団地（広島市）

広島市基町は旧軍用地であった。戦後，1946年に中央公園（58.7 ha）として都市計画決定をみたが，罹災者や引揚者が住みつき，いわゆる「原爆スラム」が形成されていた。この解消は広島市の大きな課題であり，4,000戸の地区外移転は不可能であるところから，公園用地のうち14 haを一団の住宅経営用地として除外し，1968年，5.9 haに930戸の中層住宅を建て，さらに残された住宅用地8.1 haに引継いて3,000戸の高層住宅を建てて収容することになった。

プランは折れ線型の住棟を単位とする高層住宅群によって構成され，最高20階，人口密度1,390人/haというわが国では異例の高密度再開発となった。

企画設計：広島市，大高建築設計事務所
戸数：3,008戸
人口：11,000人
敷地：8.1 ha
人口密度：1,390人/ha
容積率：230％
建ぺい率：29.8％
建設主体：広島県および広島市

全体模型

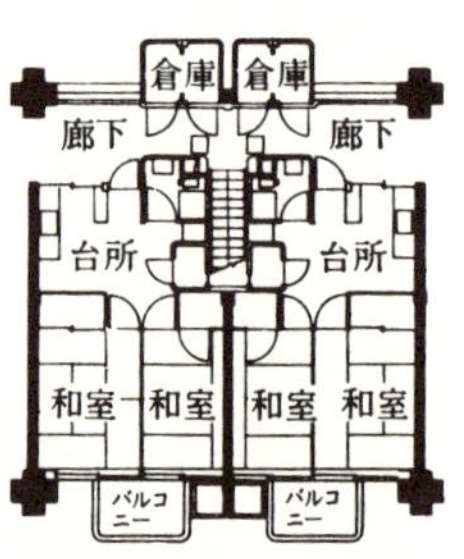

スキップフロア型廊下階

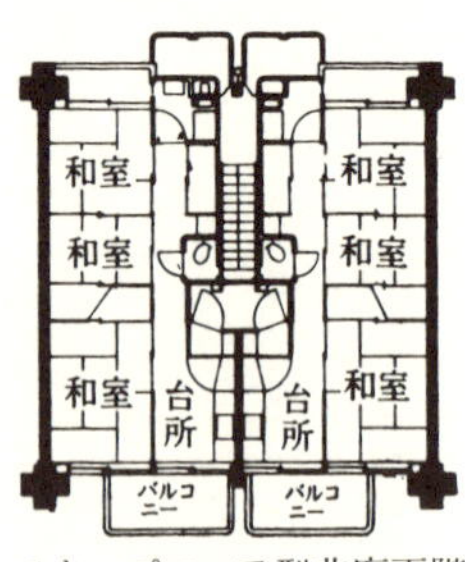

スキップフロア型非廊下階

住宅標準プラン

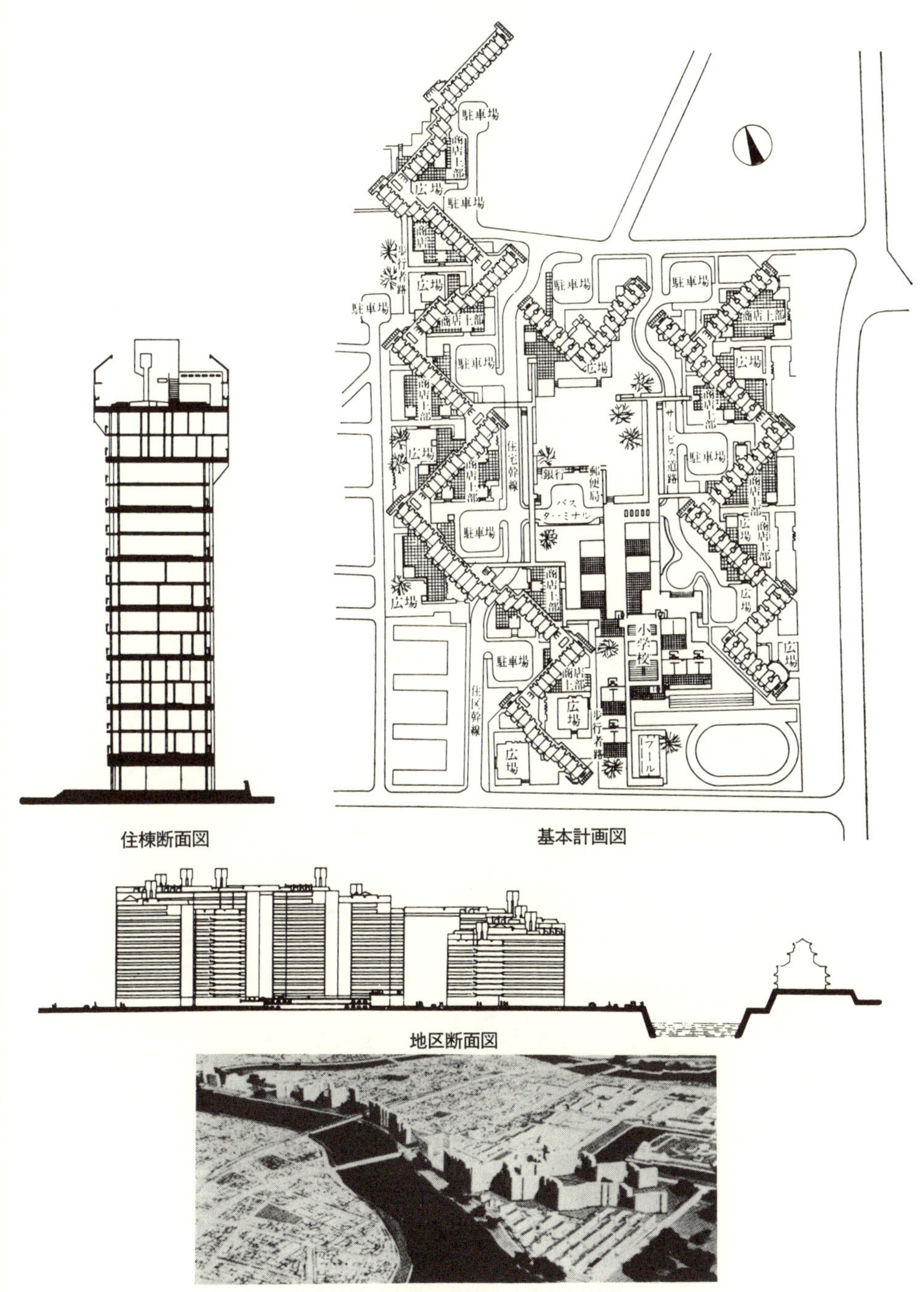

住棟断面図

基本計画図

地区断面図

全体模型（手前は太田川，右は中央公園）

柏駅東口再開発

都市再開発法による市街地再開発事業（公共団体施行）の例である。柏駅を中心とする地区はその駅勢圏だけでなく，常磐線沿線の後背地を控え，大きな商業ポテンシャルをもちながら，駅前には広場がなく，小規模な店舗や住宅が密集し，道路も狭隘であった。この地区を柏市の玄関口として蘇生させる計画は1969年ごろから準備が進められ，1971年から計画が具体化し，嵩上式駅前広場，A，B2棟の再開発ビルを含む再開発事業を決定，1973年に竣工した。

広場は主としてバスおよび一般車の発着に利用し，この上に架けられたデッキは歩行者の空間とし，駅の乗降客，買物客のための広場になっている。

再開発ビルはいずれもデパートを含む商業ビルで，上階が2本のスカイウェイで結ばれている。地区内には住宅の計画がないので関連事業として公営住宅を別途建設した。

土地利用比較

		事業前		事業後	
区分		面積(m^2)	構成比(%)	面積(m^2)	構成比(%)
公共用地	道路	3,870	20.5	5,169	27.4
	広場	1,440 (国鉄用地)	7.7	5,308	28.1
	水路	84	0.4	—	—
建築敷地		13,469	71.4	8,386	44.5
計		18,863	100.0	18,863	100.0

施設建築物

区分	A棟	B棟
所在地	柏市柏1丁目1〜20	柏市柏1丁目1〜21
敷地面積	3,166.27m^2	5,220.10m^2
建築面積	3,031.07m^2	4,484.06m^2
延面積	25,388.45m^2	47,668.35m^2
容積率	799.13%	799.67%
階数と高さ	地下2階地上8階 32.6m	地下3階地上14階 59.65m
駐車場	なし	125台分

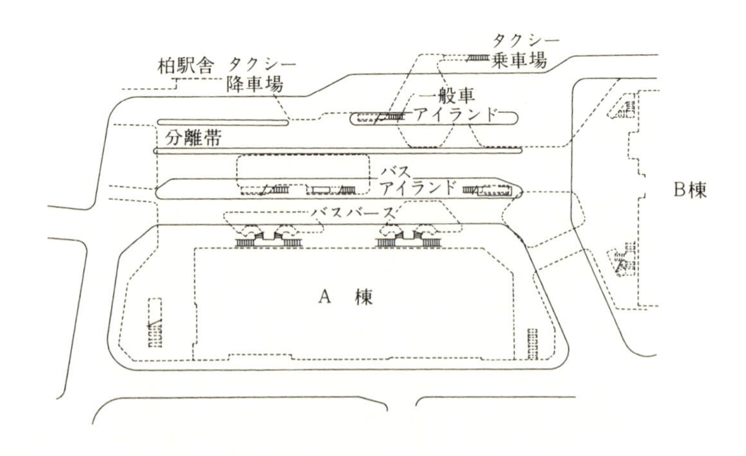

SOGO
SOGO
OIOI

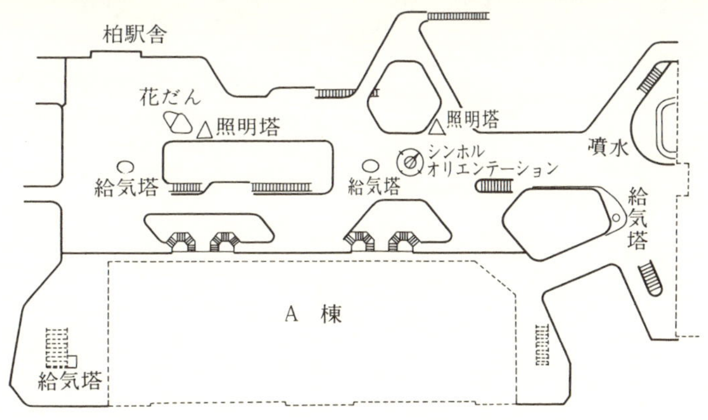
柏駅舎
花だん
照明塔
照明塔
噴水
給気塔
給気塔
シンボル
オリエンテーション
給気塔
A　棟
給気塔

大川端リバーシティ21

東京都臨海部，中央区月島の先端部に位置し，大川端再開発構想の一環をなす 15.5 ヘクタールの大規模プロジェクトである。ここはもと石川島播磨重工業の工場・倉庫のあった土地であるが，都心部にふさわしい居住空間の回復をめざして，住宅・都市整備公団，東京都，都住宅公社，三井不動産の 4 者によって 1988 年に突端部を除き事業化された。

都市計画道路補助 305 号線によって東京駅に直結しており立地条件もよく，隅田川に面するウォーターフロントはスーパー堤防の採用により親水性が確保されている。当初の構想では敷地の突端部には文化・業務・商業施設を主体とする開発が予定されていたが，1995 年に再検討が行われ，住都公団と三井不動産により超高層住宅棟 2 棟とこれに若干の文化・商業施設を設ける計画に変更された。

	敷地面積(m²)	容積対象延床面積(m²)	計画容積率(%)	事業者	棟　名		住戸数
東ブロック	32,600	153,800	472	東京都	C1,C2,D1,D2	賃貸住宅	280
				都住宅公社	B	賃貸住宅	425
				住都公団	A,E,F,G	賃貸住宅	661
				小計	―	―	1,366
西ブロック	31,600	150,200	476	三井不動産	H	賃貸住宅	1,170
					I	分譲住宅	
					J	分譲住宅	
					K,L	賃貸住宅	
北ブロック	26,000	182,300	701	三井不動産	M	分譲住宅	870
				住都公団	N	賃貸住宅	594
				三井不動産 住都公団	O	業務商業等施設	―
					P	文化施設	―
				小計	―	―	1,464
合計	90,200	486,300	539	―	―	―	4,000

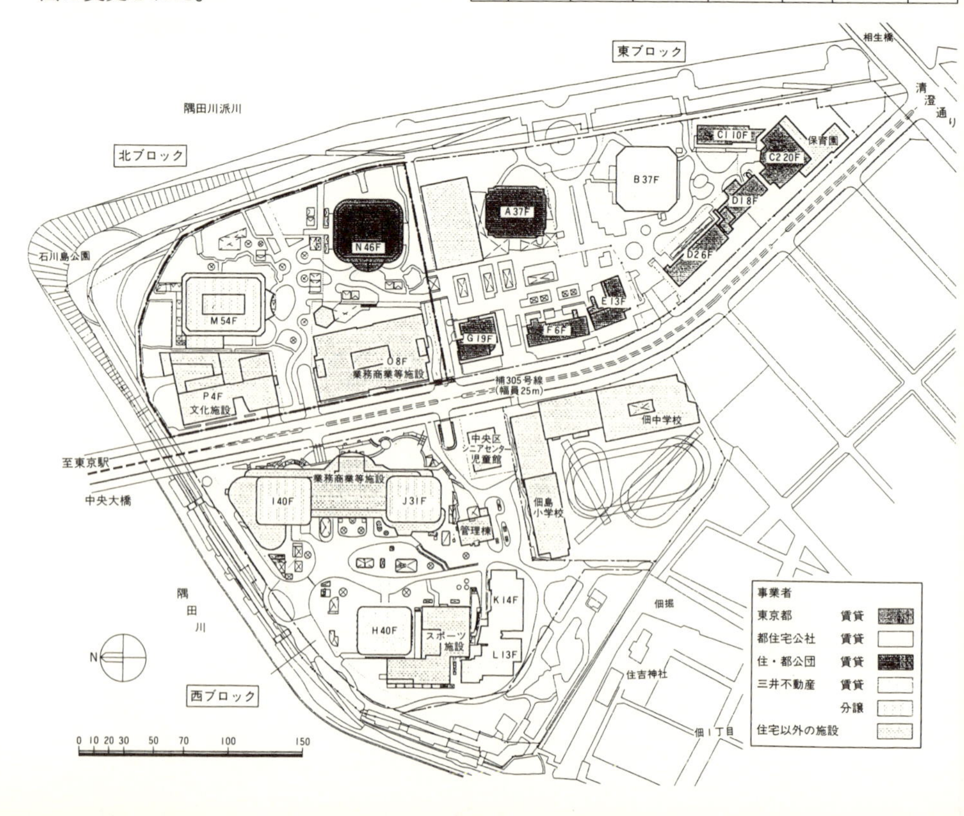

神戸ハーバーランド

神戸ハーバーランド計画は，1982年に機能停止となった旧国鉄湊川貨物駅跡地10.5ヘクタールと周辺地区を含む23ヘクタールを再開発する事業で，工業都市からの文化都市への転換をはかるべく進められている神戸市のウォーターフロント再生事業の一つである。

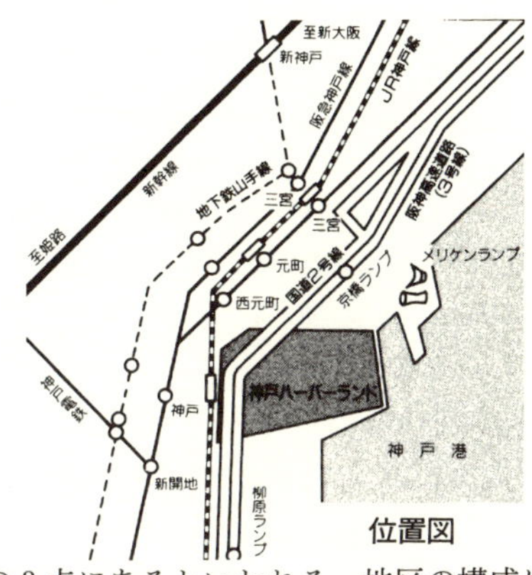

位置図

この計画の狙いは，①新しい都市拠点の創造，三宮一極集中から都心西部の活性化へ，②複合・多機能都市としての整備，高度情報システムの導入，③環境を活かしたまちづくりの3点にあるといわれる。地区の構成は，業務ゾーン（オフィス・商業ビル），クリエイティブ・ゾーン（教育センター・児童センターなど），生活ゾーン（522戸の住宅，小学校，高校，市立盲学校など）からなり，海に面したエリアには公園，遊歩道など自然に親しめるスペースを確保している。

事業実施については，住宅・都市整備公団の「特定再開発事業」による区画整理，「新都市拠点整備事業」「特定住宅市街地総合整備促進事業」の3事業を適用し，民間活力の積極的導入をはかっている。全体の完成は1995年頃である。

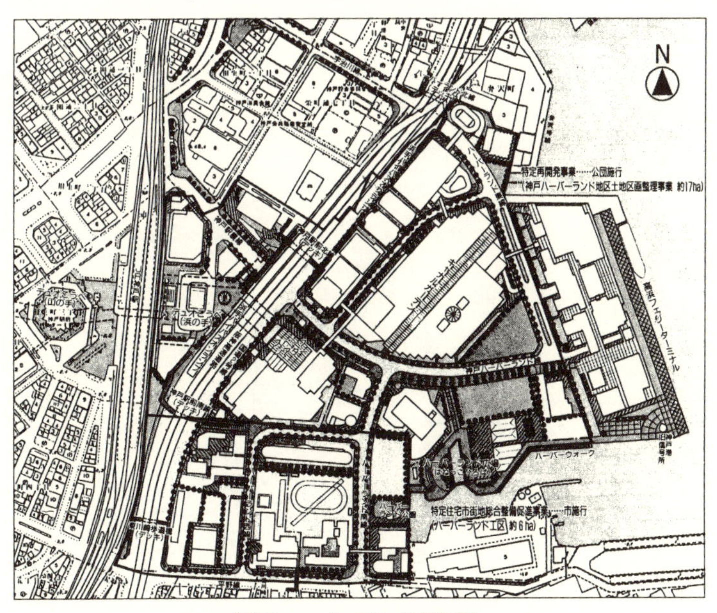

神戸ハーバーランド計画図

戸塚再開発

戸塚駅周辺は，江戸時代に旧東海道の宿場町として繁栄した場所である。戦災による大きな被害もなく，戦後の初期には昔ながらの街並みを残していた。しかし，高度経済成長時代に入って急速に人口増加と都市化により発展し，同時に過密市街地になっていった。横浜市では，戸塚駅は横浜駅に次ぐ交通結節点であり，戸塚駅周辺も横浜駅周辺に次ぐ拠点で，市が目指す多心型都市構造の副都心に位置付けられてきている。

我が国の戦後の高度経済成長期の初頭にあたる，1962年（昭和37年）に戸塚駅周辺に広大な土地区画整理事業区域が都市計画決定された。1989年（平成元年）には市営地下鉄がつながり駅周辺の集積が加速し始めたが，1994年（平成6年）に第二種市街地再開発事業の都市計画決定がされた。以降，都市計画が5回にわたって変更，拡大されながら，2012年（平成24年）12月に完成した。駅の東西にわたって6.1ヘクタール，西口再開発の区域は土地区画整理事業と市街地再開発事業の合併施行である。

このプロジェクトは我が国では最大級の大規模再開発事業であり，1962年から2012年の半世紀をかけて実現されたものである。

戸塚再開発地区権利者数

	事業計画決定時（平成9年3月）	権利変換後の引渡し時（平成22年3月）
土地・建物所有者，借地権者	210人	59人
借家・転借家権者	252人	69人
合　計	462人	128人

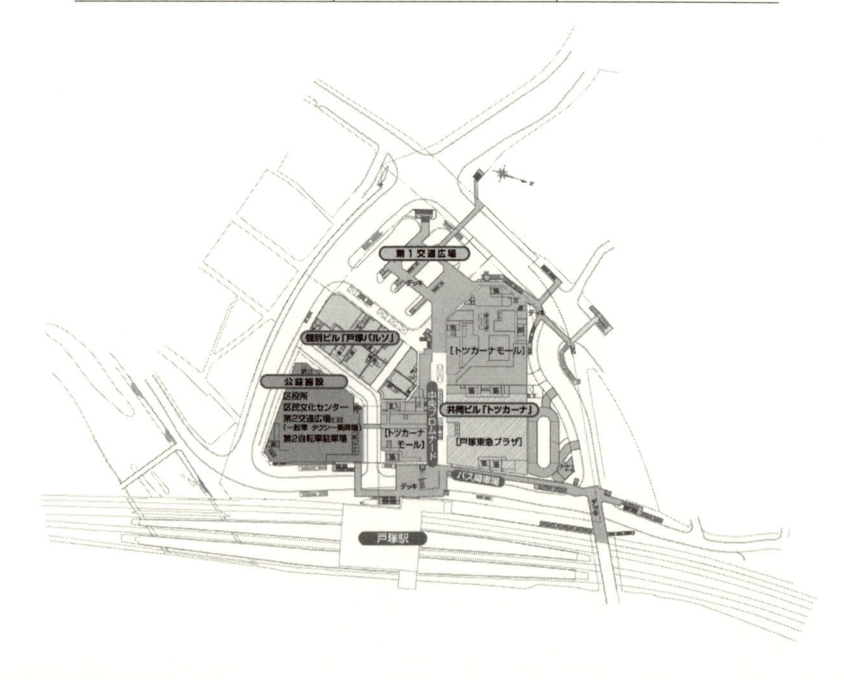

参考文献

0　都市計画総記

0-1 ）Abrams, Charles : The Language of Cities, A Glossary of Terms, Viking Press, 1971.
0-2 ）Ashworth, Graham : Encyclopaedia of Planning, Barrie & Jenkins, 1973.
0-3 ）Whittick, Arnold : Encyclopedia of Urban Planning, McGraw-Hill Book Co., 1974.
0-4 ）Branch, Melville C. : Urban Planning Theory, Dowden, Hutchinson & Ross, Inc., 1975.
0-5 ）日本建築学会編：建築術語集（都市計画の部），丸善，1949.
0-6 ）磯村英一編：都市問題事典，鹿島出版会，1965.
0-7 ）建築用語辞典，技報堂，1965.
0-8 ）日本都市計画学会編：都市計画用語集，技報堂，1966.
0-9 ）都市計画文献目録，日本都市計画学会，1969.
0-10）米谷栄二編：土木計画便覧，丸善，1976.
0-11）チャールズ・エイブラムス，伊藤　滋監訳：都市用語辞典，鹿島出版会，1978.
0-12）梶　秀樹他：現代都市計画用語録，彰国社，1978.
0-13）建設用語事典，建設用語研究会篇，ぎょうせい，1981
0-14）建築設計資料集成 9「地域」，日本建築学会編，丸善，1983.
0-15）都市計画マニュアル（全 3 巻 9 冊），日本都市計画学会編，ぎょうせい，1986.
0-16）日本都市計画学会編：都市計画用語集，1986.
0-17）都市開発協会：都市問題資料室蔵書目録，1990.
0-17-1）都市計画協会編：近代日本都市計画年表，都市計画協会，1991.
0-18）山田　学他：現代都市計画事典，彰国社，1992.
0-19）巽　和夫編：現代ハウジング用語事典，彰国社，1993.
0-20）都市計画用語研究会編：最新都市計画用語事典，ぎょうせい，1993.
0-21）Joseph Stubben：DER STADTEBAU，Vieweg，1890.
0-22）Gottfried Feder：Die Neue Stadt，Berlin Verlag von Julius Springer，1939.
0-23）ELIEL SAARINEN：THE CITY—ITS GROWTH　ITS DECAY　ITS FUTURE，THE M.I.T. PRESS，1965.
0-24）日本建築学会編：西洋建築史図集，彰国社，1953.
0-25）日本都市計画学会：都市計画図集，技報堂出版，1978.
0-26）日本建築学会編：日本建築史図集，彰国社，1980.
0-27）クリストファー・アレグサンダー，平田翰那訳：パターン・ランゲージ－環境設計の手引き，鹿島出版会，1984.
0-28）都市計画用語研究会編：都市計画用語事典，ぎょうせい，2012.

第 1 章　都市計画の発達

1　都市計画の歴史

1-1 ）Mumford, Lewis : The Culture of Cities, Harcourt, Brace and Co., 1938.

1-2) Zucker, Paul : Town and Square from the Agora to the Village Green, Columbia Univ. Press, 1959.
1-3) Mumford, Lewis : The City in History, 1961.
1-4) Hirous, F. R. : Town-Building in History, George G. Harrap Co., 1965.
1-4-1) Reps, J. W. : The Making of Urban America, A History of City Planning in the United States, Princeton Univ. Press, 1965.
1-5) Scott, Mel : American City Planning since 1890, Univ. of California Press, 1969.
1-6) Newton, Norman T. : Design on the Land, The Development of Landscape Architecture, The Belknap Press of Harvard Univ. Press, 1971.
1-7) Tarn, J. N. : Working-class Housing in 19th-century Britain, Lund Humphries Publishers Ltd., 1971.
1-8) Cherry, Gordon E. : Urban Change and Planning, A History of Urban Development in Britain since 1750, G. T. Foulis & Co. Ltd., 1972.
1-9) Cherry, Gordon E. : The Evolution of British Town Planning, Leonard Hill Books, 1974.
1-10) Rosenau, Helen : The Ideal City, Studio Vista, 1974.
1-11) Donald A. Krueckeberg : Introduction to Planning History in the United States, State Univ. of New Jersey, 1983.
1-12) Schaffer, Daniel : Two Centuries of American Planning, Mansell Publishing Ltd., 1988
1-13) L. マンフォード，生田　勉訳：歴史の都市・明日の都市，新潮社，1969.
1-14) 伊藤ていじ：都市史（新訂建築学大系 2），彰国社，1969.
1-15) 近代日本建築学発達史　第 6 篇，都市計画，日本建築学会，丸善，1972.
1-16) L. マンフォード，生田　勉訳：都市の文化，鹿島出版会，1974.
1-17) 玉置豊次郎：日本都市成立史，理工学社，1974，1985.
1-18) モホリ・ナギ，服部岑生訳：都市と人間の歴史，鹿島出版会，1975.
1-19) J & S. ジェリコ，山田　学訳：景観の世界，彰国社，1980.
1-20) L. マンフォード，磯村英一訳：多層空間都市，ぺりかん社，1980.
1-21) 戦前の住宅政策の変遷に関する調査，日本住宅総合センター，1980.
1-22) ジョージ R. コリンズ編：プランニング　アンド　シティーズ，シリーズ，訳書，井上書院，1980～.
1-23) 藤森照信：明治の東京計画，岩波書店，1982.
1-24) W. オストロウスキー，大庭常良訳編：現代都市計画，起源とその動向，工学院大学都市計画研究室，1982.
1-25) レオナルド・ベネヴォロ，佐野敬彦，林　寛治訳：図説都市の世界史 1～4，相模書房，1983.
1-26) 鈴木　隆：市街地の形態と開発主体に関する研究，19 世紀前半のパリの中層・高密度市街地，1983.
1-27) ゴードン・E・チェリー編，大久保昌一訳：英国都市計画の先駆者たち，学芸出版社，1983.
1-28) 石田頼房：日本近代都市計画の百年，自治体研究社，1987.
1-29) W.　アッシュワース，下総　薫訳：イギリス田園都市の社会史，お茶の水書房，1987.
1-30) 石田頼房：日本近代都市計画史研究，柏書房，1987.
1-31) 山口　広編：郊外住宅地の系譜，鹿島出版会，1987.

1-32）日本都市計画学会編：近代都市計画の百年とその未来，1988.
1-32-1）越沢　明：満州国の首都計画，日本評論社，1988.
1-33）中村良夫他：文化遺産としての街路，国際安全学会，1989.
1-34）東京都都市計画局編：東京の都市計画百年，1989.
1-35）越沢　明：東京の都市計画，岩波書店，1991.
1-35-1）越沢　明：東京都市計画物語，日本経済評論社，1991.
1-36）田村　明：江戸東京まちづくり物語，1992.
1-36-1）石田頼房編：未完の東京計画，筑摩書房，1992.
1-37）復興事務局編：帝都復興事業誌（復刻版），青史社，1993.
1-38）同潤会編：同潤会十八年史，青史社，1993.
1-39）渡辺俊一：「都市計画」の誕生―国際比較からみた日本近代都市計画―，柏書房，1993.
1-40）伊東　孝：東京再発見―土木遺産は語る，岩波書店，1993.
1-41）東郷尚武：東京改造計画の軌跡，東京市政調査会，1993.
1-42）寺西弘文：東京都市計画史論，東京都市計画社，1995.
1-43）Peter Hall：URBAN & REGIONAL PLANNING，Pelican Books，1975.
1-44）Frank Jackson：SIR RAYMOND UNWIN－Architect Planner and Visionary，A.Zwemmer，1985.
1-45）Peter Hall：URBAN AND REGIONAL PLANNING Third edition，Routledge，1992.
1-46）Daniel H.Burnham，Edward H.Benett：PLAN OF CHICAGO，Princeton Architectural Press，1993.（再版）
1-47）Raymond Unwin：TOWN PLANNING IN PRACTICE，Princeton Architectural Press，1994.（再版）
1-48）Edited by Richard T.LeGates and Frederic Stout：(1996)「THE City Reader」Routledge，1996.
Daniel Noin：Paul White，PARIS，WILEY，1997.
1-49）Edited by Marcial Echenique and Andrew Saint：CITIES FOR THE NEW MILLENNIUM，SPON PRESS，2001.
1-50）ハンス・プラーニッツ，鯖田豊之訳：中世都市成立論―商人ギルドと都市宣誓共同体，未来社，1959.
1-51）内藤昌：江戸と江戸城，鹿島出版会，1966.
1-52）アーサー・コーン，星野芳久訳：都市形成の歴史，鹿島出版会，1968.
1-53）ルイス・マンフォード，生田勉訳：歴史の都市　明日の都市，新潮社，1969
1-54）森田慶一：ウィトルーウィウス建築書，東海大学出版会，1979.
1-55）R.E.ウィッチャーリー，小林文次訳：古代ギリシャの都市構成，相模書房，1980.
1-56）フランソワーズ・ショエ，彦坂裕訳，近代都市―19世紀のプランニング，井上書院，1983.
1-57）レオナルド・ベネーヴォロ，佐野敬彦，林寛治訳：図説・都市の世界史―1古代，同―2中世，同―3近世，同―4近代，相模書房，1983.
1-58）アーヴィン　Y・ガランタイ，堀池秀人訳：都市はどのようにつくられてきたか―発生から見た都市のタイポロジー，井上書院．1984.
1-59）W.アシュワース，下総薫訳：イギリス田園都市の社会史，御茶の水書房，1987.

1-60）日本都市計画学会編：近代都市計画の百年とその未来，日本都市計画学会，1988.
1-61）藤森照信：明治の東京計画，岩波書店，1992.
1-62）山鹿誠次：江戸から東京そして今—地域研究への招待，大明堂，1993.
1-63）渡辺俊一：「都市計画」の誕生—国際比較からみた日本近代都市計画，柏書房，1993.
1-64）張在元：中国　都市と建築の歴史—都市の史記，鹿島出版会，1994.
1-65）宇田英男：誰がパリをつくったか，朝日新聞社，1994.
1-66）宮元健次：江戸の都市計画—建築家集団と宗教デザイン，講談社，1996.
1-67）カールグルーバー，宮本正行訳：図説ドイツの都市造形史，西村書店，1999.
1-68）都市史図集編集委員会編：都市史図集，彰国社，1999.
1-69）河村茂：日本の首都　江戸・東京　都市づくり物語，都政新報社，2001.
1-70）妹尾達彦：長安の都市計画，講談社，2001.
1-71）斯波義信：中国都市史，東京大学出版会，2002.
1-72）ピエール・ラブダン，土居義岳訳：パリ都市計画の歴史，中央公論美術出版，2002.
1-73）鈴木隆：パリの中庭型家屋と都市空間—19 世紀の市街地形成，中央公論美術出版，2005.
1-74）布野修司：近代世界システムと殖民都市，京都大学学術出版会，2005.
1-75）リチャード・プランツ，酒井詠子訳：ニューヨーク都市居住の社会史，鹿島出版会，2005.
1-76）世界遺産学検定—公式テキストブック 1，講談社，2005.
1-77）陣内秀信他：図説西洋建築史，彰国社，2005.
1-78）泉田英雄：海域アジアの華人街—移民と殖民による都市形成，学芸出版社，2006.
1-79）陣内秀信：南イタリアの海洋都市，法政大学大学院エコ地域デザイン研究所，2006.
1-80）アンソニー・M・タン，三村浩史訳：歴史都市の破壊と保全・再生—世界のメトロポリスに見る景観保全のまちづくり，海路書院，2006.
1-81）藤田達生：江戸時代の設計者—異能の武将・藤堂高虎，講談社，2006.

2　都市計画思潮

2-1 ）Howard, E. : Garden Cities of Tomorrow, 1902.
2-2 ）Geddes, Patrick : Cities in Evolution, Ernest Benn, 1915.
2-3 ）Le Corbusier : Urbanism, 1924.
2-4 ）Perry, Clarence Arthur : Neighborhood and Community Planning, Regional Survey of New York and Its Environs, 1929.
2-5 ）Le Corbusier : La Ville Radieuse, 1933.
2-6 ）Feder, G. : Die neue Stadt, Verlag von Julius Springer, 1939.
2-7 ）Le Corbusier : La Charte d'Athènes, 1943, 1957.
2-8 ）Le Cobusier : Manière de Penser l'Urbanism, 1947.
2-9 ）Gallion, A. B. & Eisner, S. : The Urban Pattern, D. Van Nostrand Co. 1950, 1963, 1991.
2-10）Wright, Frank Lloyd : The Living City, Horizon Press, 1958.
2-11）Lynch, Kevin : The Image of the City, Joint Center for Urban Studies, 1960.
2-12）Jellicoe, G. A. : Mortopia, Studio Books Longraice Press, 1961.
2-13）Reiner, Thomas A. : The Place of the Ideal Community in Urban Planning, Philadelphia Univ. of Pennsylvania Press, 1962.

2-14）Lynch, Kevin : Site Planning. M. I. T. Press, 1962.
2-15）Stein, Clarence : Toward New Towns for America, M. I. T. Press, 1966, 1969.
2-16）Doxiadis, C. A. : EKISTICS, An Introduction to the Science of Human Settlements, Hutchinson & Co. Ltd., 1968.
2-17）Choay, Francoise : The Modern City Planning in the 19th Century, George Braziller, 1969.
2-18）Collins, George R. : The Modern City Planning in the 20th Century, George Braziller, 1969.
2-19）Smithson, Alison : Team 10 Primer, Studio Vista Ltd., 1970.
2-20）Benevolo, Leonardo : The Origins of Modern Town Planning; M. I. T. Press 1971.
2-21）Boardmann, Philip : The Worlds of Patrick Geddes, Routledge & Kegan Paul, 1978.
2-21-1）Lynch, Kevin : City Sense and City Design, MIT Press, 1995.
2-22）武居高四郎：地方計画の理論と実際，富山房，1938.
2-23）ル・コルビジェ，坂倉準三他訳：輝く都市，丸善，1959.
2-24）C. A.　ドキシアデス，磯村英一訳：新しい都市の未来像，鹿島出版会，1965.
2-25）ル・コルビジェ，樋口　清訳：ユルバニスム，鹿島出版会，1967.
2-26）T.　ライナー，太田　実研究室訳：理想都市と都市計画，日本評論社，1967.
2-27）W.　グロピウス，蔵田周忠，戸川敬一訳：生活空間の創造，彰国社，1967.
2-28）F. L.　ライト，谷川正己，谷川睦子訳：ライトの都市論，彰国社，1968.
2-29）K.　リンチ，丹下健三，富田玲子訳：都市のイメージ，岩波書店，1968.
2-30）E.　ハワード，長　素連訳：明日の田園都市，鹿島出版会，1968.
2-31）西山夘三：地域空間論，勁草書房，1968.
2-32）内田祥三先生記念出版会：内田祥三先生作品集，鹿島出版会，1969.
2-33）A.　スミッソン編，寺田秀夫訳：チーム 10 の思想，彰国社，1970.
2-34）佐々木宏：コミュニティ計画の系譜，鹿島出版会，1971.
2-35）日笠　端：欧米における集団住宅地計画，わが国における集団住宅地計画（新訂建築学大系 27 巻），集団住宅，彰国社，1971.
2-36）ガリオン，アイスナー，日笠　端監訳，土井幸平，森村道美訳：アーバン・パターン，日本評論社，1975.
2-37）ル・コルビジェ，吉阪隆正訳：アテネ憲章，鹿島出版会，1976.
2-38）L.　ベネヴォロ，横山　正訳：近代都市計画の起源，鹿島出版会，1976.
2-39）C. A.　ペリー，倉田和四生訳：近隣住区論，鹿島出版会，1976.
2-40）H.　ロウズナウ，西川幸治監訳：理想都市，鹿島出版会，1979.
2-41）A. & P.　スミッソン，大江　新訳：スミッソンの都市論，彰国社，1979.
2-42）月尾嘉男，北原理雄：実現されたユートピア，鹿島出版会，1980.
2-43）ピーター・ウォルフ，島内三郎訳：都市のゆくえ，ビジネス・リサーチ，1980.
2-44）C. アレクザンダー，平田翰那訳：時を超えた建設の道，鹿島出版会，1993.
2-45）伊藤　滋：人間・都市・未来を考える，PHP 研究所，1997.
2-46）蓑原　敬：街づくりの変革━生活都市計画へ，学芸出版社，1998.
2-47）E.A. ガトキント，日笠端監訳，渡辺俊一，森戸哲訳：都市━文明史からの未来像，日本評論社，1966.

2-48) 西川幸治：都市の思想—保存修景への指標，日本放送出版会，1973.
2-49) ル・コルビュジエ，吉阪隆正編訳：アテネ憲章，鹿島出版会，1976.
2-50) J. ジェイコブス，黒川紀章訳：アメリカ大都市の死と生，鹿島出版会，1977.
2-51) C・ジェンクス，佐々木宏訳：ル・コルビュジエ，鹿島出版会，1978.
2-52) 吉田鋼市：トニー・ガルニエ，鹿島出版会，1993.

3 近代都市計画の発展

3-1) Abercrombie, Patrick : Greater London Plan, H. M. S. O., 1944.
3-2) Gallion, A. & Eisner, S. : The Urban Pattern, D. Van Nostrand Co., 1950.
3-3) Kell Åström : City Planning in Sweden, The Swedish Institute, 1967.
3-4) Scott, Mel : American City Planning since 1890, University of California Press, 1969.
3-5) Cullingworth, J. B. : Town and Country Planning in Britain, George Allen and Unwin Ltd., 1976.
3-6) Cullingworth J. B. : Urban and Regional Planning in Canada, Transaction Inc., 1987.
3-7) Hamnett, S. & Bunker, R. : Urban Australia, Planning Issue and Policies, Mansell Co. Ltd., 1987.
3-7-1) Newman, P. & Thornley, A. : Urban Planning in Europe, Routledge, 1996.
3-8) 石川栄耀：改訂日本国土計画論，八元社，1942.
3-9) カリングワース，久保田誠三訳：英国の都市農村計画，都市計画協会，1972.
3-10) 近代日本建築学発達史　第 6 編　都市計画：日本建築学会，丸善，1972.
3-11) 日笠　端：欧米における集団住宅地計画（建築学大系 27 巻），彰国社，1975.
3-12) 日笠　端：わが国における集団住宅地計画（建築学大系 27 巻），彰国社，1975.
3-13) 早川文夫：住宅問題とは何か，大成出版，1975.
3-14) 伊藤ていじ：都市史（新訂建築学大系 2 巻），彰国社，1975.
3-15) 日笠　端：先進諸国における都市計画手法の考察，共立出版，1985.
3-16) 鈴木信太郎：都市計画の潮流—東京，ロンドン，パリ，ニューヨーク—，山海堂，1993.

第 2 章　都市計画の意義

4 都市論，都市問題，国土開発

4-1) Saarinen, Eliel : The City, its growth, its decay, its future, M. I. T. Press, 1943.
4-2) Gropius, Walter : Scope of Total Architecture, Harper & Brothers 1943.
4-3) Gottmann, Jean : Megalopolis, Twentieth Century Fund, 1961.
4-4) Jacobs, Jane : The Death and Life of Great American Cities, Random House, Inc., 1961.
4-5) Gutkind, E. A. : The Twilight of Cities, Free Press of Glencoe, 1962.
4-6) Park, R. E. and Burgess, E. W. : The City, University of Chicago Press, 1967.
4-7) 奥井復太郎：現代大都市論，有斐閣，1940.
4-8) 木内信蔵：都市地理学研究，古今書院，1941.
4-9) W. A.　ロブソン，蝋山政道監訳：世界の大都市，東京市政調査会，1958.
4-10) 都市計画論（自治論集 20），地方自治研究会，1964.
4-11) 都市整備論（自治論集 24），地方自治研究会，1964.
4-12) 磯村英一編：都市問題事典，鹿島出版会，1965.

4-13）C. A.　ドキシアディス，磯村英一訳：新しい都市の未来像，鹿島出版会，1965.
4-14）都市問題講座，有斐閣，1966～.
4-15）E. A.　ガトキント，日笠　端監訳：都市，日本評論社，1966.
4-16）日笠　端：都市と環境，日本放送出版協会，1966.
4-17）現代大都市の諸問題I，II，III，地域開発センター，1966.
4-18）倉沢　進：日本の都市社会，福村出版，1967.
4-19）柴田徳衛：現代都市論，東京大学出版会，1967.
4-20）木内信蔵：地域概論，東京大学出版会，1968.
4-21）宮本憲一：社会資本論，有斐閣，1968.
4-22）飯沼一省：都市の理念，都市計画協会，1969.
4-23）J.　ジェコブス，黒川紀章訳：アメリカ大都市の死と生，鹿島出版会，1969.
4-24）吉野正治：都市計画とはなにか，三一書房，1970.
4-25）ルイス・マンフォード，磯村英一監訳：多層空間都市，ペリカン社，1970.
4-26）団地建設と市民生活（団地白書），町田市，1971.
4-27）現代都市学シリーズ，日本放送出版会，1971.
4-28）大谷幸夫：都市のとらえ方（都市住宅），鹿島出版会，1972.
4-29）岩波講座，現代都市政策，岩波書店，1973～.
4-30）P.　ペータース，河合正一訳：人間のための都市，鹿島出版会，1978.
4-31）上田　篤：ユーザーの都市，学陽書房，1979.
4-31-1）木内信蔵：都市地理学原理，古今書院，1979.
4-32）大谷幸夫：空地の思想，北斗出版，1979.
4-33）小木曾定彰：住いと都市の環境論，新建築社，1979.
4-34）総合研究開発機構編：都市空間の回復，学陽書房，1980.
4-35）OECD編，宮崎正雄監訳：住みよい街づくり，80年代の課題，ぎょうせい，1980.
4-36）田村　明：環境計画論，鹿島出版会，1980.
4-37）奥田道大，広田康生編訳：都市の理論のために，現代都市社会学の再検討，多賀出版，1983.
4-38）都市の環境診断，環境情報科学特集，環境情報科学センター，1983.
4-39）奥田道大：大都市の再生，都市社会学の現代的視点，有斐閣，1985.
4-39-1）陣内秀信：東京の空間人類学，筑摩書房，1985.
4-40）倉沢　進編：東京の社会地図，東大出版会，1986.
4-41）大谷幸夫：建築・都市論集，勁草書房，1986.
4-42）戸沼幸一：遷都論，ぎょうせい，1988
4-43）八幡和郎：遷都，中央公論社，1988.
4-44）天野光三：新国土改造論，PHP研究所，1988.
4-45）阿部泰隆：国土開発と環境保全，日本評論社，1989.
4-46）地下都市，ジオフロントへの挑戦，地下空間利用研究グループ，清文社，1989
4-47）渡部一郎編：遷都論のすべて，竹井出版，1989.
4-48）C. アレクザンダー他，難波和彦訳：まちづくりの新しい理論，鹿島出版会，1989.
4-49）石井威望他：ジャパン・コリドール・プラン，PHP研究所，1990.
4-50）堺屋太一：新都建設，文芸春秋社，1990.

4-50-1）東京大学公開講座「都市」，東京大学出版会，1991.
4-51）B. J. フリーデン，L. B. セイガリン，北原理雄監訳：よみがえるダウンタウン，アメリカ都市再生の歩み，鹿島出版会，1992.
4-52）日笠　端，一河秀洋，田中啓一編：新首都・多極分散論，有斐閣，1995.
4-53）日本計画行政学会編：「環境指標」の展開，学陽書房，1995.
4-54）日笠　端：市街化の計画的制御（市町村の都市計画 2），共立出版，1998
4-55）Jane Jacobs：The Death and Life of Great American Cities－The Failure of Town Planning，Pelican Books，1961.
4-56）Peter Hall：CITIES of TOMORROW—Updated Edition，Blackwell Publishers Ltd，1988.
4-57）Edited by John Brotchie Michael Batty Peter Hall & Peter Newton：CITIES OF THE 21st CENTURY，Halsted Press，1991.
4-58）C.A. ドクシアディス，磯村英一訳：新しい都市の未来像，鹿島研究所出版会，1965.
4-59）フランク・ロイド・ライト，谷川正巳，谷川睦子訳：ライトの都市論，彰国社，1968.
4-60）増田四郎：都市，筑摩書房，1968.
4-61）羽仁五郎：都市の論理—歴史的条件-現代の闘争，勁草書房，1968.
4-62）ルイス・マンフォード，磯村英一監訳，神保登代訳：多層空間都市—アメリカに見るその明暗と未来，ペリカン双書，1970.
4-63）矢守一彦：都市プランの研究—変容系列と空間構成，大明堂，1970.
4-64）織田武雄：地図の歴史—世界篇，講談社，1974.
4-65）ルイス・マンフォード，生田勉訳：都市の文化，鹿島出版会，1974.
4-66）ガリオン・アイスナー，日笠端訳：アーバン・パターン，日本評論社，1975.
4-67）S・モホリーナギ，服部岑生訳：都市と人間の歴史，鹿島出版会，1975.
4-68）ロバートヴェンチューリ他編著，石井和紘，伊藤公文訳：ラスベガス，鹿島出版会，1978.
4-69）ル・コルビュジエ，井田安弘訳：四つの交通路，鹿島出版会，1978.
4-70）月尾嘉男，装置としての都市，鹿島出版会，1981.
4-71）木原武一：ルイス・マンフォード，鹿島出版会，1984.
4-72）芦原義信：隠れた秩序—二十一世紀の都市に向かって，中央公論社，1986.
4-73）早川和男：欧米住宅物語—人は住むためにいかに闘っているか，新潮社，1990.
4-74）佐藤滋，街区環境研究会：現代に生きるまち—東京のまちの過去・未来を読み取る，彰国社，1990.
4-75）石田頼房：未完の都市計画—実現しなかった計画の計画史，筑摩書房，1992.
4-76）C・ロウ・F・コッター，渡辺真理訳：コラージュ・シティ，鹿島出版会，1992.
4-77）陣内秀信：ヴェネツィア—水上の迷宮都市，講談社，1992.
4-78）陣内秀信：都市と人間，岩波書店，1993.
4-79）S・E・ラスムッセン：横山正訳：都市と建築，東京大学出版会，1993.
4-80）比較都市史研究会編：比較都市史の旅，原書房，1993.
4-81）西川幸治：都市の思想［上］，日本放送出版協会，1994.
4-82）若桑みどり，世界の都市の物語 13 フィレンツェ，文藝春秋，1994.
4-83）大河直躬編：都市の歴史とまちづくり，学芸出版社，1995.

4-84）高橋正男：世界の都市の物語 14 イェルサレム，文藝春秋，1996.
4-85）猿谷要：世界の都市の物語 15 アトランタ，文藝春秋，1996.
4-86）陳舜臣：世界の都市の物語 16 香港，文藝春秋，1997.
4-87）布野修司：都市と劇場―都市計画という幻想，彰国社，1998.
4-88）勝又俊雄：ギリシャ都市の歩き方，角川書店，2000.
4-89）福井憲彦，陣内秀信：都市の破壊と再生，相模書房，2000.
4-90）窪田亜矢：界隈が活きるニューヨークのまちづくり―歴史・生活環境の動態的保全，学芸出版社，2002.
4-91）浅見泰司他編著：トルコ・イスラーム都市の空間文化，山川出版社，2003.
4-92）斎藤公男，空間構造物語―ストラクチュラル・デザインのゆくえ，彰国社，2003.
4-93）西田雅嗣，矢ヶ崎善太郎編著：図説建築の歴史―西洋・日本・近代，学芸出版社，2003.
4-94）上田篤：都市と日本人―「カミサマ」を旅する，岩波書店，2003.
4-95）ピーター・カルソープ，倉田直道，倉田洋子訳：次世代のアメリカの都市づくり―ニューアーバニズムの手法，学芸出版会，2004.
4-96）上岡伸雄：ニューヨークを読む，中公新書，2004.
4-97）陣内秀信：中世海洋都市アマルフィの空間構造―南イタリアのフィールド調査 1998-2003，法政大学大学院エコ地域デザイン研究所，2004.
4-98）都市みらい推進機構編，都市をつくった巨匠たち―シティプランナーの横顔，ぎょうせい，2004.
4-99）中山徹：人口減少時代のまちづくり－21 世紀＝縮小型都市計画のすすめ，自治体研究社，2010.
4-100）市川宏雄，久保隆行：東京の未来戦略，東洋経済新報社，2012.

5　都市計画

5-1 ）Lewis, Harold MacLean : Planning the Modern City, John Wiley & Sons, 1949.
5-2 ）Gallion, A. & Eisner, S. : The Urban Pattern, D. Van Nostrand Co., 1950.
5-3 ）Gibberd, F. : Town Design, Architectural Press, 1953.
5-4 ）Keeble, Lewis : Principles and Practice of Town and Country Planning, Estate Gazette Ltd. 1952，1959.
5-5 ）Goodman, W. I. & Freund, E. C. : Principles and Practice of Urban Planning, International City Managers' Association 1967.
5-6 ）Bacon, Edmund, N. : Design of Cities, Thames and Hudson Ltd., 1967.
5-7 ）Müller, W. : Städtebau, B. G. Teubner, 1974.
5-8 ）Golany, Gideon : New-Town Planning, Principles and Practice, John Wiley & Sons, 1976.
5-9 ）White, P. M. : Soviet Urban and Regional Planning, Mansell, 1979.
5-9-1）Hall, Peter : Urban and Regional Planning, Routledge, 1992.
5-10）石川栄耀：新訂都市計画及び国土計画，産業図書，1941，1954.
5-11）武居高四郎：都市計画，共立出版，1947，1958.
5-12）ハロルド・ルイス，都市計画研究会訳：最近都市計画（上，下），1950.
5-13）谷口成之：都市計画，コロナ社，1961.
5-14）市川清志，横山光雄：都市計画（建築学大系 26），彰国社，1964.

5-15) 都市計画（都市問題講座 7），有斐閣，1966.
5-16) 川名吉衛門：都市計画，大明堂，1972.
5-17) 今野　博編：都市計画，森北出版，1972.
5-18) 奥田教朝，吉岡昭雄：都市計画通論，オーム社，1973.
5-19) 大河原春雄：これからの都市計画，鹿島出版会，1973.
5-20) 渡部与四郎：都市計画・地域計画，技報堂，1973.
5-21) 山田正男：変革期の都市計画，鹿島出版会，1974.
5-22) ガリオン，アイスナー，日笠　端監訳，土井幸平，森村道美訳：アーバン・パターン，日本評論社，1975.
5-23) J.　テトロ，A.　ゴス，伊藤　滋，伊藤よし子訳：都市計画概説，鹿島出版会，1975.
5-24) 桂　久男，足立和夫，材野博司編：都市計画，森北出版，1975.
5-25) 田村　明：都市を計画する，岩波書店，1977.
5-26) 日笠　端：都市計画，共立出版，1977，1986，1993.
5-27) 渡辺新三，松井　寛：都市計画要論，オーム社，1978.
5-28) 加藤　晃，今井一夫：スウェーデンの都市計画，国民科学社，1979.
5-29) 伊藤　滋他：ケーススタディ　都市および農村計画（土木工学大系 23），彰国社，1979.
5-30) 秋山政敬：都市計画，理工図書，1980.
5-31) 春日井道彦：比較でみる西ドイツの都市と計画，フランクフルトと大阪，学芸出版社，1981.
5-32) J.　グラッソン，大久保昌一訳：地域計画，清文社，1981.
5-33) J.　ラトクリフ，大久保昌一監訳：都市農村計画，清文社，1981.
5-34) M.　ロバート，大久保昌一監訳：都市計画技法，清文社，1981.
5-35) 土井幸平，川上秀光，森村道美，松本敏行：都市計画（新建築学大系 16），彰国社，1981.
5-36) W.　オストロウスキー，大庭常良訳編：現代都市計画，工学院大都市計画研究室，1982.
5-37) 早川文夫，月尾嘉男共編：現代都市・地域計画，オーム社，1982.
5-38) 光崎育利：都市計画，鹿島出版会，1984.
5-39) 土田　旭，伊丹　勝，日端康雄，内田雄造，林　泰義，高見沢邦郎：市街地整備計画（新建築学大系 19），彰国社，1984.
5-40) 加藤　晃，河上省吾：都市計画概論（第 2 版），共立出版，1986.
5-41) 高山英華：私の都市工学，東大出版会，1987.
5-42) 都市計画教育研究会編：都市計画教科書，彰国社，1987.
5-43) 大崎本一：東京の都市計画，鹿島出版会，1989.
5-44) 坂本一郎：都市計画の基礎，放送大学教育振興会，1992.
5-45) 寺西弘文：政治都市計画論，東京と欧米の都市政策，神無書房，1992.
5-45-1) 天野光三，青山吉隆：図説都市計画，丸善，1992.
5-46) 日本都市計画学会編：石川栄耀都市計画論集，彰国社，1993.
5-47) 五十嵐敬喜，小川明雄：都市計画，利権の構図を超えて，岩波書店，1993.
5-48) 加藤　晃：都市計画概論（第 4 版），共立出版，1998.
5-49) 三村浩史：地域共生の都市計画，学芸出版社，1997.
5-50) 森村道美：マスタープランと地区環境整備，都市像の考え方とまちづくりの進め方，学芸出版社，1998.

5-51）久隆浩，柴田祐，嘉名光市，林田大作，坂井信行，篠原祥，松村暢彦，永田宏和，宮崎ひろ志，下村泰彦，室﨑千重：都市・まちづくり学入門，学芸出版社，2011.

第 3 章　都市基本計画（総論）

6　都市の基本計画

6-1 ）Nicholas, R. : City of Manchester Plan, Jarrold & Sons, 1945.
6-2 ）London County Council : London Plan, 1960.
6-3 ）Kent, Jr., T. J. : The Urban General Plan, Chandler Publishing Co., 1964.
6-4 ）General Plan for the City of Boston,（1965-1975）Boston Redevelopment Authority, 1965.
6-5 ）Greater London Development Plan, Report of Studies, Greater London Council, 1967.
6-6 ）Greater London Development Plan, G. L. C. 1976.
6-7 ）Paris Projet, No. 1～No. 19～20, l'Atelier Parisien D'Urbanism
6-8 ）富山県射水地域広域計画，都市計画学会，東大都市工学科　高山研究室，1962.
6-9 ）都市基本計画論（UR2 号），東大都市工学科　高山研究室，1967.
6-10）山形市都市整備基本計画，山形市，東大都市工学科　高山研究室，1968.
6-11）いわき市都市整備基本計画，いわき市，東大都市工学科　川上研究室，1968.
6-12）杉並区長期基本計画に関する調査研究報告書，住宅環境整備に関する調査と提案，東京都杉並区，東大都市工学科　日笠研究室，伊藤研究室，1969.
6-13）広島市都市基本計画，広島市，東大都市工学科　森村研究室，1970.
6-14）三郷町整備開発計画，都市計画協会，東大都市工学科　森村研究室，1971.
6-15）広場と青空の東京構想試案，東京都，1971.
6-16）東京都長期計画，マイタウン東京，21 世紀をめざして，東京都，1982.
6-17）埼玉県都市基本計画策定調査報告書，社会開発研究所，1982.
6-18）神奈川県都市整備の基本方向，都市整備基本計画市町村調整に向けて，神奈川県，1985.
6-19）日笠　端：大都市周辺都市の市街地整備計画立案方式の一試案，第一住宅建設協会，1990.
6-20）市町村の都市計画マスタープランの現状と課題，日本都市計画学会，1996.
6-21）日笠端：都市基本計画と地区の都市計画―市町村の都市計画 3，共立出版，2000.

7　都市解析

7-1 ）Dean, Robert, D. & Leahy, William, H. : Spatial Economic Studies, Free Press, 1970.
7-2 ）チウネン，近藤泰男訳：孤立国，日本評論社，1943.
7-3 ）ケメニー・スネル，甲田訳：社会科学における数学的モデル，培風館，1966.
7-4 ）A.　レッシュ，篠原泰三訳：レッシュ経済立地論，大明堂，1968.
7-5 ）B.　ベリー，西岡訳：小売業，サービス業の地理学，大明堂，1970.
7-6 ）奥平耕造：都市工学読本，都市を解析する，彰国社，1976.
7-7 ）谷村，梶，池田，腰塚：都市計画数理，朝倉書店，1986.
7-8 ）下総　薫監訳：都市解析論文選集，古今書院，1987.
7-9 ）八木沢壯一他：都心の土地と建物，東京・街の解析，電機大出版局，1987.
7-10）日本建築学会編：建築・都市計画のための調査・分析方法，井上書院，1987.

8 大都市圏計画

8-1) Abercrombie, Patrick : Greater London Plan, 1944.

8-2) A Policies Plan for the Year 2000, The Nation's Capital, Washington D. C. 1961.

8-3) Ministry of Housing & Local Government : South East Study, H. M. S. O., 1964.

8-4) Schéma Directeur d'Aménagement et d'Urbanisme de la Région de Paris, 1965.

8-5) South East Economic Planning Team : The Strategy for the South East, H. M. S. O., 1967.

8-6) Joint Planning Team : The Strategic Plan for the South East, H. M. S. O., 1971.

8-7) Strategic Planning Advice for London, Policies for the 1990's. London Planning Advisory Committee, 1988.

8-8) 現代大都市の諸問題，I，II，III，地域開発センター，1966.

8-9) 首都圏整備委員会：首都圏基本計画，1968.

8-10) 大都市圏の比較研究，東大都市工学科　日笠研究室，1972.

8-11) 首都圏基本計画，国土庁，1976.

8-12) 南関東大都市地域総合整備推進計画策定調査報告書，建設省都市局，1982.

8-13) 東京大都市圏の地域構造の変化に関する調査研究，日本住宅総合センター，1983.

8-14) 首都改造計画，国土庁大都市圏整備局，1985.

8-15) 日笠　端：地区整備計画の視点よりみた東京大都市圏の市街化の分析，第一住宅建設協会，1987.

8-16) 日本都市計画学会編：東京大都市圏，彰国社，1992.

8-17) Jean Gottmann：MEGALOPOLIS—The Urbanized Northeasteran Seaboard of the United States，Twentieth Century Fund，1961.

8-18) 国土計画協会編：ヨーロッパの国土計画—国際共生型国土創生を目指して，朝倉書店，1990.

8-19) 川上秀光：巨大都市東京の計画論，彰国社，1990.

8-20) 国土庁大都市圏整備局編：東京都心のグランドデザイン，大蔵省印刷局，1995.

8-21) 国土庁編：21 世紀の国土のグランドデザイン，大蔵省印刷局，1998.

第 4 章　都市基本計画（各論）

9 土地利用計画

9-1) Bartholomew, Harland : Land Uses in American Cities, Harvard University Press, 1955.

9-2) Land Use in an Urban Environment, edited by Department of Civic Design, University of Liverpool, 1961.

9-3) Chapin, F. Stuart : Urban Land Use Planning, Harper & Brothers, 1965.

9-4) Delatons, John : Land Use Control in the United States, M. I. T. Press, 1969.

9-5) Procos, Dimitri : Mixed Land Use, Dowden, Hutchinson & Ross, Inc. 1976.

9-6) 高山英華：都市計画における密度の研究，1950.

9-7) 太田　実：都市の地域構造に関する計画的研究，1960.

9-8) 石田頼房：大都市周辺部における散落状市街化の規制手法に関する研究，1962.

9-9) 富山市都市開発基本計画，東大都市工学科　高山研究室，1966.

9-10) F. S.　チエピン，佐々波秀彦，三輪雅久訳：都市の土地利用計画，鹿島出版会，1966.

9-11）高山英華編：都市生活者の生活圏行動調査，地域社会研究所，1968.
9-12）大井町開発基本計画，地域社会研究所，東大都市工学科　日笠研究室，1969.
9-13）都市の土地利用計画のたて方，日本都市計画学会，1979.
9-14）和田照男：現代農業と土地利用計画，東京大学出版会，1980.
9-15）石田頼房：都市農業と土地利用計画，日本経済評論社，1990.
9-16）水口俊典：土地利用計画とまちづくり，規制・誘導から計画協議へ，学芸出版社，1997.
9-17）川上光彦，裏山益郎，飯田直彦，土地利用研究会編：人口減少時代における土地利用計画―都市周辺部の持続可能性を探る，学芸出版社，2010.

10　都市交通計画

10-1）Buchanan, Colin : Traffic in Towns, H. M. S. O., 1963.
10-2）Ritter, Paul : Planning for Man and Motor, Pergamon Press 1964.
10-3）Lewis, David : The Pedestrian in the City, D. Van Nostrand Co., 1965.
10-4）OECD : Streets for People, 1974.
10-5）Uhlig, Klaus : Die fuβgängerfreundliche Stadt, Verlag Gerd Hatje, Stuttgart 1979.
10-6）伊藤　滋：都市計画における発生交通量に関する方法論研究，1962.
10-7）ブキャナン，八十島義之助，井上　孝訳：都市の自動車交通，鹿島出版会，1965.
10-8）八十島義之助他編：都市交通（都市問題講座），有斐閣，1965.
10-9）織本錦一郎監修：駐車場の計画と設計，鹿島出版会，1967.
10-10）井上　孝編：都市交通講座 1～5，鹿島出版会，1970.
10-11）広島市交通問題懇談会：広島の都市交通の現況と将来，広島市，1971.
10-12）八十島義之助，花岡利幸：交通計画，技報堂，1971.
10-13）アメリカ市町村協会　新谷洋二他訳：都市交通計画の立て方，鹿島出版会，1972.
10-14）交通工学研究会：交通工学ハンドブック，技報堂，1973.
10-15）谷藤正三：都市交通計画，技報堂，1974.
10-16）角本良平：人間，交通，都市，鹿島出版会，1974.
10-17）渡部与四郎：業務交通体系論，技報堂，1975.
10-18）OECD 編，岡　並木監修，宮崎　正訳：楽しく歩ける街，PARCO 出版局，1975.
10-19）イギリス都市計画協会，中津原　努・桜井悦子訳：新しい街路のデザイン，鹿島出版会，1980.
10-20）今野　博：まちづくりと歩行空間，鹿島出版会，1980.
10-21）M. J. ブルトン，大久保昌一監訳：交通計画，清文社，1981.
10-22）P. R. ホワイト，大久保昌一監訳：公共輸送計画，清文社，1981.
10-23）土木学会編：街路の景観設計，技報堂，1985.
10-24）加藤　晃，竹内伝史：都市交通論，鹿島出版会，1988.
10-25）赤崎弘平他：人と車「おりあい」の道づくり，鹿島出版会，1989.
10-26）土木学会編：交通整備制度，仕組と課題，1990.
10-26-1）新谷洋二編著：都市交通計画，技報堂，1993.
10-27）岡本堯生：東京の都市交通，鉄道が創る都市の未来，ぎょうせい，1994.
10-28）大西　隆：都市交通のパースペクティブ，鹿島出版会，1994.
10-29）東京市町村自治調査会編：駅空間整備読本，同調査会，1996.

10-30）石坂悦男・渡部与四郎編著：地域社会の形成と交通政策，東洋館出版社，1997.
10-31）L. ベネヴォロ，横山正訳：近代都市計画の起源，鹿島出版会，1976.

11 公園緑地計画

11-1 ）Tunnard, C. & Pushkarev, B. : Man-made America, Chaos or Control?, Yale Univ. Press, 1962.
11-2 ）McHarg, Ian L. : Design with Nature, Natural History Press, 1969.
11-3 ）Newton, Norman T. : Design on the Land, Belknap Harvard, 1971.
11-4 ）ターナードC. & プシカレフB. 鈴木忠義訳：国土と都市の造形，鹿島出版会，1966.
11-5 ）今野 博編：都市計画，第4章公園緑地計画，森北出版，1973.
11-6 ）アレン・オブ・ハートウッド，大村虔一他訳：都市の遊び場，鹿島出版会，1973.
11-7 ）都市と公園緑地，日本都市センター，1974.
11-8 ）高原栄重：都市緑地の計画，鹿島出版会，1974.
11-9 ）新田新三：植栽の理論と技術，鹿島出版会，1974.
11-10）冲中 健：緑地施設の設計，鹿島出版会，1974.
11-11）アービット・ベルソン，大村虔一他訳：新しい遊び場，鹿島出版会，1974.
11-12）アービット・ベルソン，北原理雄訳：遊び場のデザイン，鹿島出版会，1974.
11-13）野呂田芳成編著：公園緑地政策，産業能率短大出版部，1975.
11-14）樋口忠彦：景観の構造，技報堂，1975.
11-15）観光・レクリエーション計画論，ラック計画研究所，技報堂，1975.
11-16）ロイ・マン，相田武文訳：都市の中の川，鹿島出版会，1975.
11-17）田畑貞寿：都市のグリーンマトリックス，鹿島出版会，1979.
11-18）クリフ・タンディ，扇谷弘一訳：ランドスケープ・ハンドブック，鹿島出版会，1979.
11-19）ユネスコ編，京都芸術短大訳：人のつくった風景，学芸出版社，1981.
11-20）進士五十八：緑からの発想，思考社，1983.
11-20-1）丸田頼一：都市緑地計画論，丸善，1983.
11-21）斉藤一雄，田畑貞寿：緑の環境デザイン，日本放送出版協会，1985.
11-22）都市緑化による都市景観形成事例集，みどりのまちづくり研究会，ぎょうせい，1986.
11-22-1）高橋理喜男，井出久登，渡部達三，勝野武彦，輿水 肇：造園学，朝倉書店，1986.
11-23）染谷昭夫，藤森泰明，森繁 泉：マリーナの計画，鹿島出版会，1988.
11-23-1）東京都環境保全局：みどりのフィンガープラン，1989.
11-24）進士五十八：アメニティ・デザイン，学芸出版社，1992.
11-24-1）井出久登，亀山 章：緑地生態学，朝倉書店，1993.
11-25）デヴィッド・ニコルソン—ロード，佐藤 昌訳：都市と緑，都市緑化基金，1994.
11-26）丸田頼一：都市緑化計画論，丸善，1994.
11-27）田畑貞寿編著：市民ランドスケープの創造，公害対策技術同友会，1996.
11-28）Albert Fein : Frederick Law Olmsted and the American Environmental Tradition, George Braziller, 1972.
11-29）アルバート・ファイン，黒川直樹訳：アメリカの都市と自然—オルムステッドによるアメリカの環境計画，井上書院，1983.
11-30）上田篤，世界都市研究会編著：水網都市—リバー・ウォッチングのすすめ，学芸出版社，

1987.
11-31）石川幹子：都市と緑地，岩波新書，2001.

12　自然保護

12-1 ）和辻哲郎：風土・人間的考察，岩波書店，1939.
12-2 ）宮脇　昭：植物と人間，日本放送出版協会，1970.
12-3 ）品田　穣：都市の自然史，中公新書，1971.
12-4 ）沼田　真：植物たちの生，岩波新書，1972.
12-5 ）沼田　真：自然保護と生態学，共立出版，1973.
12-6 ）四手井綱英：森林の価値，共立出版，1973.
12-7 ）町田市環境調査報告書（自然環境），町田市，1973.
12-8 ）四手井綱英：日本の森林，中公新書，1974.
12-9 ）J. L.　サックス，山川洋一郎，高橋一修：環境の保護，岩波書店，1974.
12-9-1）建設省都市局：環境共生都市づくり，ぎょうせい，1993.
12-10）I. L. マクハーグ，下河辺淳，川瀬篤美監訳：デザイン・ウイズ・ネイチャー，集文社，1994.
12-11）土地総合研究所：環境負荷の小さな都市システムのあり方，1995.
12-12）アン・W・スパーン，高山啓子他訳：アーバン・エコシステム，公害対策技術同友会，1996.
12-13）ドネラ・H・メドウズ・デニス・L・メドウズ・ヨルゲン・ランダース：成長の限界―人類の選択，ダイヤモンド社，2005.

13　文化財保護

13-1 ）Donald W. Insall and Associates : Chester, A Study in Conservation, H. M. S. O., 1968.
13-2 ）西川幸治：都市の思想，保存修景への指標，日本放送出版協会，1973.
13-3 ）歴史的町並みのすべて，環境文化研究所編，若樹書房，1978.
13-4 ）西山夘三監修，観光資源保護財団編：歴史的町並み事典，柏書房，1981.
13-5 ）戸沼幸市編，早稲田大学都市計画研究室：あづましい未来の津軽，津軽書房，1982.
13-6 ）佐藤　優：脈脈盛岡の街づくり，在研究所，1984.
13-7 ）岡山の町並み，岡山県郷土文化財団，1984.
13-8 ）西村幸夫：CIVIC TRUST 英国の環境デザイン 1978～1991，駿々堂，1995.
13-9 ）大河直躬編：都市の歴史とまちづくり，学芸出版社，1995.

14　防　　災

14-1 ）田辺平学：不燃都市，河出書房，1945.
14-2 ）都市不燃化同盟：都市不燃運動史，1957.
14-3 ）浜田　稔：建築防火論（新訂建築学大系 21），彰国社，1970.
14-4 ）中田全一：火災（防災科学技術シリーズ 14），共立出版，1970.
14-5 ）柴田徳衛，伊藤　滋：都市の回復（現代都市学シリーズ 4），日本放送出版協会，1971.
14-6 ）藤井陽一郎，村上處直：地震と都市防災，新日本出版社，1973.
14-7 ）防災科学技術シリーズ，共立出版，1966～1973.
14-8 ）河角　広編：地震災害，共立出版，1973.

14-8-1）浜田　稔：東京大震火災への対応，日本損害保険協会，1974.
14-8-2）室崎益輝：地域計画と防火，勁草書房，1981.
14-9 ）宇佐美竜夫：東京地震地図，新潮社，1983.
14-10）村上處直：都市防災計画論，同文書院，1986.
14-10-1）東京都都市計画局：東京都の防災都市づくり，1993.
14-11）阪神復興支援 NPO 編：真野まちづくりと震災からの復興，自治体研究社，1995.
14-12）三船康道：地域・地区防災まちづくり，オーム社，1995.
14-13）石井一郎：都市の防災，技術書院，1995.

15 公害防止

15-1 ）都留重人編：現代資本主義と公害，岩波書店，1968.
15-2 ）宮本憲一編：公害と住民運動，自治体研究社，1970.
15-3 ）宇井　純：公害原論 I～III，亜紀書房，1971.
15-4 ）中沢誠一郎：都市学と総合アセスメント，大明堂，1982.
15-5 ）建設省都市計画課監修，環境都市研究会：環境都市のデザイン，ぎょうせい，1994.

第 5 章　地区計画

16 都市設計

16-1 ）Gibberd, F. : Town Design, Architectural Press, 1953.
16-2 ）Sharp, T., Gibberd, F., & Holford, W. : Design in Town and Village, H. M. S. O., 1953.
16-3 ）Lynch, Kevin : The Image of the City, Joint Center for Urban Studies, 1960.
16-4 ）Lynch, Kevin : Site Planning, M. I. T. Press, 1962.
16-5 ）Bacon, Edmund N. : Design of Cities, Thames & Hudson, 1967.
16-6 ）Dober, Richard P. : Environmental Design, Reinhold Book Co., 1969.
16-7 ）Urban Design Manhattan, Regional Plan Association, Studio Vista, London, 1969.
16-8 ）Cullen, Gordon : The Concise Townscape, Architectural Press, 1971.
16-9 ）Lynch, Kevin : What Time Is This Place, M. I. T. Press, 1972.
16-10）芦原義信：外部空間の構成（建築から都市へ），彰国社，1962.
16-11）ケヴィン・リンチ，前野，佐々木訳：敷地計画の技法，鹿島出版会，1966.
16-12）栗田　勇：都市とデザイン，鹿島出版会，1966.
16-13）E. ベーコン，渡辺定夫訳：都市のデザイン，鹿島出版会，1967.
16-14）A. I. A.，波多江健郎訳：アーバンデザイン，青銅社，1967.
16-15）日本の都市空間，彰国社，1968.
16-16）都市設計（建築設計資料集成 5），日本建築学会，丸善，1972.
16-17）ルドフスキー，平良，岡野訳：人間のための街路，鹿島出版会，1973.
16-18）都市デザイン研究体：現代の都市デザイン，彰国社，1973.
16-19）早大吉阪研究室：杜の都・仙台のすがた，仙台デベロッパー委員会，1973.
16-20）都市空間の計画技法，彰国社，1974.
16-21）ケヴィン・リンチ，大谷研究室訳：時間の中の都市，鹿島出版会，1974.
16-22）フルーイン，長島正充訳：歩行者の空間，鹿島出版会，1974.
16-23）G. カレン，北原理雄訳：都市の景観，鹿島出版会，1975.

16-24）F. ギバード，高瀬忠重他訳：タウン・デザイン，鹿島出版会，1976.
16-25）R. P. ドーバー，土田　旭訳：環境のデザイン，鹿島出版会，1976.
16-26）佐々波秀彦編：欧米の都市開発，講談社，1976.
16-27）漆原美代子：都市環境の美学，日本放送出版協会，1978.
16-28）芦原義信：街並みの美学，岩波書店，1979.
16-29）ケヴィン・リンチ，北原理雄訳：知覚環境の計画，鹿島出版会，1979.
16-30）久保　貞監修：都市設計のための新しいストラクチュア，鹿島出版会，1979.
16-31）志水英樹：街のイメージ構造，技報堂，1979.
16-32）紙野桂人：見る環境のデザイン，歴史的集落と街路景観，学芸出版，1980.
16-33）鈴木信宏：水空間の演出，鹿島出版会，1981.
16-34）D. ベーミングハウス，鈴木信宏訳：水のデザイン，鹿島出版会，1983.
16-35）筑波研究学園都市中心地区景観計画 1，2，住宅都市整備公団，1983，1985.
16-36）芦原義信：穏れた秩序，21 世紀の都市に向って，中央公論社，1986.
16-37）ガレット・エクボ，久保　貞他訳：風景のデザイン，鹿島出版会，1986.
16-38）ダグラス・M・レン，横内憲久監訳：都市のウォーターフロント開発，鹿島出版会，1986.
16-39）上田　篤他編：水網都市，学芸出版社，1987.
16-40）ケヴィン・リンチ，山田　学訳：新版　敷地計画の技法，鹿島出版会，1987.
16-40-1）鳴海邦碩：景観からのまちづくり，学芸出版社，1988.
16-40-2）C. アレグザンダー他，難波和彦監訳：まちづくりの新しい理論，鹿島出版会，1989.
16-41）日本開発構想研究所：北米ウォーターフロント開発，1989.
16-42）鳴海邦碩他編：都市デザインの手法，学芸出版社，1990.
16-43）岡　秀隆，藤井純子：ヨーロッパのアメニティ都市，新建築社，1991.
16-43-1）蓑原　敬監修：デザイン都市宣言，同朋社出版，1993.
16-44）漆原美代子：都市を愉しむ，広済堂出版，1993.
16-45）渡辺定夫編著：アーバンデザインの現代的展望，鹿島出版会，1993.
16-45-1）シリル・ポーマイア，北野理雄訳：街のデザイン，鹿島出版会，1993.
16-46）芦原義信：東京の美学―混沌と秩序―，岩波書店，1994.
16-47）鳴海邦碩編：都市環境デザイン，学芸出版社，1995.
16-48）都市環境デザイン会議編：日本の都市環境デザイン，'85～'95，学芸出版社，1996.
16-49）田村　明：美しい都市景観をつくるアーバンデザイン，朝日選書，1997.
16-50）都市デザイン研究体編：日本の都市空間，彰国社，1968.
16-51）カミッロ・ジッテ，大石敏雄訳：広場の造形，美術出版社，1968.
16-52）都市デザイン研究体：現代の都市デザイン，彰国社，1969.
16-53）トーマス・シャープ，長素連・もも子訳：タウンスケープ，鹿島出版会，1972.
16-54）フレデリック・ギバード，高瀬忠重，日端康雄他訳：タウン・デザイン，鹿島出版会，1976.
16-55）材野博司：都市の街割，鹿島出版会，1989.
16-56）藤森照信：都市建築　日本近代思想大系 19，岩波書店，1990.
16-57）オギュスタン・ベルク：日本の風景・西欧の景観―そして造景の時代，講談社，1990.
16-58）竹内裕二：イタリア中世の山岳都市―造形デザインの宝庫，彰国社，1991.

16-59）西山康雄：アンウィンの住宅地計画を読む―成熟社会の住環境を求めて，彰国社，1992.
16-60）松栄：ドイツ中世の都市造形―現代に生きる都市空間探訪，彰国社，1996.
16-61）相田武文，土屋和男：都市デザインの系譜，鹿島出版会，1996.
16-62）名古屋世界都市景観会議'97：都市風景の生成，名古屋世界都市景観会議'97 実行委員会，1998.
16-63）J. バーネット，兼田敏之訳：都市デザイン―野望と誤算，鹿島出版会，2000.
16-64）井口勝文他：都市のデザイン―＜きわだつ＞から＜おさまる＞へ，学芸出版社，2002.

17 コミュニティ

17-1 ）ラ・シャマイエフ，C. アレキサンダー，岡田新一訳：コミュニティとプライバシイ，鹿島出版会，1967.
17-2 ）ポール．P. グッドマン，槇　文彦，松本　洋訳：コミュニタス，理想社会への思索と方法，彰国社，1968.
17-3 ）園田恭一：地域社会論，日本評論社，1969.
17-3-1）倉沢　進：日本の都市社会，福村出版，1969.
17-4 ）マーガレット・ミード，ムリエル・ブラウン，冨田，渡辺訳：コミュニティ，その理想と現実，北望社，1970.
17-5 ）副田義也：コミュニティ・オーガニゼーション，誠信書房，1971.
17-6 ）青井和夫，松原治郎，副田義也：生活構造の理論，有斐閣，1972.
17-7 ）地方自治制度研究会：コミュニティ読本，ぎょうせい，1973.
17-8 ）コミュニティ研究会（中間）報告，自治省コミュニティ研究会，1973，1977.
17-9 ）勝村　茂編著：地域社会，学陽書房，1973.
17-10）鴨脚　清：人間環境と集団，福村出版，1973.
17-11）高知市コミュニティ計画（コミュニティ・カルテ）高知市，1974.
17-12）R. M. マッキーヴァー，中　久郎，松本通晴監訳：コミュニティ，ミネルヴァ書房，1975.
17-13）地方自治制度研究会：続コミュニティ読本，ぎょうせい，1975.
17-14）コミュニティの形成に関する研究，地方行政システム研究所，1975.
17-15）国民生活センター：現代日本のコミュニティ，川島書店，1975.
17-16）渡辺俊一：アメリカ都市計画とコミュニティ理念，技報堂，1977.
17-16-1）日笠　端，日端康雄他：コミュニティの空間計画論，第一住宅建設協会，1977.
17-17）地方自治制度研究会：新コミュニティ読本，ぎょうせい，1977.
17-18）J. バーナード，正岡寛司監訳：コミュニティ論批判，早稲田大学出版部，1978.
17-19）森村道美編著：コミュニティの計画技法，彰国社，1978.
17-19-1）園田恭一：現代コミュニティ論，東大出版会，1978.
17-20）青井和夫：小集団の社会学，東京大学出版会，1980.
17-20-1）磯村英一編：コミュニティの理論と政策，東海大学出版会，1983.
17-20-2）地域社会研究所編：20 周年記念論文集，1983.
17-20-3）奥田道大：都市コミュニティの理論，東大出版会，1983.
17-21）二宮哲雄，中藤康俊，橋本和幸：混住化社会とコミュニティ，御茶の水書房，1985.
17-21-1）日端康雄：現代のコミュニティ論と空間計画の相互関連性に関する研究，第一住宅建設協会，1987.
17-22）N. ウェイツ，C. ネヴィット，塩崎賢明訳：コミュニティ・アーキテクチュア，都市文化社，1992.
17-23）蓮見音彦，奥田道大編：21 世紀日本のネオ・コミュニティ，東大出版会，1993.
17-24）地域社会研究所編：企業移転と地域社会，ぎょうせい，1993.
17-25）川村健一，小門裕幸：サステイナブル・コミュニティ，学芸出版社，1995.
17-26）日笠　端：コミュニティの空間計画，共立出版，1997.
17-27）Clarence S.Stein：Toward New Towns for America，THE M.I.T PRESS，1957.
17-28）西村幸夫編：路地からのまちづくり，学芸出版社，2006.
17-29）篠原修：篠原修が語る日本の都市－その伝統と近代，彰国社，2006.
17-30）山崎亮：コミュニティデザインの時代，中央公論新社，2012.

18　住宅地計画

18-1 ）Design of Dwellings (Dudley Report) H. M. S. O., 1944.
18-2 ）Adams, Thomas : The Design of Residential Areas, Harvard Univ. Press, 1953.
18-3 ）American Public Health Association : Planning the Neighborhood, Public Administration Service, 1960.
18-4 ）Whyte, W. H. : Cluster Development, American Conservation Association, 1964.
18-5 ）Jensen, Rolf : High Density Living, Leonald Hill, 1966.
18-6 ）Wheaton, Milgram, Meyerson : Urban Housing, Free Press, 1966.
18-7 ）Hoffman, Hubert : Urban Low-Rise Group Housing, Verlag Arthur Niggli, 1967.
18-8 ）Housing in the Nordic Countries, Denmark, Finland, Iceland, Norway and Sweden, S. L. Möllers Co., 1968.
18-9 ）Strong, Ann Louise : Planned Urban Environments, John Hopkins, 1971.
18-10）Die Gropiusstadt, Der Städtebauliche Planungs-und Entscheidungsvorgang Verlag Kiepert KG, Berlin, 1974.
18-11）Untermann/Small : Site Planning for Cluster Housing, Van Nostrand Reinhold, 1977.
18-12）DeChiara/Koppelman : Site Planning Standards, McGraw Hill, 1978.
18-13）日笠，入沢，大庭，鈴木：集団住宅（建築学大系 27），彰国社，1956，1971.
18-14）入沢　恒：大都市区域における住宅団地の立地と開発形態とに関する研究，1958.
18-15）日笠　端：住宅地の計画単位と施設の構成に関する研究，1959.
18-16）日本住宅公団 10 年史，日本住宅公団，1965.
18-17）共同住宅編集委：共同住宅，技報堂，1970.
18-18）フーベルト・ホフマン，北原理雄訳：都市の低層集合住宅，鹿島出版会，1973.
18-19）鈴木成文，栗原嘉一郎，多湖　進：集合住宅住区，丸善，1973.
18-20）谷口汎邦編：公共施設計画 1.（資料集成）科学技術センター，1974.
18-21）日端康雄：住宅地の環境改善，イギリスの経験の場合，1975.
18-22）クラレンス A.　ペリー，倉田和四生訳：近隣住区論，鹿島出版会，1975.
18-23）日本住宅公団 20 年史，日本住宅公団，1975.
18-24）建築文化 No.355：特集コミュニティ・デザイン，彰国社，1976.
18-25）H.　ダイルマン他，若月幸敏訳：現代集合住宅の構成，鹿島出版会，1976.

18-26) キャンディリス，三宅理一訳：リゾート集合住宅の計画と設計，鹿島出版会，1976.
18-27) アンネ・マリー・ポロウィ，湯川・長沢訳：子どものための生活空間，鹿島出版会，1978.
18-28) 延藤安弘他：計画的小集団開発，学芸出版社，1979.
18-29) 日本建築家協会編，低層集合住宅I，II，彰国社，1980.
18-30) 三村浩史：人間らしく住む　都市の居住政策，学芸出版社，1980.
18-31) 住宅地景観設計マニュアル'82，住宅・都市整備公団，1982.
18-32) デリック・アボット，キンブル・ポリット，小川正光訳：ヒル・ハウジング　斜面集合住宅，学芸出版，1984.
18-33) 高山英華，日笠　端：大規模民間宅地開発の都市計画的評価に関する調査研究I. II.，第一住宅建設協会，1984.
18-34) 高見沢邦郎編著：居住環境整備の手法，彰国社，1988.
18-34-1) 佐藤　滋：集合住宅団地の変遷，鹿島出版，1989.
18-35) 川手昭二：都市開発のフロンティア，鹿島出版会，1990.
18-36) 西山康雄：アンウインの住宅地計画を読む，彰国社，1992.
18-37) 巽　和夫・未来住宅研究会編：住宅の近未来像，学芸出版社，1996.

19　住宅問題

19-1) American Public Health Association : An Appraisal Method for Measuring the Quality of Housing, 1945.
19-2) Smith, Wallace F. : Housing, The Social and Economic Elements, 1970.
19-3) F.　エンゲルス，加田訳：住宅問題，岩波書店，1929.
19-4) 西山夘三：日本の住宅問題（岩波新書 112），岩波書店，1952.
19-5) 米国公衆保健協会，居住衛生委員会，住居不良度の判定に関する委員会：居住の質測定の為の評価法，1952.
19-6) 政策研究会：日本の住宅問題，三一書房，1959.
19-7) 高山，三輪，下総，宮崎，久松：住宅問題（建築学大系 2），彰国社，1960.
19-8) 田畑貞寿，池田亮二：住環境の理論と設計，鹿島出版会，1969.
19-9) 金沢，西山，福武，柴田編：住宅問題講座(1)～(8)，有斐閣，1970～.
19-10) 北欧5ケ国建設省編　森　幹郎訳：北欧の住宅政策，相模書房，1970.
19-11) 神戸市の住宅政策の方向，神戸市，1971.
19-12) 東京の住宅問題，東京都，1971.
19-13) 欧米諸国の住宅政策，通産省住宅産業室編，1973.
19-14) 岡田光正，藤本尚久，曾根陽基：住宅の計画学，鹿島出版，1973.
19-15) 西山夘三：日本のすまい，I・II・III，勁草書房，1975.
19-16) 早川文夫：住宅問題とは何か，大成出版，1975.
19-17) ウォーレンスF.　スミス，池田亮二訳：住宅問題，その社会的，経済的要素，鹿島出版会，1975.
19-18) 現代の住宅問題，ジュリスト増刊総合特集 No. 7，有斐閣，1977.
19-19) 下山瑛二，水本　浩，早川和男，和田八束編著：住宅政策の提言，ドメス出版，1979.
19-20) オーア，L. L.，田中啓一訳：日本とアメリカにみる所得と住宅問題，ダイヤモンド社，

1979.
19-21) 川島　博編：住宅政策の今日的課題，1983.
19-22) 日本住宅会議編：日本住宅会議双書1，2，ドメス出版，1983〜.
19-23) J. D.　ディヴィッド，湯川・延藤訳：世界の高齢者住宅，鹿島出版会，1989.
19-24) 早川和男，岡本祥浩：居住福祉の論理，東京大学出版会，1993.
19-25) 巽　和夫編：現代社会とハウジング，彰国社，1993.
19-25-1) 平山洋介：コミュニティ・ベースド・ハウジング—現代アメリカの近隣再生，ドメス出版，1993.
19-26) 高橋公子：住まいの近景・遠景，彰国社，1994.
19-27) 早川和男編：講座現代居住（全5巻），東京大学出版会，1997.
19-28) 吉田克己：フランス住宅法の形成，東京大学出版会，1997.

20　中心地区計画

20-1) Nelson, R. L. : The Selection of Retail Locations, F. W. Dodge Corp., 1958.
20-2) Burns, Wilfred : British Shopping Centres, Leonald Hill Books, 1959.
20-3) Gruen, Victor & Smith, Larry : Shopping Town U. S. A., Reinhold Publishing Corp., 1960.
20-4) Johnes, Colin S. : Regional Shopping Centers, Business Books Ltd, 1969.
20-5) Gruen, Victor : Centers for the Urban Environment, Survival of the Cities, Van Nostrand Reinhold Co., 1973.
20-6) 石原舜介編：商店街再開発，科学技術センター，1966.
20-7) 南多摩新都市開発計画，商業施設に関する調査研究，地域開発研究所，1968.
20-8) 筑波研究学園都市の中心地区計画に関する調査報告書，首都圏整備委員会事務局，1971.
20-9) 服部銈次郎，杉村暢二著：商店街と商業地域，古今書院，1973.
20-10) 日笠　端・石原舜介：地域施設　商業，丸善，1974.
20-11) 岡　並木編：ショッピング・モール，地域科学研究会，1980.
20-12) 商業空間のスペース・デザイン，SD別冊No. 13　鹿島出版会，1981.
20-13) 杉村暢二：日本の地下街，大明堂，1983.
20-13-1) 東京都労働経済局：これからの商店街づくりのために，1984.
20-14) 杉村暢二：都市商業調査法，大明堂，1989.

21　工業地区計画

21-1) Gibberd F. : Town Design, Architectural Press, 1953.
21-2) ゴードン・ロディ，大庭常良訳：都市と工業，相模書房，1957.
21-3) 山本正雄編：日本の工業地帯，岩波書店，1959.
21-4) 下河辺　淳：工業地の計画単位とその配置に関する研究，1960.
21-5) 紺野　昭：工業の立地条件と施設規模に関する研究，1962.
21-6) ウイリアム・ブレッド：工業団地，住宅公団，1962.
21-7) 紺野　昭他：地域発展の過程における業種別にみた工業集積の諸要因についての定量的考察，住宅公団
21-8) 紺野　昭他：局地的企業集団と工業地開発に関する研究
21-9) 紺野　昭：工業地計画論，相模書房，1966.

21-10) 三村浩史・北条蓮英・安藤元夫：都市計画と中小零細工業，新評論，1978.

第6章　都市計画制度

22　都市計画制度

22-1) Town and Country Planning Act. 1947, 1968, 1971, 1990, H. M. S. O.
22-2) Goodman, W. I. & Freund E. C. : Principles and Practice of Urban Planning, International City Managers' Association, 1967.
22-3) Ministry of Housing and Local Government : Development Plans, A Manual on Form and Content, H. M. S. O., 1970.
22-4) Garner, J. F. : Planning Law in Western Europe, North-Holland Co., 1975.
22-5) Bielenberg, W./Dyong, H. : Das neue Bundesbaugesetz, Die neue Baunutzungsverordnung, Varlag für Verwaltungspraxis, Franz Rehm, München, 1977.
22-6) 都市計画法規集，1，2，3（加除式），新日本法規
22-7) 建築法令例規，1，2，3，4（加除式），帝国地方行政学会
22-8) 国宗正義・北畠照躬訳：西ドイツ連邦建築法，日本住宅協会，都市計画協会，1961.
22-9) 欧米の計画立法大要，日本都市センター，1965.
22-10) フランスの建築，都市，地域計画，日本都市センター，1963.
22-11) 日笠　端：西ドイツとの対比における我が国都市計画制度の問題点，1975.
22-12) 日笠　端，日端康雄，中村直喜：西ドイツにおける都市計画の制度と運用，1976.
22-13) 日笠　端他監修：西ドイツの都市計画制度と運用，日本建築センター，1977.
22-14) H.　ディートリッヒ・J.　コッホ，阿部成治訳：西ドイツの都市計画制度，学芸出版社，1981.
22-15) 五十嵐敬喜：現代都市法の状況，三省堂，1983.
22-16) 日笠　端：先進諸国における都市計画手法の考察，共立出版，1985.
22-17) 欧米における都市開発制度の動向，小林国際都市政策研究財団，1988.
22-18) 北畠照躬：都市計画・都市再開発・都市保存，住宅新報社，1990.
22-19) 地価と詳細都市計画，野村総合研究所，1990.
22-20) 成田頼明編著：都市づくり条例の諸問題，第一法規出版，1992.
22-21) 原田純孝，広渡清吾，吉田克己，戒能通厚，渡辺俊一編：現代の都市法，ドイツ，フランス，イギリス，アメリカ，東京大学出版会，1993.
22-22) 建設省都市局監修，都市開発制度比較研究会：諸外国の都市計画・都市開発，ぎょうせい，1993.
22-23) 五十嵐敬喜，野口和雄，池上修一：美の条例—いきづく町をつくる—真鶴町，学芸出版社，1996.
22-24) 日笠端，成田頼明他編著：西ドイツの都市計画制度と運用—地区詳細計画を中心として，日本建築センター，1977.
22-25) 日笠端：市街化の計画的制御，市町村の都市計画2，共立出版，1998.
22-26)（財）民間都市開発推進機構都市研究センター：欧米のまちづくり・都市計画制度—サスティナブル・シティへの途，ぎょうせい，2004.
22-27) 柳沢厚，野口和雄：まちづくり・都市計画なんでも質問室，ぎょうせい，2012.

23　市民参加・住民参加

23-1 ）松下圭一：シビルミニマムの思想，東京大学出版会，1971.
23-2 ）西尾　勝：権力と参加，東京大学出版会，1975.
23-3 ）ハンス B. C.　スピーゲル，田村　明訳：市民参加と都市開発，鹿島出版会，1975.
23-4 ）ニューヨーク圏計画協会編，柴田徳衛監訳：都市政策への市民参加，鹿島出版会，1975.
23-5 ）篠原　一：市民参加，岩波書店，1977.
23-6 ）清水浩志郎，秋山哲男編著：高齢者の社会参加とまちづくり，公務職員研修協会，1988.
23-7 ）ヘンリー・サノフ，小野敬子訳，林　泰義解説：まちづくりゲーム，晶文社，1993.
23-8 ）マイケル・ノートン，グループ 99 訳：僕たちの街づくり作戦，都市文化社，1993.
23-9 ）小林重敬編，計画システム研究会：協議型まちづくり，学芸出版社，1994.
23-10）秋本福雄：パートナーシップによるまちづくり，行政・企業・市民／アメリカの経験，学芸出版社，1997.

24　土地政策

24-1 ）Haar, Charles M. : Law and Land, Anglo-American Planning Practice, M. I. T. Press, 1964.
24-2 ）河田嗣郎：土地経済論，共立出版，1924.
24-3 ）C. M.　ハール，大塩洋一郎・松本　弘訳：都市計画と土地利用，都市計画協会，1968.
24-4 ）新沢嘉芽統，華山　謙：地価と土地政策，岩波書店，1969.
24-5 ）宅地審議会関係資料集，建設省，1969.
24-6 ）櫛田光男編：土地問題講座（1）～(5)，鹿島出版会，1970.
24-7 ）経済審議会：日本の土地問題第 1 部，第 2 部，経済企画協会，1970.
24-8 ）ヨーロッパにおける土地政策（計画評論 No. 1），都市計画協会，1970.
24-9 ）内藤亮一：建築規制による宅地制度の合理化に関する研究
24-10）佐伯尚美，小宮隆太郎：日本の土地問題，東京大学出版会，1972.
24-11）日本土地法学会：土地問題双書，有斐閣，1973～.
24-12）早川和男：空間価値論，都市開発と地価の構造，勁草書房，1973.
24-13）水本　浩：土地問題と所有権，有斐閣，1973.
24-14）篠塚昭次：土地所有権と現代，日本放送出版協会，1974.
24-15）篠塚昭次：不動産法の常識（上下），日本評論社，1974.
24-16）国土の利用に関する年次報告（国土白書），国土庁，1976～.
24-17）イギリスの土地税制（外国の土地制度研究シリーズ I-III）日本不動産研究所，1976.
24-18）渡辺洋三：土地と財産権，岩波書店，1977.
24-19）早川和男：土地問題の政治経済学，東洋経済新報社，1977.
24-20）H. D.　ドラプキン，吉田公二監訳：土地政策と都市の発展，第一法規，1980.
24-21）M.　クラウン，小沢健二訳：アメリカの土地制度，大明堂，1981.
24-22）日笠　端編共著：土地問題と都市計画，東京大学出版会，1981.
24-23）住宅土地問題研究論文集，日本住宅総合センター，1982～.
24-24）大久保昌一編：地価と都市計画，学芸出版，1983.
24-25）田村　明監修：日本都市センター編：自治体の土地政策，ぎょうせい，1983.
24-26）稲本洋之助，戒能通厚，田山輝明，原田純孝編著：ヨーロッパの土地法制，フランス・

イギリス，西ドイツ，東大出版会，1983.
24-27）地価と土地システム，国際比較による解決方策，野村総合研究所，1988.
24-28）藤田宙靖：西ドイツの土地法と日本の土地法，創文社，1988.
24-29）土地（世界13ケ国の土地制度比較）国土庁土地局，1988.
24-30）日本不動産研究所：土地問題事典，東洋経済新報社，1989.
24-31）不動産実務情報ファイル，第一法規出版，1989.
24-32）岩見良太郎：土地資本論，自治体研究社，1989.
24-33）成田頼明：土地政策と法，弘文堂，1989.
24-34）五十嵐敬喜：土地政策のプログラム，日本評論社，1991.
24-35）辻村　明，中村英夫，日本人と土地，日本における土地意識とその要因，ぎょうせい，1991.
24-36）岩田規久男，小林重敬，福井秀夫：都市と土地の理論，ぎょうせい，1992.
24-37）川瀬光義：台湾の土地政策，平均地権の研究，青木書店，1992.
24-38）目良浩一他：土地税制の研究，日本住宅総合センター，1992.
24-39）開発利益還元論，都市における土地所有のあり方，日本住宅総合センター，1993.
24-40）土地総合研究所編：日本の土地，その歴史と現状，ぎょうせい，1996.
24-41）国土庁土地局監修：市町村GIS導入マニュアル，ぎょうせい，1997

第7章　土地利用規制

25　土地利用規制

25-1 ）Suggested Land Subdivision Regulations, Housing and Home Finance Agency, 1960.
25-2 ）Williams, Norman : The Structure of Urban Zoning, Buttenheim Publishing Corp., 1966.
25-3 ）Babcock, Richard F. : The Zoning Game, Univ. of Wisconsin Press, 1966.
25-4 ）Delatons, John : Land Use Control in the United States, M. I. T. Press, 1969.
25-5 ）Cullingworth, J. B. : Town and Country Planning in Britain, George Allen and Unwin Ltd., 1976.
25-6 ）アメリカの土地利用規制，日本都市センター，1947.
25-7 ）フランスの優先市街化地域制度による団地建設の現況調査，日本住宅公団，1967.
25-8 ）カリングワース，久保田誠三訳：英国の都市農村計画，都市計画協会，1972.
25-9 ）都市計画研究会編：用途地域と住民，自治体研究社，1972.
25-10）日笠　端，日端康雄：住宅市街地の計画的制御の方策に関する研究（I～V）第一住宅建設協会，1978～1982.
25-11）空中権その理論と運用，建設省空中権調査研究会編著，ぎょうせい，1985.
25-12）渡辺俊一：比較都市計画序説，イギリス・アメリカの土地利用規制，三省堂，1985.
25-13）鵜野和夫：都市開発と建築基準法，清文社，1988.
25-14）日笠　端：都市計画からみた総合設計制度による土地利用転換についての考察，第一住宅建設協会，1988.
25-15）日笠　端：東京都総合設計制度による住宅を含む事例についての分析，第一住宅建設協会，1991.
25-16）大阪市計画局・大阪府建築士会：大阪の総合設計制度，1992.
25-17）福川裕一：ゾーニングとマスタープラン，アメリカの土地利用計画・規制システム，学芸出版社，1997.
25-18）中井検裕・村木美貴：英国都市計画とマスタープラン，学芸出版社，1998.

26　地区計画制度

26-1 ）Patsy Healey : Local Plans in British Land Use Planning, Pergamon Press, 1983.
26-2 ）Bruton, Michael & Nicholson, David ; Local Planning in Practice, Hutchinson, 1987.
26-3 ）日端康雄：西独の地区詳細計画における土地の建築的利用の制御，1976.
26-4 ）日笠　端編著：地区計画，都市計画の新しい展開，共立出版，1981.
26-5 ）建築行政における地区計画，建設省住宅局内建築行政研究会，第一法規，1981.
26-6 ）地区別計画資料集，自治省行政課，1982.
26-7 ）地区計画の手引，新市街地の整序のために，地区計画研究会，新日本法規，1983.
26-8 ）地区計画とまちづくり，地区計画一問一答，都市計画協会，1984.
26-9 ）石田頼房，池田孝之：「建築線」計画から地区計画への展開，東京都立大学都市研究センター，1984.
26-10）日端康雄：ミクロの都市計画と土地利用，学芸出版社，1988.
26-11）再開発地区計画の手引，同研究会編著，ぎょうせい，1989
26-12）材野博司：都市の街割，鹿島出版会，1989.
26-13）地区計画研究会，日笠　端編著：21世紀の都市づくり—地区の都市計画—，第一法規出版，1993.
26-14）高見沢邦郎，日端康雄，佐谷和江：地区計画制度の運用実態と今後の課題，第一住宅建設協会，地域社会研究所，1993.
26-15）地区計画を点検する（特集），造景 No.8，1997.

第8章　都市施設と地区開発事業

27　上下水道

27-1 ）西脇仁一・石橋多聞編：公害衛生工学大系 I，II，III，日本評論社，1966.
27-2 ）合田　健他編：衛生工学ハンドブック，朝倉書店，1967.
27-3 ）石橋多聞：上水道学，技報堂，1969.
27-4 ）徳平　淳：衛生工学，森北出版，1975.

28　公共建築物

28-1 ）団地内施設の計画，共同住宅第3篇第3章，技報堂，1970.
28-2 ）団地の施設計画（建築学大系27巻IV），彰国社，1971.
28-3 ）建築設計資料集成5，日本建築学会，1972.
28-4 ）吉武泰水編，建築計画学（全12巻）（商業，教育，医療，住宅，学校，病院，図書館），丸善，1973.
28-5 ）柏原士郎：地域施設計画論，立地モデルの手法と応用，鹿島出版会，1991.

29　土地区画整理

29-1 ）区画整理対策全国連絡会議編：区画整理対策の実際，自治体研究社，1974.
29-2 ）区画整理対策全国連絡会議編：区画整理対策のすべて，自治体研究社，1976，1984.
29-3 ）区画整理地区の計画的建築誘導，建設省都市局区画整理課，1977.

29-4 ）岩見良太郎：土地区画整理の研究，自治体研究社，1978.
29-5 ）本城和彦，井上　孝編：都市開発政策と土地区画整理，アジア及び日本の経験，名古屋市，1984.
29-6 ）建設省都市局区画整理課監修：新世代区画整理への展開，大成出版，1993.
29-7 ）名古屋市計画局：都市開発政策と土地区画整理―アジア及び日本の経験，名古屋市計画局，1989.

30　ニュータウン，新開発

30-1 ）Rodwin, Lloyd : British New Towns Policy, Harvard Univ. Press, 1956.
30-2 ）London County Council：The Planning of a New Town，London County Council, 1961.
30-3 ）Osborn, Frederic J. & Whittick, Arnold : The New Towns, The Answer to Megalopolis, Leonard Hill, 1963.
30-4 ）Stein, C. S. : Toward New Towns for America, M. I. T. Press, 1966.
30-5 ）Washington New Town, Washington Development Corporation, 1966.
30-6 ）Ling, Arthur : Runcorn New Town, Runcorn Development Corporation, 1967.
30-7 ）Merlin, Pierre : New Towns, Methuen Co., 1971.
30-8 ）Strong, Ann Louise : Planned Urban Environment, Johns Hopkins Press, 1971.
30-9 ）Irvine New Town Plan, Irvine Development Corporation, 1971.
30-10）Hertzen & Spreiregen : Building A New Town, Tapiola, M. I. T. Press, 1971.
30-11）A. I. A. : New Towns in America, John Wiley & Sons, 1973.
30-12）Galantay, Ervin Y. : New Towns, Antiquity to the Present, George Braziller, 1975.
30-13）ロンドン州議会編，佐々波秀彦・長峯晴夫訳：新都市の計画，鹿島出版会，1964.
30-14）日本都市センター：世界の新都市開発，日本都市センター，1965.
30-15）日本都市計画学会：研究学園都市開発基本計画，1966～1968.
30-16）日本都市計画学会：多摩ニュータウン計画，1967～1968.
30-17）高山英華編：高蔵寺ニュータウン計画，鹿島出版会，1967.
30-18）日本都市計画学会：港北ニュータウン基本計画，1968.
30-19）建築文化 283 号，60 年代のニュータウン特集，彰国社，1970.
30-20）近藤茂夫：イギリスのニュータウン開発，至誠堂，1970.
30-21）ヘルツェン・スプライレゲン，波多江健郎，武藤　章訳：タピオラ田園都市，1971.
30-22）F. J.　オズボーン，扇谷弘一，川手昭二訳：ニュータウン　計画と理念，鹿島出版会，1972.
30-23）下総　薫：イギリスの大規模ニュータウン，東京大学出版会，1975.
30-24）アーサー・リン編，日笠　端監訳，相川友弥訳：ニュータウンの環境計画，彰国社，1975.
30-25）佐々波秀彦編著：欧米の都市開発，講談社，1976.
30-26）片寄俊秀：ニュータウンの建設過程に関する研究，長崎造船大学，1977.
30-27）ディビッド・パス，樋口　清訳：ベリングビーとファシュタ，鹿島出版会，1978.
30-28）片寄俊秀：実験都市，千里ニュータウンはいかに造られたか，社会思想社，1981.
30-29）住田昌二編著：日本のニュータウン開発，都市文化社，1984.

30-30）千里ニュータウンの総合評価に関する調査研究，同委員会編，1984.
30-31）磯崎新：ショーの製塩工場，六耀社，2001.

31　都市更新，都市再開発

31-1 ）Wilson, James Q. : Urban Renewal, M. I. T. Press, 1964.
31-2 ）Anderson, Martin : The Federal Bulldozer, A Critical Analysis of Urban Renewal 1949-1962, M. I. T. Press, 1964.
31-3 ）Johnson-Marsall, Percy : Rebuilding Cities, Edinburgh Univ. Press, 1966.
31-4 ）Holliday, John : City Centre Redevelopment, Charles Knight & Co., 1973.
31-5 ）都市の再開発，日本都市センター，1960.
31-6 ）静岡市中心部再開発計画，東大都市工学科，高山研究室，1960.
31-7 ）日本都市計画学会：岡山市都市再開発マスタープラン，1962.
31-8 ）高山英華監修：世界の都市再開発―法制とその背景，日本都市センター，1963.
31-9 ）都市計画専門視察団：アメリカの都市計画と再開発，日本生産性本部，1963.
31-10）石原舜介：商店街再開発，科学技術センター，1966.
31-11）高密度住宅地再開発の（物的）計画手法について，東大都市工学科川上研究室，1969.
31-12）市街化区域の整備に関する研究報告書，大阪府土木部，1971.
31-13）マーチン・アンダーソン，柴田徳衛，宮本憲一監訳：都市再開発政策，1971.
31-14）建築文化 304 号：都市再開発特集号，彰国社，1972.
31-15）藤田邦昭・柴田正昭：都市再開発，街づくりの現場から，日経新書，1976.
31-16）田辺健一・高野史男・二神　弘：都心再開発，古今書院，1977.
31-17）藤田邦昭：実践としての都市再開発，学芸出版社，1980.
31-18）木村光宏，日端康雄：ヨーロッパの都市再開発，学芸出版社，1984.
31-19）石原舜介監修：都市再開発と街づくり（都市経営の科学），技報堂，1985.
31-20）成田孝三：大都市衰退地区の再生，大明堂，1987.
31-21）全国市街地再開発協会編：日本の都市再開発史，住宅新報社，1991.
31-22）日端康雄，木村光宏：アメリカの都市再開発，学芸出版社，1992.
31-23）ロバータ·B·グラッツ，富田靭彦，宮路真知子訳，林　泰義監訳：都市再生，晶文社，1993.
31-24）内田雄造：同和地区のまちづくり論，環境整備計画・事業に関する研究，明石書店，1993.
31-24-1）アーバンコンプレックスビルディング推進会議編：米国における複合開発の計画プロセス，日本建築センター建築技術研究所，1993.
31-25）藤田邦昭：街づくりの発想，学芸出版社，1994.
31-26）建設省都市再開発課監修：都市再開発ハンドブック，ケイブン出版，1995.
31-27）柴田正昭：都市再開発と合意形成，地元からのまちづくり，都市問題経営研究所，1995.
31-28）日本都市センター編：世界の都市再開発，日本都市センター，1963.
31-29）ハワード・サールマン，小沢明訳：パリ大改造―オースマンの業績，井上書院，1983.
31-30）全国市街地再開発協会：日本の都市再開発史，全国市街地再開発協会，1991.
31-31）松井道昭：フランス第二帝政下のパリ都市改造，日本経済評論社，1997.
31-32）パオラ・ファリーニ，上田曉編：造景別冊―イタリアの都市再生，建築資料研究社，

1998.
31-33) 日本政策投資銀行編著：海外の中心市街地活性化－アメリカ・イギリス・ドイツ 18 都市のケーススタディ，ジェトロ，2000.
31-34) 横森豊雄：英国の中心市街地活性化－タウンセンターマネジメントの活用，同文舘出版，2001.
31-35) 遠藤新：米国の中心市街地再生－エリアを個性化するまちづくり，学芸出版社，2009.

索　　引

キ

ク

サ

シ

ス

セ

ナ

ニ

Memorandum

Memorandum

〈著者紹介〉
日笠　端　（ひがさ　ただし）
1943年　東京大学工学部建築学科卒業
元 東京大学名誉教授・工学博士
日端　康雄　（ひばた　やすお）
1967年　東京大学工学部都市工学科卒業
慶応義塾大学名誉教授・工学博士

都市計画〔第3版増補〕

1977年10月10日　初版1刷発行
1985年3月5日　初版23刷発行
1986年4月15日　第2版1刷発行
1992年6月1日　第2版15刷発行
1993年4月10日　第3版1刷発行
2013年3月1日　第3版46刷発行
2015年1月25日　第3版増補1刷発行
2022年9月10日　第3版増補6刷発行　　検印廃止

著　者　日笠　端　
日端　康雄

発行者　南條　光章

発行所　**共立出版株式会社**

〒112-0006　東京都文京区小日向4丁目6番19号
電話　03-3947-2511
振替　00110-2-57035
URL　www.kyoritsu-pub.co.jp

印刷：横山印刷/製本：ブロケード
NDC 519.8 / Printed in Japan

ISBN 978-4-320-07714-0